메카트로닉스 공학기술 **5**

C# 프로그래밍 활용 PC기반 제어기술

선권석 · 나승유 · 김진영 · 강기호 · 박봉석 지음

청문각

눈 길

선 권 석

곱게 자란
싸리나무 울타리에
하얀 눈이
소복소복 내립니다.

어린 시절 살찌우던
감나무,
옛날 그 자리에서
눈, 바람 장단에 맞춰,
소박한
농부의 마음을 들려줍니다.

눈에 겨워 희미해진
뒷산 산책로는
잿빛 하늘에
포근히 감싸여
여인의 수수함을 드러냅니다.

하얗게 덮인 신작로는
내 자취를 지켜주고,
소나무에 눌러앉은 눈꽃은
지치지 않은 아버지의 절개를 보여줍니다.

언덕 아래서 불어오는
바람,
포근함을 간직한 채
내리는 눈,
서로는 서로를 의지하며,
마음속, 숨속,
품속으로 스며듭니다.

인류는 기술을 바탕으로 생활한다. 기술은 도구를 기반으로 구성되어 있고, 이들의 조합에 의해 Actuator가 구성된다. 그리고 이 구동기를 효율적으로 제어하기 위해서 Controller가 필요하다. 이때 사용되는 제어 요소 기술을 우리는 3종류로 구분할 수 있다. PLC 기반 제어 기술, 마이크로프로세서 기반 제어 기술 그리고 PC(컴퓨터) 기반 제어 기술이다. 이들은 각 분야에서 특징을 가지고 응용할 수 있도록 되어 있다.

이 책은 PC 기반 제어 분야를 다루고 있는 C# 언어를 활용하였다. 오랜 기간 학교에서 강의를 하면서 PC 기반 제어 기술에 대한 강의에서 고가의 장비와 표준 없이 이루어지는 교과과정으로 인해서 체계적으로 수업을 진행하기가 어려웠다. 기술의 변화에 따라 적용 장비가 달라지고, 그에 따라 방법과 인터페이스 회로도 달라져서 학생과 교수 모두 기준을 잡을 수가 없었다. 한편으로 현장과 동떨어진 교육을 할 수도 없었다. 이러한 어려운 점을 해결하기 위해서 UCI BUS와 이 신호를 분리해 내는 BIU 및 제어용 전자 회로 7종류를 개발하였고, 이들을 이용해서 PC 기반 제어를 공부하고자 한다면 누구나 저렴한 가격으로 구입하여 실습할 수 있도록 장비를 구성하였다. 또한 이들 제어용 전자 회로 보드 7종을 살펴보면 전자 회로의 기본 및 응용 방향에 대한 인터페이스 구성을 공부할 수 있도록 세심한 배려를 통해서 구성하였다.

PART 01에서는 C# 프로그램 언어의 구조와 사용법, 그리고 UCI BUS의 원리 및 BIU와 제어용 보드 7종류에 대해서 다루었다. 특히 Data BUS의 신호와 Add. BUS 신호를 분리하는 BIU 및 LED, FND, DC Motor, ST Motor, DC24V Actuator 구동용 TR, 엔코더를 포함한 스위치 및 신호 변환용 Photo Interrupt 등 7개의 전자 회로 보드와 회로 동작에 대해서 설명하였으며, 이들을 활용한 제어용 알고리즘을 제공하였다. 또한 프로그램 방법에서는 Console 활용 방법과 Window Form을 활용한 두 가지 방법을 비교해서 보여 줌으로써 좀 더 쉽게 이해할 수 있도록 하였다.

PART 02에서는 산업용 Actuator로 사용되는 공압 실린더 및 다양한 센서와 저장 장치, 컨베이어 생산 시스템이 구비되어 있는 메카트로닉스 미니 MPS를 알고리즘에 의해서 제어할 수 있도록 C# 프로그램 알고리즘과 함께 제시하였다.

PART 03에서는 카메라를 이용해서 BarCode, 위치 계산 등 다양한 Vision 처리에 대한 내용과 EtherNet 통신에 대해서 소개하였다. 특히 EtherNet 통신에서 PC ↔ PC 뿐만아니라 PC ↔ PLC 간에도 데이터를 주고받을 수 있는 방법을 다루었다.

이러한 다양한 내용을 다루고 있는 본 교재는 PC 기반 제어의 기본과 현장 응용 능력을 동시에 보여 줄 수 있도록 구성되어 있다는 점과 "C" 언어에서 구조를 모두 이해하며 프로그램하기 어려운 C#과 MFC와는 달리 C#의 언어를 활용하였다는 점이 타 교재와의 차별화된 점이라고 볼 수 있다. 또한 이곳에서 제시한 UCI BUS 등 관련 전자 회로 및 알고리즘들은 쉽게 이해할 수 있도록 구성되어 있으면서도 상당한 수준을 보여 준다는 점이다. 다양한 장치들이 PC 기반 제어 방식을 이용해서 개발되는 현실에서 이 책이 많은 역할을 해 줄 것을 기대해 본다.

끝으로 이 책이 출간되기까지 수고해 주신 청문각 임직원에게 감사를 드린다.

2015년 2월
지은이 씀

차 례
CONTENTS

Chapter 1 | C# 이론

Chapter 3 | 윈도우 폼 프로그램 실습

Chapter 4 | UCI BUS 활용 인터페이스 기술2(Windows Form 응용)

Chapter **5** | 공압 실린더 제어

Chapter **6** | MPS 제어

03

Chapter 7 | MPS 머신 비전

Chapter 8 | 이더넷 통신

Mechatronics

1 | C# 이론

1 ▸ C# 프로그램 언어 기본 구성

1. 프로그램 언어란

프로그램 언어는 우리가 컴퓨터와 소통하는 언어라고 생각하면 된다. 예를 들어 한국인과 미국인이 소통하려면 한국어나 영어로 대화를 해야 의사소통이 가능한 것처럼, 우리가 컴퓨터와 의사소통을 하려면 공통 대화 수단이 마련되어야 한다.

사람이 컴퓨터에게 일을 시키기 위해서 컴퓨터와 사람의 대화를 위한 공통 대화 수단이 필요한데, 컴퓨터는 사람의 말을 이해하지 못하고 사람도 컴퓨터가 인식할 수 있는 기계어를 알지 못한다. 그래서 이때 사람과 컴퓨터 사이에서 통역 역할을 해 주는 것이 **프로그램**이다. 그리고 프로그래밍 언어로 작성된 프로그램을 컴퓨터가 이해할 수 있도록 기계어로 번역해 주는 역할을 하는 것이 **컴파일러**이다.

프로그램을 만들기 위해서는 프로그램 언어가 필요한데, 이 프로그램 언어를 이용해서 기계어로 변화시키기 위한 코드 작성을 하는 것이 바로 **프로그램** 언어이다.

그중 C# 언어에 대하여 알아보도록 하는데, C# 언어의 장점과 단점에 대해서 알아보도록 한다.

먼저, 장점으로는 기존 언어의 장점들만 살려서 만든 언어이고, 기존의 C# 언어 문법을 표준화하고 장점을 살렸기 때문에 C# 언어를 모르는 사람도 시작하기 쉽다. 또 기존의 윈도우 API 개발에 사용하는 COM 컴포넌트를 제공하고 있다.

단점으로는 처음 배우는 사람은 모든 문법에 익숙해지기 전까지 어렵고, 중간 언어 형태를 띠고 있기 때문에 C나 C#로 짠 코드보다는 속도가 떨어지게 된다.

속도 부분은 64비트 운영 체제에서는 차이가 거의 나지 않으며 단순 명료한 문법으로 쉽게 접근할 수 있다. 모든 장비와 쉽게 접근할 수 있는 인터페이스가 제공되기 때문에 요즘은 보편적으로 C#을 사용하고 있는 추세이다.

2. .NET란

세계 최대의 소프트웨어 기업 마이크로소프트(MS)사가 인터넷 기능을 강화한 소프트웨어로 디지털 세상을 하나로 묶는다는 계획으로 "미래의 인터넷과 소프트웨어는 더는 별개가 아니다. 마이크로소프트 닷넷(Microsoft.NET)을 통해 하나로 통합될 것이다."라는 부분으로 탄생하였다.

닷넷 전략을 실현하기 위해 만든 개발자 플랫폼을 닷넷 프레임워크라고 한다. 네트워크 작업, 인터페이스 등의 많은 작업을 캡슐화하였고, '공통 언어 런타임(CLR : Common Language Runtime)'이라는 이름의 가상 머신 위에서 작동하게 된다.

가상 머신을 통해서 C#, F#, Visual Basic 등의 다양한 언어로 개발할 수 있게 되었고, 개발된 프로그램은 CLR을 통해 번역된 후 .NET Frame Work를 통해서 실행되게 된다.

3. 콘솔 모드 신규 프로젝트 생성 방법

지금부터 신규 프로젝트 생성 후 기본적인 프로그램을 빌드하는 방법에 대하여 알아본다. 먼저 Visual Studio 2010을 시작한다.

<u>01</u> "파일 → 새로 만들기 → 프로젝트" 메뉴를 실행한다.

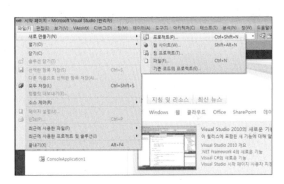

그림 1.1

<u>02</u> "새 프로젝트"에서 다이얼로그가 열리면 "Visual C# → Windows → 콘솔 응용 프로그램"에서 "Consol Project"를 선택하고, 솔루션 이름을 "Consol Project Ex01"로 결정하고 "확인" 버튼을 클릭한다.

그림 1.2

<u>03</u> 프로젝트가 생성되고, 그림 1.3과 같은 초기 화면을 볼 수 있다 .

그림 1.3

4. 샘플 코드 설명

<u>01</u> 선택된 "Program.cs"에서 "static void Main(string[] args){ }" 사이에 오른쪽 과 같은 문장을 삽입한다.

```
using System;
using System.Collections.Generic
using System.Linq
using System.Text

namespace Ex01
{
    class Program
    {
        static void Main(string[] args)
        {
            Console.WriteLine('메카트로닉스
            프로젝트 생성');
        }
    }
}
```

<u>02</u> 메뉴에서 "빌드(B) → 솔루션 빌드(B)" 버튼을 클릭하여 컴파일한다.

그림 1.4

03 메뉴에서 "디버그(D) → 디버깅하지 않
고 시작(H)" 버튼을 클릭하여 프로그램
을 실행한다.

그림 1.5

04 실행된 결과는 다음과 같다.

그림 1.6

2 C# 프로그램 언어 기본 구성

다음은 Programs.cs 클래스의 내용이다. 먼저 C# 프로그램이 어떤 순서로 실행되는지 분석해
보도록 한다. 그 과정은 다음과 같이 "메인 메소드 시작 → 네임스페이스 묶음 설정 → 자주 사용
하는 네임스페이스 이름 등록"의 순서로 이루어진다.

```
using System;
using System.Collections.Generic;
using System.Linq;                    3번
using System.Text;

namespace Ex02                                    2번
{
    class Program
    {                                         1번
        static void Main(string[] args)
        {
            System.Console.WriteLine("메카트로닉스 프로젝트 실행");
            Console.ReadKey();
        }
    }
}
```

1. 프로그램 시작 지점

먼저 프로그램 언어에서는 시작 지점이 필요하다. 그 시작 지점을 메인 메소드라고 한다. 메인 메소드는 프로그램에서 하나만 존재한다. 선언은 "static void Main(string[] args)"로 선언한다. 메소드는 시작 부분이 " { "에서부터 " } "까지 세미콜론 " ; "을 한 문장으로 해서 실행된다.

```
class Program
{

    static void Main(string[] args)
    {

        System.Console.WriteLine("메카트로닉스 프로젝트 실행");
        Console.ReadKey( );

    }

}
함수 시작부분 "{"에서부터 끝나는 "}" 까지 세미콜론":" 단위로 진행된다.
```

다음은 함수에 대해서 자세히 알아보도록 한다. 적절한 입력과 그에 따른 출력이 존재하는 것을 가리켜 함수라고 한다. 함수는 입력과 출력이 존재하고 순차적으로 실행된다. 메소드에서 메소드를 호출하여 결과를 출력할 수 있다. 그러면 먼저 WriteLine()메소드에 대하여 알아보도록 한다. 먼저 WriteLine함수의 원형은 public static void WriteLine(매개 변수); 형태로 되어 있고, 매개 변수는 함수가 처리해야할 입력 데이터를 받아오는 역할을 한다.

Console.WriteLine("출력하고 싶은 문자나 숫자를 매개 변수로 전달") 방식으로 사용하게 되는데, 그림으로 보면 1.7과 같다.

다음은 문장이 진행되는 순서에 대해서 알아보기로 한다. 사람이 작성하는 문장으로 정리하자면, 메모지를 예로 들면 "금일 3시에 미팅 약속" 이라는 문장이 있다면, 여기까지가 한 문장으로서 나누어지고 거기에 따른 내용이 전달된다. 마찬가지로 프로그램도 메소드라는 메모지에 프로그램이 작업에 대한 형식에 맞추어서 작성했다고 생각하면 된다.

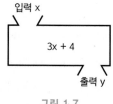

입력 x

$3x + 4$

출력 y

그림 1.7

금일 3시에 미팅 약속;
금일 6시에 퇴근;

2. 프로그램의 네임스페이스 그룹 지정

C# 네임스페이스는 명칭이 충돌하는 것을 방지하기 위해 명칭들을 저장해 놓는 장소로, 명칭

들이 저장되는 범위를 격리시키기 위해서 사용된다. C#에서는 미리 시스템 자원을 접근하기 위한 명령을 메소드 단위로 만들어서 그 명령어들은 각각의 쓰임에 따라서 네임스페이스 단위로 묶여져 있다. 묶여져 있는 네임스페이스명은 다음과 같다.

표 1.1 네임스페이스

네임스페이스	설명
System	타입, 메모리 관리 등 핵심 클래스
System.Collections	배열, 연결 리스트 등의 컬랙션 클래스
System.Io	파일 입출력 및 네트워크 관련 클래스
System.Windows.forms	윈도우즈 폼과 컨트롤
System.Drawing	화면에 그리기 관련 클래스

다시 메모지에 대해서 설명하자면, "금일 3시에 미팅 약속"이라는 스케줄을 영희와 철수가 둘 다 가지고 있다. 그렇다면 누구의 스케줄인지 나타내 주기 위해서 "네임스페이스"라는 작업을 하게 된다.

```
영희 스케줄
{
    금일 3시에 미팅 약속
    금일 6시에 퇴근
}
철수 스케줄
{
    금일 3시에 미팅 약속
    금일 6시에 퇴근
}
```

처음 설명했던 것처럼 코드를 작성하기 위해서는 "네임스페이스 → 클래스 → 메소드 → 실행할 명령"과 같은 구조를 가지고 있어야 하고, 프로그램에 대한 소스는 같은 네임스페이스를 사용하게 된다.

```
namespace Ex02
{
    class Program
    {
        static void Main(string[] args)
        {
            System.Console.WriteLine("메카트로닉스 프로젝트 실행");
            Console.ReadKey();
        }

    }
}
```

3. Using 그룹 설정

현재 화면에 문자를 출력하는 WriteLine 명령어를 사용하기 위해서 Console.WriteLine()으로 접근하였다. 실제로는 System.Console.WrteLine()으로 접근해야 하지만, System이라는 최상위 네임스페이스를 using System; 으로 설정하여 System에 묶여 있는 항목들은 System이라는 네임스페이스 이름 없이 접근하게 하였다.

다시 말해서, Using은 다음과 같이 전산 관리과에 영희, 철수 경리과에 순희, 영수가 있다고 하면, 영희, 철수는 전산 관리과에 있기 때문에 전산 관리과에 있는 영희, 철수로 나누어지지만 전산 관리과를 Using으로 설정하여 철수를 나타내 주기 위해서 전산 관리과라는 부분을 생략하게 된다.

전산 관리과 스케줄
영희 스케줄
{
　금일 3시에 미팅 약속
　금일 6시에 퇴근
}
철수 스케줄
{
　금일 3시에 미팅 약속
　금일 6시에 퇴근
}
	Using 전산 관리과
	철수의 스케줄을 나타내라.
	
	전산 관리과의 철수의 스케줄을 나타내라.

다시 코드로 설명하자면, System의 네임스페이스를 Using으로 설정했기 때문에 해당 WriteLine을 접근하기 위해서 전체 경로를 넣어 줄 필요가 없게 된다.

```
using System;
using System.Collections.Generic;
using System.Linq;
using System.Text;

namespace Ex02
{
    class Program
    {
        static void Main(string[] args)
        {
            System.Console.WriteLine("메카트로닉스 프로젝트 실행");
            Console.WriteLine("메카트로닉스 프로젝트 실행");

            Console.ReadKey();
        }
    }
}
```

4. 프로그램 실행 결과

현재 프로그램을 실행하면 그림 1.8과 같이 출력된다.

그림 1.8

자료형

1. 자료형이란

먼저 앞에서 배운 WriteLine() 메소드를 이용하여 숫자를 출력하는 다음과 같은 예제를 만들어 본다.

```
namespace Ex03
{
    class Program
    {
        static void Main(string[] args)
        {
            Console.WriteLine("9");
            Console.WriteLine(9);

            // 키입력이 있을때까지 대기
            Console.ReadKey();
        }
    }
}
```

이전과 다른 부분은 WriteLine() 메소드 매개 변수의 " " 안에 문자를 넣어 출력하였지만 지금은 숫자를 넣어 출력하고 있다. 출력 결과는 같지만 해당 문자 "9"와 숫자 9는 C#에서는 어떤 한 공간에 보관하게 된다.

다시 말해서, 먼저 프로그램에서 데이터를 보관하기 위해서는 기본적인 보관 장소가 필요하게 된다. 보관하는 장소를 선언하기 위해 C#에서는 변수와 상수를 사용하게 된다. 변수란 저장소에서 마음대로 값을 변경할 수 있는 공간을 의미하고, 상수란 한 번 선언한 값이 변경되지 않는 공간을 의미한다. 흔히 상수의 선언은 코드 변수에 삽입하는 형태로 많이 사용된다.

데이터형은 크게 정수형과 실수형으로 나누어지고, 표현 범위는 다음과 같다.

표 1.2 **정수형 데이터**

.NET 기본 형식	데이터형	표현 범위
System.SByte	sbyte	−128~127
System.Byte	byte	0~255
System.Char	char	U+0000~U+FFFF(유니 코드 문자)
System.Int16	short	−32,768~32,767
System.UInt16	ushort	0~65,535
System.Int32	int	−2,147,483,648~2,147,483,647
System.UInt32	uint	0~4,294,967,295
System.Int64	long	−9,223,372,036,854,775,808~9,223,372,036,854,775,807
System.UInt64	ulong	0~18,446,744,073,709,551,615

표 1.3 **실수형 데이터**

.NET 기본 형식	데이터형	표현 범위
System.Single	float	소수점 이하 6자리
System.Double	double	소수점 이하 14자리
System.Decimal	decimal	소수점 이하 28자리

2. 변수

변수라는 것은 사전적인 의미로는 '변하는 수'를 의미한다. 물론 프로그래밍에서도 어느 정도는 통용되는 의미이다. 조금 더 프로그램적인 관점에서 변수를 풀이하자면, '데이터를 담는 일정 크기의 공간'이라고 보면 된다.

변수를 사용하기 위해서는 먼저 변수를 선언해야 하는데, 선언하는 방법은 다음과 같다.

int number; int는 자료형이며, number는 변수 이름이 된다.

이렇게 변수를 선언하고 사용하면 된다.

변수의 설명을 위해 다음과 같은 간단한 예제를 제시한다.

```
static void Exam02()
{
    // 정수형 변수형을 선언한다.
    int nInput;
    nInput = 30;     // nInput라는 변수에 상수를 30을 대입한다.

    // 내용을 출력한다.
    Console.WriteLine("입력된 숫자는" + nInput + "입니다.");
}
```

이 예제는 "nInput"이라는 변수를 선언하고, 값을 "30"이라는 값으로 변경하는 예제이다. 여기서 중요한 부분은 정수형 변수의 선언과 30이라는 상수의 대입이다.

■ **변수 선언 규칙**

변수를 선언할 때 사용되는 규칙은 다음과 같다.

첫째, 변수에 처음에는 숫자가 올 수 없다.

둘째, 미리 정해진 키워드를 변수명으로 할 수 없다.

셋째, 변수명에는 공백 문자가 포함될 수 없다.

```
static void EX03( )
{
    int 7thBirthday;        // 숫자로 시작할 수 없음
    int auto;               // 정해진 키워드
    int comment No;         // 공백문자가 포함될수 없음
}
```

3. 기본 데이터 형식

C#에서 제공하는 기본 자료형은 모두 15가지가 있다. 이들은 크게 숫자, 논리, 문자열, 오브젝트형으로 나누어진다. 여기서 문자열, 오브젝트형은 참조 형식에 해당하며, 나머지는 모두 값 형식을 하고 있다.

(1) 정수형 자료형

부호가 없는 숫자를 나타내기 위한 자료형이다. 자료형의 종류마다 나타낼 수 있는 최대 범위가 달라진다.

(2) 실수형 자료형

소수를 나타내며 자료형의 종류마다 나타낼 수 있는 최대 범위가 달라진다.

(3) Decimal형

부동 소수점과는 다른 방식으로 소수를 다루며 엄청난 정밀도를 자랑한다. 그러면 실수형 자료형 float, double과는 어떤 차이가 있는지 다음 예제를 통하여 살펴보도록 한다. 값을 넣을 때 주의할 점은 float는 숫자의 끝에 f를 넣는 것과, decimal은 숫자의 끝에 m을 넣어야 한다는 것이다.

```
static void Ex04( )
{
    float a = 3.14159265358979323846264338327 9f;
    double b = 3.14159265358979323846264338327 9;
    decimal c = 3.14159265358979323846264338327 9m;

    Console.WriteLine(a);
    Console.WriteLine(b);
    Console.WriteLine(c);
}
```

실행 결과는 그림 1.9와 같다.

그림 1.9

(4) 문자형

문자형에는 char가 있다. 엄밀히 말하면 정수를 다루는 자료형에 속해 있다. 문자란 '하나의 글자를 말하며, 문자의 구분은 따옴표(' ')로 구분'한다고 보면 된다.

```
static void Ex05( )
{
    char a = '안';
    char b = '녕';

    Console.WriteLine(a+b);
}
```

(5) 문자열형

문자열형은 string이 있는데, 문자와는 다르게 문자열은 '문자들의 집합이며, 큰따옴표(" ")로 묶어서 구분'한다.

```
static void Ex05( )
{
    string a = "안녕하세요";

    Console.WriteLine(a);
}
```

(6) 논리형

논리 형식에 의거하여 true와 false를 나타내는데, 사용 방법은 다음과 같다.

```
static void Ex07( )
{
    bool a = true;
    bool b = false;

    Console.WriteLine(a);
    Console.WriteLine(b);
}
```

(7) Object형

모든 형식의 데이터를 다룰 수 있는 자료형이다. object형은 앞에서 언급한 모든 자료형의 부모 자료형으로, 말하자면 '모든 자료형은 object형을 상속받았다.'라고 할 수 있다. 여기서는, '지금은 이렇구나!'라고 생각하고 넘어가도록 한다.

```
static void Ex08( )
{
    object a = 1;
    object b = 1.5;
    object c = '안';
    object d = "안녕하세요";
    object e = false;

    Console.WriteLine(a);
    Console.WriteLine(b);
    Console.WriteLine(c);
    Console.WriteLine(d);
    Console.WriteLine(e);
}
```

(8) 자료형의 변환

C#에서 자료형의 변환은 Convert함수에서 제공하는 메소드를 통해 쉽게 변환이 가능하며, 다음과 같이 값을 변경하여 출력할 수 있다.

```
static void Ex09( )
{
    // Convert클래스에 제공하는 메소드를 이용하여 형변환
    string a = "1234.5";
    double c = Convert.ToDouble(a);
    int b = Convert.ToInt32(c);
    string d = Convert.ToString(b);

    Console.WriteLine(a);
    Console.WriteLine(b);
    Console.WriteLine(c);
    Console.WriteLine(d);
}
```

4. 상수와 열거 형식

상수는 이름이 없는 리턴형 상수와 자료형 상수로 나누어진다. 리턴형 상수는 이름을 지니지 않는 상수를 말하며, 흔히 변수에 상수 값을 대입할 때 사용한다. 자료형 상수는 상수에 값이 메모리 공간에 저장되는 경우이다. 이는 심볼릭 상수라고도 하고 자료형의 선언과 동시에 값을 할당해야 한다. 할당된 이후에는 변경이 불가능하다.

```
static void EX10()
{
    // 상수와 상수의 값을 더해서 변수를 초기화
    int val = 30 + 40;

    // 변수값을 대입해서 변수를 초기화
    int Val1 = val;

    // 심볼릭 상수는 선언과 동시에 값을 할당해야한다.
    const int Max = 100;
    const double Pi = 3.14;
}
```

다음은 열거 형식에 대해서 알아보도록 한다. 열거 형식은 사용자 자료형으로 나누어지고 데이터를 나타내는 기호와 정수형 숫자가 쌍으로 존재한다. 접근 방법은 현재 열거 형태의 변수를 만들고 열거형에 표현된 데이터 형식만 들어가게 된다.

```
// 현제 정의된 열거형만 사용할 수 있다.
enum DataName { 데이터1 = 0, 데이터2 = 1, 데이터3 = 2, }
static void Ex11()
{
    DataName Data;
    Data = DataName.데이터1;

    Console.WriteLine(Data);
    Console.WriteLine((int)Data);
}
```

5. 공용 형식 시스템

C#의 모든 데이터 형식 체계는 공용 형식 시스템이라는 .NET 프레임워크의 형식 체계의 표준을 사용한다. 그렇기 때문에 C#이나 F# 또는 VB 등에서도 같은 공용 시스템 형식을 사용하게 된다. 공용 형식 시스템이란 모두가 함께 사용하는 데이터 형식 체계라는 뜻이다. 이렇게 같은 형식을 사용하는 이유는 .NET 언어들끼리 호환성을 갖도록 하기 위한 것이다.

표 1.4는 처음에 알아보았던 데이터 형식이 공용 형식에 어떻게 지원되는지 정리한 것이다.

표 1.4

.NET 기본 형식	VB .NET 키워드	C# 키워드	C# 확장 키워드
System.Byte	Byte	byte	char
System.SByte	지원 X	sbyte	signed char
System.Int16	Short	short	short
System.Int32	Integer	int	int 또는 long
System.Int64	Long	long	_int64
System.UInt16	지원 X	ushort	unsigned short
System.UInt32	지원 X	uint	unsigned int 또는 unsigned long
System.UInt64	지원 X	ulong	unsigned_int64
System.Single	Single	float	float
System.Double	Double	double	double
System.Object	Object	object	Object*
System.Char	char	char	_wchar_t
System.Decimal	Decimal	decimal	Decimal
System.Boolean	Boolean	bool	bool

4 변수, 연산자

1. 연산자

연산자는 연산을 요구할 때 쓰는 기호로, 대부분 변수의 값을 변경하기 위해서는 연산자를 사용한다. C#에서 변수의 값을 변경하는 연산자에는 대표적으로 대입 연산자와 산술 연산자가 있다.

2. 산술 연산자

수학에서 배운 "+ - */"가 산술 연산자이다. 두 개의 피연산자를 통해서 값을 변경하게 되고, 변경된 값은 결합성에 의해서 결합되게 된다.

표 1.5 연산자

연산자	연산의 예	의미	결합성
=	a = 20	대입	<<
+	a = 4 + 3	덧셈	>>

(계속)

연산자	연산의 예	의미	결합성
–	a = 4 – 3	뺄셈	>>
*	a = 4 * 3	곱셈	>>
/	a = 4 / 3	나눗셈	>>
%	a = 4 % 3	나머지	·>>

다음은 예제를 통해서 산술 연산자가 어떻게 계산되는지 알아보도록 한다.

```
static void Ex01( )
{
    int x = 0;      // 대입연산자

    x = 10 + 10; Console.WriteLine(x); // 덧셈
    x = 10 - 10; Console.WriteLine(x); // 뺄셈
    x = 10 * 10; Console.WriteLine(x); // 곱셈
    x = 10 / 10; Console.WriteLine(x); // 나눗셈
    x = 10 % 10; Console.WriteLine(x);// 나머지
}
```

3. 증가·감소 연산자

증감 연산자는 피연산자 값을 증가시키고, 감소 연산자는 피연산자 값을 감소시킨다.

표 1.6

연산자	연산의 예	의미
++	++a	값 1 증가
– –	– –a	값 1 감소

증가·감소 연산자가 앞과 뒤에 오는 것에 따라서 연산 방식이 달라진다. 변수의 뒤에 오면 해당 문장이 끝난 후 변숫값이 변경되지만, 변수 앞에 오면 변숫값을 변경하고 해당 문장이 실행된다.

```
static void Ex02( )
{
    int x = 0;

    // 증감 감소 연산자
    Console.WriteLine(x++);
    Console.WriteLine(++x);

    x = 10;
    Console.WriteLine(x--);
    Console.WriteLine(--x);
}
```

4. 문자 결합 연산자

문자열 결합 연산자는 문자를 결합하여 새로운 문자를 만든다. 문자 결합 연산자는 문자열 객체를 이용하여 여러 개의 피연산자를 결합하여 작업한다.

```
static void Ex03( )
{
    string StrA = "A String";
    string StrB = "B String";

    Console.WriteLine(StrA + StrB);

    string StrC = StrA + StrB;
    Console.WriteLine(StrC);
}
```

5. 관계 연산자

관계 연산자는 2개의 피연산자의 크기를 비교하며, 해당 식이 맞으면 "참" 틀리면 "거짓"을 나타낸다.

표 1.7 관계 연산자

연산자	설명	지원 형식
<	왼쪽 피연산자가 오른쪽 피연산자보다 작으면 "참"	모든 수치 형식에 사용 가능하다.
>	왼쪽 피연산자가 오른쪽 피연산자보다 크면 "참"	모든 수치 형식에 사용 가능하다.
<=	왼쪽 피연산자가 오른쪽 피연산자보다 작거나 같으면 "참"	모든 수치 형식에 사용 가능하다.
>=	왼쪽 피연산자가 오른쪽 피연산자보다 크거나 같으면 "참"	모든 수치 형식에 사용 가능하다.
==	왼쪽 피연산자가 오른쪽 피연산자와 같으면 "참"	모든 수치 형식에 사용 가능하다.
!=	왼쪽 피연산자가 오른쪽 피연산자와 다르면 "참"	모든 데이터 형식에 사용 가능하다. (String형에도 사용 가능하다.)

관계 연산자의 예제는 다음과 같다.

```
static void Ex04( )
{
    // 관계연산자 결과
    Console.WriteLine("3 > 4 : {0}", 3 > 4);
    Console.WriteLine("3 < 4 : {0}", 3 < 4);
    Console.WriteLine("3 >= 4 : {0}", 3 >= 4);
    Console.WriteLine("3 <= 4 : {0}", 3 <= 4);
    Console.WriteLine("3 == 4 : {0}", 3 == 4);
    Console.WriteLine("3 != 4 : {0}", 3 != 4);
}
```

6. 논리 연산자

연산자는 연산을 요구할 때 쓰는 기호로, 대부분 변수의 값을 변경하기 위해서는 연산자를 사용한다. C#에서 변수의 값을 변경하는 연산자는 대표적으로 대입 연산자와 산술 연산자가 있다. (중복)

표 1.8 연산자

연산자	설명	연산 이름
&&	피연산자로 오는 2개의 값이 모두 참이면 "참"	논리곱 연산
||	피연산자로 오는 2개의 값이 하나만 참이면 "참"	논리합 연산
!	피연산자가 참이면 "거짓", 거짓이면 "참"	부정 연산

```
static void Ex05( )
{
    // 논리 연산자
    Console.WriteLine("1 > 0 && 1 < 0 : {0}", 1 > 0 && 1> 0);
    Console.WriteLine("1 > 0 || 1 < 0 : {0}", 1 > 0 || 1 > 0);

    // 부정연산자
    Console.WriteLine("!1 연산 : {0}", !true);
    Console.WriteLine("!0 연산: {0}", !false);
}
```

7. 조건 연산자

조건 연산자는 3항 연산자라고 하며, 주어진 조건이 "참"이면 1번 연산자를 대입하고, "거짓"이면 2번 연산자를 대입한다. 조건에 맞으면 첫 번째 피연산자가 대입되고, 조건이 틀리면 두 번째 피연산자가 대입된다.

```
static void Ex06( )
{
    int Number = Convert.ToInt32(Console.ReadLine( ));

    // 3항 연산자
    string Str = (Number % 2 == 0) ? "짝수입니다." : "홀수입니다.";
    Console.WriteLine(Str);
}
```

8. 비트 연산자

비트 연산자는 각 자료형의 비트 연산을 통해 논리적 수행과 비트를 시프트시키는 시프트 연산자로 나누어진다. 시프트 연산자는 그림 1.10과 같이 각 비트를 해당 위치로 이동하는 역할을 수행한다.

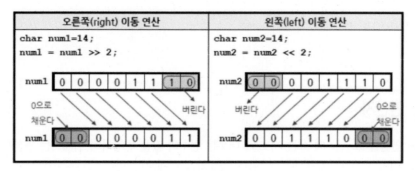

그림 1.10

비트 논리 연산은 데이터의 각 비트에 대해 수행하는 논리 연산이다.

표 1.9 **비트 논리 연산자**

연산자	이름	설명	지원 형식
&	논리곱	두 연산자의 비트 논리곱을 수행한다.	정수, bool형 형식
|	논리합	두 연산자의 비트 논리합을 수행한다.	정수, bool형 형식
^	배타적 논리합	두 연산자의 배타적 논리합을 수행한다.	정수, bool형 형식
~	보수 연산자	두 연산자의 보수 연산자를 수행한다.	

이진 연산을 통해 계산하는 방법은 표 1.10과 같다.

표 1.10 **이진 연산을 통한 계산 방법**

10 & 7		10 | 7		10^7	
	00001010		00001010		00001010
&	00000111	|	00000111	^	00000111
================		================		================	
	00000010		00001111		00001101

프로그램으로 계산한 결과는 다음과 같다.

```
static void Ex07( )
{
    int a = 9;
    int b = 10;

    Console.WriteLine("{0} << {1} = {2}", a, b, a << b);
    Console.WriteLine("{0} >> {1} = {2}", a, b, a >> b);
    Console.WriteLine("{0} & {1} = {2}", a, b, a & b);
    Console.WriteLine("{0} | {1} = {2}", a, b, a | b);
    Console.WriteLine("{0} ^ {1} = {2}", a, b, a ^ b);
    Console.WriteLine("~{0} = {2}", a, ~a);
}
```

9. 할당 연산자

연산자는 연산을 요구할 때 쓰는 기호로, 대부분 변수의 값을 변경하기 위해서는 연산자를 사용한다. C#에서 변수의 값을 변경하는 연산자는 대표적으로 대입 연산자와 산술 연산자가 있다(중복).

표 1.11 **할당 연산자**

연산자	설명	연산 이름
=	오른쪽 피연산자를 왼쪽 피연산자에 할당한다.	할당 연산자
+=	a+= b는 a = a+b와 같다.	덧셈 할당 연산자
-=	a -= b는 a = a-b와 같다.	뺄셈 할당 연산자
*=	a *= b는 a = a*와 같다.	곱셈 할당 연산자
/=	a /= b는 a = a/b와 같다.	나눗셈 할당 연산자
%=	a %= b는 a= a%b와 같다.	나머지 할당 연산자
&=	a &= b는 a= a&b와 같다.	논리곱 할당 연산자
|=	a |= b는 a= a|b와 같다.	논리합 할당 연산자
^=	a ^= b는 a= a^b와 같다.	배타적 논리합 연산자
<<=	a <<= b는 a= a<<b와 같다.	왼쪽 시프트 할당 연산자
>>=	a >>= b는 a= a>>b와 같다.	오른쪽 시프트 할당 연산자

```
static void Ex08( )
{
    int Number = 100; Console.WriteLine(Number);
    Number += 90; Console.WriteLine(Number);
    Number -= 80; Console.WriteLine(Number);
    Number *= 70; Console.WriteLine(Number);
    Number /= 60; Console.WriteLine(Number);
    Number %= 50; Console.WriteLine(Number);
    Number &= 40; Console.WriteLine(Number);
    Number |= 30; Console.WriteLine(Number);
    Number ^= 20; Console.WriteLine(Number);
    Number <<= 10; Console.WriteLine(Number);
    Number >>= 1; Console.WriteLine(Number);
}
```

5 흐름 제어문

1. 조건문

지금까지 진행했던 프로그램 방법은 메인 메소드가 호출되고 1라인식 프로그램이 실행되었기 때문에 프로그램의 역할에 대해서 한계가 있었다. 지금부터는 조건문을 이용하여 프로그램의 흐름을 제어할 수 있도록 해 본다.

조건문의 특징은 조건이 만족되는 경우에 한해서 영역이 실행된다. 지원하는 연산자는 if~ else문, switch~case문이 있다. 그러면 if~else문에 대해서 알아보도록 하겠다.

if문은 해당 실행 조건이 만족되는 경우 실행하고자 하는 내용을 실행할 수 있다. 다음과 같이 if문에 실행 조건을 서술한 후 실행하고자 하는 내용을 '{}' 안에 추가하면 된다. "참"이면 if문 문장, "거짓"이면 else문 문장이 실행된다.

if문이 사용되는 다음 예제를 통해서 설명하도록 한다.

```
if( nInput1 == 1 )    // 실행 조건
{
    //참이면 수행
}
else
{
    // 거짓이면 실행
}
```

다음 예제와 같이 콘솔창에서 입력을 받아 와 입력받은 숫자가 짝수인지 홀수인지 확인하여 각 조건에 맞는 문자를 출력하였다. 이처럼 조건이 만족할 때 해당 영역이 실행된다.

```
static void Ex01( )
{
    //
    int nInput1 = Convert.ToInt32(Console.ReadLine( ));

    if (nInput1 % 2 == 0)
    {
        Console.WriteLine("짝수 입니다.");
    }
    else
    {
        Console.WriteLine("홀수 입니다.");
    }

}
```

다음은 else if문에 대해서 설명하도록 한다. else if문은 여러 가지 조건을 기술할 수 있다. 즉 첫 번째 조건이 아니라면 두 번째 조건, ... , n번째 조건까지 조건을 검사하게 된다. 다음 예제는 if else문을 이용한 사측 계산이다.

```
static void Ex02( )
{
    int nInput1 = 0, nInput2 = 0, nOper = 0, nTotal = 0;
    Console.Write("계산할 첫번째 숫자 입력 : ");
    nInput1 = Convert.ToInt32(Console.ReadLine( ));

    Console.Write("계산할 두번째 숫자 입력 : ");
    nInput2 = Convert.ToInt32(Console.ReadLine( ));

    Console.Write("선택 1.덧셈 2.뺄셈 3. 곱셈 4. 나누셈");
    nOper = Convert.ToInt32(Console.ReadLine( ));

    if( nOper == 2)
    {
        Console.WriteLine("{0}-{1} == {2}", nInput1, nInput2, nInput1 - nInput2 );
    }
    else if( nOper == 3)
    {
        Console.WriteLine("{0}+{1} == {2}", nInput1, nInput2, nInput1 + nInput2);
    }
    else if( nOper == 4)
    {
        Console.WriteLine("{0}/{1} == {2}", nInput1, nInput2, nInput1 / nInput2);
    }
    else
    {
        Console.WriteLine("{0}+{1} == {2}", nInput1, nInput2, nInput1 + nInput2);
    }
}
```

예제에서 사측 계산에 대한 조건을 else if문으로 다중 선택이 가능하게 작업하였다. 이렇게 여러 개의 조건을 검사할 때는 else if문을 사용한다.

다음은 switch~case문의 특징에 대하여 알아본다. 검사에 관계된 변수를 switch()문에 넣고 그 값을 case문으로 작성하여 사용한다. 분기의 경우의 수가 많아지면 가급적 switch문을 사용하고, 조건에 비교 연산이 들어가면 if문을 사용하면 직관적으로 표현할 수 있다.

사용 방법은 다음 예제와 같다.

```
switch( nInput1)   // 실행 조건
{
    case 1:  // nInput1이 1일 때 문장을 실행
    {
        //참이면 수행
    }


}
```

다음은 switch~case문을 이용한 사측 계산 코드에 대하여 설명하도록 한다.

```
static void Ex03( )
{
    int nInput1 = 0, nInput2 = 0, nOper = 0, nTotal = 0;
    Console.Write("계산할 첫번째 숫자 입력 : ");
    nInput1 = Convert.ToInt32(Console.ReadLine( ));

    Console.Write("계산할 두번째 숫자 입력 : ");
    nInput2 = Convert.ToInt32(Console.ReadLine( ));

    Console.Write("선택 1.덧셈 2.뺄셈 3. 곱셈 4. 나누셈");
    nOper = Convert.ToInt32(Console.ReadLine( ));

    switch (nOper)
    {
        case 1:
            Console.WriteLine("{0}+{1} == {2}", nInput1, nInput2, nInput1 + nInput2);
            break;
        case 2:
            Console.WriteLine("{0}-{1} == {2}", nInput1, nInput2, nInput1 - nInput2);
            break;
        case 3:
            Console.WriteLine("{0}*{1} == {2}", nInput1, nInput2, nInput1 * nInput2);
            break;
        case 4:
            Console.WriteLine("{0}/{1} == {2}", nInput1, nInput2, nInput1 / nInput2);
            break;
        default:
            break;
    }
}
```

2. 반복문

반복문은 같은 내용을 반복적으로 실행시켜 주기 위한 문장이고, 특정 영역의 특정 조건이 만족하는 동안에 반복을 실행해 준다. 반복을 통해 프로그램에서 할 수 있는 역할이 많아지게 된다. 반복문은 크게 for문에 의한 반복 While문에 의한 반복 do~while문에 의한 반복이 있다. 조건문과 결합하여 특정 상황을 처리해 줄 수 있다.

그러면 예제를 통해서 반복문이 어떤 역할을 수행하는지 알아보도록 한다. 다음 예제는 구구단을 반복문을 사용하여 출력하는 예제이다. 여기서는 for문을 이용하여 반복해서 문자를 출력하고 있다. 그러면 for문의 기본 원리와 의미에 대해서 알아보도록 한다.

for문은 초기문, 조건문, 증감문 모두를 기본으로 포함한 반복문이고 가장 많이 사용하는 반복문이다.

구조를 보면 반복 조건을 입력하기 위해서 초기문, 조건문, 증감문을 작성하였다. 초기문은 반복하는 변수에 값을 지정한다. 조건문은 반복하는 변수의 값이 종료 조건인지 비교를 하게 된다.

증감문은 반복하는 변수의 값을 증감 및 감소시켜 준다. 사용 방법은 다음과 같다.

```
// for문을 이용한 반복
for( 초기문: 조건문 : 증감문 )
{
    // 반복 내용
}
```

다음과 같이 구구단을 찍는 예제를 만들어 보았다.

```csharp
static void Ex04( )
{
    int nInput = 0;
    Console.Write("숫자를 입력하세요 : ");
    nInput = Convert.ToInt32(Console.ReadLine( ));

    // for문을 이용하여 반복
    for (int Index = 1; Index <= 9; ++Index)
    {
        Console.WriteLine("{0} * {1} == {2}", nInput , Index, nInput * Index);
    }
}
```

while문은 for문처럼 반복에 대한 조건문만 들어가게 된다. while문을 사용했을 때의 장점은 반복에 대한 조건만 필요하기 때문에 초깃값이 필요하지 않은 상황에서 사용할 수 있고, 조건에 제약이 없다.

```
// while문을 이용한 반복문
int I = 0; // 조건 변수
while( I < 10 ) - - -> 조건문
{
    // 반복 내용
    ++i; - - ->증감문
}
```

다음과 같이 구구단을 찍는 예제를 만들어 보았다.

```
static void Ex05( )
{
    int nInput = 0;
    Console.Write("숫자를 입력하세요 : ");
    nInput = Convert.ToInt32(Console.ReadLine( ));

    // while문을 이용한 반복
    int Index = 1;
    while( Index <= 9 )
    {
        Console.WriteLine("{0} * {1} == {2}", nInput, Index, nInput * Index);
        Index++;
    }
}
```

연습 문제

1. 입력받은 정수 n 이하의 자연수 중에서 짝수의 합과 홀수의 합을 구하시오.

2. For문을 이용하여 입력받은 숫자만큼 *문자를 피라미드 형태로 출력하시오

```
        *
      ***
    *****
  *******
*********
```

3. For문을 이용하여 입력받은 숫자만큼 *문자를 역피라미드 형태로 출력하시오

```
*********
  *******
    *****
      ***
        *
```

4. For문을 이용하여 입력받은 숫자만큼 *문자를 마름모 형태로 출력하시오

```
        *
      ***
    *****
  *******
*********
  *******
    *****
      ***
        *
```

6 메소드 사용 방법 정리

1. 메소드의 개요

메소드(Method)는 주로 객체 지향 프로그래밍(OOP) 언어에서 사용하는 용어로, C나 C#에서는 주로 함수(Function)라고 불렸다. 그 의미의 차이는 분명 존재하지만 큰 틀에서의 의미는 메소드나 함수나 같다고 보면 된다.

다시 한 번 함수를 설명하자면, 특정 작업이 반복되는 경우 이 작업이 따로 정의해 두고 필요할 때마다 사용할 수 있는 프로그램의 독립된 단위라고 할 수 있다.

사용 방법은 다음과 같이 함수는 클래스 안에 선언해야 하고, 객체 지향 프로그래밍에서는 코드 내의 모든 것을 객체로 표현한다. 각 객체는 자신만의 속성(데이터)과 기능(메소드)을 가지고 있다. 클래스나 객체에 대해서는 클래스 장에서 다시 다루도록 한다.

```
class Program
{
    한정자 반환형 메소드이름 (매개변수)
    {
        코드;

        return 메소드 결과
    }


}
```

2. 메소드의 타입

메소드는 크게 일만 담당하는 메소드와 일을 한 후 값을 리턴하는 메소드로 나눌 수 있다. 함수는 다음과 같이 독립적인 역할을 수행하기 위해 만들어졌고, 값을 받아 와서 처리한 결과를 반환하는 메소드와 일만 하는 메소드로 나누어 볼 수 있다.

```
// 값을 리턴하는 메소드
static int CalcPlus(int aVal, int aVal2 )
{
    return aVal + aVal2;
}

// 일만 하는 메소드
static void PrintPlus(int aVal, int aVal2)
```

```
{
    Console.WriteLine(aVa1 + aVal2);
}

static void Main(string[] args)
{
    int a = 10, b = 20;
    int c = CalcPlus(10, 20);
    PrintPlus(10, 20);
    Console.WriteLine(c);

    Console.ReadKey();
}
```

3. Return 키워드

return은 '반환'이라는 뜻으로 메소드의 결괏값을 해당 반환형으로 반환하는 것을 말한다. 반환형은 int로 되어 있고, 매개 변수 val1, va2도 int형으로 되어 있다. 당연히 return할 때도 반환값에 맞게 int형으로 반환시켜 주어야 한다.

return은 메소드 안에 여러 개 존재할 수 있는데, 코드가 실행하다가 return을 만나게 되면 바로 그 메소드를 탈출하게 된다. 여러 가지 반환 방법이 있을 경우 if 같은 조건문을 통해서 반환값을 달리 주는 방법을 사용할 수 있다.

```
// 홀수짝수를 체크하는 함수
static string ParityCheck(int aVal)
{
    if (aVal % 2 == 0)
    {
        return "짝수입니다.";
    }
    else
    {
        return "홀수 입니다.";
    }
}
```

4. 재귀 메소드

재귀 메소드는 메소드가 자신을 스스로 호출하는 것을 말한다. 재귀의 대표적인 예제인 피보나치 수열에서 원하는 번째의 피보나치수를 출력하는 예제로 설명한다. 재귀 메소드는 코드를 단순하게 구성할 수 있는 장점이 있지만, 성능에는 좋지 않은 영향을 미치기 때문에 사용 시 주의가 필요하다.

```
static int Fibonacci(int aVal)
{
    if (aVal < 2)
    {
        return aVal;
    }
    else
    {
        return Fibonacci(aVal - 1) + Fibonacci(aVal - 2);
    }
}

static void Ex03( )
{

    Console.WriteLine("피보나치수 : {0}", Fibonacci(10));
}
```

5. 참조에 의한 매개 변수 전달

swap() 메소드는 서로의 값을 바꾸어 주는 기능을 한다. 여기서 주목해야 할 것은 ref라는 키워드이다. ref란 참조(Reference)라는 뜻인데, 메소드의 매개 변수 앞에 ref 키워드를 붙여 주면 swap() 메소드의 매개 변수 a, b는 Main()에서 원본 변수인 x, y를 직접 참조하게 된다.

이와 같이 원본 변수를 참조하는 방식의 전달을 참조에 의한 전달(Call by reference)이라고 한다.

```
static void RefSwap(ref int aVal1, ref int aVal2)
{
    int Temp = aVal1;
    aVal1 = aVal2;
    aVal2 = Temp;
}

static void Ex04( )
{
    int a = 20;
    int b = 10;

    RefSwap(ref a, ref b);

    Console.WriteLine("Swap결과: {0},{1}", a, b);
}
```

6. 출력 전용 매개 변수

출력 전용 매개 변수는 ref와 비슷한 성질을 지니고 있다. ref와 마찬가지로 참조에 의한 값의 전달이 가능하다. 출력 전용 매개 변수를 사용하기 위해서는 ref 대신 out라는 키워드를 사용한다. 그렇다면 ref와의 다른 점은 무엇일까?

　ref의 경우는 메소드가 해당 매개 변수의 결과를 저장하지 않아도 컴파일러는 아무런 경고를 하지 않는다. 호출된 메소드에서는 출력 전용이기 때문에 매개 변수를 쓰기만 할 수 있다.

```
static void Divide(int aVal1, int aVal2, out int quot, out int remain)
{
    quot = aVal1/ aVal2;
    remain = aVal1 % aVal2;
}

static void Ex05()
{
    int a = 20, b = 3, c, d;

    Divide(a, b, out c, out d);

    Console.WriteLine("Divide결과: {0},{1}", c, d);
}
```

7. 메소드 오버로딩

　메소드 오버로딩은 메소드의 이름은 같지만 매개 변수 및 반환형이 다르면 같은 이름이라도 여러 개의 메소드를 만들 수 있다.

```
static int Plus(int aVal1, int aVal2)
{
    return aVal1 + aVal2;
}

static double Plus(double aVal1, double aVal2)
{
    return aVal1 + aVal2;
}

static void Ex06()
{
    int a = 20, b = 3;
    double c=20.2, d = 3.5;

    Console.WriteLine("덧셈 결과: {0},{1}", Plus(a,b), Plus(c,d));
}
```

8. 가변 길이 매개 변수

　C#에서는 가변 길이 매개 변수라는 것을 지원한다. 가변 길이 매개 변수란, 매개 변수의 수를

가변적으로 만들어서 매개 변수의 수를 유연하게 변경할 수 있는 매개 변수를 말한다.

가변 길이 매개 변수는 params 키워드와 다음 예제와 같이 접근할 수 있다.

```csharp
static void SumPrint(params int[] aVal)
{
    int Sum =0;
    for( int i = 0 ; i < aVal.Length ; ++i )
    {
        Sum += aVal[i];
    }

    Console.WriteLine(Sum);
}

static void Ex07()
{
    SumPrint(1, 2, 3, 4, 5, 6, 7, 8, 9, 10);
}
```

9. 선택적 매개 변수

메소드의 매개 변수에 할당 연산자(=)를 붙여서 값을 할당할 수 있다. 이럴 경우 메소드를 호출할 때 따로 값을 전달하지 않으면 미리 지정되어 있는 기본 값을 매개 변수의 값으로 사용하게 된다. 물론 메소드를 호출할 때 값을 전달하게 되면 기본 값은 무시되고 전달한 값으로 재할당된다.

이와 같이 기본 값을 가지는 매개 변수를 디폴트 매개 변수(Default Parameter)라고 한다. 사용 시 주의할 점은 디폴트 매개 변수를 전부 쓰는 것이 아니라 일부만 사용할 때에는 매개 변수의 오른쪽부터 채워나가야 한다.

```csharp
static void Mod( int aVal1 = 10, int aVa2 = 5)
{

    Console.WriteLine(aVal1 % aVa2);
}

static void Ex08()
{
    Mod();
    Mod(14);
    Mod(13, 2);
}
```

7 배열과 컬랙션

1. 배열

배열이란 같은 타입의 데이터를 여러 개 저장할 수 있는 공간을 말한다. 배열의 특징은 같은 데이터 타입의 데이터를 한꺼번에 여러 개 생성할 수 있고, 같은 데이터 타입끼리 묶음으로써 관계의 표현이 명확해지고 데이터 관리가 편리해지는 장점이 있다.

만약 100명의 학생 점수를 넣는 변수들을 만들어야 한다고 가정하자. 배열을 몰랐다면 하나하나 해서 100개의 변수를 선언해야 할 것이다. 이런 끔찍한 일을 미연에 방지하기 위해서 나타난 것이 바로 배열이다. 배열을 선언하는 방법은 다음과 같다. 여기서 int형은 4 byte의 영역을 확보한다. 다음 표 1.12는 SIEMENS PLC의 메모리 표이니 참고하기 바란다.

표 1.12

순번	Keyword	길이(in Bit)	비고
1	BOOL	1	1 bit(0 또는 1)
2	BYTE	8	1 byte
3	WORD	16	2 byte
4	DWORD	32	4 byte
5	CHAR	8	1 byte
6	INT	16	2 byte
7	DINT	32	4 byte
8	REAL	32	4 byte

```
//
static void Ex01()
{
    int[] Score = new int[10];

    for(int i = 0; i < 10; ++i)
    {
        Score[i] = i;
        Console.WriteLine("{0}번째 학생성적:{1}", i+1, Score[i]);
    }
}
```

2. C#에서 배열을 초기화하는 방법

배열을 초기화하는 방법에 대해서 알아보도록 한다. 배열을 생성하게 되면 해당 자료형의 초 깃값이 설정되어 있다. 그 초깃값을 생성할 때 초기화하는 방법이다.

첫 번째는 배열의 길이를 명시한 경우이다. 이 경우에는 무조건 저배열의 길이에 맞게 초기화 시켜 주어야 한다. 두 번째는 배열의 길이를 생략한 경우이다. 이 경우에는 배열의 각 원소의 개수를 자동으로 세어 길이를 지정해 주어야 한다. 세 번째는 new와 배열의 길이 모두 생략한 것이다. 쓸 때는 편하지만 첫 번째 타입으로 사용하는 것을 권장한다.

```
static void Ex02( )
{
    int[] Score1 = new int[5] { 0, 1, 2, 3, 4 }; // 배열의 길이를 명시
    int[] Score2 = new int[] { 0, 1, 2, 3, 4 };  // 배열의 길이를 생략
    int[] Score3 = { 0, 1, 2, 3, 4 }; // new연산과 배열의 길이 생략
}
```

3. ArrayList를 이용한 배열 사용 방법

배열 자체만으로는 별다른 기능이 따로 존재하지 않는다. 예를 들어 배열을 특정 조건에 맞추어 정렬하거나 특정 데이터를 배열 속에서 정해진 값이 있는지 찾아낸다거나 하는 기능은 구현이 되어 있지 않다.

다음은 ArrayList를 이용하여 길이를 지정하지 않고 사용하는 예제이다. Add 메소드를 이용하여 데이터를 추가하고 배열 형태로 사용할 수 있다. ArrayList를 사용하기 위해서는 "using System.Collections"의 namespace를 추가해야 한다.

```
// Arrary리스트를 이용한 가변 배열
static void Ex03( )
{
    ArrayList NumberList = new ArrayList( );

    for (int i = 0; i < 10; ++i)
    {
        NumberList.Add( i * 10);
    }

    for (int i = 0; i < 10; ++i)
    {
        Console.WriteLine(NumberList[i]);
    }
}
```

4. 2차원 배열 사용

앞에서 다룬 배열은 1차원 배열을 말한다. 이번에 정리할 2차원 배열이란 2개의 차원(가로+세로)으로 원소를 배치하는 것을 말한다. 물론 메모리상에는 2차원이고 3차원이고 간에 선형으로 배열이 구현된다. 2차원 배열을 구현하는 문법은 다음과 같다.

```
// 이차원 배열
static void Ex04()
{
    int[,] Arrary1 = new int[2,2]{{0,1},{1,2}};
    int[,] Arrary2 = new int[,] { { 0, 1 }, { 1, 2 } };
    int[,] Arrary3 = { { 0, 1 }, { 1, 2 } };

    for( int i = 0 ; i < 2 ; ++i)
    {
        for( int j = 0 ; j < 2 ; ++j)
        {
            Console.WriteLine(Arrary1[i, j]);
        }
    }
}
```

5. 가변 배열 사용

가변 배열(Jagged Array) 이란 배열의 길이를 늘렸다가 줄였다가 할 수 있기 때문에 붙여진 이름이다. 배열 안에 배열이 존재한다고 생각하면 된다.

접근 방법은 다음과 같이 읽어 올 첫 번째 배열, 두 번째 배열을 입력하면 된다.

```
// 가변 배열
static void Ex05()
{
    int[][] Arrary = new int[3][];
    Arrary[0] = new int[2]{0,1};
    Arrary[1] = new int[3];
    Arrary[2] = new int[3];

    Console.WriteLine(Arrary[0][0]);
}
```

연습 문제

배열에 대한 적절한 문제를 구성해서 작업해 보도록 한다.

8 예외 처리

1. Try - Catch로 예외 처리

예외란 일반적이지 않은 흐름을 처리하기 위한 작업이다.

다음과 같은 코드를 살펴보도록 한다.

```
using System;
using System.Collections.Generic;
using System.Linq;
using System.Text;

namespace Ex08
{
    class Program
    {
        static void Main(string[] args)
        {
            int n = 0;
            int nn = 50 / n;
            Console.WriteLine(nn);

            Console.ReadKey();
        }
    }
}
```

DivideByZeroException이(가) 처리되지 않았습니다.   ✕

0으로 나누려 했습니다.

문제 해결 팁:

나누기 연산을 수행하기 전에 분모의 값이 0이 아닌지 확인하십시오.

이 예외에 대한 일반 도움말 가져옵니다.

온라인으로 추가 도움말 검색...

작업:

자세히 보기...
예외 정보를 클립보드에 복사

현재 사칙 연산에서 변수 n의 값으로 나누기 연산을 실행하였다. c# 프로그램에서는 분모를 0으로 나눌 수가 없어 해당 코드가 실행되면 프로그램이 심각한 오류가 발생하게 된다. 하지만 현재 사항은 프로그램의 실수이지 심각한 에러가 아니다.

이런 사항에서 해당 오류 사항에 대한 처리를 할 수 있도록 Try~Catch문을 사용해 보도록 한다. Try~Catch문의 사용 방법은 다음과 같다.

```
try {
        /* 예외 발생 예상 지역 */
}

catch(처리 되어야 할 예외의 종류) {
        /*  예외를 처리하는 코드가 존재할 위치 */
}
```

그러면 앞의 예제에서 Try~Catch문을 사용해 보도록 한다. 프로그램이 실행되고 nn 변수의 값을 대입하면서 계산이 잘못되었다. 그때 Catch문으로 넘어가며 해당 상황이 화면에 출력된다.

```
namespace Ex08
{
    class Program
    {
        static void Main(string[] args)
```

```
    {
        // 예외가 발생할 만한 위치를 설정한다.
        try
        {
            int n = 0;
            int nn = 50 / n;
            Console.WriteLine(nn);
        }
        // Try위치에서 예외가 발생하면 다음 라인이 실행된다.
        catch (System.Exception ex)
        {
            Console.WriteLine("예외가 발생하였습니다.");

        }

        |
        Console.ReadKey();
    }
  }
}
```

다음은 Final문에 대해서 알아본다. Final문이 선언되면 Try문이 설정되어 있다면 반드시 실행된다. 사용 방법은 다음과 같다.

```
class Program
{
    static void Main(string[] args)
    {
        // 예외가 발생할 만한 위치를 설정한다.
        try
        {
            int n = 1;
            int nn = 50 / n;
            Console.WriteLine(nn);
        }
        // Try위치에서 예외가 발생하면 다음 라인이 실행된다.
        catch (System.Exception ex)
        {
            Console.WriteLine("예외가 발생하였습니다.");
        }
        finally
        {
            Console.WriteLine("Final문실행.");
        }

        Console.ReadKey();
    }
}
```

2. System.Exception 클래스(30분)

다음은 Catch문에서 발생된 예외의 종류를 담고 있는 Exception에 대하여 알아본다. Exception 클래스는 Catch문의 인자로 설정되어 있고 해당 예외가 발생할 때 예외의 정보가 들어가 있다. 속성은 표 1.13과 같다.

표 1.13

프로퍼티	설명
HelpLink	에러를 자세하게 설명하고 있는 도움 파일(Help File)의 URL을 리턴한다.
Message	발생한 에러를 텍스트 형식으로 바꿔서 리턴해 준다.
Source	에러를 발생시킨 객체(혹은 애플리케이션)의 이름을 리턴해 준다.
StackTrace	발생한 에러를 판단해 줄만한 문자열이 연속적으로 들어 있다.

사용 방법은 다음과 같이 해당 예외 객체의 속성을 접근하여 사용하면 된다.

```
class Program
{
    static void Main(string[] args)
    {
        // 예외가 발생할 만한 위치를 설정한다.
        try
        {
            int n = 1;
            int nn = 50 / n;
            Console.WriteLine(nn);
        }
        // Try위치에서 예외가 발생하면 다음 라인이 실행된다.
        catch (System.Exception ex)
        {
            Console.WriteLine(ex.Message);
            Console.WriteLine(ex.StackTrace);
            Console.WriteLine(ex.GetType());
            Console.WriteLine("예외가 발생하였습니다.");
        }

        Console.ReadKey();
    }
}
```

9 클래스

1. 객체 지향 프로그래밍과 클래스

　클래스를 하기 전에 객체 지향 프로그래밍(Object Oriented Programming)에 대해서 간단하게 정리하고 넘어가도록 한다. 객체 지향 프로그래밍이란 현실에 존재하고 있는 사물과 대상, 그리고 그에 따른 행동을 있는 그대로 실체화시키는 형태의 프로그램을 말한다.

　객체(Object)란 세상의 모든 것을 지칭한다. 사람, 자동차, 모니터, 컴퓨터 등 이 모든 것들이 바로 객체가 될 수 있다. 그러면 객체를 어떻게 표현하는지 알아보도록 한다.

```
class Dog
{
    public string m_Name;
    public string Color;

    // 개가 짖는다.
    public void Bark()
    {
        Console.WriteLine("{0}:멍멍.", m_Name);
    }
}
```

　객체에는 두 가지의 속성이 있다. 하나는 기능, 또 하나는 속성이다. 개라는 객체를 예로 들자면 속성으로 이름과 피부색 등의 요소를 지정할 수 있다. 기능은 객체가 할 수 있는 행동들을 메소드 형태로 만들어서 기능을 구현해 주는 것을 말한다. 다음과 같이 개가 짖음으로써 콘솔창에 해당 이름의 개가 짖는지 표현하고 있다. 이렇게 객체 지향에서는 메소드를 통해서 행동을 정의하게 된다.

2. 클래스의 선언과 객체의 생성

　앞에서 살펴보았던 클래스(Class)는 객체를 만들기 위한 일종의 설계도를 말한다. 아래 코드를 보면서 정리해 보도록 한다. 정의했던 Dog를 new 연산을 이용하여 메모리에 Dog클래스의 크기만큼 할당하고 시작 주소를 저장하였다. 이렇게 만들어진 pDog1, Pdog2는 실제로 데이터를 담을 수 있는 객체이다. 생성 이후 pDog1과 pDog2에 속성을 부여하여 Dog클래스에서 만들어진 객체이지만 담고 있는 내용은 다른 독립된 객체로 사용되게 된다.

```
class Dog
{
    public string m_Name;
    public string Color;

    // 개가 짖는다.
    public void Bark()
    {
        Console.WriteLine("{0}:멍멍.", m_Name);
    }
}

static void Ex01()
{
    Dog pDog1 = new Dog();
    pDog1.m_Name = "개똥이";
    pDog1.Color = "검은색";

    Dog pDog2 = new Dog();
    pDog1.m_Name = "개순이";
    pDog1.Color = "노란색";
}
```

3. 생성자와 소멸자

생성자는 객체가 만들어질 때 초기화를 위해 가장 먼저 호출되는 메소드이고, 초기 한 번만 실행된다. 생성자는 클래스를 선언할 때 프로그래머가 명시적으로 생성자를 구현하지 않아도 컴파일러에서 자동으로 생성자를 만들어 준다.

생성자를 직접 구현하는 이유는 멤버 변수(필드, Filed)를 객체를 생성하면서 내용을 초기화해야 하는 경우가 있기 때문에 생성자를 사용한다.

```
class Dog
{
    public string m_Name;
    public string m_Color;

    public Dog()
    {
        m_Name = "개똥이";
        m_Color = "검은색";
    }
    // 개가 짖는다.
    public void Bark()
    {
        Console.WriteLine("{0},{1}:멍멍.", m_Color,m_Name);
    }
}
```

4. 접근 한정자

접근 한정자(Access Modifier)는 클래스의 멤버 중에서 감추고 싶은 것은 감추고, 보여 주고 싶은 것은 보여 줄 수 있도록 코드를 수식하는 것을 말한다. 즉 다른 객체에서 접근할 수 있는 권한을 지정하게 된다. 이는 객체 지향 프로그래밍의 특성에서 은닉성(Encapsulation)의 특성과 관련되어 있다.

권한은 크게 표 1.14와 같이 3개가 있다. protected 권한은 상속파트에서 다시 설명하도록 한다.

표 1.14 **권한**

권한	설명
public	모든 곳에서 접근 가능
protected	클래스 외부에서는 접근 불가능, 파생(자식) 클래스에서는 접근 가능
private	클래스 내부에서만 접근 가능

public 속성은 객체가 아닌 외부에서 가능하다. 하지만 private 객체는 객체 내부에 선언된 함수에서 변경해 주어야 한다. 이렇게 속성을 지정함으로써 접근에 대한 명확성을 지정할 수 있다.

```
class DogEx3
{
    public string m_Name = "개돌이";
    public string m_Color = "검은색";
    private int m_nCount = 0;

    // 개가 짓는다.
    public void Bark( )
    {
        Console.WriteLine("{0},{1}:멍멍.", m_Color,m_Name);
        Console.WriteLine("총{0}번 짖었습니다.", ++m_nCount);
    }
}

static void Ex03( )
{
    DogEx3 Dog = new DogEx3( );
    Dog.m_Name = "삼식이";

    Dog.Bark( );
    Dog.m_nCount = 0; // Private 영역을 접근 불가능
}
```

델리게이트

1. 델리게이트

델리게이트는 우리말로 표현하자면 "대리자"를 의미한다. C#에서의 델리게이트는 메소드를 가리키는 참조형으로, 메소드의 번지를 저장하거나 다른 메소드의 인수로 메소드 자체를 전달하고자 하는 목적으로 사용된다. 자세한 부분은 예제를 통해서 알아보도록 한다.

다음은 계산을 위한 함수를 생성하고 델리게이트의 원형을 제작해 준다. 델리게이트 원형은 사용할 함수와 같은 매개 변수를 지정해 주어야 한다.

```
public class Calculator
{
    public int Add(int a, int b)
    {
        return a + b;
    }

    public static int Sub(int a, int b)
    {
        return a - b;
    }
}

// 델리게이트 원형을 제작
delegate int MyDelegate(int a, int b);
```

델리게이트형 변수를 선언하고 연결할 함수를 지정해서 정의한다. 번거롭게 생각될 수도 있으나 C#에서 이런 형태의 코드들이 많이 쓰인다.

```
static void Ex01()
{
    // 객체를 만든다.
    Calculator cal = new Calculator();

    //
    MyDelegate CallBack;

    CallBack = new MyDelegate(cal.Add);
    Console.WriteLine(CallBack(2, 3));

    CallBack = new MyDelegate(Calculator.Sub);
    Console.WriteLine(CallBack(2, 3));
}
```

2. 델리게이트 체인

델리게이트 체인은 하나의 델리게이트로 여러 개의 메소드를 동시에 참조할 수 있다. 이러한 기능을 델리게이트 체인이라고 한다. 다시 말해서 델리게이트 체인으로 묶어 놓으면 여러 개의 메소드를 한 번의 호출로 실행할 수 있다. 예제는 다음과 같다.

```
delegate void Script( );

class CEx02
{
    public void Script1( )
    {
        Console.WriteLine("장비를 정지합니다");
    }

    public void Script2( )
    {
        Console.WriteLine("장비를 움직입니다.");
    }

    public void Script3( )
    {
        Console.WriteLine("장비를 시작합니다.");
    }
};

static void Ex02( )
{
    CEx02 Temp = new CEx02( );

    // 델리게이트에서 실행할 함수를 붙인다.
    Script myScr = new Script(Temp.Script1);
    myScr += new Script(Temp.Script2);
    myScr += new Script(Temp.Script3);

    myScr( );
}
```

3. 익명 메소드

익명 메소드(Anonymous Method)는 말 그대로 이름이 없는 메소드를 말한다. 익명 메소드를 다음과 같이 선언한다.

```
델리게이트 인스턴스 = delegate (매개변수)
                {
                        // 코드
                };
```

익명 메소드는 델리게이트 키워드 뒤에 아무것도 존재하지 않는다. 단지 매개 변수 넣을 곳만 존재하게 된다. 이렇게 이름이 없는 메소드를 익명 메소드라고 한다.

사용 방법은 다음과 같이 익명 델리게이트를 만들어서 사용하면 된다.

```csharp
delegate int Ex03Calculator(int a, int b);

static void Ex03()
{
    Ex03Calculator Calc;

    // Calc델리게이트를 바로선언해서 사용한다.
    Calc = delegate(int a, int b)
    {
        return a + b;
    }

    // 계산한다.
    Console.WriteLine(" 1 + 2 = {0}", Calc(1, 2));
}
```

4. 람다식

C#에서의 람다식은 앞서 델리게이트 포스트에서 언급한 익명 메소드를 만들기 위해 사용한다. 람다식도 메소드와 마찬가지로 입력(매개 변수)과 출력(반환값)의 형식을 갖추고 있다.

기본 람다식을 선언하는 형식은 다음과 같다.

```
(매개변수) => 식
```

문형식의 람다식을 선언하는 형식은 다음과 같다.

```
(매개변수) => {
            코드;
        }
```

그러면 직접 람다식을 이용해서 테스트해 보도록 한다. 실행해 본 결과와 같이 델리게이트를 사용하는 것보다는 람다식을 사용하는 것이 더 간편하다.

```
delegate int Ex04Calculator(int a, int b);
delegate void Ex04Print( );

static void Ex04( )
{
    // 람다식을 이용한 익명 메소드
    Ex04Calculator calc = (int a, int b) => a + b;

    // 문형식의 람다식
    Ex04Print Ptr = ( ) =>
    {
        Console.WriteLine("람다식이 만들어졌습니다");
    };
}
```

2 | UCI BUS 활용 인터페이스 기술1(Consol 응용)

1 UCI BUS 제작 기술

1. 개요

UCI(User-peripheral Component Interconnect) BUS의 특성은 기존의 퍼스널 컴퓨터(PC)에서 제공되는 ISA(Industry Standard Architecture) BUS나, PCI(Peripheral Component Interconnect) BUS에서 제공하는 형태의 표준 BUS를 간단하게 표현하고자 하는 데서 아이디어가 출발했다. 여기서 말하는 ISA BUS는 IBM PC와 호환기의 표준 확장 슬롯에 플러그 인 카드(보드)를 삽입하는 방법으로 중앙 처리 장치(CPU)와 각종 주변 장치를 연결하여 정보를 전달할 수 있게 하는 버스 설계 규격이고, PCI BUS는 인텔사를 중심으로 한 미국의 주요 개인용 컴퓨터(PC) 관련 제조 업체 백수십 개 회사가 참가하여 작성한 로컬 버스 규격으로, 일반적으로 약어로 불리는 로컬 버스의 하나이다. PCI 버스 또는 PCI 로컬 버스라고도 한다.

ISA BUS나 PCI BUS는 PC 기반 제어를 위해서는 필수적으로 사용되어야 할 BUS들이다. 그런데 교육을 위한 방법을 찾기는 어렵다. 이들 BUS를 활용하기 위해서는 BUS가 제공되는 슬롯에 연결할 수 있는 방법을 찾아야 하는데, 다양한 형태의 커넥터를 사용해서 복잡하고 관리하기 어려울 뿐만 아니라 매번 실습 시에 사용되는 비용도 무시하기 어렵고 연결하기는 더욱 복잡하다. 그래서 생각한 형태가 편리한 USB 통신을 이용해서 ISA BUS나 PCI BUS에서 제공하는 형태와 같은 신호를 USB 통신을 통해서 만들어 내는 BUS 모듈을 고안한 것이다. 지금까지 특정한 이름 없이 USB BUS 생성기라는 명칭으로 사용되었던 것을 정식으로 UCI BUS라는 새로운 이름으로 명명하고자 한다. 이제 이 제품도 이름을 얻은 것이다. 많이 불러 줄 것을 당부한다.

그림 2.1은 UCI BUS의 완성된 기판이다. 비교적 간단하게 보이지만 강력한 기능을 수행할 수 있도록 설계되었다. 현 추세가 점점 Desktop에서 Notebook으로 PC의 트렌드가 변해가고 있어 과거에 자주 사용하던 Serial 통신이나 Parallel 통신은 그 활용 범위가 매우 좁아졌다. 현재는 PC 기반 제어를 수행하려면 USB로 하는 것이 가장 편리하다. 물론 속도도 만족할 만한 수준까지 올라왔다.

그림 2.1

UCI BUS의 기능은 USB 데이터를 Parallel Data로 변환하여 ADDRESS 8 bit와 Data 8 bit를 생성하고 Read와 Write 신호를 자동으로 생성해 주도록 구성되어 있다. 뿐만 아니라 8255 보드를 이용하여 I/O port를 가장 쉽게 접근하여 사용할 수 있도록 도와준다. 전송 속도는 1 Mbyte/Sec로 매우 빠르고, USB1.1과 2.0이 완벽 호환되어 사용할 수 있다. 사용자 편의를 위하여 USB에 대한 아무런 지식이 없어도 쉽게 I/O Port를 제어할 수 있도록 Driver를 제공하여 Inputb(), Outputb()의 두 가지 함수만으로도 8255보드를 제어하여 메카트로닉스 제어에 필요한 GPIO를 사용할 수 있도록 하였다. 각 함수의 Scan Time은 각 함수에 대해서 dialogue 기반에서 1ms 이내로 호출 가능하여 기본 과정에서부터 고급 과정까지 안정적으로 사용 가능하도록 하였다.

초판에서 기술한 내용과는 달리 여기서는 UCI BUS를 직접 구현해서 사용 가능하도록 모든 자료를 제공할 것이다. 이 책에서 서술한 내용은 저자의 홈페이지에서 직접 다운로드할 수 있도록 별도의 게시판을 구성해서 자료를 올려놓을 것이니 참조하기 바란다. 홈페이지 주소는 www.imechatronics.net이다. 한글로 읽으면 아이메카트로닉스이다. 메카트로닉스 기술을 공부하는 전기 전자 기계공학도들이 쉽게 접근할 수 있도록, 그리고 저렴한 비용으로 PC 기반 제어 공부를 할 수 있도록 하는 것이 저자가 하고 싶은 일이었다는 것을 관련 공부를 하는 독자들은 이해해 주었으면 한다. 구입 방법과 가격 등 모든 정보는 이곳에 올려놓도록 하겠다.

UCI BUS 모듈의 활용 방법은 그림 2.1 블록다이어그램에서 나타낸 것과 같다. 참조하기 바란다.

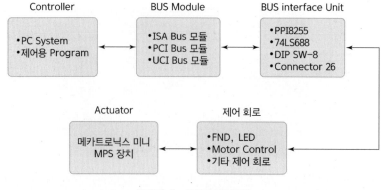

그림 2.2 블록다이어그램

2. UCI BUS 설계 및 제작

UCI BUS는 크게 하드웨어와 소프트웨어로 구성되어 있다. 하드웨어는 누구나 쉽게 접근할 수 있도록 AVR 칩인 "AT Mega 128"을 사용하였다. 그리고 USB 통신을 위한 칩으로는 FT245를 사용하였다. 간단하게 제작 그림과 전자 회로 그리고 프로그램을 소개하는 순서로 설명하기로 한다. 전체적인 구성에 대하여 간단하게 설명해 보도록 한다.

FTDI사는 USB 관련 IC만을 전문으로 생산하는 업체이며, 이곳에서 생산한 FT245 칩을 사용하였다. 이 칩을 사용한 이유는 속도 때문이다. VCP(Virtual Com Port, USB SERIAL) 지원이 가능한 FT232를 이용해서 시리얼 데이터로 변형해서 사용할 수도 있으나, 여기서는 별도의 디바이스인 UCI BUS를 개발하고자 하는 목적이 있었음에 따라 FT245 칩을 사용하였다. FT245는 속도도 좋고, VCP를 지원하면서 패러럴 방식도 지원되어 Read/Write 신호와 Data Bus 신호를 제공해 주는 특징이 있어서 좀 더 빠르게 해 준다. 그리고 이 칩을 사용하기 위해서는 드라이버가 2개 필요한데 이는 INI와 SYS의 형태로 제공된다. 이들은 Window Device 드라이버들이다. 즉, USB를 사용하기 위해서는 INI와 SYS인 두 개의 드라이버가 제공되어야 한다.

다음으로 UCI BUS 모듈 설계를 위해서 사용한 ATmega128 마이크로프로세서와 Imechatronics. dll과 FTDXXX.dll의 참조 dll 파일이다. 이들은 각각 프로그램을 실행할 수 있는 Protocol을 정의하고 있다.

(1) 하드웨어 PCB 설계

UCI(User-peripheral Component Interconnect) BUS를 구성하기 위한 하드웨어 PCB는 그림 2.3과 같다. 필요한 독자들은 홈페이지를 통해서 다운받아서 제작하거나 저렴한 가격에 구입해서 사용하기 바란다. 소개한 홈페이지에 공개해 두었다(www.imechatronics.net).

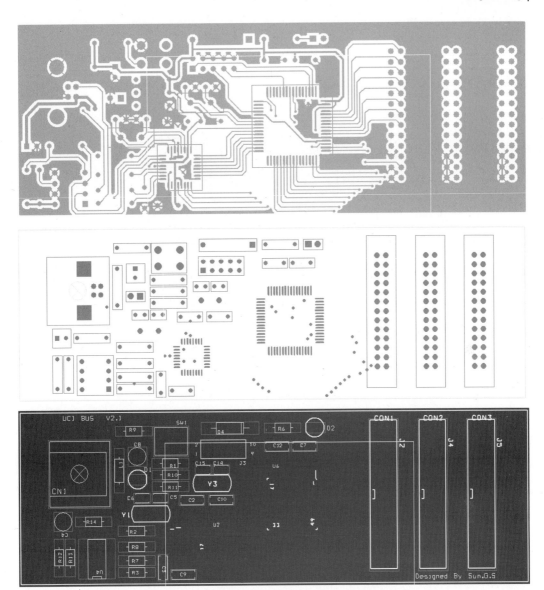

그림 2.3 UCI BUS를 구성하기 위한 하드웨어 PCB

(2) 하드웨어 전자 회로도

UCI BUS 구성을 위한 전자 회로도는 그림 2.4와 같다. 여기서 특징이라면 독자들이 쉽게 접근할 수 있도록 AT Mega128 마이크로프로세서를 이용해서 필요한 신호들을 구성했다는 것이다. 이 분야를 공부하고자 하는 독자라면 오히려 좋은 반응을 보일 것으로 생각한다. 마이크로프로세서에 대한 이해와 함께 하드웨어 구성 시 필요한 요건들도 이해할 수 있기 때문이다. 사용한 회로도와 ATmega128에 내장된 프로그램을 소개하도록 한다.

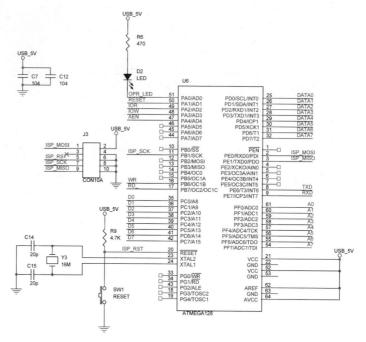

그림 2.4 UCI BUS 구성을 위한 전자 회로도(1)

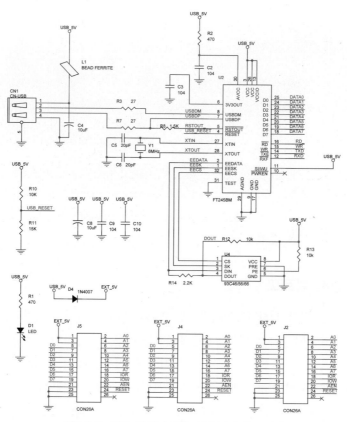

그림 2.5 UCI BUS 구성을 위한 전자 회로도(2)

(3) UCI BUS 구성 ATmega128용 Firm Ware

UCI BUS 구성에 있어서 하드웨어인 전자 회로가 있으면 체계적인 데이터 전달과 필요한 BUS 생성을 위해서는 마이크로프로세서가 필요하고, 이 마이크로프로세서에는 Firm Ware가 있어야 한다. 이 프로그램을 여기서 설명하는 것이다. 프로그램의 내용은 일상적인 것이니 독자 여러분께서 분석해 주기 바란다. 그리고 이를 이용해서 프로그램을 다운로드할 경우는 HEX 파일도 공급되니 활용하면 될 것이다. ATmega128 마이크로프로세서에서는 FT245의 정보를 받아서 Control Bus, Data Bus 그리고 Address Bus를 분리 생성해 주는 역할을 한다.

다음은 프로그램을 소개한다. 프로그램 중 주석이나 사용되지 않는 프로그램도 모두 표시해 두었다. 제작 과정에서 하나하나 확인하면서 프로그램했던 것들이니 참고하였으면 한다. 지저분하다고 표현하는 일이 없기를 바라는 마음에서 언급하니 도움이 되기를 바란다.

```
/*******************************************************
Project     : UCI(User-peripheral Component Interconnect) BUS
Version     : 2.0
Date        :
Author      : SUN G.S.
Company     : POLYTECHNIC V COLLEGE Mechatronics Dept.
Comments    :


Chip type           : ATmega128
Program type        : Application
Clock frequency     : 16.000000 MHz
Memory model        : Small
External SRAM size  : 0
Data Stack size     : 1024
*******************************************************/

#include <mega128.h>
#include <stdio.h>
//#include <delay.h>
////////// Port Define /////////////////////////////////
#define LED_OPER            PORTA.0
#define USB_RD              PORTB.7
#define USB_WR              PORTB.6
#define PPI_WR              PORTA.3
#define PPI_RD              PORTA.2
```

(계속)

```c
//////////////////////////////////////////////////////////
#define USB_DATA 0
#define PPI_DATA  1
#define PPI_IOR  1
#define PPI_IOW  2
#define PPI_NONE 0
#define ON          0
#define OFF  1
//////////////////////////////////////////////////////////

////// Global Variable Define //////////////////
char gGET_DATA[9];
char gPUT_DATA[9];
unsigned int gCountS;//for 1sec timer interrupt
char gBLINK; //for blink led
char gCNT;
int gUSB_GET_DATA;
char gGOOD_PACKET;
////////////////////////////////////////////////

void delay(unsigned int wDelay);
void GLOBAL_DATA_INIT(void);
//void RECEIVE_DATA(void);
//void SEND_DATA(void);
void SYSTEM_INIT(void);

void PROTOCOL_ANALY(void);
void PPI_MODE(char iRDWR);
char USB_INPORT_DATA(void);
char PPI_INPORT_DATA(void);
void USB_OUTPORT_DATA(char value);
void PPI_OUTPORT_DATA(char value);
void USB_SEND_DATA(char iData);
char HexASC_TO_INT(char* str);
void main();

/////////////////// Program Start ///////////////
void PPI_MODE(char iRDWR)
{
        switch(iRDWR)
        {
                case PPI_IOR :
```

```
                              PPI_WR = 1;//HIGH
                              PPI_RD = 0;//LOW
                              break;
                    case PPI_IOW :
                              PPI_RD = 1;//HIGH;
                              PPI_WR = 0;//LOW;
                              break;
                    case PPI_NONE :
                              PPI_RD = 1;//HIGH;
                              PPI_WR = 1;//HIGH;
                              break;
          }
}

void delay(unsigned int wDelay)   //(wDelay*4us)+20us
{
          for (;wDelay>0; - -wDelay);
}

void GLOBAL_DATA_INIT(void)
{
          gCNT = 0;
          gGOOD_PACKET = 0;
          gBLINK = 1;
}

void SYSTEM_INIT()
{
 // Declare your local variables here
 // Input/Output Ports initialization
 // Port A initialization
 // Func7=Out Func6=Out Func5=Out Func4=Out Func3=Out Func2=Out Func1=Out Func0=Out
 // State7=0 State6=0 State5=0 State4=0 State3=0 State2=0 State1=0 State0=0
          PORTA=0x00;
          DDRA=0xFF;

 // Port B initialization
 // Func7=Out Func6=Out Func5=Out Func4=Out Func3=Out Func2=Out Func1=Out Func0=Out
 // State7=0 State6=0 State5=0 State4=0 State3=0 State2=0 State1=0 State0=0
          PORTB=0x00;
          DDRB=0xFF;
```

(계속)

```
// Port C initialization
// Func7=In Func6=In Func5=In Func4=In Func3=In Func2=In Func1=In Func0=In
// State7=T State6=T State5=T State4=T State3=T State2=T State1=T State0=T
        PORTC=0x00;
        DDRC=0x00;

// Port D initialization
// Func7=In Func6=In Func5=In Func4=In Func3=In Func2=In Func1=In Func0=In
// State7=T State6=T State5=T State4=T State3=T State2=T State1=T State0=T
        PORTD=0x00;
        DDRD=0x00;

// Port E initialization
// State7=0 State6=0 State5=0 State4=0 State3=0 State2=0 State1=0 State0=0
        PORTE=0x00;
        DDRE=0;

// Port F initialization
// Func7=Out Func6=Out Func5=Out Func4=Out Func3=Out Func2=Out Func1=Out Func0=Out
// State7=0 State6=0 State5=0 State4=0 State3=0 State2=0 State1=0 State0=0
        PORTF=0x00;
        DDRF=0xFF;

// Port G initialization
// Func4=In Func3=In Func2=In Func1=In Func0=In
// State4=T State3=T State2=T State1=T State0=T
        PORTG=0x00;
        DDRG=0x00;

// Timer/Counter 0 initialization
// Clock source: System Clock
// Clock value: 16000.000 kHz
// Mode: Normal top=FFh
// OC0 output: Disconnected
        ASSR=0x00;
        TCCR0=0x01;
        TCNT0=0x00;
        OCR0=0x00;

// Timer/Counter 1 initialization
// Clock source: System Clock
// Clock value: Timer 1 Stopped
```

(계속)

```
// Mode: Normal top=FFFFh
// OC1A output: Discon.
// OC1B output: Discon.
// OC1C output: Discon.
// Noise Canceler: Off
// Input Capture on Falling Edge
         TCCR1A=0x00;
         TCCR1B=0x00;
         TCNT1H=0x00;
         TCNT1L=0x00;
         ICR1H=0x00;
         ICR1L=0x00;
         OCR1AH=0x00;
         OCR1AL=0x00;
         OCR1BH=0x00;
         OCR1BL=0x00;
         OCR1CH=0x00;
         OCR1CL=0x00;

// Timer/Counter 2 initialization
// Clock source: System Clock
// Clock value: Timer 2 Stopped
// Mode: Normal top=FFh
// OC2 output: Disconnected
       TCCR2=0x00;
        TCNT2=0x00;
        OCR2=0x00;

// Timer/Counter 3 initialization
// Clock source: System Clock
// Clock value: Timer 3 Stopped
// Mode: Normal top=FFFFh
// Noise Canceler: Off
// Input Capture on Falling Edge
// OC3A output: Discon. // OC3B output: Discon. // OC3C output: Discon.
         TCCR3A=0x00;
         TCCR3B=0x00;
         TCNT3H=0x00;
         TCNT3L=0x00;
         ICR3H=0x00;
         ICR3L=0x00;
         OCR3AH=0x00;
```

(계속)

```
        OCR3AL=0x00;
        OCR3BH=0x00;
        OCR3BL=0x00;
        OCR3CH=0x00;
        OCR3CL=0x00;


// External Interrupt(s) initialization
// INT0:Off INT1:Off INT2:Off INT3:Off INT4:Off INT5:Off INT6:Off INT7:On
// INT7 Mode: Falling Edge
        EICRA=0x00;
        EICRB=0x80;
        EIMSK=0x80;
        EIFR=0x80;


// Timer(s)/Counter(s) Interrupt(s) initialization
        TIMSK=0x01;
        ETIMSK=0x00;


// Analog Comparator initialization
// Analog Comparator: Off
// Analog Comparator Input Capture by Timer/Counter 1: Off
        ACSR=0x80;
        SFIOR=0x00;


// Global enable interrupts
        #asm("sei")
}

char USB_INPORT_DATA(void)
{
        char i;

        DDRD=0;//set PORT D all INPUT
   delay(1);
        i = PIND;//get PORTD
        return i;
}
char PPI_INPORT_DATA(void)
{
        char i;

        DDRC = 0;//set PORT G all INPUT
```

(계속)

```
        delay(1);
        i = PINC;//get port G
        return i;
}
void USB_OUTPORT_DATA(char value)
{
        DDRD = 0x0FF;//set PORT D all OUTPUT
        delay(1);
        PORTD   = value;// get Port D
}
void PPI_OUTPORT_DATA(char value)
{
        DDRC = 0x0FF;//set PORT G all OUTPUT
        delay(1);
        PORTC = value;// get PORT G
}
void USB_SEND_DATA(char iData)
{
        char iStr_data[3];
        char i;

        if(gPUT_DATA[1] == 'R')
        {
                sprintf(iStr_data,"%02x",iData);
                gPUT_DATA[4] = iStr_data[0];
                gPUT_DATA[5] = iStr_data[1];
        }
        else
        {
                gPUT_DATA[4] = '0';
                gPUT_DATA[5] = '0';
        }
        for(i=0;i<8;i++)
        {
        USB_OUTPORT_DATA(gPUT_DATA[i]);
                USB_WR = 1;//_HIGH;
                delay(1);
        USB_WR= 0;//_LOW;
        delay(1);
   }
}
char HexASC_TO_INT(char* str)
```

(계속)

```c
{
        char i;
        char iTemp_val[2];
        char iConv_result;

        for(i=0;i<2;i++)
        {
                if(str[i] > 47 && str[i] < 58) iTemp_val[i]  = str[i] − 48;
                else
                {
                        switch(str[i])
                        {
                case 'A':
                case 'a':
                    iTemp_val[i] = 10;
                    break;
                case 'B':
                case 'b':
                    iTemp_val[i] = 11;
                    break;
                case 'C':
                case 'c':
                    iTemp_val[i] = 12;
                    break;
                case 'D':
                case 'd':
                    iTemp_val[i] = 13;
                    break;
                case 'E':
                case 'e':
                    iTemp_val[i] = 14;
                    break;
                case 'F':
                case 'f':
                    iTemp_val[i] = 15;
                    break;
                default :
                    iTemp_val[i] = 0;
                    break;
                        }
                }
        }
}
```

(계속)

```c
    iConv_result = (iTemp_val[0] * 16) + iTemp_val[1];
    return iConv_result;
}
void PROTOCOL_ANALY(void)
{
    char iMODE;
    char iAddress;
    char iAdd_STR[3];
    char iData;
    char iData_STR[3];
    char iRet_VAL;

    iMODE = gGET_DATA[1];
    iAdd_STR[0] = gGET_DATA[2];
    iAdd_STR[1] = gGET_DATA[3];
    iAdd_STR[2] = 0;
    iAddress = HexASC_TO_INT(iAdd_STR);
        iData_STR[0] = gGET_DATA[4];
        iData_STR[1] = gGET_DATA[5];
    iData_STR[2]= 0;
    iData = HexASC_TO_INT(iData_STR);
    switch(iMODE)
    {
        case 'R' :
        case 'r' :
        PORTF = iAddress; //WrPortI(PFDR, &PFDRShadow, iAddress); //address port output
        delay(1);
                        PPI_MODE(PPI_IOR);
        iRet_VAL = PPI_INPORT_DATA();
                        delay(1);
        PPI_MODE(PPI_NONE);
        USB_SEND_DATA(iRet_VAL);
                break;
        case 'W' :
        case 'w' :
        //printf("Output Mode... ADD = %02x, DATA = %02x \n", iAddress,iData);
        PORTF = iAddress;//WrPortI(PFDR, &PFDRShadow, iAddress); //address port output
        PPI_OUTPORT_DATA(iData);
        delay(1);
        PPI_MODE(PPI_IOW);
        delay(1);
        PPI_MODE(PPI_NONE);
```

(계속)

```
                break;
        }
}

 // External Interrupt 7 service routine
interrupt [EXT_INT7] void ext_int7_isr(void)
{
 // Place your code here
 // char iGet_data[9];
    char i;

    USB_RD = 0;//_LOW;
        gGET_DATA[gCNT] = USB_INPORT_DATA();
    USB_RD = 1;//_HIGH;
    //printf("%c", gGET_DATA[gCNT]);
    //////7 byte COMMAND DATA를 받는 루틴//////////////////////////////
        switch(gCNT)
        {
                case 0 :
                            if(gGET_DATA[gCNT] == '$') gCNT = 1;
                else        gCNT = 0;
                            break;

                case 1 :
                case 2 :
                case 3 :
                case 4 :
                case 5 :
                case 6 :
        gCNT++;
        break;
    case 7 :
        if(gGET_DATA[gCNT] == '\n')
                {
            for(i=0;i<8;i++)    {gPUT_DATA[i] = gGET_DATA[i];}
            gGOOD_PACKET = 1;
            LED_OPER = ON;//_ON;
            //printf("gPacket = %s ",gGET_DATA);
                }
                else
                {
                        //printf("Error USB Data...\n");
                        //memset(gGET_DATA,0,gCNT);
```

(계속)

```
                    }
            gCNT = 0;
                        break;
        default :
            gCNT = 0;
            break;
            }


}
 // Timer 0 overflow interrupt service routine
interrupt [TIM0_OVF] void timer0_ovf_isr(void)
{
}


void main(void)
{
    //int i;
            GLOBAL_DATA_INIT();
    SYSTEM_INIT();
            USB_RD = 1;//_HIGH; //USB Ready
            USB_WR = 0;//_LOW; //USB Ready
    PPI_MODE(PPI_NONE);
            LED_OPER = OFF;
            while(1)
    {
//          LED_OPER = ON;
//          delay_ms(500);
            if(gGOOD_PACKET == 1)
            {
            //LED_OPER = ~LED_OPER;//_ON;
            PROTOCOL_ANALY();
                    gGOOD_PACKET = 0;
            }
//          LED_OPER = OFF;  //_OFF;
//          delay_ms(500);
    }
}
```

(4) Firm - Ware Down Load

UCI BUS 구성을 위해서는 컴파일된 hex 파일을 ATmega128 칩에 다운로드해야 한다. 앞에서 작업한 것과 같이 하드웨어 제작과 프로그램이 완성되면 컴파일해서 UCI BUS용 PCB 기판의 J3의 커넥터를 이용해서 프로그램을 다운로드하면 된다. AVR 칩을 다운로드하는 형태의 케이블을 이용하면 된다. 다음 사진을 참조하기 바란다.

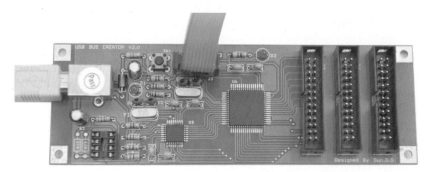

그림 2.6

(5) UCI BUS Protocol용 DLL File(참고용)

앞에서도 설명했지만 UCI BUS를 통해서 Actuator에 신호를 전달하기 위해서는 구성되어야 할 요소들이 몇 가지 있다. 첫 번째는 그림 2.6과 같은 Hardware이고 두 번째는 이곳의 마이크로프로세서에 Download 되어지는 Firmware이다. 그리고 세 번째는 우리가 앞으로 구성할 프로그램과 UCI BUS와의 인터페이스가 가능하도록 지원하는 DLL이 필요하다. 여기서는 이 DLL File의 구성 Class에 대해서 소개할 것이다. File의 이름은 Imechatronics.dll로 되어 있다.

"Imechatronics.dll"은 5개의 Class로 구성되어 있다. 가장 일반적인 내용을 포함하면서 많이 사용되는 IO8255 Class, Ethernet 통신을 지원하는 Socket Class, Vision 처리를 위한 Camera와 MachineVisionUtil Class 그리고 CpuTimer Class로 구성되어 있다.

오른쪽 그림은 Imechatronics 솔루션의 참조 파일을 보여 주고 있다. 다음에 보여 주는 5종류의 클래스는 학습하면서 참고로 보면 유익할 것이다. 모든 독자에게 공개하는 이유가 참고하라는 의미라는 것을 이해하기 바란다. 만약 이 내용을 수정하게 되면 전체적인 구조가 변경되어 사용이 어려워질 수도 있다. 또한 FTD2xx.dll의 경우 FTDI사에서 제공한 것이니 참조해서 프로그램을 코딩하면 된다.

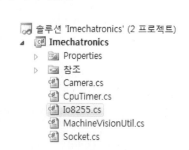

① IO8255 Class의 프로그램 내용은 다음과 같다.

```
using System;
using System.Collections.Generic;
using System.Linq;
```

(계속)

```csharp
using System.Text;
using FTD2XX_NET;
using System.Threading;

namespace Imechatronics
{
    namespace IoDevice
    {
        public class Io8255
        {

            public int bus_busy;
            public int board_present;
            public FTDI myFtdiDevice;

            public Io8255()
            {
                bus_busy = 0;
                board_present = 0;
                myFtdiDevice = new FTDI();
            }

            public int[] ConvetByteToBit(int aValue)
            {
                int[] bInput = new int[8] { 0, 0, 0, 0, 0, 0, 0, 0 };

                for (int Index = 0; Index < 8; ++Index)
                {
                    bInput[Index] = (aValue >> (Index)) & 0x1;
                }

                return bInput;
            }

            public int UCIDrvInit()
            {

FTDI.FT_STATUS status = myFtdiDevice.OpenByDescription("USB <-> Serial");

                if (status == FTDI.FT_STATUS.FT_OK)
                {
                    status = myFtdiDevice.ResetDevice();
                    status = myFtdiDevice.Purge(FTDI.FT_PURGE.FT_PURGE_RX);

                    //test for presence of board
```

(계속)

```
            board_present = 1;
        }
        else
        {
            board_present = 0;
            return -1;
        }
        return 1;
    }

    public FTDI.FT_STATUS UCIDrvClose()
    {
        return myFtdiDevice.Close();
    }

    public void Outputb(int PPI, int add)
    {
        string tx;
        UInt32 ret_bytes = 0;

        if (board_present == 0)
        {
            return
        }

      bus_busy = 1;//keep the timer function from grabbing return data
      //clear the ports of any data
      //Purge(FT_PURGE_RX || FT_PURGE_TX);

        tx = string.Format("$W{0:X2}{1:X2}\r\n", PPI, add);

        myFtdiDevice.Write(tx, tx.Length, ref ret_bytes);
        bus_busy = 0;

        Thread.Sleep(10);
    }

    public int Inputb(int PPI)
    {
        if (board_present == 0)
        {
            return -1;
        }
```

(계속)

```
                    //
                    bus_busy = 1;

                    //
                    string tx, rx;
                    UInt32 ret_bytes = 0;

                    tx = string.Format("$R{0:X2}00\r\n", PPI);
                    myFtdiDevice.Write(tx, tx.Length, ref ret_bytes);
                    myFtdiDevice.Read(out rx, 8, ref ret_bytes);

                    bus_busy = 0;

                    Int32 binaryConst = Convert.ToInt32(rx.Substring(4, 2), 16);
                    Thread.Sleep(10);

                    return binaryConst;
                }
            }
        }
}
```

② Socket Class의 프로그램 내용은 다음과 같다.

```
using System;
using System.Collections.Generic;
using System.Text;
using System.Net;
using System.Net.Sockets;
using System.Threading;

namespace Imechatronics
{
    public class StateObject
    {
        private const int BUFFER_SIZE = 327680;

        private Socket worker;
        private byte[] buffer;
```

(계속)

```csharp
    public StateObject(Socket worker)
    {
        this.worker = worker;
        this.buffer = new byte[BUFFER_SIZE];
    }

    public Socket Worker
    {
        get { return this.worker; }
        set { this.worker = value }
    }

    public byte[] Buffer
    {
        get { return this.buffer; }
        set { this.buffer = value }
    }

    public int BufferSize
    {
        get { return BUFFER_SIZE; }
    }
} // end of class StateObject

/// <summary>
/// 비동기 소켓에서 발생한 에러 처리를 위한 이벤트 Argument Class
/// </summary>
public class TcpSocketErrorEventArgs : EventArgs
{
    private readonly Exception exception;
    private readonly int id = 0;

    public TcpSocketErrorEventArgs(int id, Exception exception)
    {
        this.id = id;
        this.exception = exception;
    }

    public Exception TcpSocketException
    {
        get { return this.exception; }
    }
```

(계속)

```csharp
        public int ID
        {
            get { return this.id; }
        }
}


/// <summary>
/// 비동기 소켓의 연결 및 연결 해제 이벤트 처리를 위한 Argument Class
/// </summary>
public class TcpSocketConnectionEventArgs : EventArgs
{
    private readonly int id = 0;

    public TcpSocketConnectionEventArgs(int id)
    {
        this.id = id;
    }

    public int ID
    {
        get { return this.id; }
    }
}


/// <summary>
/// 비동기 소켓의 데이터 전송 이벤트 처리를 위한 Argument Class
/// </summary>
public class TcpSocketSendEventArgs : EventArgs
{
    private readonly int id = 0;
    private readonly int sendBytes;

    public TcpSocketSendEventArgs(int id, int sendBytes)
    {
        this.id = id;
        this.sendBytes = sendBytes;
    }

    public int SendBytes
    {
        get { return this.sendBytes; }
    }
```

(계속)

```csharp
        public int ID
        {
            get { return this.id; }
        }
    }


    /// <summary>
    /// 비동기 소켓의 데이터 수신 이벤트 처리를 위한 Argument Class
    /// </summary>
    public class TcpSocketReceiveEventArgs : EventArgs
    {
        private readonly int id = 0;
        private readonly int receiveBytes;
        private readonly byte[] receiveData;

    public TcpSocketReceiveEventArgs(int id, int receiveBytes, byte[] receiveData)
        {
            this.id = id;
            this.receiveBytes = receiveBytes;
            this.receiveData = receiveData;
        }

        public int ReceiveBytes
        {
            get { return this.receiveBytes; }
        }

        public byte[] ReceiveData
        {
            get { return this.receiveData; }
        }

        public int ID
        {
            get { return this.id; }
        }
    }


    /// <summary>
    /// 비동기 서버의 Accept 이벤트를 위한 Argument Class
    /// </summary>
    public class TcpSocketAcceptEventArgs : EventArgs
```

(계속)

```
{
    private readonly Socket conn;

    public TcpSocketAcceptEventArgs(Socket conn)
    {
        this.conn = conn;
    }

    public Socket Worker
    {
        get { return this.conn; }
    }
}

///
/// delegate 정의
///
public delegate void TcpSocketErrorEventHandler(object sender, TcpSocketErrorEventArgs e);
public delegate void TcpSocketConnectEventHandler(object sender, TcpSocketConnectionEventArgs e);
public delegate void TcpSocketCloseEventHandler(object sender, TcpSocketConnectionEventArgs e);
public delegate void TcpSocketSendEventHandler(object sender, TcpSocketSendEventArgs e);
public delegate void TcpSocketReceiveEventHandler(object sender, TcpSocketReceiveEventArgs e);
public delegate void TcpSocketAcceptEventHandler(object sender, TcpSocketAcceptEventArgs e);

public class TcpSocketClass
{
    protected int id;

    // Event Handler
    public event TcpSocketErrorEventHandler OnError;
    public event TcpSocketConnectEventHandler OnConnet;
    public event TcpSocketCloseEventHandler OnClose;
    public event TcpSocketSendEventHandler OnSend;
    public event TcpSocketReceiveEventHandler OnReceive;
    public event TcpSocketAcceptEventHandler OnAccept;

    public TcpSocketClass()
    {
        this.id = -1;
    }

    public TcpSocketClass(int id)
```

(계속)

```csharp
    {
        this.id = id;
    }

    public int ID
    {
        get { return this.id; }
    }

    protected virtual void ErrorOccured(TcpSocketErrorEventArgs e)
    {
        TcpSocketErrorEventHandler handler = OnError;

        if (handler != null)
            handler(this, e);
    }

    protected virtual void Connected(TcpSocketConnectionEventArgs e)
    {
        TcpSocketConnectEventHandler handler = OnConnet;

        if (handler != null)
            handler(this, e);
    }

    protected virtual void Closed(TcpSocketConnectionEventArgs e)
    {
        TcpSocketCloseEventHandler handler = OnClose;

        if (handler != null)
            handler(this, e);
    }

    protected virtual void Sent(TcpSocketSendEventArgs e)
    {
        TcpSocketSendEventHandler handler = OnSend;

        if (handler != null)
            handler(this, e);
    }

    protected virtual void Received(TcpSocketReceiveEventArgs e)
```

```
    {
        TcpSocketReceiveEventHandler handler = OnReceive;

        if (handler != null)
            handler(this, e);
    }

    protected virtual void Accepted(TcpSocketAcceptEventArgs e)
    {
        TcpSocketAcceptEventHandler handler = OnAccept;

        if (handler != null)
            handler(this, e);
    }

} // end of class TcpSocketClass

/// <summary>
/// 비동기 소켓
/// </summary>
public class TcpSocketClient : TcpSocketClass
{
    // connection socket
    private Socket conn = null

    public TcpSocketClient(int id)
    {
        this.id = id;
    }

    public TcpSocketClient(int id, Socket conn)
    {
        this.id = id;
        this.conn = conn;
    }

    public Socket Connection
    {
        get { return this.conn; }
        set { this.conn = value }
    }
```

(계속)

```csharp
/// <summary>
/// 연결을 시도한다.
/// </summary>
/// <param name="hostAddress"></param>
/// <param name="port"></param>
/// <returns></returns>
public bool Connect(string hostAddress, int port)
{
    try
    {
        IPAddress[] ips = Dns.GetHostAddresses(hostAddress);
        IPEndPoint remoteEP = new IPEndPoint(ips[0], port);
        Socket client = new Socket(AddressFamily.InterNetwork, SocketType.Stream,
        ProtocolType.Tcp);

        client.BeginConnect(remoteEP, new AsyncCallback(OnConnectCallback), client);
    }
    catch (System.Exception e)
    {
        TcpSocketErrorEventArgs eev = new TcpSocketErrorEventArgs(this.id, e);

        ErrorOccured(eev);

        return false
    }

    return true

}

/// <summary>
/// 연결 요청 처리 콜백함수
/// </summary>
/// <param name="ar"></param>
private void OnConnectCallback(IAsyncResult ar)
{
    try
    {
        Socket client = (Socket)ar.AsyncState;

        // 보류 중인 연결을 완성한다.
        client.EndConnect(ar);
```

(계속)

```
            conn = client;

            // 연결에 성공하였다면, 데이터 수신을 대기한다.
            Receive();

            // 연결 성공 이벤트를 날린다.
            TcpSocketConnectionEventArgs cev = new TcpSocketConnectionEventArgs(this.id);

            Connected(cev);
        }
        catch (System.Exception e)
        {
            TcpSocketErrorEventArgs eev = new TcpSocketErrorEventArgs(this.id, e);

            ErrorOccured(eev);
        }
    }


    /// <summary>
    /// 데이터 수신을 비동기적으로 처리
    /// </summary>
    public void Receive()
    {
        try
        {
            StateObject so = new StateObject(conn);

            so.Worker.BeginReceive(so.Buffer,  0,  so.BufferSize,  0,  new  AsyncCallback
            (OnReceiveCallBack),  so);
        }
        catch (System.Exception e)
        {
            TcpSocketErrorEventArgs eev = new TcpSocketErrorEventArgs(this.id, e);

            ErrorOccured(eev);
        }
    }

    /// <summary>
    /// 데이터 수신 처리 콜백함수
    /// </summary>
    /// <param name="ar"></param>
```

(계속)

```csharp
private void OnReceiveCallBack(IAsyncResult ar)
{
    try
    {
        StateObject so = (StateObject)ar.AsyncState;

        int bytesRead = so.Worker.EndReceive(ar);

        TcpSocketReceiveEventArgs rev = new TcpSocketReceiveEventArgs(this.id, bytesRead,
        so.Buffer);

        // 데이터 수신 이벤트를 처리한다.
        if (bytesRead > 0)
            Received(rev);

        // 다음 읽을 데이터를 처리한다.
        Receive();
    }
    catch (System.Exception e)
    {
        TcpSocketErrorEventArgs eev = new TcpSocketErrorEventArgs(this.id, e);

        ErrorOccured(eev);
    }
}


/// <summary>
/// 데이터 송신을 비동기적으로 처리
/// </summary>
/// <param name="buffer"></param>
/// <returns></returns>
public bool Send(byte[] buffer)
{
    try
    {
        Socket client = conn;

        client.BeginSend(buffer, 0, buffer.Length, 0, new AsyncCallback(OnSendCall
        Back), client);
    }
    catch (System.Exception e)
    {
```

(계속)

```
            TcpSocketErrorEventArgs eev = new TcpSocketErrorEventArgs(this.id, e);

            ErrorOccured(eev);

            return false
        }

        return true
    }

    /// <summary>
    /// 데이터 송신 처리 콜백함수
    /// </summary>
    /// <param name="ar"></param>
    private void OnSendCallBack(IAsyncResult ar)
    {
        try
        {
            Socket client = (Socket)ar.AsyncState;

            int bytesWritten = client.EndSend(ar);

            TcpSocketSendEventArgs sev = new TcpSocketSendEventArgs(this.id, bytesWritten);

            Sent(sev);
        }
        catch (System.Exception e)
        {
            TcpSocketErrorEventArgs eev = new TcpSocketErrorEventArgs(this.id, e);

            ErrorOccured(eev);
        }
    }

    /// <summary>
    /// 소켓 연결을 비동기적으로 종료
    /// </summary>
    public void Close()
    {
        try
        {
            Socket client = conn;
```

(계속)

```csharp
            client.Shutdown(SocketShutdown.Both);
            client.BeginDisconnect(false, new AsyncCallback(OnCloseCallBack), client);
        }
        catch (System.Exception e)
        {
            TcpSocketErrorEventArgs eev = new TcpSocketErrorEventArgs(this.id, e);

            ErrorOccured(eev);
        }
    }

    /// <summary>
    /// 소켓 연결 종료를 처리하는 콜백함수
    /// </summary>
    /// <param name="ar"></param>
    private void OnCloseCallBack(IAsyncResult ar)
    {
        try
        {
            Socket client = (Socket)ar.AsyncState;

            client.EndDisconnect(ar);
            client.Close();

            TcpSocketConnectionEventArgs cev = new TcpSocketConnectionEventArgs(this.id);

            Closed(cev);
        }
        catch (System.Exception e)
        {
            TcpSocketErrorEventArgs eev = new TcpSocketErrorEventArgs(this.id, e);

            ErrorOccured(eev);
        }
    }

} // end of class TcpSocketClient

/// <summary>
/// 비동기 방식의 서버
/// </summary>
public class TcpSocketServer : TcpSocketClass
```

(계속)

```
{
    private const int backLog = 100;

    private int port;
    private Socket listener;

    public TcpSocketServer()
    {

    }

    public int Port
    {
        get { return this.port; }
    }

    public void Listen( int aPort)
    {
        this.port = aPort;
        try
        {
            listener = new Socket(AddressFamily.InterNetwork, SocketType.Stream, ProtocolType.Tcp);
            listener.Bind(new IPEndPoint(IPAddress.Any, this.port));
            listener.Listen(backLog);

            StartAccept();
        }
        catch (System.Exception e)
        {
            TcpSocketErrorEventArgs eev = new TcpSocketErrorEventArgs(this.id, e);

            ErrorOccured(eev);
        }
    }

    /// <summary>
    /// Client의 접속을 비동기적으로 대기한다.
    /// </summary>
    /// <returns></returns>
    private void StartAccept()
    {
        try
```

(계속)

```csharp
            {
                listener.BeginAccept(new AsyncCallback(OnListenCallBack), listener);
            }
            catch (System.Exception e)
            {
                TcpSocketErrorEventArgs eev = new TcpSocketErrorEventArgs(this.id, e);

                ErrorOccured(eev);
            }
        }


        /// <summary>
        /// Client의 비동기 접속을 처리한다.
        /// </summary>
        /// <param name="ar"></param>
        private void OnListenCallBack(IAsyncResult ar)
        {
            try
            {
                Socket listener = (Socket)ar.AsyncState;
                Socket worker = listener.EndAccept(ar);

                // Client를 Accept했다고 Event를 발생시킨다.
                TcpSocketAcceptEventArgs aev = new TcpSocketAcceptEventArgs(worker);

                Accepted(aev);

                // 다시 새로운 클라이언트의 접속을 기다린다.
                StartAccept();
            }
            catch (System.Exception e)
            {
                TcpSocketErrorEventArgs eev = new TcpSocketErrorEventArgs(this.id, e);

                ErrorOccured(eev);
            }
        }

        public void Stop()
        {
            try
            {
```

(계속)

```
                    if (listener != null)
                    {
                        if (listener.IsBound)
                            listener.Close(100);
                    }
                }
                catch (System.Exception e)
                {
                    TcpSocketErrorEventArgs eev = new TcpSocketErrorEventArgs(this.id, e);

                    ErrorOccured(eev);
                }
            }

    } // end of class TcpSocketServer

} // end of namespace
```

③ Camera Class의 프로그램 내용은 다음과 같다.

```
using System;
using System.Collections.Generic;
using System.Linq;
using System.Text;
using PvDotNet;
using Euresys.Open_eVision_1_2;
using System.Runtime.InteropServices;

namespace Imechatronics
{
    public class Camera
    {
        //
        bool m_bGrab;
        EImageBW8 m_pBayerImg;
        EImageC24 m_pGrabBuf;

        // Main application objects: device, stream, pipeline
        private PvDevice m_pDevice = new PvDevice();
        private PvStream m_pStream = new PvStream();
```

(계속)

```csharp
    private PvPipeline m_pPipeline = null

    private PvSystem m_pSystem = new PvSystem();

    // Display thread
    private PvDisplayThread m_pThread = null

    private PvBuffer m_pConvertBuf;

    // Acquisition state manager
    private PvAcquisitionStateManager m_pAcquisitionManager = null

    public Camera(string aMacAddress, string aIpAddress)
    {
        m_pBayerImg = new EImageBW8(1360, 1040);
        //              m_pDisplay = aDisplay;

        // Create pipeline - requires stream
        m_pPipeline = new PvPipeline(m_pStream);

        // Create display thread, hook display event
        m_pThread = new PvDisplayThread();
        m_pThread.OnBufferDisplay += new OnBufferDisplay(OnBufferDisplay);

        PvDeviceInfo pInfo = GetDevice(aMacAddress, aIpAddress);

        // Connect to device
        Connect(pInfo);

        m_pConvertBuf = new PvBuffer();
        m_pConvertBuf.Image.Alloc(1360, 1040, PvPixelType.WinBGR24);
    }

    PvDeviceInfo GetDevice(string aMacAddress, string aIpAddress)
    {
        PvDeviceInfo pInfo;
        PvInterface Interface;
        for (int Index = 0; Index < m_pSystem.InterfaceCount; ++Index)
        {
            Interface = m_pSystem.GetInterface((uint)Index);

            if (Interface.IPAddress == aMacAddress)
```

(계속)

```
        {
            Interface.Find();

            for (int Idx1 = 0; Idx1 < Interface.DeviceCount; ++Idx1)
            {
                pInfo = Interface.GetDeviceInfo((uint)Idx1);
                if (pInfo.IPAddress == aIpAddress)
                {
                    return pInfo;
                }
            }
        }
    }

    return null
}

void Connect(PvDeviceInfo aDI)
{
    // Just in case we came here still connected...
    Disconnect();

    try
    {
        // Connect to device using device info
        m_pDevice.Connect(aDI);

        // Open stream using device IP address
        m_pStream.Open(aDI.IPAddress);

        // Negotiate packet size
        m_pDevice.NegotiatePacketSize();
        m_pDevice.SetStreamDestination(m_pStream.LocalIPAddress, m_pStream.LocalPort);
    }
    catch (PvException ex)
    {

        Disconnect();

        return

    }
```

(계속)

```csharp
        if (m_pDevice.IsConnected)
        {
            PvGenEnum lParameter = m_pDevice.GenParameters.GetEnum("AcquisitionMode");
            lParameter.ValueString = "SingleFrame"

            PvGenEnum lPixelFormat = m_pDevice.GenParameters.GetEnum("PixelFormat");
            lPixelFormat.ValueInt = (int)PvPixelType.BayerRG8;

        }

        if (m_pStream.IsOpened)
        {
            // Ready image reception
            StartStreaming();
        }
    }

    private void StartStreaming()
    {
        // 스레드를 시작한다.
        m_pThread.Start(m_pPipeline, m_pDevice.GenParameters);
        m_pThread.Priority = PvThreadPriority.AboveNormal;

        // Configure acquisition state manager
        m_pAcquisitionManager = new PvAcquisitionStateManager(m_pDevice, m_pStream);
        // mAcquisitionManager.OnAcquisitionStateChanged += new OnAcquisitionStateChanged
           (OnAcquisitionStateChanged);

        // 파이프라인을 시작한다.
        m_pPipeline.Start();
    }

    private void StopStreaming()
    {
        if (!m_pThread.IsRunning)
        {
            return
        }

        // Stop display thread
        m_pThread.Stop(false);
```

(계속)

```
        // Stop pipeline
        if (m_pPipeline.IsStarted)
        {
            m_pPipeline.Stop();
        }

        // Wait on display thread
        m_pThread.WaitComplete();
}

private void Disconnect()
{

        // If streaming, stop streaming
        if (m_pStream.IsOpened)
        {
            StopStreaming();
            m_pStream.Close();
        }

        if (m_pDevice.IsConnected)
        {
            m_pDevice.Disconnect();
        }
}

public void StartAcquisition()
{
        // Get payload size
        UInt32 lPayloadSize = PayloadSize;
        if (lPayloadSize > 0)
        {
            // Propagate to pipeline to make sure buffers are big enough
            m_pPipeline.BufferSize = lPayloadSize;
        }

        // Reset pipeline
        m_pPipeline.Reset();

        // Reset stream statistics
        PvGenCommand lResetStats = m_pStream.Parameters.GetCommand("Reset");
        lResetStats.Execute();
```

(계속)

```csharp
        // Reset display thread stats (mostly frames displayed per seconds)
        m_pThread.ResetStatistics();

        //          // Use acquisition manager to send the acquisition start command to the device
        m_pAcquisitionManager.Start();
    }

    void OnBufferDisplay(PvDisplayThread aDisplayThread, PvBuffer aBuffer)
    {
        unsafe
        {
            PvBufferConverter lBufferconverter = new PvBufferConverter();
            lBufferconverter.BayerFilter = PvBayerFilterType.FilterSimple;

            PvPixelType lType = aBuffer.Image.PixelType;
            PvPixelType aPixelType = PvPixelType.WIN_RGB24;

            if (lBufferconverter.IsConversionSupported(lType, aPixelType))
            {
                lBufferconverter.Convert(aBuffer, m_pConvertBuf, false);

                //
                Byte* BufPtr = m_pConvertBuf.DataPointer;
                IntPtr Ptr = new IntPtr((Byte*)BufPtr);
                m_pGrabBuf.SetImagePtr(1360, 1040, Ptr);
            }
        }
        m_bGrab = true
    }

    public void Grab(EImageC24 aBuf)
    {
        m_bGrab = false
        m_pGrabBuf = aBuf;
        // 촬상 신호를 보내 준다.
        StartAcquisition();

        CpuTimer Timer = new CpuTimer();
        double Time = 0;
        while (m_bGrab == false)
        {
            Time += Timer.Duration();
```

(계속)

```
        if (Time > 0.6)
        {
            break
        }
    }
}


/// <summary>
/// Retrieve or guess the payload size
/// </summary>
private UInt32 PayloadSize
{
    get
    {
        // Get parameters required
        PvGenInteger lPayloadSize = m_pDevice.GenParameters.GetInteger("PayloadSize");
        PvGenInteger lWidth = m_pDevice.GenParameters.GetInteger("Width");
        PvGenInteger lHeight = m_pDevice.GenParameters.GetInteger("Height");
        PvGenEnum lPixelFormat = m_pDevice.GenParameters.GetEnum("PixelFormat");

        // Try getting the payload size from the PayloadSize mandatory parameter
        Int64 lPayloadSizeValue = 0;
        if (lPayloadSize != null)
        {
            lPayloadSizeValue = lPayloadSize.Value;
        }

        // Compute poor man's payload size - for devices not maintaining PayloadSize properly
        Int64 lPoorMansPayloadSize = 0;
        if ((lWidth != null) && (lHeight != null) && (lPixelFormat != null))
        {
            Int64 lWidthValue = lWidth.Value;
            Int64 lHeightValue = lHeight.Value;

            Int64 lPixelFormatValue = lPixelFormat.ValueInt;
            Int64 lPixelSizeInBits = PvImage.GetPixelBitCount((PvPixelType)lPixelFormatValue);

            lPoorMansPayloadSize = (lWidthValue * lHeightValue * lPixelSizeInBits) / 8;
        }

        // Take max
```

(계속)

1 / UCI BUS 제작 기술

```
                    Int64 lBestPayloadSize = Math.Max(lPayloadSizeValue, lPoorMansPayloadSize);
                    if ((lBestPayloadSize > 0) && (lBestPayloadSize < UInt32.MaxValue))
                    {
                        // Round up to make it mod 32 (works around an issue with some devices)
                        if ((lBestPayloadSize % 32) != 0)
                        {
                            lBestPayloadSize = ((lBestPayloadSize / 32) + 1) * 32;
                        }

                        return (UInt32)lBestPayloadSize;
                    }

                    // Could not compute/retrieve payload size...
                    return 0;
                }
            }
        }
    }
```

④ MachineVisionUtil Class의 프로그램 내용은 다음과 같다.

```
using System;
using Euresys.Open_eVision_1_2;
using System.Collections;

namespace Imechatronics
{
    public class CPointF
    {
        //
        public double x;
        public double y;

        public static CPointF operator +(CPointF aPos1, CPointF aPos2)
        {
            CPointF Temp = new CPointF(aPos1.x + aPos2.x, aPos1.y + aPos2.y);
            return Temp;
        }

        public static CPointF operator -(CPointF aPos1, CPointF aPos2)
```

(계속)

```
{
    CPointF Temp = new CPointF(aPos1.x - aPos2.x, aPos1.y - aPos2.y);
    return Temp;
}

public CPointF()
{
    x = 0;
    y = 0;
}

public CPointF(double aPosX, double aPosY)
{
    x = aPosX;
    y = aPosY;
}

public double GetLength()
{
    double Length = (double)Math.Sqrt(x * x + y * y);

    return Length;
}

public void SetLength(double aLength)
{
    Normalize();

    x = x * aLength;
    y = y * aLength;
}

public void Normalize()
{
    double Length = (1.0f / GetLength());

    x = Length * x;
    y = Length * y;
}

public double GetDot(CPointF aPos)
{
```

(계속)

```
        CPointF  f  =  new  CPointF(x,  y);

        f.Normalize();
        aPos.Normalize();

        double  Dot  =  f.x  *  aPos.x  +  f.y  *  aPos.y;
        return  Dot;
    }
}

public  class  VisionUtil
{
    static  public  bool  SortInspImage(EImageC24 aImg, EImageC24 aPattern, ref EImageC24 aReturnImg)
    {
        EMatcher  m_pEMatcher  =  new  EMatcher();

        //2. 찾은 위치를 중심으로
        m_pEMatcher.LearnPattern(aPattern);
        m_pEMatcher.MaxPositions  =  4;

        // 패턴 매칭을 실시한다.
        m_pEMatcher.Match(aImg);

        if (m_pEMatcher.NumPositions  ==  4)
        {
            //--------------------------------------
            // 위치 정렬을 위해 필요한 변수를 선언한다.
            //--------------------------------------
            double HalfDimeter = (double)aPattern.Width / m_pEMatcher.GetPosition(0).Scale;
            int  Dimeter  =  (int)Math.Floor(HalfDimeter  +  0.5);

            ArrayList  PosList  =  new  ArrayList();

            // 지름을 구한다.

            CPointF  TempPos;
            EMatchPosition  EMathPos;
            for (int Index = 0; Index < m_pEMatcher.NumPositions; ++Index)
            {
                // 값을 받아온다.
                EMathPos = m_pEMatcher.GetPosition(Index);
                //              Dimeter = EMathPos.AreaRatio;
```

(계속)

```
        CPointF Temp = new CPointF(EMathPos.CenterX, EMathPos.CenterY);


        // 정렬한다.
        int Idx1 = 0;
        for (Idx1 = 0; Idx1 < PosList.Count; Idx1 += 1)
        {
            TempPos = (CPointF)PosList[Idx1];
            if (Temp.x < TempPos.x)
            {
                break
            }
        }
        PosList.Insert(Idx1, Temp);
}


CPointF[] Pos = new CPointF[4];
//---------------------------------------------------------
// 찾은 4곳의 위치를 정렬하고 중심 위치를 계산한다.
//---------------------------------------------------------
Pos[0] = ((((CPointF)PosList[1]).y < ((CPointF)PosList[0]).y) ?
    (CPointF)PosList[1] : (CPointF)PosList[0];

Pos[1] = ((((CPointF)PosList[1]).y > ((CPointF)PosList[0]).y) ?
    (CPointF)PosList[1] : (CPointF)PosList[0];

Pos[2] = ((((CPointF)PosList[3]).y < ((CPointF)PosList[2]).y) ?
    (CPointF)PosList[3] : (CPointF)PosList[2];

Pos[3] = ((((CPointF)PosList[3]).y > ((CPointF)PosList[2]).y) ?
    (CPointF)PosList[3] : (CPointF)PosList[2];


float AngleOffset = 0.0f;
int[] Range = new int[2];
TempPos = Pos[2] - Pos[0];
Range[0] = (int)Math.Floor(TempPos.GetLength() + 0.5);
TempPos = Pos[0] - Pos[1];
Range[1] = (int)Math.Floor(TempPos.GetLength() + 0.5);

int Width, Height;
if (Range[0] > Range[1])
{
    AngleOffset = 0.0f;
```

(계속)

```
                Width  =  Range[0] - Dimeter;
                Height  =  Range[1] - Dimeter;
            }
            else
            {
                AngleOffset  =  90.0f;
                Width  =  Range[1] - Dimeter;
                Height  =  Range[0] - Dimeter;
            }

            float  Rotation  =  (float)CalcRightAngleTringle(Pos[0], Pos[2]);

            //-
            // 회전값을 구한다.
            CPointF CenterPos = IsIntersectLineToLine(Pos[0], Pos[3], Pos[1], Pos[2]);

            // 회전값을 중심으로
            aReturnImg.SetSize(Width, Height);
            EasyImage.ScaleRotate(aImg
                , (float)CenterPos.x, (float)CenterPos.y, (float)Width * 0.5f, (float)Height * 0.5f
                , 1.0f, 1.0f, Rotation + AngleOffset, aReturnImg);

            return  true
        }
        else
        {
            return  false
        }
    }

static CPointF IsIntersectLineToLine(CPointF aPos1, CPointF aPos2, CPointF aPos3, CPointF aPos4)
{
    CPointF  Pos  =  new  CPointF();

    double under = (aPos4.y - aPos3.y) * (aPos2.x - aPos1.x) - (aPos4.x - aPos3.x) * (aPos2.y - aPos1.y);
    if (under == 0.0)
        return Pos;

    double _t = (aPos4.x - aPos3.x) * (aPos1.y - aPos3.y) - (aPos4.y - aPos3.y) * (aPos1.x - aPos3.x);
    double _s = (aPos2.x - aPos1.x) * (aPos1.y - aPos3.y) - (aPos2.y - aPos1.y) * (aPos1.x - aPos3.x);

    double t = _t / under;
```

(계속)

```
        double s = _s / under;

        if (t < 0.0 || t > 1.0 || s < 0.0 || s > 1.0)
            return Pos;

        if (_t == 0.0 && _s == 0.0)
            return Pos;

        Pos.x = aPos1.x + t * (double)(aPos2.x - aPos1.x);
        Pos.y = aPos1.y + t * (double)(aPos2.y - aPos1.y);

        return Pos;
    }

    // 회전값을 구한다.
    static double CalcRightAngleTringle(CPointF aPos1, CPointF aPos2)
    {
        double Angle = -1;
        {
            double Height = aPos2.y - aPos1.y;
            double Width = aPos2.x - aPos1.x;

            double Temp;
            Temp = Height / Width;

            Angle = Math.Atan(Temp);
            Angle = (Angle * 57.29577951);
        }

        return Angle;
    }
  }
}
```

⑤ CpuTimer Class의 프로그램 내용은 다음과 같다.

```
using System;
using System.Runtime.InteropServices;
using System.ComponentModel;
using System.Threading;
```

(계속)

```csharp
namespace Imechatronics
{

    public class CpuTimer
    {
        [DllImport("Kernel32.dll")]
        private static extern bool QueryPerformanceCounter(out long lpPerformanceCount);

        [DllImport("Kernel32.dll")]
        private static extern bool QueryPerformanceFrequency(out long lpFrequency);

        private long startTime, stopTime;
        private long freq;

          // Constructor
        public CpuTimer()
        {
            startTime = 0;
            stopTime = 0;

            if (QueryPerformanceFrequency(out freq) == false)
            {
                // high-performance counter not supported
                throw new Win32Exception();
            }

            // lets do the waiting threads there work
            Thread.Sleep(0);
            QueryPerformanceCounter(out startTime);
        }

        // Returns the duration of the timer (in seconds)
        public double Duration()
        {
            QueryPerformanceCounter(out stopTime);
            double ReturnVal =  (double)(stopTime - startTime) / (double)freq;
            Thread.Sleep(0);
            QueryPerformanceCounter(out startTime);
            return ReturnVal;
        }

    }
}
```

3. UCI BUS 구동을 위한 USB 드라이버 설치

<u>01</u> 장비의 USB 포트 단자를 PC의 USB
포트에 연결하면, 자동으로 윈도우에서
해당 드라이버를 설치하기 위해서 그림
2.7과 같은 하드웨어 설치 마법사가 실
행된다.

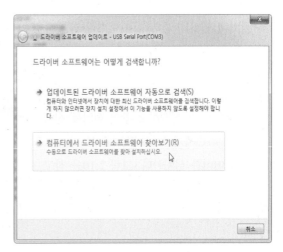

그림 2.7

<u>02</u> 이 화면에서 "드라이버 소프트웨어 찾
아보기(R)"를 클릭한다.

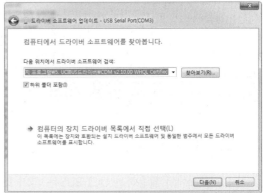

그림 2.8

03 UCI BUS 드라이버는 다운받은 폴더의 Driver 폴더의 "CDM v2.10.00 WHQL" 폴더에 있다.

그림 2.9

04 찾아보기를 눌러 검색 위치를 CDM 2.00.00으로 설정하고 확인 절차를 진행하면 마법사가 USB Serial Converter 드라이버를 설치한다. 그림 2.10을 참고하여 절차를 진행한다.

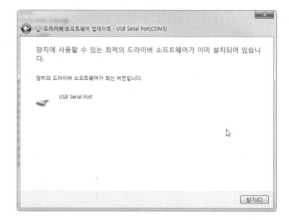

그림 2.10

05 모든 설치가 완료되면 그림 2.11과 같이 장치 관리자에서 설치된 장치의 관련 화면을 확인할 수 있다. 이제부터는 UCI BUS를 이용해서 MPS 등 관련 장비를 제어할 수 있다.

그림 2.11

2 ▶ UCI BUS 활용 개요

1. UCI BUS 활용하기

본 Chapter에서 활용하는 UCI BUS는 과거 ISA 슬롯을 이용해서 직접 외부 장치와의 인터페이스를 했던 것과는 달리 USB 포트를 이용해서 할 수 있도록 구성하였다. 물론 PCI 슬롯에서도 가능하나 컴퓨터의 마더 보드가 바뀌면서 외부 장치와 인터페이스하기 어려워졌다. 따라서 여기서 보다 저렴하게 버스 사용법을 공부할 수 있고 현장에 적용할 수 있도록 하기 위한 장치가 UCI BUS이다.

UCI BUS를 구동하기 위해서는 다음의 구성 파일인 " FTD2XX_NET.dll "와 " Imechatronics.dll "이 [Program Files – Imechatronics] 폴더에 설치되어 있어야 한다. 인터넷 홈페이지(www. imechatronics.net)의 자료실에 들어가면 설치 파일을 다운받을 수 있다. 다운받아서 Setup을 실행하면 폴더가 생성되고, 프로그램이 설치되어 있는 것을 확인할 수 있다. 파일은 setup 과 같은 그림 형태로 준비되어 있다.

2. 장비 실습을 위한 제어 드라이버 설치

이전 실습한 C# 프로그램을 작성할 때는 프로젝트에 대한 아무 세팅 없이 사용하였지만, PPI8255 인터페이스를 사용하기 위해서는 해당 장치의 드라이버가 있어야 한다. 탐색기를 열어 제공하는 폴더의 "설치 프로그램\3. 프로그램 라이브러리\Setup.exe" 위치의 파일을 실행시켜 8255및 실습할 라이브러리를 설치해 보도록 한다.

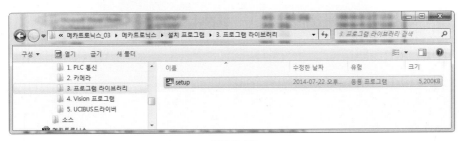

그림 2.12

파일을 실행시킨 후 "Next" 버튼을 눌려서 설치를 마무리하면 "C:\Program Files\Imechatronics" 폴더에 그림 2.13과 같은 파일들이 있다. 이 파일들이 실습하기 위해서 필요한 참조 파일이다.

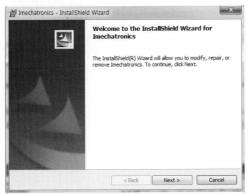
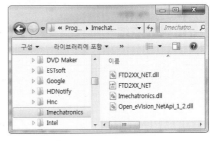

그림 2.13

3. C#에서 BIU(BUS Interface Unit, PPI8255) 보드 제어를 위한 프로젝트 세팅

이전 실습한 C# 프로그램을 작성할 때는 프로젝트에 대한 아무런 세팅 없이 사용하였지만, PPI8255인터페이스를 사용하기 위해서는 해당 장치를 사용할 수 있는 참조 파일을 등록하고, 사용 규칙에 따라 다음 설명과 같이 사용해야 한다.

외부 장치와의 인터페이스를 위해서는 BIU(BUS Interface Unit, PPI8255)를 이용해야 한다. PPI8255 칩을 이용한 BIU(BUS Interface Unit, PPI8255)는 UCI BUS에서 제공되는 Address BUS, Data BUS 그리고 Control BUS의 신호를 이용해서 해당되는 번지의 데이터 신호를 분리해 주는 역할을 한다.

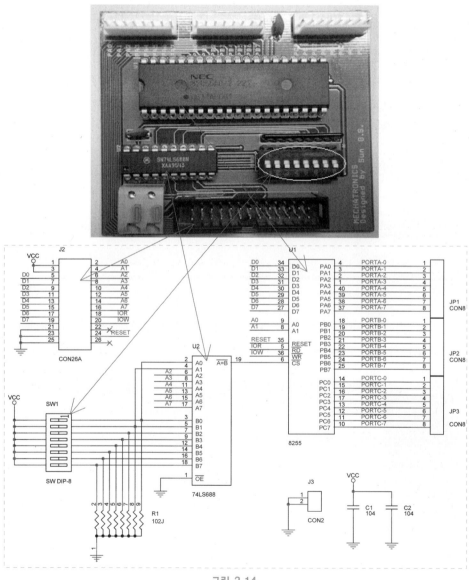

그림 2.14

BIU(BUS Interface Unit, PPI8255)는 그림 2.14에서 확인할 수 있는 것과 같이 간단하게 구성되어 있다. PPI 8255 IC 칩과 74LS688 IC 칩 그리고 Dip-8핀 소자가 주 부품이다. 이들을 조합해서 선택된 번지로 UCI BUS가 제공한 데이터를 전달할 수 있도록 구성되어 있다. 간단하게 구성되어 있으나 우리가 이해하고자 하는 번지 선정과 데이터 전달 과정이 정확히 이루어질 수 있도록 번지 설정 부분과 데이터 전달 부분으로 구분되어 있다. 그리고 BIU(BUS Interface Unit, PPI8255)에서 관심을 가져야 할 부분이 있다. 우리가 PC 기반 제어를 하기 위해서 장치를 만들 때는 반드시 PC의 CPU와 데이터를 주고받기 위해 이와 같은 회로를 구성해야 하는데, 여기는 반드시 가지고 있는 것이 번지이다. 이런 특성을 이해해야 하는 것도 있다. 즉 하드웨어를 구성하면 그 하드웨어는 반드시 번지를 갖게 됨을 이해해 달라는 것이다. 물론 여기서 구성한 UCI BUS는 PC의 CPU와는 분리되어 있는 Isolated I/O 방식을 유지하고 있으므로 00H번지부터 FFH번지까지 사용이 가능하다. 여기서 제시하는 BIU(BUS Interface Unit, PPI8255)의 경우 UCI BUS에서 제공해 주는 번지 범위 00H-FFH까지의 범위 중 4의 배수로 번지를 선정해서 사용하면 된다. 4의 배수가 되지 않을 경우 A0와 A1을 Control BUS의 개념으로 사용하기 때문에 사용하기가 어렵다. 번지 선택을 위한 SW DIP-8핀 스위치(회로도 SW1 표기)가 그림 2.14에 표시되어 있으니 확인하기 바란다. 사진과 회로도를 함께 보면 이해가 더 쉬울 것이다. 각 주요 부품에 대해서는 화살표를 이용해서 표시해 두었다.

그러면 회로도를 중심으로 BIU(BUS Interface Unit, PPI8255)에 대해서 알아보도록 한다.

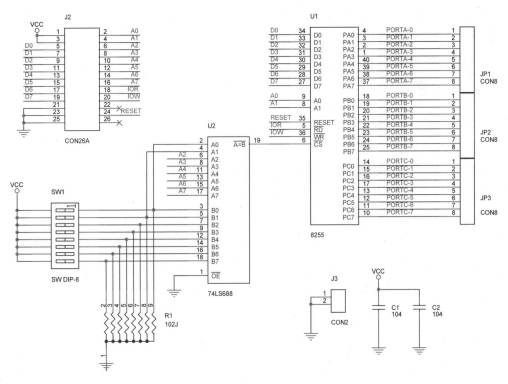

그림 2.15

회로도의 J2 커넥터를 통해서 UCI BUS에서 제공하는 버스 신호가 유입되고, 이 BUS 신호들은 74LS688과 PPI8255 칩에 제공된다. 그럼 가장 핵심적이라고 할 수 있는 PPI8255에 대해서 먼저 알아보도록 하자.

(1) PPI8255 칩에 대한 설명

PPI8255 IC의 동작 모드는 다음의 3가지이다. 기본 입출력 동작을 하는 모드 0, 스트로브 입출력 동작을 하는 모드 1, 그리고 스트로브 양방향성 버스 동작을 하는 모드 2가 있다. 여기서는 모드 1과 모드 2는 필요로 하는 분야가 아니므로 사용하지 않을 것이다. 본 메카트로닉스 분야의 PC 기반 제어를 하기 위해 개발한 목적과 일치하는 부분인 기본 입출력 동작을 위한 방법인 "모드 0"만을 사용할 것이다.

그림은 PPI8255의 외형도를 나타낸 것이다. 포트 A, 포트 B, 포트 C 각각 8비트 입출력용 단자를 가지고 있다. 즉, 모드 0을 선택할 경우 입출력이 가능한 것이다. 사용되는 신호의 크기는 TTL IC의 경우와 같다. 물론 전류가 약할 경우는 전류 증폭용 별도의 회로가 부가되어야 한다. 이곳에서는 특별히 부가되는 회로 없이 사용하도록 할 것이다.

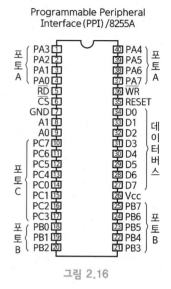

Programmable Peripheral
Interface (PPI) /8255A

그림 2.16

(2) PPI8255 IC의 신호 구성

PPI8255는 3개의 입출력 포트 외에 $\overline{RD}$, $\overline{CS}$, 전원선, 어드레스 버스 A0, A1, $\overline{WR}$, 데이터버스 그리고 RESET 신호가 있다.

어드레스버스 A0와 A1은 PPI8255의 각 포트를 할당하거나 모드를 할당하기 위해 사용된다. 각 포트의 입출력 상태를 결정할 수 있도록 하기 위해서는 A0와 A1을 모두 1로 하면 되고, 이 상태에서 콘트롤워드로서 포트의 역할을 제어할 수 있다. PPI8255 칩에서 가장 중요한 것 중의 하나일 것으로 본다. 그에 따른 각 포트의 기능은 다음에 나타낸 표와 같다.

$\overline{RD}$ 는 포트를 통해 신호를 읽어 들이기 위한 신호이고, $\overline{WR}$ 는 포트를 통해 외부 장치로 데이터를 보내기 위한 신호이다. 즉, $\overline{RD}$ 는 포트의 입력에 연결되어 있는 신호를 BUS를 통해서 CPU로 입력하는 것을 의미하고, $\overline{WR}$ 는 CPU의 데이터를 포트로 출력할 때 사용되는 신호이다. RESET은 PPI8255 칩을 초기 상태로 하기 위해 이용되는 신호로, UCI 버스 모듈에서 제공되는 신호이다.

데이터 버스는 포트의 입력 데이터를 CPU로 전달하거나 CPU의 데이터를 각각의 포트로 전달하는 기능을 한다. 그리고 가장 중요하다고 할 수 있는 $\overline{CS}$ 는 제작한 BIU(BUS Interface

Unit, PPI8255)보드가 동작할 번지를 선택해서 해당 번지에서만 동작시키기 위해 사용되는 신호이다. $\overline{CS}$ 신호는 SW1인 DIP 스위치에서 선택된 번지에서만 활성화되는 신호이다. 즉, 어드레스 매핑을 하기 위한 신호로서 이 부분을 이해하는 것은 마이크로프로세서를 이해하는 것과 같다고 말할 수 있다. 어드레스 매핑 부분에 중요성을 두는 것이다. $\overline{CS}$ 신호를 이해하기 위해서는 74LS688의 동작을 이해해야 하고 이것이 바로 어드레스 매핑에 해당된다. PPI8255 칩에 대한 설명을 하고 바로 알아보도록 한다.

(3) PPI8255 IC의 제어

앞에서 언급했듯이 PPI8255 IC는 3가지 모드 사용이 가능하지만, 이곳에서는 "모드 0"만을 사용할 것이다. 다음 프로그램 예를 들어서 데이터 전달 방법과 Address 선정 과정 등을 간단하게 알아보도록 한다. PPI8255에 제공되는 Address 신호 A0와 A1이 모두 "1"인 상태에서 컨트롤워드를 다음과 같은 방법으로 써 넣을 수 있음을 이해할 수 있다면 좋을 것이다. 컨트롤워드의 설정은 다음 표에서 언급할 것이다. 명령어는 Tourbo C에서 사용했던 outportb(??,??); 의 경우와 같다. 자세한 내용은 다음에 설명하도록 한다.

```
using System;
using Imechatronics.IoDevece;
using System.Threading;

/*     8255 mode control. 모두 설명을 위한 포트 설명 니모닉
       PPI_A   0x00
       PPI_B   0x01
       PPI_C   0x02
       PPI_CR  0x03   */

namespace Ex02_Led
{
    class  LedExam
    {
        Io8255  IoDevice;
        public LedExam()
        {
            IoDevice = new Io8255();
            IoDevice.UCIDrvInit();              //UCI BUS 초기화를 위한 작업
    ①   IoDevice.Outputb(PPI_CR,0x80);      //컨트롤 레지스터에 쓰기, 동작 모드 설정
        }
    }
```

(계속)

```
    }
    public void Ex01()
    {
        IoDevice.Outputb(PPI_CR,0x80);

        IoDevice.Outputb(PPI_CR,0x80);

    }
```

위의 프로그램 중 "① IoDevice.Outputb(PPI_CR, 0x80);"에 해당되는 부분이다. 이것은 선택 번지 03H에 80H값을 써 넣으라는 명령이다. 물론 A0와 A1의 사용법을 먼저 이해하는 것이 순서일 수도 있겠으나 둘을 한꺼번에 설명하기는 힘든 일이니 먼저 내부적인 PPI8255 칩의 설정에 대해서 표를 통해서 간단히 살펴봄으로써 이해하도록 하자.

PPI8255를 사용하기 위해 Address BUS의 역할이 중요하나 기본 입출력 모드에 대해서 설명할 때 자세히 하기로 하고, 여기서는 PPI8255의 Control Register에 대해서 알아보기로 한다.

아래 표는 8 Bit의 각각의 역할에 대해서 설명하고, 위의 프로그램에서는 사용한 "0x80"은 아래 표에서와 같이 B3, B4, B1 및 B0 비트가 "0"이므로 포트 A, 포트 B, 포트 C 모두 출력으로 설정했다. 즉 A0과 A1이 모두 1일 때 쓰는 값에 따라 각 포트들의 기능이 달라진다. 여기서는 모드 0에서만 사용할 것이므로 각 포트는 입력 또는 출력으로만 설정할 것이다.

프로그램에서도 확인할 수 있겠지만 먼저 Control Register에 사용 모드 및 각 포트의 사용 방법이 결정되어야 한다. 이 또한 마이크로프로세서를 사용할 때와 같다. 아래 표는 프로그램에서 설정한 "0x80"에 대한 설정을 볼 수 있도록 설명한 것이다. 편의상 "IoDevice."는 관용구이니 생략하고 설명한다.

표 2.1

B7	B6	B5	B4	B3	B2	B1	B0
1	0	0	0	0	0	0	0

→ Outputb(PPI_CR,0x80)

표 2.2

비트	값	기능	비고
B0	0	포트 C 출력(하위 4 BIT)	
	1	포트 C 입력(하위 4 BIT)	
B1	0	포트 B 출력(8 BIT)	
	1	포트 B 입력(8 BIT)	

(계속)

비트	값		기능		비고
B2	0		모드 0		
	1		모드 1		
B3	0		포트 C 출력(상위 4 BIT)		
	1		포트 C 입력(상위 4 BIT)		
B4	0		포트 A 출력(8 BIT)		
	1		포트 A 입력(8 BIT)		
B5, B6	0	0	모드 0	고정	
	0	1	모드 1		
	1	x	모드 2		
B7	1		항상 1로 고정		모드 셋

(4) 기본 입출력 동작(모드 0)

PPI8255 칩 기능 중 우리가 사용할 부분이 기본 입출력 동작을 할 수 있는 모드 0이다. 앞으로는 모드에 대해서 언급하지 않을 것이다. 앞에서 포트 선정 방법에 대해서 언급한 것을 참조해서 포트 선택 및 설정에 대해서 다시 한 번 자세히 알아보도록 한다.

여기서 사용되는 포트 3개는 PORT A, PORT B, 그리고 PORT C Low(4 bit)와 PORT C High(4 bit)를 각각 입출력으로 활용할 수 있도록 구성되어 있다. 이 포트들을 사용하기 위해서는 PPI8255A의 핀 8번과 9번의 어드레스선의 신호에 따라 MUX 형태로 Data BUS와 각각의 PORT A, PORT B, PORT C가 연결되도록 구조가 되어 있다. 회로도와 함께 표를 보면서 동작 과정을 알아보도록 한다.

그림 2.17과 같이 PPI8255는 4개의 레지스터가 있다. PORT A, B, C 및 Control Register이다. 이 레지스터들은 A1과 A0의 상태에 따라 선별적으로 Data BUS와 연결된다. 따라서 8비트 Data BUS가 각 레지스터의 각 비트에 연결되어서 데이터를 전달할 수 있다.

A1과 A0가 모두 "11"일 때는 Control Register에 연결되고, 이때 쓰여진 데이터에 따라 각각의 포트는 입출력이 결정된다. 그리고 순서대로 "00", "01", "10"에 따라서 PORT A Register, PORT B Register, PORT C Register 중 하나가 선택되어 Data BUS와 연결되어 신호를 주고받을 수 있게 된다. 입력 상태일 때는 IOR 신호에 의해서 동작하고, 출력 상태일 때는 IOW에 의해서 동작한다. Register는 각각의 포트에 신호를 입출력할 때 값을 유지하고 있는 저장 공간이라고 생각하면 된다.

여기서 한번 확인하고 넘어가야 할 것은 PPI8255의 6번 핀의 $\overline{CS}$ 신호이다. 이것은 74LS688의 19번 핀에서 신호가 제공되는데 바로 우리가 구성한 하드웨어의 동작 번지의 신호가 공급될 때 Active 상태가 되고, 이때 위에서 말한 동작들의 결과가 실질적으로 동작한다. $\overline{CS}$ 가 Active 상태가 아닐 경우 동작하지 않는다. $\overline{CS}$ 는 Low Active 신호이다.

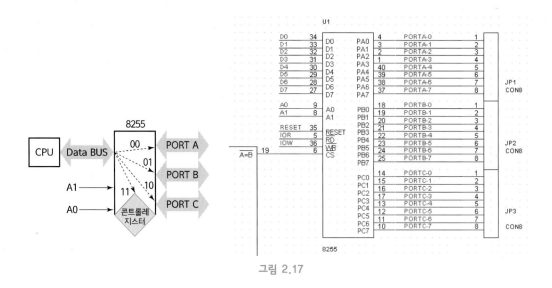

그림 2.17

표 2.3

8255 핀 번호	8	9	기능
어드레스 번호	A1	A0	
신호	0	0	PORT A Register [입력 또는 출력]
	0	1	PORT B Register [입력 또는 출력]
	1	0	PORT C Register [입력 또는 출력]
	1	1	Control Register(포트 기능[입력 또는 출력] 결정)

"Outputb(PPI_CR,0x80)" 명령어의 데이터 값인 "0x80"의 변화에 따라 각 포트의 기능을 표 2.4에 나타내었다. "PPI_CR"은 Control Register가 선정되기 위한 번지이다. 비트 단위의 제어는 되지 않는다.

표 2.4

포트 A (8비트)	포트 B (8비트)	포트 C		Control Register (PPI_CR)의 Data								
		상위 4비트	하위 4비트	데이터	B7	B6	B5	B4	B3	B2	B1	B0
출력	출력	출력	출력	80H	1	0	0	0	0	0	0	0
출력	출력	출력	입력	81H	1	0	0	0	0	0	0	1
출력	입력	출력	출력	82H	1	0	0	0	0	0	1	0
출력	입력	출력	입력	83H	1	0	0	0	0	0	1	1
출력	출력	입력	출력	88H	1	0	0	0	1	0	0	0
출력	출력	입력	입력	89H	1	0	0	0	1	0	0	1
출력	입력	입력	출력	8AH	1	0	0	0	1	0	1	0
출력	입력	입력	입력	8BH	1	0	0	0	1	0	1	1

(계속)

포트 A (8비트)	포트 B (8비트)	포트 C		Control Register (PPI_CR)의 Data								
		상위 4비트	하위 4비트	데이타	B7	B6	B5	B4	B3	B2	B1	B0
입력	출력	출력	출력	90H	1	0	0	1	0	0	0	0
입력	출력	출력	입력	91H	1	0	0	1	0	0	0	1
입력	입력	출력	출력	92H	1	0	0	1	0	0	1	0
입력	입력	출력	입력	93H	1	0	0	1	0	0	1	1
입력	출력	입력	출력	98H	1	0	0	1	1	0	0	0
입력	출력	입력	입력	99H	1	0	0	1	1	0	0	1
입력	입력	입력	출력	9AH	1	0	0	1	1	0	1	0
입력	입력	입력	입력	9BH	1	0	0	1	1	0	1	1

(5) 어드레스 설정 및 입·출력 명령어

PC 기반 제어를 하기 위해서 독자 여러분이 보드를 개발했다고 가정해 보자. 그러면 그 보드는 무조건 번지를 갖게 된다. 물론 PC의 CPU가 제어할 수 있는 범위 안의 번지이어야 한다. 즉, 하드웨어 번지가 설정되어 있으면 여기에 맞는 소프트웨어 번지가 왔을 때 우리가 제작한 하드웨어에 소프트웨어에서 보낸 데이터를 전달할 수 있음을 의미한다.

```
① IoDevice.Outputb(PPI_CR,0x80);   // PORT A(출력), PORT B(출력), PORT C(출력)
   for(;;)
   {
② IoDevice.Outputb(PPI_A,0x01);/*포트 A에 값을 출력한다, PA0 High */
```

앞에서 언급한 프로그램의 일부를 예를 들어 명령어와 함께 설명해 보기로 한다. "Outputb"는 출력할 때 사용하는 출력 명령어이고, "Inputb"는 입력할 때 사용하는 입력 명령어이다. "Inputb"는 인풋, 즉 입력의 의미이다. 명령어 앞의 "I"(아이)는 대문자이다. 엘로 이해할까 봐 다시 언급한다.

"Outputb(A, B)"의 경우 "A"는 출력할 번지이고, "B"는 A 번지에 출력할 데이터이다. Address와 Data 모두 16진수로 나타낸다. 사용된 명령어로 설명하면, "Outputb(PPI_CR, 0x80)" 에서 "PPI_CR"은 Control Register의 해당 번지이고 "0x80"은 16진수 값의 데이터이다. "80" 앞에 붙여진 "0x"가 다음에 나올 숫자가 16진수라는 것을 CPU에 알려준다. 즉 Control Register에 "0x80"의 값이 쓰여짐을 의미한다. 이 명령어는 "Outputb(0x03, 0x80)"과 같이 쓰여질 수도 있다. "Outputb(PPI_A, 0x01)"도 마찬가지이다. "PPI_A"은 PORT A 레지스터의 해당 번지이고, "0x01"은 쓰여질 16진수 값의 데이터이다. 이 또한 "Outputb(0x00, 0x80)"과 같이 쓰여질 수도 있다. "#define PPI_A 0x00"의 명령어를 참조하면 이해가 쉬울 것이다.

"Inputb(A)"의 경우는 입력 명령어로서 해당 번지의 8비트를 한꺼번에 입력하는 형태로 신호를 받아들여서 CPU로 전달한다. 입력 명령어는 "Inputb(A)" 형태로서 신호를 받아들임에 따라 해당 번지인 "A"만 명령어 괄호 안에 표기한다. PORT A에서 입력할 경우 "Inputb(PPI_A)"와 같이 표기하면 되고, 이때는 입력한 값을 저장할 변수를 반드시 선언하고 대입해 주어야 데이터 손실을 방지할 수 있다. 다음에 구체적으로 설명하겠지만, 간단히 설명하자면 "v = Inputb(PPI_A)"와 같이 사용해 달라는 것이다. 입력 명령어도 출력 명령어와 같이 "Inputb(0x00)"으로 번지를 직접 선정해서 사용할 수도 있다.

다음은 어드레스 설정에 대해서 알아보도록 한다. 이 부분이 설명하기도 어렵고 이해하기도 어렵다. 그러나 이 부분만 이해한다면 컴퓨터에서 사용되는 BUS 구조를 쉽게 알 수 있을 것이다. 물론 마이크로프로세서를 사용하는 독자라면, '이 정도 가지고 뭘 그리 고민하느냐?'라고 말할 수도 있을 것이다. 그럼 먼저 회로도부터 살펴보기로 한다.

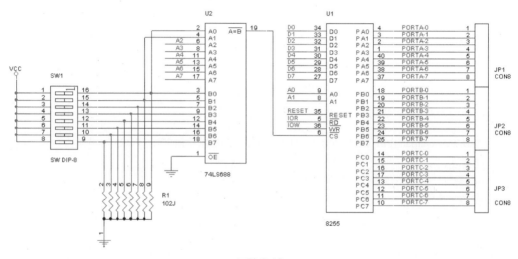

그림 2.18

새로운 하드웨어를 구성한 것이 PPI8255를 활용해서 만든 Interface Unit이다. 이런 하드웨어는 반드시 각 보드에 해당되는 번지를 갖게 되고, PC에서 사용하지 않고 남겨둔 Address를 활용해야 한다. 그러나 우리가 사용하는 UCI BUS 모듈의 경우 PC의 마더보드에서 사용되는 번지와는 별개로 구성되어 있으므로 8비트 번지인 00H – FFH까지의 번지 사용이 가능하다. PC의 주 Address와 별개로 사용할 수 있는 이러한 형태의 입출력 구조를 Isolated형 BUS 구조라고도 한다. 만약 ISA BUS 모듈이나 PCI 버스 모듈을 사용할 경우에는 PC에서 사용되지 않고 USER를 위해 남겨둔 100H 번지를 사용하면 좋다. 필자도 PC를 직접 이용해서 PC 기반 제어를 할 때는 100H 번지부터 사용했었다. 그렇지 않고 PC에서 이미 사용하고 있는 번지를 사용할 경우에는 충돌이 일어나서 원하는 일을 수행할 수 없을 것이다.

회로 설명에 있어서 먼저 앞에서 언급했던 PPI8255의 6번 핀인 $\overline{CS}$ 신호를 살펴보도록 하자.

74LS688의 출력 단자인 19번 핀과 연결되어 있다. 그리고 74LS688은 UCI BUS 모듈에서 제공하는 Address BUS와 SW1인 SW DIP-8의 부품에 연결되어 있다. UCI BUS 모듈의 신호는 프로그램에서 선정해 준 번지에 해당하는 신호이고, DIP-8인 SW1은 우리가 구성한 하드웨어 번지를 선택할 수 있는 신호이다. PPI8255의 6번 핀인 $\overline{CS}$ 신호는 프로그램에서 선정된 소프트웨어상의 번지와 DIP-8 스위치에 의해서 선정된 하드웨어상의 번지가 일치할 때 74688의 19번 핀의 Low 액티브 신호가 PPI8255의 $\overline{CS}$ 신호로 제공됨을 의미한다.

이들 동작 과정을 분석해 보도록 한다. 74LS688의 구조를 이해하면서 동작 과정을 설명해 보도록 한다.

(6) 74LS688 IC의 구조와 기능

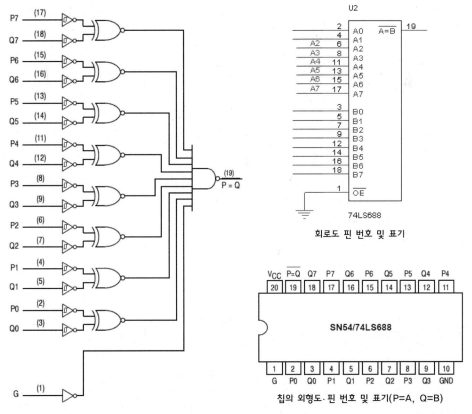

그림 2.19 74LS688 IC의 구조

8비트 Magnitude comparator 74LS688 IC는 일치 게이트와 NAND 게이트의 조합으로 구성되어 있다. 각각의 일치 회로 게이트를 살펴본다면, 두 개의 입력 P(회로도 A)와 Q(회로도 B)가 "0"또는 "1"로서 같을 때 출력 $\overline{P=Q}$ (회로도 $\overline{A=B}$, 19번 단자)가 LOW Active 상태를 갖도록 되어 있다. 그림을 보도록 한다.

그림은 칩의 내부·외형 그리고 회로도에서 표기한 형태를 같이 보여 주고 있다. 회로도에서는 A와 B의 기호를 사용하였고, 칩에서는 P와 Q를 사용하였다. 큰 차이는 없으나 회로도에서 A와 B의 기호를 사용한 것은 "A"는 Address의 이니셜이고, "B"는 Board의 이니셜이어서 사용한 것이다. 즉 A 신호는 PC에서 제공하는 어드레스 신호가 입력되는 것이고, B는 보드에서 제공하는 보드의 어드레스 신호가 입력되는 곳이다.

회로도의 핀 표기와 칩의 핀 표기가 상이해서 헷갈릴 수가 있다. 그러나 핀 번호를 참조하고 신호에 대하여 이해만 한다면 어렵지 않을 것으로 본다. 물론 필자가 회사에서 제공하는 카탈로그의 신호를 A와 B로 바꿔서 이곳에서 보여 줄 수는 있으나, 제공되는 Data북과 상이함에 따른 혼돈만을 초래할 것이라는 주변의 권유에 따라 표기된 대로 응용하였다.

그러면 그림에 대해서 살펴보도록 한다. 회로도를 중심으로 8개의 일치 회로를 살펴보자. 회로도 U2인 74LS688의 신호를 중심으로 분석하면, U2의 6번 핀이 A2(PC에서 제공되는 Address 신호의 A2)이고, U2의 7번 핀이 B2(보드에서 제공되는 Address 신호의 B2)이다.

그림의 좌측 위를 보면 일치 회로가 있고, 여기에 입력이 A2와 B2가 연결되어 있는 것을 확인할 수 있다. 앞에서도 설명하였듯이 A2(6번 핀)는 PC의 프로그램에서 제공되는 Address BUS의 A2이고, B2(7번 핀)는 보드에서 제공되는 보드 Address BUS 신호이다. 일치 회로에 입력되는 이 두 개의 신호가 "0" 또는 "1"로서 같을 때만 일치 회로의 출력이 "1"이 되어서 아래 그림의 9입력 NAND Gate의 입력 중 하나에 제공된다. 즉, 8개의 일치 게이트의 출력이 "1"일 경우 해당 신호 "0"을 NAND Gate의 출력 단자인 19번 핀으로 출력하게 된다. 조건이 성립 될 때 Low Active 신호를 출력하게 됨을 의미한다. PC에서 제공되는 Address BUS 중 A0과 A1은 PPI8255칩에서 선택 신호로 사용되므로 Address 매핑용으로는 사용되지 않는다.

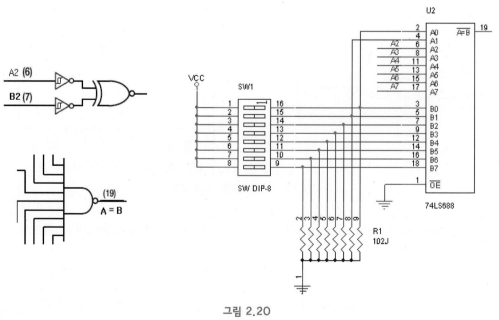

그림 2.20

그러면 본 그림을 참고해서 인터페이스 유닛의 번지 선정 과정을 살펴보자. PPI8255 칩을 사용해서 PC 기반 제어 과정에 대해서 공부하는 것이 우리의 목적이다. 따라서 칩의 사용 용도를 보면, PPI8255 하나의 칩을 사용하기 위해서는 4개의 번지를 가지고 있어야 한다. 즉 A0와 A1이 "00B"에서 "11B"가지인 4개의 번지이다. 따라서 항상 하나의 보드에는 A0과 A1의 조합이 00B에서 11B까지가 해당되어야 한다. 참고로 B는 2진수를 의미한다. 그럼 이 부분은 추가로 다음에 다루기로 하고, 칩 셀렉팅 신호와 관련된 부분만을 살펴보자. 기본적으로 2진수와 16진수의 관계는 모두 숙지하고 있다는 조건에서 알아본다.

표 2.5

PC 어드레스	A7	A6	A5	A4	A3	A2	A1	A0
이진수 값(B)	0	0	0	1	0	0	0	0
16진수 값(H)	1				0			

표 2.5와 같은 Base 번지를 사용한다면, 10H 번지에서 13H 번지까지 사용하게 된다. 그러면 74LS688의 19번 단자의 LOW Active 신호를 위해서는 A4의 신호와 같도록 B4의 신호도 맞춰주어야 하므로 12번 단자 B4에 입력되는 신호도 "1"이 되도록 SW1의 "5번과 12번의" 스위치를 ON 시켜서 Vcc가 공급되도록 해야 한다. Vcc의 공급은 "1"이 되고, 공급하지 않으면 R1의 5번 단자에 의해 GND 즉 "-"전원이 공급되어 "0"이 된다. 이런 형태의 전원 공급을 Pull - Down Resistor(풀다운 저항)라고 한다. 반대로는 Vcc 쪽으로 연결하는 형태인 Pull - Up Resistor(풀업 저항)가 있다.

PC의 Address인 A4가 "1"이므로 보드의 Address인 B4도 "1"이어야 한다. 정확하게 선후에 대해서 이야기하자면, PC에서 사용 가능한 번지가 선정되면 보드의 번지를 SW1에 의해서 선정하고 프로그램에서 해당 번지로 입출력하는 것이다. 그리고 나머지 A2가 "0"이므로 B2도 "0"이 되도록 하고, A3이 "0"이므로 B3도 "0"이 되도록 하고, A5가 "0"이므로 B5도 "0"이 되도록 하고, A6이 "0"이므로 B6도 "0"이 되도록 하고, 마지막으로 A7이 "0"이므로 B7도 "0"이 되도록 한다. 아래 표는 개발 보드의 번지 선정 과정 및 상태를 알 수 있는 표이다.

표 2.6

보드 어드레스	B7	B6	B5	B4	B3	B2	B1	B0
SW1 상태	Off	Off	Off	On	Off	Off	X	X
이진수 값(B)	0	0	0	1	0	0	X	X
16진수 값(H)	1				0			

보드의 Address라고 하면 좀 생소할 수 있다. 우리가 사용하는 PC의 마더 보드를 살펴보면 현재는 PCI Slot에 장착되어 있는 카드들이 있을 것이다. 바로 이 카드와 같은 것으로 이해하면 좋다. 실질적으로 여기에 장착해서 실습할 때를 가상해서 개발한 보드가 PPI8255 보드이다.

표 2.6에서 B1과 B0의 상태를 "X"로 표기한 것은 회로도에서 확인이 가능하겠으나 입력을 한곳으로 연결한 상태이므로, "0"과 "1" 중 어느 것이 입력되더라도 74LS688의 19번 핀의 결과에는 영향을 주지 않으므로 리던던시(redundancy) 상태임을 나타낸다. 그러나 PC의 Address인 A0과 A1은 PPI8255로 입력되는 관계로 반드시 상태 정의가 되어야 한다. 다시 말하면 이 두 개의 비트는 칩 셀렉팅(PPI8255의 $\overline{CS}$, 74LS688의 19번 핀) 신호와는 무관하다는 것을 다시 한 번 기억하도록 한다.

추가로 74LS688의 1번 핀 $\overline{OE}$ 는 GND의 신호를 제공해 준다. 말 그대로 Out – Enable이다. 그러나 독자 여러분 중에 ISA BUS 모듈이나 PCI BUS 모듈을 사용할 경우는 ALE 신호에 연결해 주면 된다.

(7) 프로그램 작성 및 동작 시퀀스

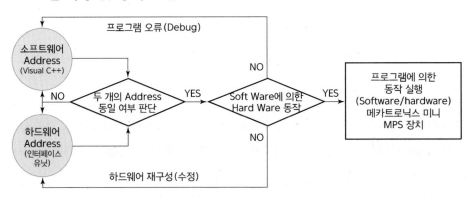

그림 2.21 PC 기반 제어 시퀀스도

그림 2.21은 "PC 기반 제어 시퀀스도"이다. 하드웨어와 소프트웨어인 두 개의 Address가 일치되어야만 동작이 가능함을 그림을 통해서 알 수 있다. 앞에서 제시한 프로그램을 통해서 동작 과정을 알아보도록 한다. 다음 프로그램은 CONSOL 상태에서 동작하도록 구성되어 있다. 기본적인 것은 CONSOL 기능을 활용해서 기본적인 기능을 이해하는 것이 보기 편하기 때문에 제시하는 것이다. 그러나 실무 적용에서는 객체 지향형으로 진행될 것이다.

```
using System;
using Imechatronics.IoDevece;
using System.Threading;

/*      8255 mode control. 모두 설명을 위한 포트 설명 니모닉
        PPI_A   0x10
```

(계속)

```
        PPI_B  0x11
        PPI_C  0x12
        PPI_CR 0x13   */

namespace Ex02_Led
{
    class  LedExam
    {
        Io8255   IoDevice;
        public LedExam()
        {
            IoDevice = new Io8255();
            IoDevice.UCIDrvInit();              // UCI BUS 초기화를 위한 작업
    ①      IoDevice.Outputb(PPI_CR,0x80);      // 컨트롤 레지스터에 쓰기, 동작 모드 설정
        }

public void Ex01()
{
    IoDevice.Outputb(PPI_A,0xff);

    IoDevice.Outputb(PPI_B,0xff);

}
public void Delay(int d){
        int i,j;
        for(i=0;i<d;i++)
        for(j=0;j<100;j++);
}
}
}
```

```
========================================================

using Systam;

namespace Ex02_Led
{
    class  Program
    {
        static void Main(string[] args)
        {  /*컨트롤 레지스터에 쓰기, 동작 모드 설정*/
    ①      IoDevice.Outputb(PPI_CR,0x80);   // PORT A(출력), PORT B(출력), PORT C(출력)
                for(;;)
```

(계속)

```
            {
②              IoDevice.Outputb(PPI_A,0x01);//포트 A에 값을 출력한다, PA0 High
                Delay(100);
            }
        }
    }
}
```

우리가 사용할 명령어는 프로그램 중 ①로 표기된 Outputb(Address, Data)이다. 프로그램에서의 Address란 바로 이곳의 Address를 말한다. 그리고 여기서 Data는 Data BUS를 통해서 전달되는 신호이다. 위의 프로그램에서 사용되는 Address는 10H부터 13H까지 사용되었다. 포트 A는 10H, 포트 B는 11H, 포트 C는 12H 드리고 Control register는 13H이다. 아표는 각각의 신호에 대한 해당 값을 앞에서 설명한 내용들과 함께 보면서 이해를 했으면 한다.

표 2.7

PC Add.	16진수	A7	A6	A5	A4	A3	A2	A1	A0
PORT A	0x10	0	0	0	1	0	0	0	0
PORT B	0x11	0	0	0	1	0	0	0	1
PORT C	0x12	0	0	0	1	0	0	1	0
Control Register	0x13	0	0	0	1	0	0	1	1

보드 Add.	B7	B6	B5	B4	B3	B2	B1	B0
SW1 상태	Off	Off	Off	On	Off	Off	X	X
이진수 값(B)	0	0	0	1	0	0	X	X
16진수 값(H)	1				0			

프로그램에 대한 번지의 선택이 이해되었다면 이와 연관해서 하드웨어에 대해 알아보도록 한다.

표에서 확인된 것과 같이 A0와 A1을 제외하고 나머지 6개의 Address의 상태는 변하지 않고 항상 같아야 한다. 이 BUS들이 다를 경우 PC 기반 제어 시퀀스도에서 확인한 것과 같이 동작되지 않는다. 여기서 사용하는 번지는 10H에서 13H까지이므로 A4에 해당되는 B4로 "1"의 신호 즉, Vcc가 공급되도록 SW1의 핀 번호 5번과 12번의 스위치는 ON해 주면 된다. 그리고 나머지 스위치는 OFF 상태를 유지해서 R1 저항을 통해서 GND 즉, "0"이 입력되로록 하면 된다. 그림 2.22 회로도에서도 A0와 A1은 PPI8255에 직접 입력됨을 확인할 수 있을 것이다.

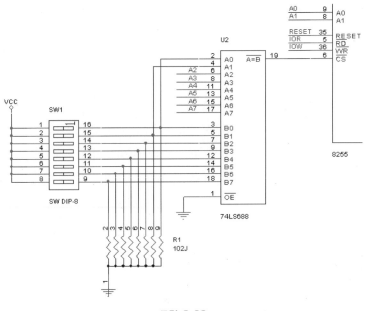

그림 2.22

다음은 프로그램의 번호 ①의 Outputb(PPI_CR, 0x80)에 대한 이해이다. "PPI_CR"은 Control Register의 번지를 나타내고 여기서는 13H이다. 13H는 이진수로는 "0001 0011"로서 A0과 A1이 모두 "11"인 상태이다. 이때 Data 80H를 PPI8255의 Control Register에 써 넣어 줌으로써 PORTA, PORTB, PORT C의 모든 비트를 출력으로 설정한 상태이다. 앞에서 제시한 표를 다시 한 번 참고하기 바란다.

표 2.8

PC Add.	16진수	A7	A6	A5	A4	A3	A2	A1	A0
PORT A	0x10	0	0	0	1	0	0	0	0
PORT B	0x11	0	0	0	1	0	0	0	1
PORT C	0x12	0	0	0	1	0	0	1	0
Control Register	0x13	0	0	0	1	0	0	1	1

보드 Add.	B7	B6	B5	B4	B3	B2	B1	B0
SW1 상태	Off	Off	Off	On	Off	Off	X	X
이진수 값(B)	0	0	0	1	0	0	X	X
16진수 값(H)	1				0			

표 2.9

포트 A (8비트)	포트 B (8비트)	포트 C		Control Register (PPI_CR)의 Data								
		상위 4비트	하위 4비트	데이터	B7	B6	B5	B4	B3	B2	B1	B0
출력	출력	출력	출력	80H	1	0	0	0	0	0	0	0

만약 여기서 사용하는 번지를 00H 번지부터 03H 번지까지라면, 선업 부분을 PPI_A 0x00, PPI_B 0x01, PPI_C 0x02 그리고 PPI_CR 0x03으로 바꿔서 사용하면 된다.

또한 다음 예제들에서 자주 사용하게 될 입력 부분에서 PORT C를 입력으로 사용하기 위해서는 프로그램에서 Control Register(PPI_CR)의 Data를 Outputb(PPI_CR, 0x8B) 등으로 설정해야 한다. 81H의 경우 하위 4비트만 입력으로 설정되는 등 필요에 따라 입력 또는 출력으로 설정할 수 있도록 몇 가지의 데이터 형태를 제시하였다. 이것이 바로 PPI_8255의 I/O 설정 방법이다. 독자 여러분께서 원칩 마이컴을 사용할 때도 이와 비슷한 방법으로 세팅했을 것이다. PIC칩의 경우 TRISA 등의 레지스터가 있고, AVR칩의 경우 DDRA 등의 레지스터를 이용해서 비트의 I/O를 설정해서 사용한다.

표 2.10

포트 A (8비트)	포트 B (8비트)	포트 C		Control Register (PPI_CR)의 Data								
		상위 4비트	하위 4비트	데이터	B7	B6	B5	B4	B3	B2	B1	B0
출력	출력	출력	출력	80H	1	0	0	0	0	0	0	0
출력	출력	출력	입력	81H	1	0	0	0	0	0	0	1
출력	입력	출력	출력	82H	1	0	0	0	0	0	1	0
출력	입력	출력	입력	83H	1	0	0	0	0	0	1	1
출력	출력	입력	출력	88H	1	0	0	0	1	0	0	0
출력	출력	입력	입력	89H	1	0	0	0	1	0	0	1
출력	입력	입력	출력	8AH	1	0	0	0	1	0	1	0
출력	입력	입력	입력	8BH	1	0	0	0	1	0	1	1

표 2.11은 독자의 편의를 위해서 다시 한 번 Control Register(PPI_CR)의 해당 Data에 따른 각 포트 및 비트의 I/O 상태를 나타낸 것이다. 참고하기 바란다.

표 2.11

포트 A (8비트)	포트 B (8비트)	포트 C		Control Register (PPI_CR)의 Data								
		상위 4비트	하위 4비트	데이터	B7	B6	B5	B4	B3	B2	B1	B0
출력	출력	출력	출력	80H	1	0	0	0	0	0	0	0
출력	출력	출력	입력	81H	1	0	0	0	0	0	0	1
출력	입력	출력	출력	82H	1	0	0	0	0	0	1	0
출력	입력	출력	입력	83H	1	0	0	0	0	0	1	1
출력	출력	입력	출력	88H	1	0	0	0	1	0	0	0
출력	출력	입력	입력	89H	1	0	0	0	1	0	0	1
출력	입력	입력	출력	8AH	1	0	0	0	1	0	1	0
출력	입력	입력	입력	8BH	1	0	0	0	1	0	1	1

(계속)

포트 A (8비트)	포트 B (8비트)	포트 C		Control Register (PPI_CR)의 Data								
		상위 4비트	하위 4비트	데이터	B7	B6	B5	B4	B3	B2	B1	B0
입력	출력	출력	출력	90H	1	0	0	1	0	0	0	0
입력	출력	출력	입력	91H	1	0	0	1	0	0	0	1
입력	입력	출력	출력	92H	1	0	0	1	0	0	1	0
입력	입력	출력	입력	93H	1	0	0	1	0	0	1	1
입력	출력	입력	출력	98H	1	0	0	1	1	0	0	0
입력	출력	입력	입력	99H	1	0	0	1	1	0	0	1
입력	입력	입력	출력	9AH	1	0	0	1	1	0	1	0
입력	입력	입력	입력	9BH	1	0	0	1	1	0	1	1

(8) BIU(BUS Interface Unit, PPI8255) 사용 방법

앞에서도 그림을 통해서 한 번 소개하였다. 그러나 시스템의 전체를 구성하는 데에는 구동을 위한 전체 블록다이어그램을 참고하면서 회로를 연결하는 것이 좋을 것 같아 함께 소개한다. BIU(BUS Interface Unit, PPI8255)의 위치가 UCI BUS Module과 제어 회로 사이에 연결됨을 확인할 수 있다.

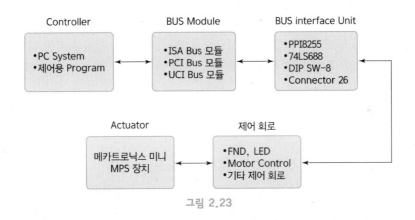

그림 2.23

그림 2.23은 BIU(BUS Interface Unit, PPI8255)이다. J3 커넥터인 GND 단자는 2구가 준비되어 있다. 이것은 PC의 전원을 사용해서 PPI8255를 구동함에 따라 제어 회로에서 사용하는 전원과의 접지를 시켜 주기 위한 것이다. GND 공통 연결을 해 주어야 하나의 전원과 같이 사용할 수 있다. 2개의 단자가 준비되어 있다 해서 Vcc(+)와 GND(−)를 연결하면 회로의 트러블이 발생하니 주의하기 바란다.

J2 커넥터는 Flat Cable에 의해 UCI BUS Module과의 연결되는 부분이다. SW1인 Dip 스위치는 사용하고자 하는 보드의 시작 번지를 설정하는 스위치이다. 그리고 오른쪽의 PORT A, PORT B 및 PORT C는 용도에 맞게 제어 회로용 보드로 연결하도록 구성되어 있다.

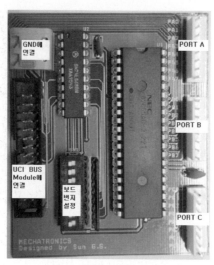

그림 2.24

4. 제어용 전자 회로 7종

기사 및 산업 기사 수준에서 메카트로닉스 미니 MPS 장치를 제어하기 위해 표준으로 제시된 7종류의 전자 회로에 대해서 소개하도록 한다. 물론 전자 회로를 구성하려고 한다면 다양하고 수많은 회로가 제시될 것이다. 그러나 학생들과 함께 공부하면서 이런 다양함이 기술을 UP 하는 데 그리 많은 도움이 되지 않음을 알았다. 표준으로 제시한 제어용 전자 회로에 대해서 이해하고 추가로 필요한 부분은 응용할 수 있도록 각자 준비한다면 좀 더 쉽게 접근할 수 있을 것으로 본다. 소개되는 회로는 SWITCH, LED, FND, DC모터, STEP모터, Photo Coupler, TR 회로를 구성한 보드이다.

(1) 제어 회로용 SWITCH 전자 회로 설계 및 보드 사용법

메카트로닉스 미니 MPS 장치 제어에 있어서 인위적인 입력을 줄 수 있도록 구성한 회로가 SWITCH PCB 기판이다. SWITCH PCB 기판을 이용해서 발생할 수 있는 것은 Toggle SWITCH에 의한 On/Off 기능, Push-Button SWICH에 의한 On/Off 기능, Rotary Encoder에 의한 펄스 신호 그리고 Volume 저항을 연결하여 A/D 변환을 위한 가변 저항기를 연결할 수 있는 단자대 및 신호 출력 단자대가 있다.

"J1"은 Toggle Switch인 SW2, SW3, SW4 및 SW5와 연결되어 있는 단자이다. Switch의 위치에 따라서 "0"과 "1"의 신호가 출력되도록 회로 구성이 되어 있다.

"J5"는 Push Button Switch(Tact Switch)인 SW6, SW7, SW8 및 SW9와 연결되어 있는 단자이다. 이 또한 Switch의 상태에 따라서 "0"과 "1"의 신호가 출력되도록 회로 구성이 되어 있다.

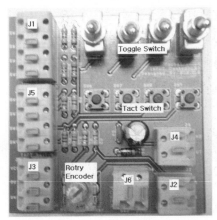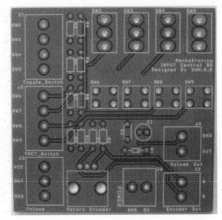

그림 2.25

"J3"과 "J4"는 한 쌍으로 A/D 컨버터를 위해서 구성된 회로로서 J3에 가변 저항의 단자 3개를 연결하면 그에 따른 출력 값 전압이 J4로 전달되도록 구성되어 있다. 이는 마이크로프로세서를 이용해서 메카트로닉스 미니 MPS 장치를 제어하고자 할 때 사용할 것이다.

"J2"는 Rotary Encoder에 연결되어서 Encoder의 신호를 출력하도록 구성되어 있다. 가격이 저렴한 부품을 사용하다 보니 동작이 원활하지는 않지만 실험하는 데는 문제가 없을 것이다. 이 또한 마이크로프로세서를 이용해서 메카트로닉스 미니 MPS 장치를 구동할 때 사용할 것이다.

"J6"은 POWER 단자대로서 보드에서 사용되는 전압을 공급해 주는 역할을 하도록 구성되어 있다.

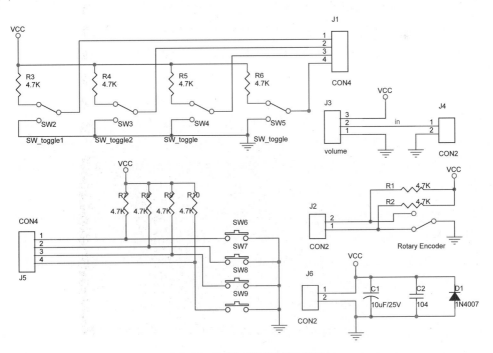

그림 2.26 제어용 스위치보드의 회로도

그림 2.26은 구성된 제어용 스위치 보드의 회로도이다. 회로도와 보드에 표기된 각 부품의 기호를 보면 신호선 연결에 대해서 쉽게 이해될 것이다. PC 기반 제어를 위해서는 J1, J5 및 J6를 사용할 것이다. J1과 J5는 BUS Interface Unit에 연결하고, J6은 +DC5V와 GND 전원을 연결하면 된다.

표 2.12 **부품 리스트**

Part Name	Part Value	Reference	Quantity
전해 콘덴서	10 uF/25 V	C1	1
세라믹 콘덴서	104	C2	1
다이오드	IN4007	D1	1
단자대	USL-5SAB1-4P	J1, J5	2
	USL-5SAB1-3P	J3	1
	USL-5SAB1-2P	J2, J4, J6	3
Resistor	1/4 W J 4.7 KΩ	R1, R2, R3, R4, R5, R6, R7, R8, R9, R10	10
Rotary Encoder	EC11B15D2Z31ZZZ	Rotary Encoder	1
Toggle_Switch	MTS-103	SW2, SW3, SW4, SW5	4
Tact_Switch	JTP-1230	SW6, SW7, SW8, SW9	4
가변 저항	Volume 100 KΩ		1

Toggle Switch인 SW2, SW3, SW4 및 SW5는 저항 R3, R4, R5 및 R6에 의해서 Pull-Up 상태를 유지하여 그림과 같은 위치에 있을 때는 "1"의 값이 J1 단자로 전달되고, 반대로 아래인 GND로 연결할 때는 "0"이 전달되도록 구성되어 있다.

Push-Button Switch(Tact Switch)인 SW6, SW7, SW8 및 SW9는 R7, R8, R9 및 R10에 의해서 Pull-Up 상태를 유지하여 Switch가 눌린 상태가 아닐 경우는 "1"의 값이 J5 단자대로 전달되고, 반대로 누를 경우는 GND에 연결되어서 "0"이 전달되도록 구성되어 있다.

J3과 J4는 직업 연결되어서 가변 저항기를 좀 더 쉽게 연결할 수 있도록 하기 위해서 준비하였다. 가변 저항기는 A/D 변환을 할 때 사용되는 전자 소자이다. 물론 PC 기반 제어에서는 A/D 변환기를 사용하지 않기 때문에 활용하지는 않는다. 그러나 마이크로프로세서를 이용해서 메카트로닉스 미니 MPS 장치를 구동할 때 사용한다.

J2는 Rotary Encoder와 연결되어서 신호를 출력하도록 되어 있다. Rotary Encoder는 A상과 B상의 신호를 이용해서 회전 방향을 감지할 수 있도록 한다. 이 둘의 신호는 90°의 위상차를 가지고 있기 때문에 이를 이용한다면 회전하고 있는 방향을 알아낼 수 있다. 물론 4013이라는 IC를 이용해서도 알 수 있지만 여기서는 프로그램에 의해서 방향을 구분하도록 처리했다. 물론 PC 기반 제어에서는 사용되지 않으며, 마이크로프로세서를 이용해서 메카트로닉스 미니 MPS 장치를 제어할 때 사용된다. 외형은 가변 저항과 비슷하게 생겼다. 그러나 통상적으로 사용되는 Rotary Encoder는 가격이 너무 높기 때문에 여기서 사용하지 않았다. 그래서 사용하다 보면 펄

스가 정확하게 나오지 않을 것이다. 가끔 신호가 나오지 않고 건너뛰는 경우가 있다 하더라도 당황하지 말고 학습하면 될 것이다. 그림 2.27은 방향을 감지할 때의 알고리즘의 기본이 되는 과정을 펄스와 회로로 설명한 것이다. 참고하도록 하자.

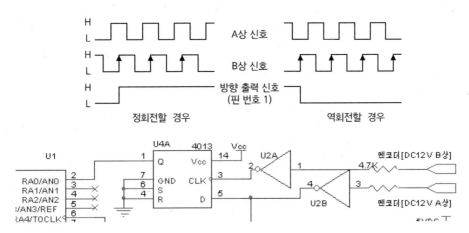

그림 2.27 4013 D Flip-Flop을 이용한 엔코더 신호와 방향 제어 신호 생성 과정

J6은 보드에서 사용되는 전압 +DC5V와 GND를 제공한다. GND는 BUS Interface Unit과도 연결되어야 한다. 정밀도가 있어서 일반적으로 사용되는 Rotary Encoder이다. 참고하도록 하자.

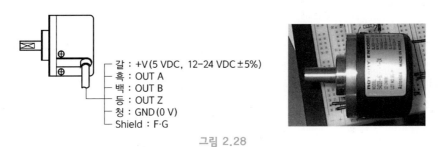

갈 : +V(5 VDC, 12~24 VDC±5%)
흑 : OUT A
백 : OUT B
등 : OUT Z
청 : GND(0 V)
Shield : F·G

그림 2.28

(2) 제어 회로용 LED 전자 회로 설계 및 보드 사용법

메카트로닉스 미니 MPS 장치 제어에 있어서 시스템의 상태를 On/Off 형태나 2진수 형태로 표현하기 위해서 사용되는 제어용 보드이다. 구성으로는 LED18개로서 Anode Common 형태로 LED의 "Anode" 단자가 Vcc에 470 Ω의 저항을 통해서 연결되어 있다.

그림 2.29는 부품을 장착한 상태의 기판과 부품 장착 전의 기판을 비교할 수 있도록 사진으로 두었다. 각 부품의 기호와 번호가 있으니 참고해서 회로도와 비교한다면 사용 하는 데 어려움이 없을 것이다. "J1"으로 입력되는 LED0에서 LED7까지는 "0" 신호에 의해서 LED가 ON 되도록 구성된 회로이고, "J2"로 입력되는 ~LED0에서 ~LED7은 74LS00을 통해서 연결되므로 "1" 신호에 의해서 LED가 ON되도록 구성되어 있다. 그리고 "J3"은 POWER 단자로서 +DC5V와 GND를 공급하여 사용한다.

그림 2.29

조립된 기판에서는 R17인 array 저항이 J1에 가려서 보이지 않으나 PCB 기판에서는 확인할 수 있을 것이다. J1의 영역 표시 안쪽에 R17이라고 적혀져 있다. 이 저항은 Pull-Down 저항으로서 회로가 연결되어 있지 않을 경우 74LS04의 입력 쪽에 High 상태가 유지되어서 LED의 D1, D3, D5, D7, D9, D11, D13, D15가 모두 ON 상태가 된다. 입력이 연결되지 않은 상태에서 LED가 ON 되는 것은 정상적인 회로의 동작 상태가 아니므로 정상적인 연결과 신호가 공급될 때 LED의 출력은 확인 가능하다.

PCB 기판의 조립 상태의 사진 및 조립하지 않은 상태의 사진과 회로도를 함께 비교하여 보면 이해하는 데 더욱 도움이 될 것이다. 그림 2.30은 전자 회로도이다.

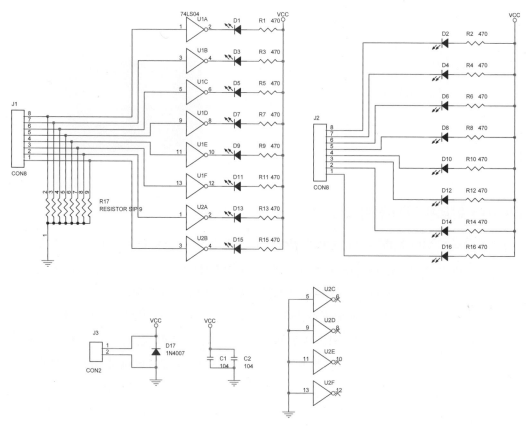

그림 2.30 제어용 LED 보드 전자 회로도

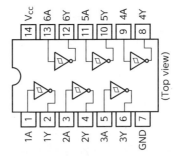

그림 2.31 74LS04의 핀 배치도 및 회로도

회로도에 대한 PART LIST는 표 2.13과 같다. LED의 파이가 3 mm라는 것과, 저항이 1/8 와트라는 점을 제외하고는 일반적으로 많이 사용되는 부품이다.

표 2.13 부품 리스트

Part Name	Part Value	Reference	Quantity
발광 다이오드	LED – R/3MM	D1, D2, D3, D4, D5, D6, D7, D8, D9, D10, D11, D12, D13, D14, D15, D16	16
다이오드	1N4007	D17	1
단자대	USL – 5SAB1 – 8P	J1, J2	2
	USL – 5SAB1 – 2P	J3	1
Resistor	1/8W J 470Ω	R1, R2, R3, R4, R5, R6, R7, R8, R9, R10, R11, R12, R13, R14, R15, R16	16
IC	74LS04	U1, U2	2

(3) 제어 회로용 FND 전자 회로 설계 및 보드 사용법

메카트로닉스 미니 MPS 장치 제어에 있어서 시스템의 상태를 숫자로 표현하기 위해서 구성한 보드이다. FND(Flexible Numeric Display)의 구동 방식은 Dynamic 방식과 Static 방식 두 가지가 있다. 또한 이들은 7447이라는 구동 IC를 이용하는 방식과 사용하지 않는 방식으로 구성

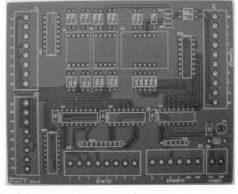

그림 2.32

된 회로도의 보드이다. FND를 이용해서 연습해 볼 수 있는 경우의 수를 가급적 많이 표현하기 위해서 구성하였다. 그러나 Anode Common형만의 FND를 이용한 것은 보드가 너무 복잡해지는 것을 막기 위한 것이다. 반대의 경우 신호가 반대로 주어져서 동작하는 것 외에는 다른 것이 없으니 서운해할 것은 없을 것이다.

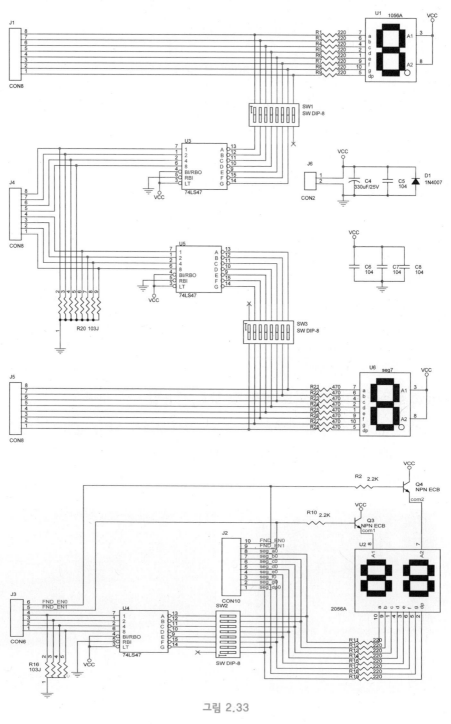

그림 2.33

그림 2.34 제어용 FND 보드 회로도

제어 회로용 FND 보드는 설명하기가 좀 복잡할 것이다. 그림 2.34는 제어용 FND 보드 회로도이다.

"J1"은 FND(Flexible Numeric Display) U1으로 직접 입력을 가하여 Static 구동을 할 때 사용되는 커넥터이다. 이때는 SW1의 DIP Switch를 모두 OFF 상태로 유지해야 한다. 그렇지 않으면 U3의 74LS47의 출력이 함께 공급되어 정상적인 결과를 확인하기 어렵다.

"J5"는 J1과 같은 기능으로서 FND U6로 직접 입력을 가하여 Static 구동을 할 때 사용되는 커넥터이다. 이때는 SW3의 DIP Switch를 모두 OFF 상태로 유지해야 한다. 그렇지 않으면 U5의 74LS47의 출력이 함께 공급되어서 정상적인 결과를 확인하기 어렵다.

"J4"는 J1, J5와 유사한 Static 구동을 위한 단자이다. 그러나 J4에서 입력된 신호는 U3인 74LS47과 U5인 74LS47의 입력으로 연결되어서 U3은 U1의 FND(Flexible Numeric Display)를 구동하고, U5는 U6의 FND를 구동하도록 회로 구성이 되어 있다. 74LS47은 각 비트가 BCD 코드에 해당하는 비트 웨이트 값을 가지고 있기 때문에 4개의 비트만으로 FND를 구동할 수 있도록 기능이 부여된 IC칩이다. "J1", "J4" 및 "J5"는 Static 구동을 위해서 준비된 입력 단자이다.

이와는 다르게 Dynamic 구동을 위해서 준비한 것이 "J2"와 "J3" 커넥터이다. J2는 직접 구동을 위해서 준비되어 있고 J3은 74LS47을 이용해서 구동할 수 있도록 구성된 커넥터이다.

"J6"은 FND 보드에서 사용할 전원을 공급하는 단자대이다. +DC5V와 GND를 공급하면 된다.

Static 구동이 직접 FND를 제어한다면, Dynamic 구동은 신호선은 하나이나 각각의 FND의 전원을 제어함으로써 신호선의 점유를 적게 하면서 여러 개의 FND(Flexible Numeric Display)를 구동할 수 있는 장점이 있다. Dynamic 구동은 FND의 잔상 효과를 이용한 것이다. 전원을 OFF 하더라도 바로 LED가 OFF 되지 않고 잠시 동안 상태를 유지하는 것을 이용한 것이다. 그래서 OFF 되기 전에 바로 데이터를 다시 써 주어야 한다. 보이고자 하는 값을 계속해서 써 주어야 하는 번거로움이 있다.

74LS47은 "BCD‑to‑Seven‑Segment Decoder/Driver"이다. 그림 2.35는 내부 회로도
이다.

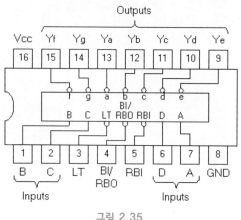

그림 2.35

표 2.14 74LS47(BCD‑to‑Seven‑Segment Decoder/Driver)의 진리표

십진수/ 기능	입력						BL/ RBO	출력							비고
	LT	PBI	D	C	B	A		a	b	c	d	e	f	g	
0	H	H	L	L	L	L	H	1	1	1	1	1	1	0	
1	H	X	L	L	L	H	H	0	1	1	0	0	0	0	
2	H	X	L	L	H	L	H	1	1	0	1	1	0	1	
3	H	X	L	L	H	H	H	1	1	1	1	0	0	1	
4	H	X	L	H	L	L	H	0	1	1	0	0	1	1	
5	H	X	L	H	L	H	H	1	0	1	1	0	1	1	
6	H	X	L	H	H	L	H	0	0	1	1	1	1	1	
7	H	X	L	H	H	H	H	1	1	1	0	0	0	0	
8	H	X	H	L	L	L	H	1	1	1	1	1	1	1	
9	H	X	H	L	L	H	H	1	1	1	0	0	1	1	
10	H	X	H	L	H	L	H	0	0	0	1	1	0	1	
11	H	X	H	L	H	H	H	0	0	1	1	0	0	1	
12	H	X	H	H	L	L	H	0	1	0	0	0	1	1	
13	H	X	H	H	L	H	H	1	0	0	1	0	1	1	
14	H	X	H	H	H	L	H	0	0	0	1	1	1	1	
15	H	X	H	H	H	H	H	0	0	0	0	0	0	0	
BI	X	X	X	X	X	X	L	0	0	0	0	0	0	0	
RBI	H	L	L	L	L	L	L	0	0	0	0	0	0	0	
LT	L	X	X	X	X	X	H	1	1	1	1	1	1	1	

표 2.15 제어용 FND 보드의 부품 리스트

Part Name	Part Value	Reference	Quantity
전해 콘덴서	10 uF/25 V	C4	1
세라믹 콘덴서	104	C5, C6, C7, C8	4
다이오드	IN4007	D1	1
단자대	USL – 5SAB1 – 8P	J1, J4, J5	3
	USL – 5SAB1 – 10P	J2	1
	USL – 5SAB1 – 6P	J3	1
	USL – 5SAB1 – 2P	J6	1
Transistor	C3198	Q3, Q4	2
Resistor	1/4W J 220 Ω	R1, R3, R4, R5, R6, R7, R8, R9, R11, R12, R13, R14, R15, R17, R18, R19	16
	1/4W J 2.2 KΩ	R2, R10	2
	1/4W J 470 Ω	R21, R22, R23, R24, R25, R26, R27, R28	8
Array Resistor	10 KΩ 5P	R16	1
	1 KΩ 9P	R20	1
Dip_Switch	KSD08H	SW1, SW2, SW3	3
FND	MD – SR617A – 14	U1, U6	2
	S – 5263CSR3	U2	1
IC	74LS47	U3, U4, U5	3

(4) 제어 회로용 DC 모터 전자 회로 설계 및 보드 사용법

모터(Motor)란 전기 에너지를 기계 에너지로 변환해 주는 변환기이다. 따라서 메카트로닉스 기술에서 필수적인 장치라고 할 수 있다. 여기서 제어하고자 하는 메카트로닉스 미니 MPS 장치 제어에 있어서 컨베이어에 장착되어 있는 DC 모터와 적치대의 DC 모터를 구동하기 위해서 구성한 보드이다.

DC 구동을 위한 브리지에 대해서 간단히 살펴보도록 한다. DC 모터의 구조는 회전하는 부분인 전기자(회전자, 로터, rotor)와 정지되어 있는 고정자(스테이터, Stator)로 구성되어 있다. 보통 회전자(전기자)가 움직이면 고정자는 어딘가에 고정되어 있다. 즉 액추에이터의 한 부분이라면 그곳에 모터의 고정자가 부착되어 있음을 의미한다. 고정자는 필드(Field, Stator 또는 계자)에 해당되고, 전기자는 아마추어(Armature, Rotor, 회전자)에 해당된다. 직류 모터의 원리와 외형은 그림 2.36과 같은 형상으로 구성되어 있으며, 전원은 정류자(브러시)와 커뮤테이터를 통해 전달된다. 자기장의 밀도가 높은 곳에서 낮은 곳으로 힘이 가해지기 때문에 회전하게 된다. 플레밍의 왼손 법칙과 오른나사의 법칙으로 해석이 가능하다.

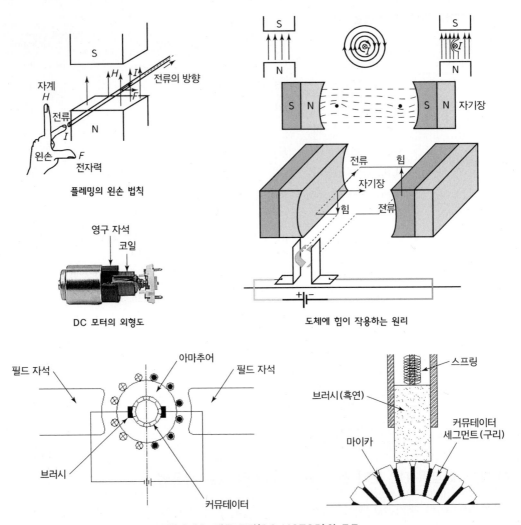

플레밍의 왼손 법칙

DC 모터의 외형도

도체에 힘이 작용하는 원리

그림 2.36 **직류 모터(DC MOTOR)의 구조**

그림 2.36에서처럼 자계의 방향과 직각으로 도체가 있을 때 도체에 전류를 흘리면 한쪽은 자속이 상쇄되고 한쪽은 더욱 밀도가 높아져서 일정한 방향으로 힘을 받게 된다. 자속과 전류와의 관계에서 발생하는 힘이 전자력(Electromagnetic force)이다. 전자력(f)의 방향은 항상 전류(i) 및 자속(ϕ)의 방향에 직각이고 여기서 모터의 회전력을 얻게 된다. 참고로 반대적인 개념으로, 전압을 유기하는 원리는 플레밍의 오른손 법칙이다. 플레밍의 오른손 법칙은 발전기의 원리를 설명한다.

DC 모터 구동을 위한 회로 설계는 브리지 형태를 이용한다. DC 모터의 특성상 모터의 정격 전압을 가하면 회전하는 아주 간단한 원리가 적용되기 때문이다. 회전 방향을 바꾸고자 할 때에도 그래서 더욱 간단하다. 전원만 반대로 제공해 주면 회전 방향도 바뀌게 된다. AC 모터나 3상 서보 모터의 경우 회전 자계를 직접 제어기에서 만들어 주어야 하는 번거로움이 있으나, 이 DC 모터는 회전 자계가 전원만 공급해주면 만들어지므로 회전하는 데 어려움이 없다. 속도 제어를

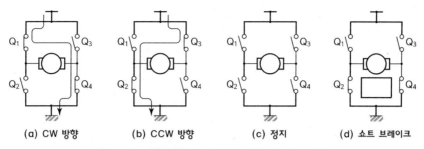

(a) CW 방향　　(b) CCW 방향　　(c) 정지　　(d) 쇼트 브레이크

그림 2.37 모터의 회전 방향 결정 단상 브리지 결선도

위해서는 물론 전류의 양을 조정해 주어야 하는 과정이 있다. 그림 2.37은 DC 모터 구동을 위한 4가지 운전 패턴을 제시한 것이다. 이런 형태의 제어가 가능하도록 전자 회로를 설계하면 된다.

메카트로닉스 미니 MPS 장치 제어를 위해서 구성한 MOTOR 구동용 제어 회로 기판을 살펴보도록 한다.

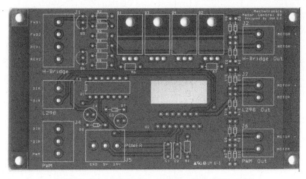

그림 2.38 MOTOR 구동용 제어 회로 기판

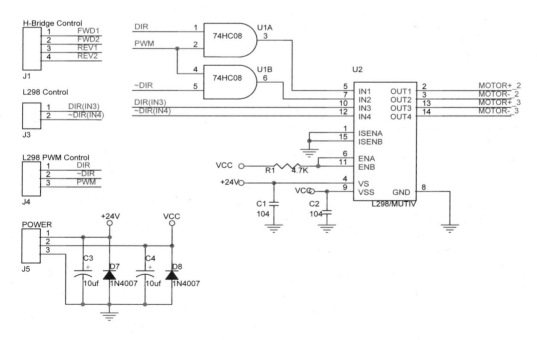

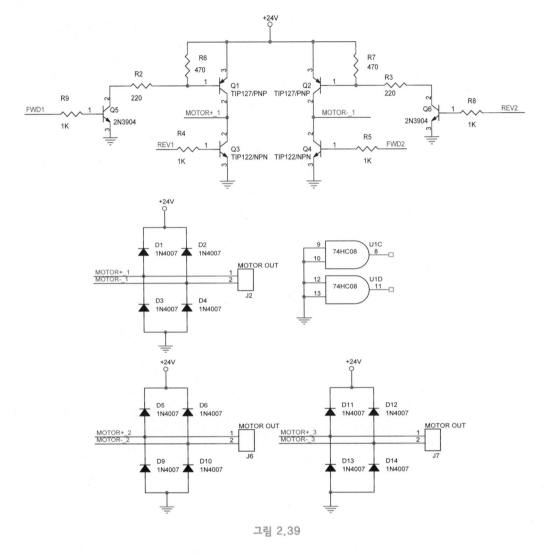

그림 2.39

회로도에서 Q1, Q2, Q3, Q4, Q5 및 Q6에 의한 동작의 경우, 주 브리지 회로는 Q1, Q2, Q3 및 Q4이다. High Side Q1과 Q2의 경우 TIP127을 사용한 이유는 이득을 맞추어 주기 위함이다. PNP Type 만을 사용할 경우 Motor 회전이 원활하지 않거나 TR이 파손되는 경우가 발생한다. 그런데 Q1과 Q2의 구동을 위해서 Q5와 Q6인 2N3904 NPN TR을 사용하였다. Q5와 Q6을 사용하지 않고 Q3과 Q4와 같이 직접 제어할 경우 PNP의 특성상 에미터와 베이스 간의 동작이 정확히 OFF 되지 않아서 확실하게 DC24V까지 올려 주었다가 0V까지 끌어내릴 수가 없다. 이렇게 되면 TR이 망가지거나 정확히 동작되지 않은 경우가 발생한다. 이런 문제점을 해결하고자 직접 제어하지 않고 Q5와 Q6을 사용한 것이다.

제어용 회로에서 사용되는 전자 부품은 74HC08(AND Gate), L298(Dual Full-Bridge Driver), TR 3종류(2N3904, TIP127, TIP122)이다. 이들 부품의 특성에 대해서 간략하게 살펴 보도록 한다.

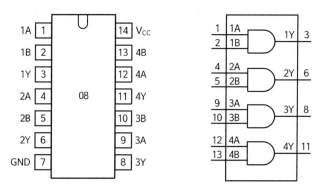

그림 2.40 74HC08의 Pin Configuration 및 논리 게이트

L298(Dual Full – Bridge Driver)은 오래전부터 사용되어 온 전통이 있는 소자이다. 전압과 전류 관련해서 제어 가능한 최대 전압은 DC46V까지이고, 전류는 전체 4[A]까지 가능한 15핀짜리 통합된 단일 TR 회로이다. L298은 표준 TTL 레벨의 입력으로 그림 2.41과 같은 코일 성분의 부하들인 릴레이(relay), 솔레노이드(solenoid), 직류 모터(DC Motor) 그리고 STEP 모터(stepping motor)를 구동할 수 있는 고전압, 고전류를 취급할 수 있는 풀브리지형 드라이버이다.

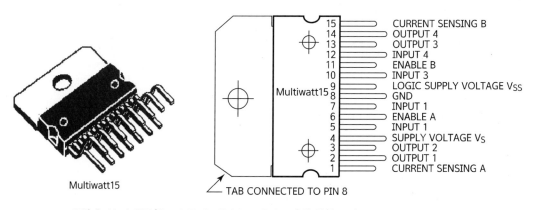

그림 2.41 L298(Dual Full–Bridge Driver)의 외형도 및 Pin Configuration

핀 번호 2, 3과 13, 14는 부하를 연결하면 되고, 9번과 4번은 Vcc 전압을 공급해 주는데 9번은 로직 구동을 위한 DC5V 전압을 공급해 주면 되고, 4번은 부하에 가할 전압을 공급해 주면 된다. 본 회로도에서는 DC24V를 공급하였다. 이 4번 핀과 관여해서 각각의 GND 핀은 회로 A는 1번 핀이고 회로 B는 15번 핀이다. 여기서는 함께 GND 처리하였다. 그리고 회로의 파워 TR이 교번적으로 동작해야 함에 따라 10번 핀과 12번 핀의 신호는 서로 반대 형태로 공급되어야 한다. 그렇지 않으면 같은 전원이 공급되어서 동작하지 않는다. 즉 한쪽이 Vcc에 연결되면 다른 한쪽은 GND로 연결되어야 함을 의미한다. 같은 의미로서 핀 5번과 7번에 해당된다. 그리고 출력 인에이블하기 위해서는 회로 A는 핀 6번, 회로 B는 핀 11번이 해당된다. 그림 2.42, 2.43은 기본 회로도를 나타낸다.

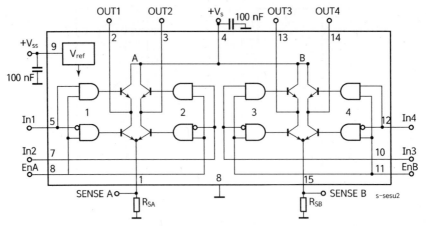

그림 2.42 L298(Dual Full-Bridge Driver)의 내부 회로도

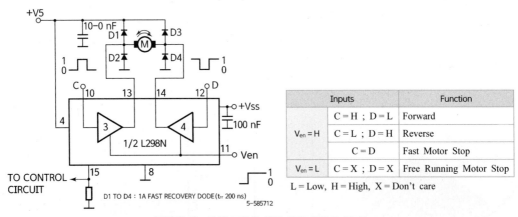

	Inputs	Function
	C = H ; D = L	Forward
V_{en} = H	C = L ; D = H	Reverse
	C = D	Fast Motor Stop
V_{en} = L	C = X ; D = X	Free Running Motor Stop

L = Low, H = High, X = Don't care

그림 2.43 모터 구동을 위한 추천 회로도 및 표

TIP127(PNP)은 Darlington Power Transistor로서 PNP Type이다. TIP122(NPN)은 Darlington Power Transistor로서 NPN Type이다. 2N3904(NPN)는 General Purpose Amplifier Transistor로서 NPN Type이다. 그림 2.44는 TIP127, TIP122 및 2N3094의 외형도이다.

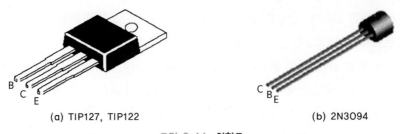

(a) TIP127, TIP122   (b) 2N3094

그림 2.44 외형도

표 2.16은 제어 회로용 DC 모터 보드에 장착되는 부품 리스트이다.

표 2.16 제어 회로용 DC 모터 보드에 장착되는 부품 리스트

Part Name	Part Value	Reference	Quantity
전해 콘덴서	10 uF/25 V	C3, C4	2
세라믹 콘덴서	104	C1, C2	2
다이오드	IN4007	D1, D2, D3, D4, D5, D6, D7, D8, D9, D10, D11, D12, D13, D14	14
단자대	USL-5SAB1-4P	J1	1
	USL-5SAB1-2P	J2, J3, J6, J7	4
	USL-5SAB1-3P	J4, J5	2
Transistor	TIP122/NPN	Q3, Q4	2
	TIP127/PNP	Q1, Q2	2
	2N3904/NPN	Q5, Q6	2
Resistor	1/4 W J 4.7 KΩ	R1	1
	1/4 W J 220 Ω	R2, R3	2
	1/4 W J 1 KΩ	R4, R5, R8, R9	4
	1/4 W J 470 Ω	R6, R7	2
IC	74HC08	U1	1
	L298/MUTIV	U2	1

다음은 제어 회로용 DC 모터 보드의 사용 방법에 대한 설명이다.

"J1"은 4개의 단자로서 모터 구동을 위한 H-Bridge의 입력이다. FWD1과 FWD2의 단자에 "1"값(+DC5V)을 가하면 FWD1의 신호에 의해서 Q5가 동작하고, Q5의 동작에 의해 Q1이 동작하여 +DC24V를 모터에 제공하고, FWD2의 신호에 의해서 Q4가 동작해서 모터에 GND 전원을 공급하여 모터가 회전하도록 한다. 이때는 REV1과 REV2는 "0"이 입력되어야 한다. 그렇지 않으면 Q1과 Q3 그리고 Q2와 Q4에 의해서 쇼트 상태가 되어서 TR이 타는 경우가 발생할 수 있다. 이렇게 해서 한쪽 방향의 동작이 완료된다. 그러나 이것이 CW 방향이 될지 CCW 방향이 될지는 모르는 일이다. 사용자가 모터의 극성을 어느 방향으로 연결할 것인지는 아무도 모르기 때문이다. "J2"에 모터를 연결하면 된다.

"J1" 단자 중 REV1과 REV2에 의해서는 FWD1과 FWD2에 신호를 줄 때와는 반대 방향으로 모터가 회전한다. 즉, REV1과 REV2에 신호 "1"인 +DC5V를 가하면 REV1의 신호에 의해서 Q3이 동작해서 모터에 GND 전원을 공급해 주고, REV2의 신호에 의해서 Q6이 동작되고, Q6의 동작에 의해 Q2가 동작되어서 모터에 +DC24V를 공급해서 모터가 회전하게 된다. 이때 역시 쇼트 상태를 막기 위해서는 FWD1과 FWD2의 신호를 "0"으로 해 주어야 한다. 마찬가지로 "J2"에 연결된 모터가 동작한다.

"J3"은 2개의 단자이고 L298칩을 이용해서 모터를 제어할 때 이용한다. 앞에서 제시한 L298의 내부 회로도를 참고해야지만 이해가 쉬울 것이다. DIR(IN3)과 ~DIR(IN4)의 입력에 의해서

L298의 내부 H–Bridge 중 13번 단자의 OUT3과 14번 단자의 OUT4에 연결된 모터가 동작한다. OUT3과 OUT4는 "J7"에 연결되어 있다. 즉, J3의 입력에 의해서는 J7에 연결된 모터가 동작되므로 한 쌍으로 생각하면 된다. DIR(IN3)과 ~DIR(IN4)은 항상 다른 신호가 입력되어야 한다. 같으면 동작하지 않는다. 11번 단자의 Enable 신호를 R1 저항을 통해서 Vcc로 연결했으므로 신경 쓸 필요는 없다.

"J4"는 J3의 사용 방법과 같으나 추가되는 것은 PWM 신호에 의해서 모토의 회전력 즉, Torque를 제어할 수 있도록 구성되어 있다. 물론 여기서도 DIR 신호와 ~DIR 신호가 다를 경우는 회전하고, 같을 경우는 회전하지 않는다. 한쪽이 "0"이면 한쪽은 "1"을 가해야 한다. 그림 2.45를 통해서 PWM을 이해해 보도록 한다.

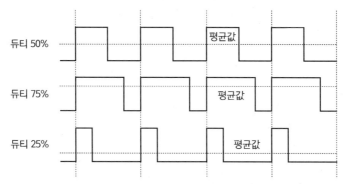

듀티 50%　　　평균값

듀티 75%　　　평균값

듀티 25%　　　평균값

그림 2.45　**PWM(Pulse Width Modulation)의 구성 원리**

PWM(Pulse Width Modulation)은 펄스폭 변조를 나타내는 말이다. 그림 2.45와 같이 주파수 즉 펄스의 주기는 일정하게 하면서 듀티비만을 조정해서 전체적인 평균치를 이용해서 제어하는데 사용하는 것이다. 이런 PWM 방식은 전류 제어를 하고자 하는 곳이면 많은 곳에 사용되는데, 과거 필자가 자동차 엔진에 연료를 공급할 때 이러한 PWM 방식을 이용했던 기억이 난다. 그리고 일반적으로 모터와 같은 회전체의 회전력이나 위치 제어를 할 때 주로 사용되는 방식이며, 경우에 따라서는 DC–DC 컨버터와 D/A(Digital to Analog) 컨버터용으로도 이용된다.

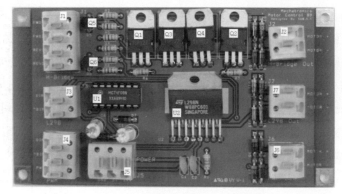

그림 2.46

"J1은 J2"와 한 쌍이고, "J3은 J7"과 한 쌍이다. 그리고 "J4는 J6"과 한 쌍이다. 이들은 각각 입력과 출력의 형태로 회로가 구성되어 있다. 그리고 J5는 GND, 5V 및 24V를 공급하는 전원 단자이다.

(5) 제어 회로용 STEP 모터 전자 회로 설계 및 보드 사용법

STEP 모터는 기본적으로 3Type이 있다. Variable Reluctance, Permanent Magnet 그리고 hybrid형이다. 이들은 얇은 판의 고정자(stator)로 된 철회전자(Rotor)나 영구 자석의 사용 등의 구조가 다르다.

① Variable Reluctance형 STEP 모터

영구 자석이 사용되지 않는다. 그 결과 Torque로 인해 모터의 Rotor가 멈추지 않고 회전할 수 있다. 이 타입의 STEP 모터는 마이크로 단위로 움직여서 위치를 잡는 경우로, 모터의 높고 정밀한 Torque가 필요하지 않은 곳에 응용하면 좋다. 그림 2.47에서 확인할 수 있는 것과 같이 Variable Reluctance형 STEP 모터는 15° 각도로 분산된 Stator Pole set을 4개 가지고 있다. 코일을 통해서 Pole A에 흐르는 전류는 Pole A에 정렬된 Rotor의 이(Teeth)에 발생한 자장의 원인이 된다. 여기된 Stator Pole B는 Pole B로 정렬되도록 15° Rotor가 회전하게 된다. 이 순서는 Pole C에서 A로 다시 돌아가서 CW 방향의 회전이 계속되게 한다. 반대로 하면 CCW 방향의 회전이 된다.

② Permanent Magnet형 STEP 모터

저속 회전과 낮은 Torque를 요하며, 큰 각도인 45° 도는 90°의 회전을 요하는 경우에 사용되어 질 수 있는 특징을 가지고 있다. 따라서 프린터와 같은 비산업용으로 저가형이면서 구조가 간단한 경우에 사용이 용이한 경우이다. 다른 Step 모터와는 달리 PM형 모터의 Rotor에는 이 (Teeth)가 없다. 그림 2.48은 4개의 상(A, B, C, D)을 갖는 90°각도의 PM형 모터이다. 차례로 각 상에 흐르는 전류는 변하는 자장에 맞춰서 Rotor가 회전하게 된다. 저속으로 회전함에 따른 저속에서의 높은 토크의 특성을 갖는다.

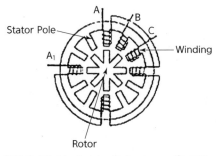

그림 2.47 Variable Reluctance형 구조

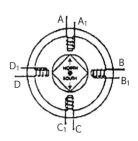

그림 2.48 Permanent Magnet형 구조

③ Hybrid형 Step 모터

Variable Reluctance형 STEP 모터와 Permanent Magnet형 STEP 모터의 가장 좋은 특성만으로 구성되었다. Hybrid형 Step 모터는 많은 이(Teeth)를 갖는 Stator Pole과 Permanent Magnet Rotor를 가지고 있다. 표준형 Hybrid Step 모터는 1.8°의 각도로 회전할 수 있는 200개의 Rotor 이(Teeth)를 가지고 있다. 다른 Hybrid Step 모터는 0.9°와 3.6°로 변화

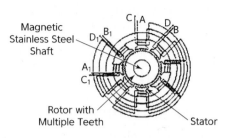

그림 2.49 Hybrid형 구조

할 수 있는 구조를 가지고 있는 것도 있다. 이 Hybrid 모터는 높은 정적 및 동적 Torque를 나타내고 매우 높은 Step 비율로 회전하기 때문에 폭넓은 분야의 산업에 적용된다.

그리고 Step 모터의 코일을 감고 단자를 뽑아내는 것은 Uni-filar 방식과 Bi-Filar 방식이 있다. Uni-filar 방식은 단어의 의미와 같이 Stator Pole당 하나의 코일로 감겨져 있다. Uni-filar 방식으로 감겨진 Step 모터는 4개의 단자를 갖는다.

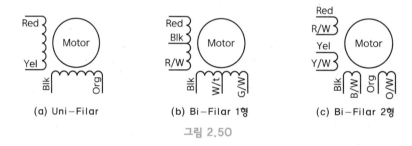

그림 2.50

Bi-Filar로 감겨진 모터는 각 Stator Pole상에 감긴 두 개의 동일한 코일이 있음을 의미한다. 8개의 리드선이 있는 것이 보통이기는 하지만 그림 2.50(b)와 같이 사용할 경우는 6개의 리드선으로 사용할 수 있다.

360°인 한 바퀴 회전하기 위해서 몇 개의 펄스가 필요한가를 말할 때 STEP MODE라고 한다. 스텝 모터에서 STEP MODE는 Full, Half 그리고 Microstep 모드로 3가지이다.

FULL STEP 모드의 경우, 표준형 STEP 모터인 Hybrid형을 예로 들 수 있고, 이 모터는 200개의 Rotor 이(Teeth)를 가지고 있다. 따라서 1회전하기 위해서는 200펄스가 필요하다. 360°를 회전하는 데 200개의 펄스가 필요하므로 펄스 1개당 회전할 수 있는 각도는 1.8°이다. 이와 같은 구동 방식이 FULL STEP 모드이다.

HALF MODE는 1회전당 400개의 펄스가 요구되는 운전 방식이다. 400개의 펄스로 1회전 즉 360°를 회전하므로 1펄스당 0.9°의 회전을 하게 된다.

Microstep MODE는 스텝 모터의 구조와 관계된다. 일반적인 Hybrid형과 같은 모터로는 제어할 수 없다. AMS 마이크로 스텝퍼의 경우 1회전당 50,000 Step 이상이 요구된다.

여자 방식에는 1상 여자 방식, 2상 여자 방식 그리고 1-2상 여자 방식이 있다.

표 2.17 여자 방식에 따른 스위치 시퀀스도

	1	2	3	4	5	6	7	8	9
ϕ_1	1	0	0	0	1	0	0	0	1
ϕ_2	0	1	0	0	0	1	0	0	0
ϕ_3	0	0	1	0	0	0	1	0	0
ϕ_4	0	0	0	1	0	0	0	1	0

1상 여자 방식 스위치 시퀀스도

	1	2	3	4	5	6	7	8	9
ϕ_1	1	0	0	1	1	0	0	1	1
ϕ_2	1	1	0	0	1	1	0	0	1
ϕ_3	0	1	1	0	0	1	1	0	0
ϕ_4	0	0	1	1	0	0	1	1	0

2상 여자 방식 스위치 시퀀스도

	1	2	3	4	5	6	7	8	9
ϕ_1	1	1	0	0	0	0	0	1	1
ϕ_2	0	1	1	1	0	0	0	0	0
ϕ_3	0	0	0	1	1	1	0	0	0
ϕ_4	0	0	0	0	0	1	1	1	0

1-2상 여자 방식 스위치 시퀀스도

ϕ_1에서 ϕ_4는 코일의 상을 의미하고, X축의 숫자는 스텝을 의미한다. 이 X축에서 1부터 4까지의 4단계가 1주기에 해당된다. 즉 계속해서 반복함으로써 스텝 모터의 회전이 가능하게 된다. 각 스텝과 상이 만나는 표에서 숫자 "1"의 의미는 전류를 흐르게 해 줌을 말한다. 우리가 주로 사용하는 Hybrid형 스텝 모터의 경우 1펄스당 1.8°의 회전각을 갖게 되고, 1회전을 위해서는 200펄스가 필요하다. 여기서 우리가 계산해 볼 수 있는 것은 1회전당 이동하는 거리인데, 보통 마이크로마우스에서 1회전 또는 1펄스당 이동하는 거리를 계산하기위해서는 πD로 1회전당 거리를 구할 수 있으므로 이동 거리를 계산할 수 있다. 여기서 π는 3.14159...이고, D는 휠의 직경이다.

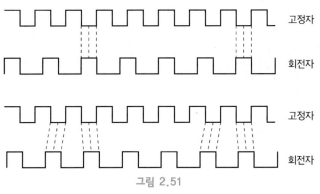

그림 2.51

권선 전류 흐름을 이용한 구동 회로의 경우 '스텝 모터의 공통 단자를 사용하느냐 사용하지 않느냐'에 의해서 유니폴라(Unipolar) 구동 방식과 바이폴라(Bipolar) 구동 방식으로 구분된다. 제어기와 관계 있는 부분이다.

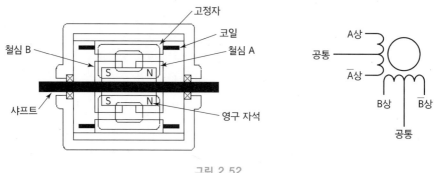

그림 2.52

유니폴라(Unipolar) 구동 방식은 모터의 권선에서 중앙 탭을 사용하여 구동하는 방식으로, 비교적 전력 소모가 적고 비용이 저렴하게 든다는 장점이 있으나 토크는 바이폴라 구동 방식에 비해서 적은 편이다. 참고로 회로를 보자.

바이폴라(Bipolar) 구동 방식은 스테이터 코일의 중점을 사용하지 않고 코일의 양단에 가하는 전압의 정부를 절환하여 전류를 바꿈으로써 자계를 전환하는 방식이다. 앞에서 말한 바와 같이 유니폴라 방식에 비해서 약 2배 정도의 토크를 발생할 수 있다. 그러나 다소 회로가 복잡하다.

"J1"은 TR을 이용한 H−Bridge에 입력하기 위한 커넥터이다. 출력은 "J2"에 연결되어 있다. 출력 "J2"는 STEP 모터에 연결하는 부분이고 A, 중간 탭, $\overline{A}$, B, 중간 탭, $\overline{B}$의 순으로 6개의 신호선을 연결하면 된다. 이런 연결에 의한 제어 방법은 유니폴라 방식이다.

그림 2.53

"J3"은 IC 7024/7026으로 입력되는 커넥터 단자이다. 출력은 "J4"이고 연결 방법은 위와 같이 A, 중간탭, $\overline{A}$, B, 중간 탭, $\overline{B}$의 순으로 6개의 신호선을 연결하면 된다. 이 또한 유니폴라 방식에 의한 제어이다.

"J5는 STEP 모터 구도을 위한 본 보드에서 사용되는 전압을 공급해 주는 커넥터이다. +DC24V, +DC5V 그리고 공통 GND를 공급해 주면 된다. 공통 GND라고 하면 +DC5V와 +DC24V의 GND 단자를 함께 잡아 주어야 함을 의미한다.

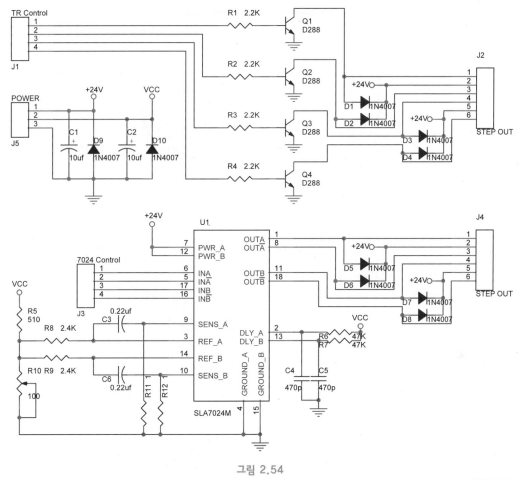

그림 2.54

회로도에서 사용되는 D288의 핀 할당은 다음과 같다. D288의 경우 TTL Level에서 직접 On/Off가 가능한 Low Frequency High Power Amplifier라는 것이 고출력 TR이면서 사용의 편리성을 제공해서 사용하게 되었다.

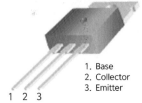

1. Base
2. Collector
3. Emitter

그림 2.55

Motor Controller Driver인 SLA7024와 SLA7026의 경우 주어진 회로도와 같이 사용하면 된다. STEP 모터 실험에서 가장 핵심적인 부분인 STEP 모터 구동 회로이다. SLA7024M은 유니폴라(UniPolar)방식의 STEP 모터 구동용 드라이버이며, 여기서는 사용하지 않았으나 DC 모터 구동에서 사용한 ST Micro Electronics사의 L298은 듀얼 풀브리지(Dual Full-Bridge)로서, DC 모터의 양방향 구동 또는 바이폴라(BiPloar) 방식의 STEP 모터 구동용 드라이버이다. 일반적으로 유니폴라 방식의 STEP 모터는 6개의 신호선의 배선을 가지는데 이중 두 개의 신호선이 전원 소스로 사용되고 4개의 신호선은 상 신호 입력으로 사용된다. 바이폴라 방식의 STEP 모터는 4개의 신호선의 상 신호 입력만을 가지며, 유니폴라 방식의 전원 소스 2개의 신호선을 제외한 형태이다.

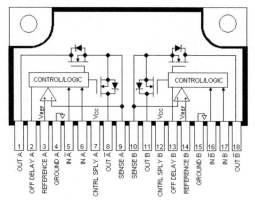

그림 2.56 SLA7024/7026

SLA7024는 유니폴라 방식의 STEP 모터 구동 드라이버로서 18핀의 구성을 갖는다. STEP 모터를 구동시킬 때 입력 Pulse를 프로세서에서 인가하면 그것이 모터 드라이버 SLA7024로 입력되고, 모터 드라이버는 모터로 신호를 보내서 모터를 구동, SLA7024는 N CHANNEL MOSFET로 되어 있어 DRAIN과 BODY 사이에 구조적으로 DIODE가 생성되므로 모터의 INDUCTOR에서 발생하는 역기전압 제거용 DIODE가 필요 없어서, 외부에서 달아 주어야 하는 TTL 구조의 L298에 비해 유리하다. 작동 원리는 L298과 같이 CHOPPING 구동을 한다. 내부적으로는 1OHM의 저항에서 측정된 전류의 양을 FEEDBACK시켜 Pulse WIDTH MO-

표 2.18 **부품 리스트**

Part Name	Part Value	Reference	Quantity
전해 콘덴서	10 uF/25 V	C1, C2	2
	0.22 uF/25 V	C3, C6	2
세라믹 콘덴서	470 pF	C4, C5	2
다이오드	IN4007	D1, D2, D3, D4, D5, D6, D7, D8	10
단자대	USL − 5SAB1 − 4P	J1, J3	2
	USL − 5SAB1 − 3P	J5	1
	USL − 5SAB1 − 6P	J2, J4	2
Transistor	D288	Q1, Q2, Q3, Q4	4
Resistor	1/4W J 2.2 KΩ	R1, R2, R3, R4	4
	1/4W J 510 Ω	R5	1
	1/4W J 47 KΩ	R6, R7	2
	1/4W J 2.4 KΩ	R8, R9	2
	1/4W J 1 Ω	R11, R12	2
Array Resistor	GF063P101 100 Ω	R10	1
IC	SLA7026M	U1	1

DULATION을 해서 고속 회전 시 전류를 충분히 공급할 수 있게 한다. 이런 회로를 사용하는 이유는 모터가 INDUCTOR로 되어 있기 때문이다. 최대 구동 전압은 46 V이고, SLA7024는 1.5 A, SLA7026은 3 A의 전류 구동 능력을 가진다. 표 2.18은 구성 부품 리스트이다.

(6) 제어 회로용 Photo Coupler 전자 회로 설계 및 보드 사용법

Photo Coupler는 메카트로닉스 미니 MPS 장치 제어에 있어서 입출력 신호의 Matching을 위해서 구성된 보드이다. 마이크로프로세서에서는 +DC5V가 사용되고 센서에서는 +DC24V가 사용될 때 센서 신호를 마이크로프로세서에서 사용 가능하도록 +DC5V로 변환해 주는 보드이다. 즉 입력하기 위한 보드이다.

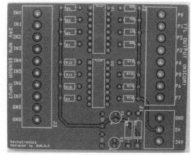

그림 2.57

"J1"은 보드에서 사용할 전원인 GND +DC5V 및 +DC24V를 공급하기 위해서 준비된 커넥터이다. "J3"은 24V NPN 센서에서 출력되는 신호를 연결하는 커넥터이다. 그러면 해당 신호가 TTL Level로 변경되어서 "J2"로 출력된다. 즉, +DC5V가 출력된다. 사용법은 간단하다.

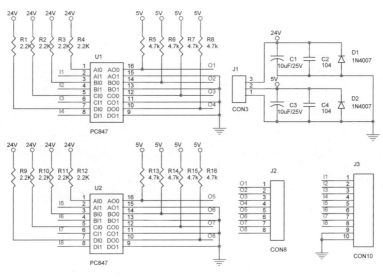

그림 2.58

회로도에서 "U1"과 "U2"는 Photo Coupler이다. 참고로 시리즈에서 PC817은 1채널 타입, PC827은 2채널 타입, PC837은 3채널 타입, PC847은 4채널 타입이다. 그림 2.59는 내부 연결도이고 표 2.19는 부품 리스트이다.

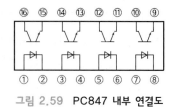

그림 2.59 **PC847 내부 연결도**

표 2.19 **부품 리스트**

Part Name	Part Value	Reference	Quantity
전해 콘덴서	10 uF/25 V	C1, C3	2
세라믹 콘덴서	104	C2, C4	2
다이오드	IN4007	D1, D2	2
단자대	USL-5SAB1-3P	J1	1
	USL-5SAB1-8P	J2	1
	USL-5SAB1-10P	J3	1
Resistor	1/4W J 2.2 KΩ	R1, R2, R3, R4, R9, R10, R11, R12	8
	1/4W J 4.7 KΩ	R5, R6, R7, R8, R13, R14, R15, R16	8
IC	PC847	U1, U2	2

(7) 제어 회로용 TR 전자 회로 설계 및 보드 사용법

제어 회로용 TR 보드는 마이크로프로세서에서의 TTL Level을 +DC24V로 변환하고자 할 때 사용된다. 즉, DC 모터나 공압 실린더 제어를 위한 솔레노이드 구동용 신호가 필요할 때 사용된다. Open Collector 형태로 +DC24V나 기타 DC 전압을 사용할 수 있다. 이 회로는 +DC24V를 사용하지 않고 GND 제어만으로 사용할 수도 있다. 즉 스위칭 소자만으로 사용할 수도 있음을 의미한다.

그림 2.60

"J10"은 전원을 공급하는 단자이다. 그리고 "J9"의 IN1부터 IN8은 마이크로프로세서에서 입력되는 신호 +DC5V이다. 그리고 이 입력은 대응되어서 OUT1부터 OUT8까지로 출력된다.

IN1의 입력은 OUT1로 연결되어 있다. 순서대로 연결되어 있으므로 참고하면 사용하기 쉬울 것이다. 좀 헷갈리는 것은 J1이 OUT8이라는 점이지만 모두 표기해 두었으니 큰 어려움 없을 것으로 본다.

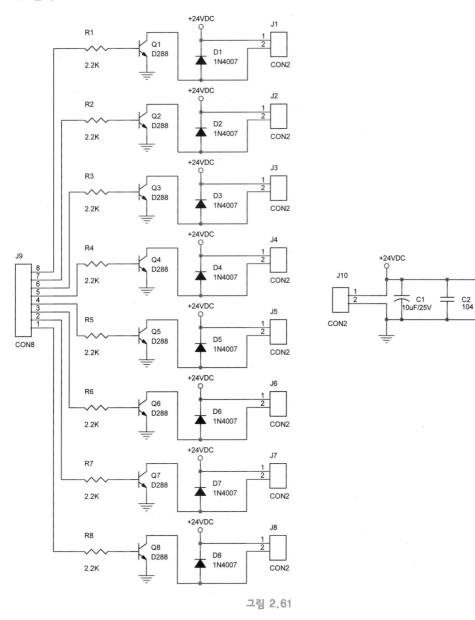

그림 2.61

그림 2.61은 제어 회로용 TR 보드의 회로도이다. TR은 D288로서 STEP 모터 구동 회로에서 사용한 TR이다. 이곳에서도 사용한 이유는 TTL Level로의 구동이 가능하다는 점이다. 그림을 다시 참조하도록 하자. 그리고 여기서의 TR 활용 방법은 Open Collector 방식을 이용한 것이다. 이것은 TR을 이용해서 스위치 즉 릴레이의 단자와 같은 역할로 사용했다는 점을 이해하도록 하자.

그림 2.61의 회로에서 +DC24V를 사용하지 않고 단지 스위치로 만 사용할 경우는, 단자 중 +24VDC인 "1"번 단자를 사용하지 않고 TR의 Collector에 연결된 2번 단자만을 사용하면 된다. 그러면 TR이 동작되면 2번 단자는 GND에 연결되어 동작할 수 있도록 되어 있다. 즉, GND로의 연결에 사용할 수 있다.

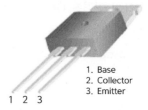

1. Base
2. Collector
3. Emitter

그림 2.62 D288의 핀 할당

표 2.20 **부품 리스트**

Part Name	Part Value	Reference	Quantity
전해 콘덴서	10 uF/25 V	C1	1
세라믹 콘덴서	104	C2	1
다이오드	IN4007	D1, D2, D3, D4, D5, D6, D7, D8, D9	9
단자대	USL－5SAB1－2P	J1, J2, J3, J4, J5, J6, J7, J8, J10	9
	USL－5SAB1－8P	J9	1
Transistor	D288	Q1, Q2, Q3, Q4, Q5, Q6, Q7, Q8	8
Resistor	1/4W J 2.2 KΩ	R1, R2, R3, R4, R5, R6, R7, R8	8

5. UCI BUS 활용을 위한 프로젝트 작성

프로젝트 설정과 LED 장비 연결과 제어 방법에 대한 예제를 설명하도록 한다.

① 프로젝트 생성 및 참조 파일 추가

콘솔 프로젝트를 생성하고 장비를 사용하기 위한 참조를 추가한다. 참조 파일들은 C#에서 제공되는 윈도우 제어 객체가 아닌 경우에는 제어할 수 있는 참조 파일을 참고해야 한다. UCI BUS 장비를 사용하기 위해서는 "FTD2XX_NET.dll"과 "Imechatronics.dll" 파일을 참조하도록 한다. "메뉴 → 프로젝트 → 참조 추가" 버튼을 클릭한다.

그림 2.63

② 참조 추가에서 찾는 위치를 클릭하고 c:/Progra files/Imechatronics 폴더를 선택한다. 이후 추가할 "FTD2XX_NET. dll"과 "Imechatronics.dll" 파일을 선택하고 확인 버튼을 클릭한다. 이렇게 하여 외부 장치와 인터페이스할 준비가 완료되었다.

③ BIU(BUS Interface Unit, PPI8255)에 대한 참조 추가

장치 드라이버 네임스페이스를 등록해 준다. 이후 메인 메소드에 IO디바이스에 객체를 만들고 IoDevice.UCIDrvInit() 메소드를 이용해서 장치의 사용을 알린다. 이후 IoDevice.Outputb()와 IoDevice.Inputb () 메소드를 사용해서 입출력 신호를 제어할 수 있다.

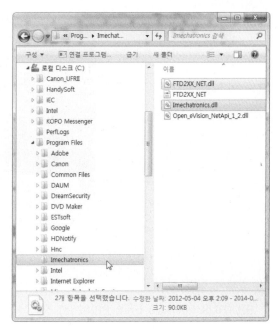

그림 2.64

④ PC ↔ UCI BUS 보드 연결

PC와 UCI BUS 장비를 연결하기 위해서는 다음과 같이 PC ↔ UCI BUS 연결 단자에 USB 케이블을 연결하면 된다. 이후 확장 가능한 8255 보드 연결 컨넥터에 UCI BUS 보드를 연결하여 입출력 장치를 구성할 수 있다.

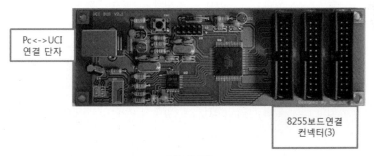

그림 2.65

⑤ UCI BUS 보드 ↔ BIU(BUS Interface Unit, PPI8255) 보드 연결

BIU(BUS Interface Unit, PPI8255) 보드는 3개의 입출력 포트가 존재하고 UCI BUS 보드 컨텍터와 BIU(BUS Interface Unit, PPI8255)보드의 컨넥터를 연결하여 사용할 수 있다. 포트는 8개의 컨트롤 워드의 신호를 보낼 수 있다. 프로그램에서는 해당 포트를 하나의 byte로 신호를 받고, 비트 연산을 통해 해당 포트의 입출력 신호를 제어할 수 있다.

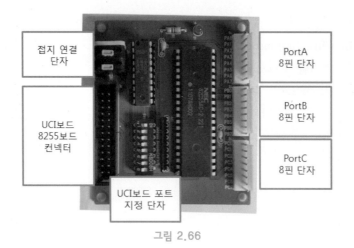

그림 2.66

⑥ 입출력 방법 설정

BIU(BUS Interface Unit, PPI8255) 장비는 3개의 기본 입출력을 할 수 있는 포트와 입출력 신호의 타입을 결정할 수 있는 1개의 포트로 구성되어 있다. 포트당 1바이트로 이루어져 있고 각 포트의 기능을 입력으로 할 것인지 출력으로 할 것인지를 결정해야 한다. 결정하는 방법은 Outputb 메소드를 이용하여 3번 포트에 사용하고자 하는 입출력 방법 워드를 입력해 준다.

표 2.21

포트 A	포트 B	포트 C		컨트롤 워드	포트 A	포트 B	포트 C		컨트롤 워드
		상위 4비트	하위 4비트				상위 4비트	하위 4비트	
출력	출력	출력	출력	80H	입력	출력	출력	출력	90H
출력	출력	출력	입력	81H	입력	출력	출력	입력	91H
출력	입력	출력	출력	82H	입력	입력	출력	출력	92H
출력	입력	출력	입력	83H	입력	입력	출력	입력	93H
출력	출력	입력	출력	88H	입력	출력	입력	출력	98H
출력	출력	입력	입력	89H	입력	출력	입력	입력	99H
출력	입력	입력	출력	8AH	입력	입력	입력	출력	9AH
출력	입력	입력	입력	8BH	입력	입력	입력	입력	9BH

⑥ 입출력 방법 설정

BIU(BUS Interface Unit, PPI8255) 장비는 0, 1, 2번의 포트에 출력 형식이라면 Outputb 메소드에 첫 번째 인자에 사용하고자 하는 포트 번호, 두 번째 인자에 컨트롤 워드 값을 입력한다. 한 개의 포트는 8비트로 이루어져 있고 기록할 비트를 2진수에서 16진수로 변경하여 값을 설정해 주면 된다. 읽어올 때는 Inputb()메소드를 호출하고 리턴 값을 받아오면 된다.

```
/* 입출력 설정에 따라 사용한다.("Io8255()"는 클래스의 이름)
   new : 객체를 생성할 때 사용하는 명령자
   아래와 같이 어떤 생성자로 생성할 것인가를 선언해 주어야 한다.
   IoDevice = new Io8255(); ↓   // m_pIoDevice = new Io8255(); ↓ */
IoDevice.Outputb(0, 0xff);      // 또는 m_pIoDevice.Outputb(0, 0xff);
IoDevice.Outputb(1, 0xf1);      // 또는 m_pIoDevice.Outputb(1, 0xf1);
int Input = IoDevice.Inputb(2);  // 또는 int Input = m_pIoDevice.Inputb(2);
```

이상으로 IO디바이스의 사용 방법을 알아보았다. 다음 예제부터는 BIU(BUS Interface Unit, PPI8255) IO디바이스를 이용하여 다른 장비를 구동해 보는 것을 테스트해 보도록 한다.

3. BIU(BUS Interface Unit, PPI8255) 보드를 이용한 LED 보드 제어

1. 개요

여기서는 Visual C#의 기능 중 Consol 기능을 이용해서 회로 구성과 기본적 동작을 보이도록 한다. 처음 기능을 점검한다고 보면 된다. 본 Consol 기능은 C-File 기능을 활용하는 것과 같으나 가급적 한곳에서 통일된 통합 환경을 적용한다는 차원에서 Consol 기능을 이용해서 점검할 것이다. PC 기반 제어 기능을 이용하는 것은 최종적으로 메카트로닉스 미니 MPS 장치를 구동하기 위한 것이지만 여기서는 전자 회로의 점검 차원이라고 생각하면 될 듯하다. 실질적 회로 구성과 점검 방법 등 그리고 프로그램 Debug 방법 등 Text형 프로그램을 이용해서 PC 기반 제어를 할 경우 발생할 수 있는 점검 방법들을 언급해 보도록 한다.

(1) PC 기반 제어를 위한 3대 구성

앞에서도 언급했듯이 회로 구성은 다음 블록다이어그램과 같이 하면 된다. 즉 PC와 UCI 버스 모듈과는 USB Cable을 이용해서 연결한다. 다음 UCI BUS 모듈과 "BUS 인터페이스 Unit"와는 26핀용 Flat Cable을 이용해서 연결한다. 이러면 PC 기반 제어를 위한 기본 설정은 되었다고 볼 수 있다.

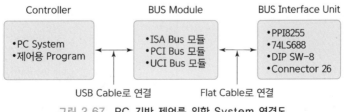

그림 2.67 PC 기반 제어를 위한 System 연결도

PC 기반 제어를 위한 3대 구성은 Controller(PC, Visual C#), BUS Module(UCI BUS Module) 그리고 BUS Interface Unit이다.

Controller는 퍼스널 컴퓨터와 컴퓨터에서 작업할 수 있는 작업 환경인 Visual C# 프로그램이다.

BUS Module은 Address BUS, Data BUS 그리고 Control BUS를 공급해 주는 부분이다. 간편하게 사용할 수 있도록 구성된 UCI(User-control Component Interconnect) BUS를 사용할 것이다. UCI BUS는 UCI BUS Module에 의해서 제공된다.

BUS Interface Unit는 BUS 활용 기술에 대한 시각적 확인이 가능하며, 이 책에서 제시한 개발 회로들과의 DIO(Digital Input/Output) 기능 수행이 가능하도록 인터페이스 기능을 하는 보드이다. BUS Interface Unit의 구성은 블록다이어그램에 나타내었듯이 PPI8255 및 74LS688 IC 칩과 8핀 DIP 스위치 그리고 26핀 Connector로 구성되어 있다.

이 장치들에 대한 세부적인 전자 회로는 앞에서 언급한 만큼 여기서는 사진을 통해서 연결된 상태를 확인해 보도록 한다.

(2) LED 출력 회로도

다음 회로도는 제어 회로용 LED 보드와의 연결을 나타낸 전자 회로도이다. BUS Interface Unit의 PORT A(JP1)와 제어 회로용 LED 보드의 커넥터 J1의 연결 상태를 보여 준 것이다. 물론 제어 회로용 LED 보드에는 전압 +DC5V의 "+" 단자와 "－" 단자를 연결해서 전원을 공급해 주어야 한다. 그리고 BUS Interface Unit는 PC 전원에서 제공되는 전원에 의해서 동작하므로 두 개의 전원을 사용하게 된다. 그래서 이 두 전원의 GND를 공통으로 잡아서 하나의 전원과 같이 동작하도록 해 주어야 한다.

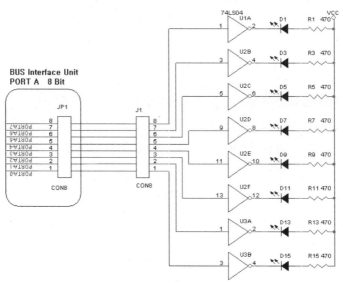

그림 2.68 제어 회로용 LED 보드 J1 연결도(LED 전원 단자와 BIU GND 단자는 생략함)

2. IO 장비 매핑

BIU(BUS Interface Unit, PPI8255) 보드를 이용하여 LED를 제어하기 위해서는 매핑을 통해서 연결해 주어야 한다. 표 2.22와 같이 장비의 매핑을 실시하고 역할을 수행하도록 한다. 그림 2.68의 회로도를 참고해서 연결하도록 한다.

표 2.22

디바이스	포트	타입	위치	연동 장비	역할(On)	역할(Off)
1	A	출력	1~8	LED1~LED8	LED 점등	LED 소등
1	B	출력	1~8	LED9~LED16	LED 소등	LED 점등

연결의 8255 포트 A의 8개의 비트를 D1~D8 연결 단자에 결선하고, 포트 B의 8개의 비트를 D9~D16 연결 단자에 결선한다. 이후 전원 공급을 위해 +5 V 전원을 백색에, - 전원을 흑색에 연결한다. 이렇게 하여 결선을 마무리하도록 한다.

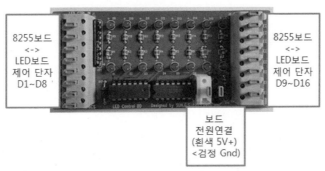

8255보드
<->
LED보드
제어 단자
D1~D8

8255보드
<->
LED보드
제어 단자
D9~D16

보드
전원연결
(흰색 5V+)
<검정 Gnd)

그림 2.69

3. 프로젝트 생성 및 LED 제어 예제

■ 프로젝트 추가

먼저 이전 chapter와 같이 프로젝트를 생성하고 "FTD2XX_NET.dll"과 "Imechatronics.dll" 파일을 참조에 등록한다.

다음으로 "메뉴 → 프로젝트 → 클래스 추가" 버튼을 누르고, LEDExam라는 클래스를 추가한다. 예제 관리 및 코드 정리를 쉽게 하기 위해서 클래스를 선언하였다.

그림 2.70

생성한 클래스에 IO디바이스 객체를 선언하고, 생성자에서 IO디바이스 객체를 만들고, 사용할 포트의 역할을 지정해 준다. 이로서 LedExam클래스에 전체적으로 IO디바이스를 접근할 수 있게 되었다.

```csharp
using System;
using Imechatronics.IoDevice;
using System.Threading;

namespace Ex02_Led
{
    class LedExam
    {
        Io8255 IoDevice;

        public LedExam()
        {
            IoDevice = new Io8255();
            // UCI장비 초기화를 실행한다.
            IoDevice.UCIDrvInit();

            // 사용할 포트의 역할을 지정한다.
            IoDevice.Outputb(3, 0x89);
        }
```

Ex01()이라는 메소드를 만들고 컨트롤 비트를 전부 1로 변경하여 모든 LED가 켜질 수 있도록 하였다.

```csharp
// Led를 전부 전등한다.
public void Ex01()
{
    // LED 사용방법
    IoDevice.Outputb(0, 0xff);
    IoDevice.Outputb(1, 0xff);
}
```

메인 메소드에서 LEDExam클래스의 객체를 생성하고 Ex01()메소드를 호출시켜 결과를 확인할 수 있도록 하였다.

```csharp
using System;

namespace Ex02_Led
{
    class Program
    {
        static void Main(string[] args)
        {
            LedExam Temp = new LedExam();
            Temp.Ex01();

            // 한문자가 입력될때까지 대기
            Console.ReadKey();
        }
    }
}
```

4. 사용자 입력으로 LED 제어

이번 예제는 사용자가 원하는 LED를 켤 수 있도록 해 보도록 한다.

먼저 LED를 전부 소등한 후 Console.ReadLine() 메소드를 통해서 사용자 입력 문자를 숫자로 변경한다. 이후 각 자리에 맞는 컨트롤 비트 값이 저장된 InputHex 배열을 참조하여 Outputb 메소드를 아용하여 LED 제어하고 있다.

```csharp
// 입력 받은 LED만 전등
public void Ex02()
{
    // 사용할 변수를 선언한다.
    int Key = 0;

    // 8~16번 Led를 소등한다.
    IoDevice.Outputb(1, 0xff);

    // 문장을 받아온 다음 분리한다.
    Console.Write("전등할 LED를 선택하시오 :");
    Key = Convert.ToInt32(Console.ReadLine());

    // 초기화 한다.
    int[] InputHex = new int[8] { 0x01, 0x02, 0x04, 0x08, 0x10, 0x20, 0x40, 0x80 };
    IoDevice.Outputb(0, InputHex[Key - 1]);
}
```

프로젝트를 시작하게 되면, 다음과 같이 점등할 LEd를 물어 보고 입력한 숫자에 맞춤 컨트롤 비트 값을 IO디바이스에 전송하여 LEd를 제어하하게 된다.

그림 2.71

5. 사용자 입력으로 LED On, Off 제어

다음은 반복문과 조건문을 통해서 LED의 On, Off를 조정해 보도록 한다.

Ex03()메소드를 선언하고 모든 LED를 소등한 이후 반복문을 이용하여 제어할 LED 번호를 1~8번까지 받고, 받은 값을 비트 연산을 통해서 LedOut 변수에 각 비트 위치를 0 또는 1로 변경하여 Outputb() 메소드를 통해서 LED 보드를 제어하고 있다. 종료 조건인 사용자 입력값 0번을 받으면 프로그램이 종료된다.

```
// 반복문과 조건문을 통해 On, Off를 제어할 수 있는 코드
public void Ex03()
{
    // 비트연산을 쉽게 할수 있도록 이진 자리수만 배열로 정리
    int[] InputA = new int[8] { 0x01, 0x02, 0x04, 0x08, 0x10, 0x20, 0x40, 0x80 };

    // 모든 LED를 소등한다.
    IoDevice.Outputb(0, 0x00);
    IoDevice.Outputb(1, 0xff);

    // LED On,Off상태를 변수를 만들어서 기억한다.
    int LedOut = 0x00;

    // 무한루프로 반복한다.
    while (true)
    {
        // 제어할 LED번호를 입력받는다.
        Console.WriteLine("제어할Led번호를 입력하세요:(Led번호1~8 종료0)");
        int LedId = Convert.ToInt32(Console.ReadLine());


        // 종료상태일때는 루프를 빠져나간다.
        if (LedId == 0)
        {
            Console.WriteLine("프로그램을 종료합니다.");
            break;
        }
        else
        {
            // 변경할 상태를 입력받는다.
            Console.WriteLine("변경할 상태를 입력하세요(On:1 Off:0)");
            int ControlType = Convert.ToInt32(Console.ReadLine()); ;

            // 변경할 상태에 맞쳐 비트연산을 통해 컨트롤비트를 변경한다.
            if (ControlType == 1)
            {
                LedOut |= InputA[LedId - 1];
            }
            else
            {
                LedOut ^= InputA[LedId - 1];
            }
        }

        // 0번 포트에 컨트롤비트 변경명령을 내려준다.
        IoDevice.Outputb(0, LedOut);
    }
}
```

프로그램을 실행하면 다음과 같이 제어할 LED 번호 변경할 상태를 입력받아 LED 보드를
제어한다.

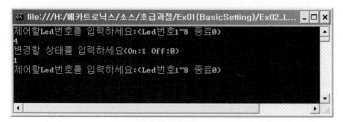

그림 2.72

6. 시간에 따른 LED On, Off 제어

다음은 시간에 따라서 LED가 반복문과 조건문을 통해서 LED의 On, Off를 조정해 보도록 한다.

Ex03() 메소드를 선언하고 모든 LED를 소등 이후 반복문을 이용하여 제어할 LED 번호를 1~8번까지를 받고, 받은 값을 비트 연산을 통해서 LedOut 변수에 각 비트 위치를 0 또는 1로 변경하여 Outputb() 메소드를 통해서 LED 보드를 제어하고 있다. 종료 조건인 사용자 입력 값 0번을 받으면 프로그램이 종료되게 된다.

7. 시간에 따른 LED On, Off 제어

다음은 시간에 따라서 LED가 점등 및 소등될 수 있도록 해 보도록 한다.

먼저 각 컨트롤 비트를 제어할 배열을 만든다. 이 예제에서는 각 시간이 지날수록 LED가 한 개씩 점등되는 형태로 작동한다. 그렇게 때문에 배열이 증가할수록 각 자릿수 비트를 1로 변경할 수 있는 동작을 작성한다. 이후 2중For문을 이용하여 시간이 반복될 때마다 숫자를 늘려가며 0번 1번 포트에 제어 값을 보내게 된다. 루프 중 아무 키나 입력하게 되면 프로그램이 종료되게 된다.

```csharp
// A포트가8번 반복했을때 B포트에 한자리씩 On하는 반복 프로그램 작성
public void Ex04()
{
    // LED동작을 배열로 미리 작성한다.
    int[] InputA = new int[8] { 0x01, 0x03, 0x07, 0x0f, 0x1f, 0x3f, 0x7f, 0xff };
    int[] InputB = new int[8] { 0xfe, 0xfc, 0xf8, 0xf0, 0xe0, 0xc0, 0x80, 0x00 };

    // 모든 LED를 소등한다.
    IoDevice.Outputb(0, 0x00);
    IoDevice.Outputb(1, 0xff);

    Console.WriteLine("키보드를 누르면 프로그램이 종료합니다.");
    while (true)
    {
        for (int Led1 = 0; Led1 < 8; ++Led1)
        {
            for (int Led2 = 0; Led2 < 8; ++Led2)
            {
                if (Console.KeyAvailable == true)
                {
                    return;
                }

                IoDevice.Outputb(0, InputA[Led2]);
                IoDevice.Outputb(1, InputB[Led1]);
                Thread.Sleep(100);
            }
        }
    }
}
```

실행하게 되면 LED가 제어되고 키를 누르게 되면 프로그램이 종료된다.

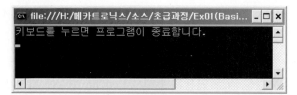

그림 2.73

연습 문제

LED가 변경되는 시간을 0.1초로 하여, 다음과 같이 프로그램이 시간이 지남에 따라 점등될 수 있도록
해 보도록 한다.

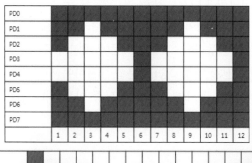

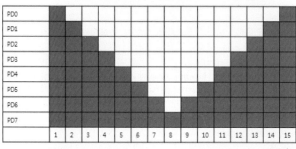

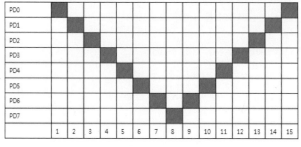

4 입력 스위치를 이용한 LED 보드 제어

1. 개요

여기에서는 입력 스위치와 LED를 이용하여 8255 장비의 입력 신호를 받아오는 부분에 대한 실습을 하도록 한다. 그림 2.74 스위치와 LED 연결 회로도를 참고해서 구동 회로를 작성하면 된다.

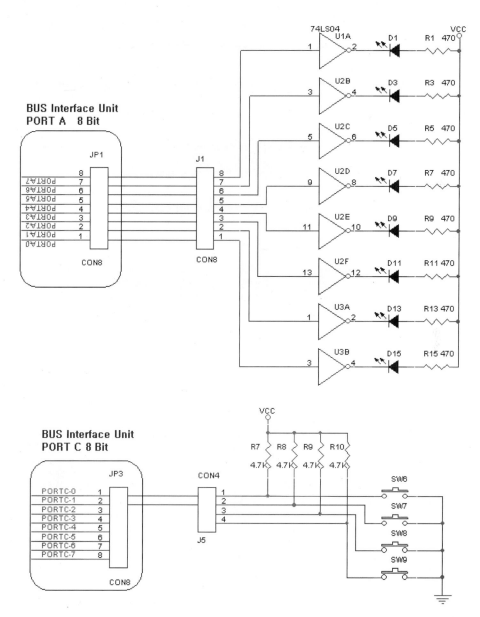

그림 2.74

2. IO 장비 매핑

8255 장비를 이용하여 스위치를 조작하기 위해서는 매핑을 통해서 연결해 주어야 한다. 다음 표와 같이 장비의 매핑을 실시하고 역할을 수행하도록 하겠다.

표 2.23

디바이스	포트	타입	위치	연동 장비	역할(On)	역할(Off)
1	A	출력	1~8	LED1~LED8	LED 점등	LED 소등
1	B	출력	1~8	LED9~LED16	LED 소등	LED 점등
1	C	입력	1~4	토글 스위치	–	–
1	C	입력	5~8	텍 스위치	–	–

연결은 입력 스위치에 C번 포트의 1~4번을 토글형 스위치에 연결하고, 5~8번을 Tack형 스위치에 연결한다.

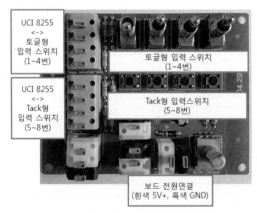

그림 2.75

3. 프로젝트 생성

■ 프로젝트 추가

먼저 이전 Chapter와 같이 프로젝트를 생성하고 "FTD2XX_NET.dll"과 "Imechatr-bonics.dll" 파일을 참조에 등록한다.

다음으로 "메뉴 → 프로젝트 → 클래스 추가" 버튼을 누르고 InputSwExam라는 클래스를 추가한다. 예제 관리 및 코드 정리를 쉽게 하기 위해서 클래스를 선언하였다.

그림 2.76

생성한 클래스에 IO디바이스 객체를 선언하고, 생성자에서 IO디바이스 객체를 만들고, 사용할 포트의 역할을 지정해 준다. 이로서 InputSwExam클래스에 전체적으로 IO디바이스를 접근할 수 있게 되었다.

```csharp
using System;
using Imechatronics.IoDevice;
using System.Threading;

namespace Ex03_InputSw
{
    class InputSwExam
    {
        Io8255 IoDevice;

        public InputSwExam()
        {
            IoDevice = new Io8255();
            // UCI장비 초기화를 실행한다.
            IoDevice.UCIDrvInit();

            // 사용할 포트의 역할을 지정한다.
            IoDevice.Outputb(3, 0x89);
        }
```

메인 메소드에서 InputSwExam클래스의 객체를 생성하고 메소드를 호출시켜 결과를 확인할 수 있도록 하였다.

```csharp
using System;
using System.Collections.Generic;
using System.Linq;
using System.Text;

namespace Ex03_InputSw
{
    class Program
    {
        static void Main(string[] args)
        {
            InputSwExam Temp = new InputSwExam();
            Temp.Ex01();
        }
    }
}
```

4. 입력 스위치 상태 출력

이번 예제는 입력 스위치의 상태를 알아보도록 한다. 입력 컨트롤 워드를 읽어오기 위해서는 Inputb() 메소드를 사용하여 컨트롤 워드를 읽어온다. 컨트롤 워드는 8개의 비트를 한꺼번에 읽기 때문에 다음과 같이 반복문을 돌리면서 1비트씩 읽어와야 한다. 이후 저장된 값을 콘솔창에 출력 첫 번째 컨트롤 비트가 On이 되면 프로그램을 종료한다.

```csharp
// 2번포트의 컨트롤비트를 읽어온다.
public void Ex01()
{
    // 초기화 명령을 내려준다.
    int[] InputCheck = new int[8];
    int Input = 0;

    // 반복한다.
    while (true)
    {
        // 2번포트의 컨트롤비트정보를 받아온다.
        Input = IoDevice.Inputb(2);

        // 2번 컨트롤비트를 각비트마다 분해해서 저장한다.
        for (int Index = 0; Index < 8; ++Index)
        {
            InputCheck[Index] = ((Input >> (Index)) & 0x1);
        }

        // 저장된 값을 콘솔에 출력한다.
        Console.WriteLine("2번 CW값:{0}{1}{2}{3}{4}{5}{6}{7}"
            , InputCheck[0], InputCheck[1], InputCheck[2], InputCheck[3]
            , InputCheck[4], InputCheck[5], InputCheck[6], InputCheck[7]);

        // 첫번째 컨트롤비트가 On되면 프로그램을 종료
        if (InputCheck[0] == 1)
        {
            Console.WriteLine("프로그램이 종료되었습니다.");

            // 한문자가 입력될때까지 대기
            Console.ReadKey();
            return;
        }

        // 일정시간 대기후
        Thread.Sleep(500);
    }
}
```

5. 입력 스위치를 이용하여 LED를 On, Off

다음은 입력 스위치의 On, Off를 통해서 보드의 LED를 제어해 보도록 한다. 다음과 같이 현재 컨트롤 워드를 받아와서 결과를 LED에 연결된 출력 컨트롤 비트를 변경한다. 특별히 설명해야 할 부분은 없지만 받아온 입력 CW를 이용하여 여러 방향으로 응용이 가능하다.

```csharp
// 입력스위치를 이용하여 LED를On, Off한다.
public void Ex02()
{
    // 초기화 명령을 내려준다.
    int[] InputArry = new int[8] { 0x01, 0x02, 0x04, 0x08, 0x10, 0x20, 0x40, 0x80 };
    int[] bInput = new int[8];
```

```
int Input = 0;
while (Console.KeyAvailable == false)
{
    Input = IoDevice.Inputb(2);

    // 2번 컨트롤비트를 각비트마다 분해해서 저장한다.
    for (int Index = 0; Index < 8; ++Index)
    {
        bInput[Index] = ((Input >> (Index)) & 0x1);
    }

    IoDevice.Outputb(0, Input);

    Thread.Sleep(50);
}

Console.WriteLine("프로그램이 종료되었습니다.");

// 한문자가 입력될때까지 대기
Console.ReadKey();
}
```

6. 채터링 방지를 위한 보안 작업

다음은 변경된 스위치 정보를 화면에 출력하도록 한다. 지금부터는 CW 배열을 받을 수 있는 전용 메소드 ConvertByteToBit를 사용하여 입력 신호를 받도록 한다.

작업 순서는 먼저 사용할 변수를 초기화 이후 현재 스위치의 컨트롤 비트를 받아온다. 이후 8개의 CW 배열을 반복하면서 이전 상태와 변경된 부분이 있는지 확인하고, 변경되었다면 바뀐 내용을 출력 이후 마무리하도록 한다. 이렇게 여러 번 반복 작업을 피해야 할 경우는 미리 입력 상태를 저장하여 관리할 수 있도록 한다.

```
// 체터링 방지를 위한 보안작업
public void Ex03()
{
    // 초기화 명령을 내려준다.
    int[] InputTemp = new int[8];
    int[] bInput = new int[8] { 0, 0, 0, 0, 0, 0, 0, 0 };
    int Input = 0;

    // 초기 정보를 받는다.
    bInput = IoDevice.ConvetByteToBit(IoDevice.Inputb(2));

    // 반복하면서 변경된 부분을 출력한다.
    while (Console.KeyAvailable == false)
    {
        // 2번포트의 컨트롤비트정보를 받아온다.
        Input = IoDevice.Inputb(2);
        InputTemp = IoDevice.ConvetByteToBit(Input);

        for (int Index = 0; Index < 8; ++Index)
        {
```

```csharp
            // 채터링 방지를 위해 변경상태를 한번만 처리하게 함
            if (InputTemp[Index] == 1 && bInput[Index] == 0)
            {
                Console.WriteLine("LED{0}번 On", Index);
            }

            if (InputTemp[Index] == 0 && bInput[Index] == 1)
            {
                Console.WriteLine("LED{0}번 Off", Index);
            }

            // 상태를 변경하고 출력한다.
            bInput[Index] = InputTemp[Index];
        }

        // 전체 상태를 출력한다.
        IoDevice.Outputb(0, Input);

        Thread.Sleep(100);
    }

    // 한문자가 입력될때까지 대기
    Console.WriteLine("프로그램이 종료되었습니다.");
    Console.ReadKey();

}
```

LED를 연결하고 토크형 스위치 1번이 On일 때 LED1~LED8번까지, Off일 때 LED9~LED16번까지 동작할 수 있도록 한다. 스위치 2번이 On일 때 짝수(2, 4, 6, 8)는 LED 점등, 나머지 LED는 소등할 수 있도록 하고, Off일 때 홀수(1, 3, 5, 7)LED를 점등, 나머지 LED를 소등할 수 있도록 프로그램을 작성하도록 한다.

표 2.24

디바이스	포트	위치	연동 장비	역할(On)	역할(Off)
1	C	1	전체 LED	LED1~8번 제어	LED9~16번 제어
1	C	2	제어 LED	짝수 소등	홀수 소등

5 FND 보드 제어

1. 주제

FND(Flexible Number Display; 7 – Segment)를 Static 방식으로 직접 구동해서 원하는 숫자를 표현해 보도록 한다. 앞에서도 설명했지만 FND는 7개의 LED를 모아 놓은 것과 같다. 다음

회로도와 사진을 참고해서 연결해 본다. SW1인 8핀 딥 스위치는 모두 Off 상태로 한다. 74LS47로부터의 신호를 모두 차단하기 위해서이다.

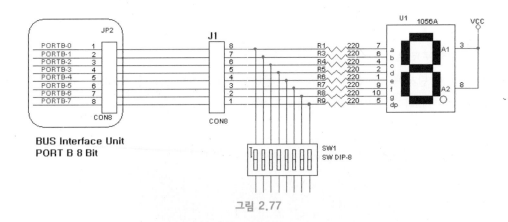

그림 2.77

그림 2.78

BUS Interface Unit의 PPI8255 PORTB와 연결을 하였다. 이번 회로의 동작의 경우에도 LED 구동의 경우와 특별히 다를 바가 없다는 것을 알 수 있다. 단 여기서 차이점은 "0"을 출력해야 FND(Flexible Number Display; 7 – Segment)가 On 되는 Anode Common형 FND라는 점이다. 그리고 PB0가 FND의 "a"에 연결되었다는 점도 기억하자. 순서대로 PB1은 "b", PB2은 "c", PB3은 "d", PB4은 "e", PB5은 "f", PB6은 "g" 그리고 PB7은 "dp"에 연결되었다.

2. IO 장비 매핑

8255 장비를 이용하여 FND를 제어하기 위해서는 매핑을 통해서 연결해 주어야 한다. 다음 표와 같이 장비의 매핑을 실시하고 역할을 수행하도록 하겠다.

표 2.25

디바이스	포트	타입	위치	연동 장비	역할(On)	역할(Off)
1	A	출력	1~8	FND 1번	–	–
1	B	출력	1~8	FND 2번	–	

연결의 8255포트 A의 8개의 비트를 D1~D8 연결 단자에 결선하고, 포트 B의 8개의 비트를 D9~D16 연결 단자에 결선한다. 이후 전원 공급을 위해 +5 V 전원을 백색에, − 전원을 흑색에 연결한다. 이렇게 하여 결선을 마무리하도록 한다.

그림 2.79

3. 프로젝트 생성 초기 설정

■ 프로젝트 추가

먼저 이전 Chapter와 같이 프로젝트를 생성하고 "FTD2XX_NET.dll"과 "Imecha-tronics.dll" 파일을 참조에 등록한다.

다음으로 "메뉴 → 프로젝트 → 클래스 추가" 버튼을 누르고 ExamFnd라는 클래스를 추가한다. 예제 관리 및 코드 정리를 쉽게 하기 위해서 클래스를 선언하였다.

그림 2.80

생성한 클래스에 IO디바이스 객체를 선언하고, 생성자에서 IO디바이스 객체를 만들고, 사용할 포트의 역할을 지정해 준다. 이로서 ExamFnd클래스에 전체적으로 IO디바이스를 접근할 수 있게 되었다.

```
using Imechatronics.IoDevice;
using System;
using System.Threading;

namespace Ex04_FND
{
    // FND를 전부 컴
    class ExamFnd
    {
        Io8255 IoDevice;

        public ExamFnd()
        {
            IoDevice = new Io8255();
            IoDevice.UCIDrvInit();
            IoDevice.Outputb( 3, 0x81 );

        }
```

메인 메소드에서 ExamFnd클래스의 객체를 생성하고, Ex01()메소드를 호출시켜 결과를 확인할 수 있도록 하였다.

```
using System;
using System.Collections.Generic;
using System.Linq;
using System.Text;

namespace Ex04_FND
{
    class Program
    {
        static void Main(string[] args)
        {
            ExamFnd Temp = new ExamFnd();
            Temp.Ex01();
            Console.ReadKey();
        }
    }
}
```

4. FND를 직접 구동

이번 예제는 사용자가 출력 CW를 반복하면서 어떻게 FND가 점등되는지 알아보도록 하겠다.

```
// FND 직접 구동
public void Ex01()
{
    int[] InputArry = new int[8] { 0x01, 0x02, 0x04, 0x08, 0x10, 0x20, 0x40, 0x80 };

    // 초기화 명령을 내려준다.
    int[] InputCheck = new int[8];
    int Input = 0;

    // 키가 눌려지기 전까지 반복한다.
    while( Console.KeyAvailable == false )
    {
        IoDevice.Outputb(0, InputArry[Input]);

        Input = (Input + 1) % 8;

        Thread.Sleep(200);
    }
}
```

5. 입력받은 숫자로 FND를 직접 구동

다음은 IC를 이용하여 직접적으로 문자를 출력해 보도록 한다. 8비트 중 1~4 비트는 첫 번째 출력할 숫자를, 5~8비트는 두 번째 출력할 숫자를 입력한다.

```
// 입력받은 숫자로 FND를 직접 구동
public void Ex02()
{
    int[] InputArry = new int[10] { 0xC0, 0xF9, 0xA4, 0xB0, 0x99, 0x92, 0x83, 0xD8, 0x80, 0x90 };

    // q버튼이 눌려지기전까지는 반복한다.
    while (true)
    {
        string Key = Console.ReadLine();

        // 종료문자라면
        if (Key == "q")
        {
            Console.WriteLine("프로그램이 종료되었습니다.");
            return;
        }
        else
        {
            // 문자를 출력한다.
            int Num = Convert.ToInt32(Key);
            int Num1 = (Num / 10) % 10;
            int Num2 = Num % 10;
            IoDevice.Outputb(0, InputArry[Num1]);
            IoDevice.Outputb(1, InputArry[Num2]);
        }
    }
}
```

6. 74LS47을 이용한 FND 구동

다음은 입력받은 숫자를 디코더를 이용하여 구동해 보도록 하겠다. 디코더 구동을 위해 FND 결선을 다시 하도록 한다.

표 2.26

디바이스	포트	타입	위치	연동 장비	역할(On)	역할(Off)
1	A	출력	1~4	디코더 FND 1번	–	–
1	A	출력	5~8	디코더 FND 2번	–	–

디코더를 이용하게 되면 직접 FND의 LED를 조정하지 않고 0~99가지의 숫자 값만 보내 주게 되면 자동으로 FND에 해당 값을 출력한다. 결선도와 마찬가지로 출력 CW도 1~4까지는 첫째 자리 FND 5~8까지는 둘째 자리 FND를 입력해 주어야 한다. 비트 연산을 이용하여 받아온 숫자를 첫째 자리와 둘째 자리를 나누어서 신호를 보내 준다.

```csharp
// 74LS47을 이용한 FND구동
public void Ex03()
{

    // q버튼이 눌려지기전까지는 반복한다.
    while (true)
    {
        string Key = Console.ReadLine();

        // 종료문자라면
        if (Key == "q")
        {
            Console.WriteLine("프로그램이 종료되었습니다.");
            return;
        }
        else
        {
            // 문자를 출력한다.
            int Num = Convert.ToInt32(Key);

            int Num1 = (Num / 10) % 10;
            int Num2 = Num % 10;

            int Output = ( Num2 << 4) + Num1;
            IoDevice.Outputb(0, Output);
        }

    }
}
```

연결 회로도는 다음 그림을 참고하도록 한다.

이번에는 Anode Common형 구동 드라이브인 74LS47을 이용해서 FND(Flexible Number Display) 구동을 해 보도록 한다. 회로 연결은 다음 회로도를 참고하도록 한다.

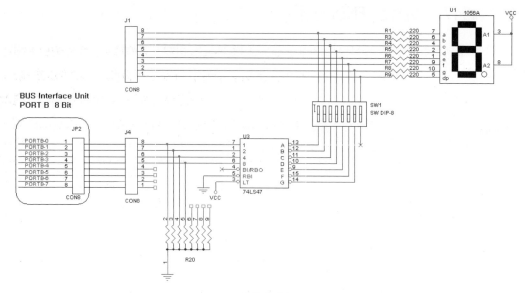

그림 2.81

그림 2.82

Static 방법에 의한 구동이므로 그다지 복잡할 이유는 없다. 전원을 공급하고, SW1을 모두 On 시킨 다음 PORT B를 J4의 표시 단자에 연결한다. PB0는 "1" 단자, PB1은 "2" 단자, PB2 는 "4" 단자, PB3은 "8" 단자에 연결하면 된다. 프로그램은 다음 배열만 바꾸면 된다.

7. 다이내믹 방식을 이용한 FND 구동

다음은 입력받은 숫자를 다이내믹 방식을 이용하여 구동해 보도록 한다. 다이내믹 구동을 위 해 FND 결선을 다시 하도록 한다.

표 2.27

디바이스	포트	타입	위치	연동 장비	역할(On)	역할(Off)
1	A	출력	1~4	다이내믹 디코더 FND	-	-
1	B	출력	1	다이내믹 디코더 E1	-	-
1	B	출력	2	다이내믹 디코더 E2	-	-

다이내믹 방식은 잔상을 이용하여 출력하기 때문에 6개의 결선이 있으면 된다. 먼저 숫자를 입력받고 반복하면서 첫 번째 FND의 LED를 On 후 바로 소거하고, 두 번째 FND의 LED를 On 후 바로 소거하는 방식으로 반복하면서 화면에 숫자를 출력하고 있다. FND의 LED를 출력하면 현재 입력된 숫자가 출력된다. 이후 FND의 다음 출력 숫자를 변경하고 다음 FND의 LED를 출력한다. 이런 식으로 4개의 입력 숫자 2개의 FND LED 출력 신호만으로 작동할 수 있다.

```
// 디코더방식 다이나믹 방식의 FND구동
public void Ex04( )
{
    // 숫자를 입력받는다.
    Console.WriteLine("출력할 숫자를 입력하시오.");
    string Key = Console.ReadLine( );
    int Num = Convert.ToInt32(Key);
    int Num1 = (Num / 10) % 10;
    int Num2 = Num % 10;

    // q버튼이 눌려지기전까지는 반복한다.
    int Step = 0;
    while (Console.KeyAvailable == false)
    {
        // 첫번째 FND에 출력
        if (Step == 0)
        {
            // 기록할 숫자를 입력
            IoDevice.Outputb(1, Num2);

            // 1번째 FND를 화면에 출력후 바로 소거
            IoDevice.Outputb(2, 0x01);
            IoDevice.Outputb(2, 0x00);
            Step = 1;
        }
        // 두번째 FND에 출력
        else
        {
            // 기록할 숫자를 입력
            IoDevice.Outputb(1, Num1);

            // 2번째 FND를 화면에 출력후 바로 소거
            IoDevice.Outputb(2, 0x02);
            IoDevice.Outputb(2, 0x00);
            Step = 0;
        }
    }
}
```

FND(Flexible Number Display; 7 – Segment)의 다이내믹(Dynamic) 구동은 디지털시계를 구성한다거나 다양한 장치의 상태를 표현하고자 할 때 사용하면 적절하다. 신호선을 적게 사용하면서 많은 표시기를 작동할 수 있는 장점이 있다. 아래 회로도를 참조해서 회로를 구성한 다음 프로그램을 이용해서 동작하도록 한다. 트랜지스터 Q3과 Q4에 의해서 교번적으로 해당 FND에 전원을 공급해 줌으로써 공급되는 데이터가 전달될 수 있도록 하였다.

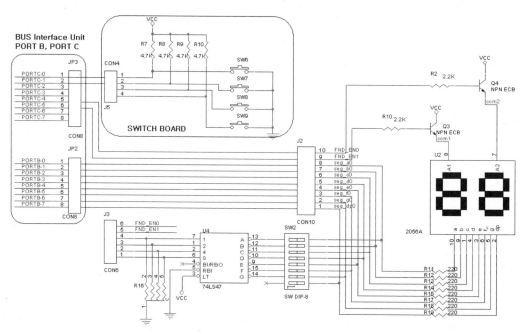

그림 2.83 다이내믹 직접 구동을 위한 전자 회로 연결도 예

LED 보드를 결선하고 딜레이 200 ms의 시간으로 LED를 출력한다. 이 작업을 사용자 입력만큼 반복하고 반복된 횟수를 디코더 방식으로 FND를 출력하도록 한다.

디바이스	포트	타입	위치	연동 장비	역할(On)	역할(Off)
1	A	출력	1~8	LED 보드	–	–
1	B	출력	1~4	디코더 FND2	–	–
1	B	출력	5~8	디코더 FND1	–	–

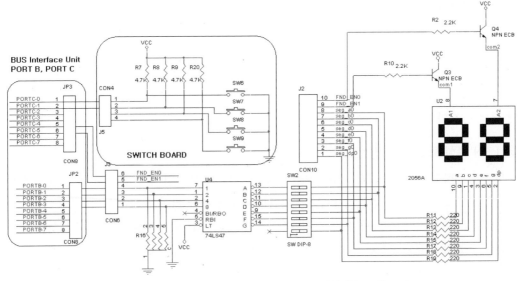

그림 2.84 7447을 이용한 FND 구동 연결 회로도 예

6 DC 모터 제어

1. 주제

이번에 실습할 주제는 8255IO 장비를 이용하여 DC 모터를 제어해 보도록 한다.

DC 모터란, 고정자로 영구 자석을 사용하고, 회전자(전기자)로 코일을 사용하여 구성한 것으로, 전기자에 흐르는 전류의 방향을 전환함으로써 자력의 반발, 흡인력으로 회전력을 생성시키는 모터이다. 모형 자동차, 무선 조정용 장난감 등을 비롯하여 여러 방면에서 가장 널리 사용되고 있는 모터이다.

그림 2.85 형용 DC 모터(RE280).
저가격으로 구동력도 크며 사용하기 쉽다.

일반적으로 DC 모터는 회전 제어가 쉽고, 제어용 모터로서 아주 우수한 특성을 가지고 있다. 그러면 DC 모터는 어떤 점이 우수한가?

① DC 모터는 다음과 같은 특징이 있다.

- 기동 토크가 크다.
- 인가전압에 대하여 회전 특성이 직선적으로 비례한다.
- 입력 전류에 대하여 출력 토크가 직선적으로 비례하며, 또한 출력 효율이 양호하다.

• 가격이 저렴하다.

제어성의 장점을 실제 특성 면에서 보면 다음 그림과 같이 된다.

② T-I 특성(토크 대 전류)

흘린 전류에 대해 깨끗하게 직선적으로 토크가 비례한다. 즉, 큰 힘이 필요할 때는 전류를 많이 흘리면 된다.

③ T-N 특성(토크 대 회전수)

토크에 대하여 회전수는 직선적으로 반비례한다. 이것에 의하면 무거운 것을 돌릴 때는 천천히 회전시키게 되고, 이것을 빨리 회전시키기 위해서는 전류를 많이 흘리게 된다. 그리고 인가전압에 대해서도 비례하며, 그림과 같이 평행하게 이동시킨 그래프로 된다. 이 2가지 특성은 서로 연동하고 있기 때문에 3가지 요소는 이 그래프에서 관계를 지을 수 있다.

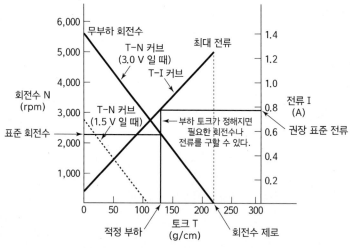

그림 2.86 DC 모터의 특성표(T-N, T-I 곡선)

이들 특성에서 알 수 있는 것은, 회전수나 토크를 일정하게 하는 제어를 하려는 경우에는 여하튼 전류를 제어하면 양자를 제어할 수 있다는 것을 나타내고 있다. 이것은 제어 회로나 제어 방식을 생각할 때, 매우 단순한 회로나 방식으로 할 수 있는 것이다. 이것이 DC 모터는 제어하기 쉽다고 하는 이유이다.

이러한 DC 모터의 가장 큰 결점으로는 그 구조상 브러시(brush)와 정류자(commutator)에 의한 기계식 접점이 있다는 점이다. 이것에 의한 영향은 전류(轉流) 시의 전기 불꽃(spark), 회전 소음, 수명이라는 형태로 나타난다. 그리고 마이크로컴퓨터 제어를 하려는 경우는 "노이즈"가 발생하게 된다. 따라서 이 노이즈 대책이 유일한 과제가 될 수 있다.

그림 2.87

이 노이즈 대책을 위해서는 다음 그림과 같이 각 단자와 케이스 사이에 0.01 μF~0.1 μF 정도의 세라믹 콘덴서를 직접 부착한다. 이것으로 정류자에서 발생하는 전기 불꽃을 흡수하여 노이즈를 억제할 수 있다. DC 모터의 노이즈 대책에는 콘덴서를 케이스와 단자 간에 직접 부착한다. 콘덴서의 리드는 가급적 짧게 한다.

제어 회로용 TR 보드의 경우 8개의 단자 중 회로도에서 보여 준 것과 같이 Q1과 연결된 1개의 회로만을 사용한다. TR을 이용해서 DC24V용 공압 및 유압 솔레노이드를 구동하기 위해 연결할 때도 하나의 예를 확인하면 가능할 것이다. 스위치 회로는 앞에서 연결하는 방법과 같이 하였다.

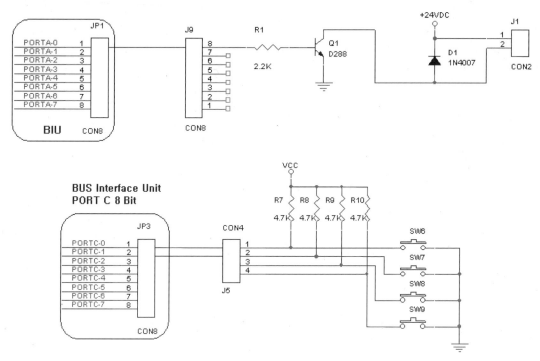

그림 2.88 단순 연결 DC 모터 구동 회로도 예

(1) DC 모터 구동 방법에 따른 연결 회로도

DC MOTOR의 정/역회전하는 방법으로 직류 모터의 정회전(Clock-wise, CW)과 역회전(Clock-Counter-wise, CCW)의 원리를 간단히 알아보도록 한다. 그림을 통해서도 알 수 있지만, 직류(DC) 모터 제어의 기본은 DC 모터에 공급하는 전원의 극성을 바꾸어 주면 된다.

DC MOTOR의 정/역회전 원리는 다음 그림을 통해서 더 쉽게 이해 할 수 있을 것이다. 여기서 쇼트브레이크는 조금 생소할 수도 있을 것이다. 모터가 좀 더 빨리 정지할 수 있도록 관성으로부터 자유로워지기 위한 방법이다.

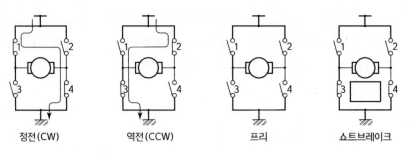

정전(CW)　　　역전(CCW)　　　프리　　　쇼트브레이크

그림 2.89　DC 모터 운전 원리

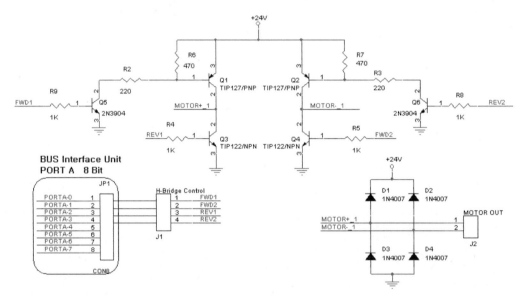

그림 2.90　H-Bridge 회로 연결도

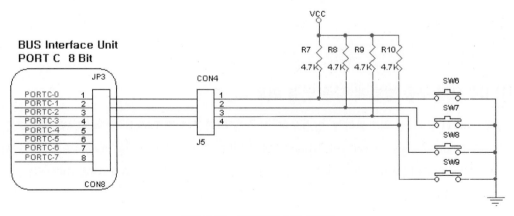

그림 2.91　SWITCH 회로 연결도

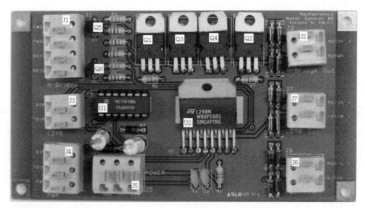

그림 2.92

그림 2.92의 모터 회로 H‑Bridge 부분을 먼저 살펴보도록 하자. High Side인 Q1과 Q2는 PNP Type의 TR TIP127을 사용한 것은 임피던스 매칭 즉 이득을 높여 주기 위한 것이다. 그러나 우리가 PNP TR을 사용할 때의 가장 큰 문제점은 이미터와 게이트 간의 On/Off가 정확히 되지 않은 경우가 발생한다는 점이다. 논리적으로야 잘 되도록 되어 있지만 TTL 레벨로는 완전하게 Gate 전압을 끌어내리지 못하는 경우가 생기고, 이러면 Off 되지 않거나 TR이 망가지는 경우가 생긴다. 이런 점을 감안해서 2N3904/NPN TR을 사용해서 TIP127를 On/Off 할 수 있도록 베이스에 구성하였다. 그리고 가동을 알리는 신호로서 "1"을 공급하는 것이 독자 여러분들이 이해하는 데 더 도움이 될 것이다.

DC 모터 운전 원리의 그림과 H‑Bridge를 구성하고 있는 전자 회로도를 비교하면서 설명해 보도록 한다.

DC 모터 운전 원리 중 정전(CW)에 대해서 먼저 알아보자. 그림에서는 1번 스위치에 의해서 DC+전원(H‑bridge에서는 DC24V)이 연결되고, 4번 스위치에 의해서 GND가 연결된다. 이렇게 전원을 공급할 경우 DC 모터가 정회전을 한다고 가정한 것이다. H‑Bridge에서 1번 스위치에 해당된 TR은 Q1이고, 4번 스위치에 해당된 TR은 Q4이다. 이 두 TR이 ON 되도록 FWD1과 FWD2의 단자로 "1"(DC+5V)를 가해주면 된다. FWD1과 FWD2가 모두 "1"이 되고 나머지는 "0"이 되도록 하기 위해서는 PORT A의 신호 값이 각각에 해당되는 Bit인 PA0과 PA1을 제외한 나머지 비트는 "0"이 되도록 값을 출력해야 된다. 즉 PORT A로 출력되는 값은 "0x03"(03H)가 되어야 정방향 회전이 된다. Q1에 Q5 NPN TR을 연결함에 따라 PNP TR의 경우도 "1"로 제어할 수 있도록 되어 있어서 더 gpt갈리지 않을 것이다.

이번에는 DC 모터 운전 원리 그림의 역전(CCW)에 대한 설명이다. 스위치의 번호는 2번을 통해서 DC+전원(H‑bridge에서는 DC24V)이 연결되고, 3번 스위치에 의해서 GND가 연결된다. 이렇게 전원을 공급할 경우 DC 모터가 역회전(CCW)한다고 가정한 것이다. H‑Bridge에서 2번 스위치에 해당된 TR은 Q2이고, 3번 스위치에 해당된 TR은 Q3이다. 이 두 TR이 On 되도록 REV1과 REV2의 단자로 "1"(DC+5 V)를 가해 주면 된다. REV1과 REV2가 모두 "1"이

되고 나머지는 "0"이 되도록 하기 위해서는 PORT A의 신호 값이 각각에 해당되는 Bit인 PA2과 PA3을 제외한 나머지 비트는 "0"이 되도록 값을 출력해야 된다. 즉 PORT A로 출력되는 값은 "0x0C"(0CH)가 되어야 정방향 회전이 된다. Q2에 Q6 NPN TR을 연결함에 따라 PNP TR의 경우도 "1"로 제어할 수 있도록 되어 있다.

3번째 프리의 경우 모든 값을 "0"으로 하면 되고, 네 번째인 쇼트브레이크의 경우 스위치 3번과 4번이 On 되어야 하므로 H−Bridge의 Q3과 Q4가 On 되도록 PORT A의 출력 값은 "0x06"이 되어야 한다. 그럼 운전 방향에 따른 프로그램을 이용해서 DC 모터를 제어해 보도록 한다.

주의할 점은 Q1, Q3이 동시에 ON 되거나 Q2, Q4가 동시에 On 되는 일이 없도록 해야 한다. 동시에 On 되면 전원 단자가 "+"단자와 "−"단자가 연결되어서 합선 현상이 나타나서 TR이 고장 날 수 있다.

2. IO 장비 매핑

8255 장비를 이용하여 DC 모터를 조정하기 위해서 다음과 같이 결선하도록 하겠다.

표 2.28

디바이스	포트	타입	위치	연동 장비	역할(On)	역할(Off)
1	A	출력	1~4	H_BRIDGE 방식	-	-
1	B	출력	1~2	L298 방식 제어	-	-
1	C	입력	1~4	토글 입력 스위치	-	-

연결의 8255 포트 A의 8개의 비트를 D1~D8 연결 단자에 결선 포트 B의 8개의 비트를 D9~D16 연결 단자에 결선한다. 이후 전원 공급을 위해 +5 V 전원을 백색에, − 전원을 흑색에 연결한다. 이렇게 하여 결선을 마무리하도록 한다.

그림 2.93

3. 프로젝트 생성 및 초기화

■ 프로젝트 추가

먼저 이전 Chapter와 같이 프로젝트를
생성하고 "FTD2XX_NET.dll"과 "Imech-
atronics.dll" 파일을 참조에 등록한다.

다음으로 "메뉴 → 프로젝트 → 클래스
추가" 버튼을 누르고 ExamDcMotor라는
클래스를 추가한다. 예제 관리 및 코드 정
리를 쉽게 하기 위해서 클래스를 선언하
였다.

그림 2.94

생성한 클래스에 IO디바이스 객체를 선언하고, 생성자에서 IO디바이스 객체를 만들고, 사용
할 포트의 역할을 지정해 준다. 이로서 ExamDcMotor클래스에 전체적으로 IO디바이스를 접근
할 수 있게 되었다.

```
using Imechatronics.IoDevice;
using System;
using System.Threading;

namespace EX05_DCMotor
{
    class ExamDcMotor
    {
        Io8255 IoDevice;

        public ExamDcMotor()
        {
            //
            IoDevice = new Io8255();
            IoDevice.UCIDrvInit();
            IoDevice.Outputb( 3, 0x89 );
        }
```

메인 메소드에서 ExamDcMotor클래스의 객체를 생성하고, 해당 실행 메소드를 호출시켜 결
과를 확인할 수 있도록 하였다.

```
using System;
using System.Collections.Generic;
using System.Linq;
using System.Text;
```

```
namespace EX05_DCMotor
{
    class Program
    {
        static void Main(string[] args)
        {
            ExamDcMotor Temp = new ExamDcMotor();
            Temp.Ex03();
        }
    }
}
```

4. 모터 방향 제어

이번 예제는 모터 방향을 제어해 보도록 한다. 다음과 같이 입력 신호를 받아와 1번 스위치가
On일때 작동하고 Off일 때 정지, 2번 스위치가 On일 때 정회전하고 Off일 때 역회전할 수 있도
록 하였다. 동작은 정회전 시 1~2번 CW On, 역회전 시 3~4번 CW On, 정지 시 모든 CW
Off하여 작동하였다.

```
// 스위치를 이용하여 모터 회전하기
public void Ex01()
{
    // 스텝모터 운전
    int[] InputCheck = new int[8];

    while (Console.KeyAvailable == false)
    {
        InputCheck = IoDevice.ConvetByteToBit(IoDevice.Inputb(2));

        if (InputCheck[0] == 0)
        {
            // 정회전
            if (InputCheck[1] == 0)
            {
                IoDevice.Outputb(0, 0x03);
            }
            // 역회전
            else
            {
                IoDevice.Outputb(0, 0x0c);
            }
        }
        // 정지
        else
        {
            IoDevice.Outputb(0, 0x00);
        }
    }
}
```

5. 쇼트브레이크 방식을 이용한 모터 정지

이번 예제는 쇼트브레이크 방식을 이용하여 정지할 수 있도록 하였다. 원리는 2~3번 CW를 On 하여 동시에 전압을 가해 회전이 멈출 수 있도록 하였다.

```
// 모터를 쇼트브레이크 방식으로 정지
public void Ex02()
{
    // 스텝모터 운전
    int[] InputCheck = new int[8];

    while (Console.KeyAvailable == false)
    {
        InputCheck = IoDevice.ConvetByteToBit(IoDevice.Inputb(2));

        if (InputCheck[0] == 1)
        {
            if (InputCheck[1] == 1)
            {
                IoDevice.Outputb(0, 0x03);
            }
            else
            {
                IoDevice.Outputb(0, 0x0c);
            }
        }
        // 쇼트브레이크 방식으로 정지
        else
        {
            IoDevice.Outputb(0, 0x06);
            Thread.Sleep(1000);
            IoDevice.Outputb(0, 0x00);
        }
    }
}
```

6. L298 IC를 이용한 DC 모터 운전

DC 모터를 드라이브하기 위해 L298을 사용한다. L298은 DC 모터를 드라이브하기 위한 H-Bridge 회로가 2조 있으며, 1조당 2 A까지 전류를 흘릴 수 있다. 2조를 병렬로 연결하면 4 A까지도 가능하다. 또한 L298은 L297과 함께 STEP 모터 드라이버로 사용되기도 한다. 8, 9번 핀에

표 2.29

A조	B조	설명
input1(5), input2(7)	input3(10), input4(12)	모터의 방향을 결정한다.
output1(2), output2(3)	output3(13), output4(14)	모터의 양단자에 연결한다.
enable A(6)	enable B(11)	모터의 On/Off 역할 입력이 H일 때 On, L일 때 Off.
current sensing A(1)	current sensing B(15)	0.5 Ω의 저항을 통해 GND로 연결. 정격 전력이 높은 저항을 사용해야 한다.

5 V 전원을 연결한다. 4번 핀에는 모터를 구동할 전압을 걸어 주며 46 V까지 가능하다. 나머지 핀은 A조, B조를 나누어서 설명한다. ( ) 안은 핀 번호를 나타낸다.

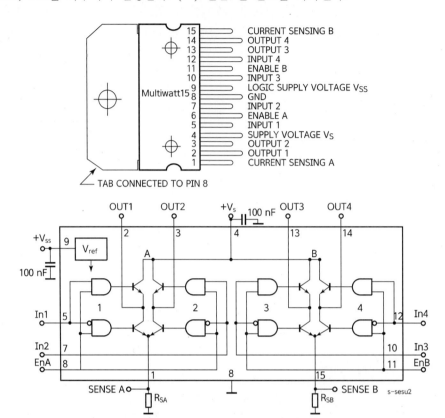

그림 2.95 L298(Dual Full-Bridge Driver)의 내부 회로도

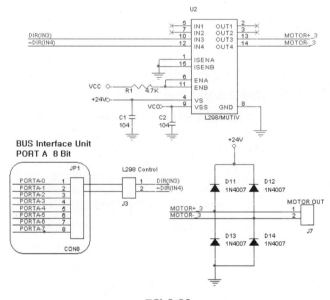

그림 2.96

본 회로도와의 스위치 부분의 연결은 앞에서 소개한 대로 한다. L298의 10번 핀 단자에 "1"을 입력하고 12번 핀 단자에 "0"을 입력하면 정전(CW)에 해당하는 1번 스위치 부분의 TR과 4번 스위치 부분의 TR이 On 되어서 정방향 회전이 된다. 다음 표를 통해서 이해하는 편이 쉬울 것이다.

표 2.30

순번	핀 12번(~DIR, IN4)	핀 10번(DIR, IN3)	운전 방향	PORT A 값
1	0	0	쇼트브레이크	00H
2	0	1	정방향	01H
3	1	0	역방향	02H
4	1	1	사용하지 않음	03H

앞의 DC 모터 운전 원리에 대해서 언급한 그림에서 프리 상태를 정의했으나 회로 구성에서 프리 상태가 되지 않도록 하였다. 특별한 이유는 없으나 L298의 사용에서 Enable 단자를 항상 On 상태가 유지되도록 Pull-Up 했기 때문에 제어는 할 수 없다. 그러나 이것을 "0"으로 한다면 프리 상태를 나타낼 수 있다.

다음은 L298IC를 이용하여 모터를 조정할 수 있도록 하였다. 1번 CW On 시 정회전, 2번 CW On 시 역회전, 모든 CW Off 시 정지할 수 있도록 IC에서 관리할 수 있도록 되어 있다.

L298에 의한 DC 모터 동작 프로그램

```
// IC를 이용하여 제어(정회전, 역회전)
public void Ex03()
{
    // 스텝모터 운전
    int[] InputCheck = new int[8];

    while (Console.KeyAvailable == false)
    {
        InputCheck = IoDevice.ConvetByteToBit(IoDevice.Inputb(2));

        if (InputCheck[0] == 1)
        {
            if (InputCheck[1] == 1)
            {
                IoDevice.Outputb(1, 0x01);
            }
            else
            {
                IoDevice.Outputb(1, 0x02);
            }
        }
        else
        {
            IoDevice.Outputb(1, 0x00);
        }
    }
}
```

1. 개요

여기에는 스테핑 모터 작동에 대한 실습을 하기로 한다. 앞에서 회로 설명 시 스테핑 모터의 구조나 종류에 대해서 알아보았다. 여기에서는 스테핑 모터의 구동 방법에 대해서만 소개하도록 한다. 신호를 어떻게 제공할 것이냐에 따라서 제어를 위한 구동 회로가 달라진다. 스테핑 모터는 여자 방식의 선택에 있어서 구동 회로의 구성이 간편하도록 하기 위해서는 GAL L297과 같은 스테핑 모터 구동 신호 생성 칩을 사용할 수 있다. 또한 토크와 관련이 있는 권선에 전류를 흘려 주는 방식에 따라서 유니폴라(Unipolar) 방식과 바이폴라(Bipolar) 방식이 사용된다. 여기서는 스텝 모터에 대한 원리를 이해하는 데 도움을 주기 위한 목적이니 유니폴라(Unipolar) 구동 방식을 사용할 것이다. 물론 토크가 더 필요한 경우는 바이폴라 방식으로 구동하면 좋다.

그림 2.97 스텝 모터 구동 시스템

① 스텝 모터의 장점

- motor의 총 회전각은 입력 pulse 수의 총 수에 비례하고, motor의 속도는 초(sec)당 입력 pulse 수에 비례한다.
- 1step당 각도 오차가 ±3분(0.05°) 이내이며, 회전각 오차는 step마다 누적되지 않는다.
- 회전각 검출을 위한 feedback이 불필요하며, 제어계가 간단해서 가격이 상대적으로 저렴하다.
- DC Motor 등과 같이 Brush 교환 등과 같은 보수를 필요로 하지 않고 신뢰성이 높다.
- 모터축에 직결함으로써 초저속 동기 회전이 가능하다.
- 기동 및 정지 응답성이 양호하므로 Servo Motor로서 사용이 가능하다.

② 스텝 모터의 단점

- 어느 주파수에서는 진동, 공진 현상이 발생하기 쉽고, 관성이 있는 부하에 약하다.
- 고속 운전 시에 탈조하기 쉽다.
- 보통의 driver도 구동 시에는 권선의 인덕턴스 영향으로 권선에 충분한 전류를 흘리게 할 수 없으므로, pulse비가 상승함에 따라 torque가 저하하며 DC Motor에 비해 효율이 떨어진

다. 또한 스텝 모터는 그 내부를 구성하는 고정자라고 불리는 극의 수(전기적인 권선상의 수)에 따라 단상(1상), 2상, 3상, 4상, 5상, 6상 등의 종류가 있으며, 기본적으로 이 극의 수에 따라 모터의 스텝각 등의 기본 특성이 달라진다.

(1) Step Motor 구동을 위한 회로 구성

다음 그림과 같이 회로를 구성한다. BUS Interface Unit에서는 PORT A를 사용한다. 연결하는 방법은 PA0을 A상, PA1을 A′상, PA2를 B상, PA3을 B′상에 연결한다. Step Motor의 경우도 각각의 중간 탭을 고려해서 해당 코일로 연결하면 된다. 이와 같이 연결한 것은 유니폴러 방식에 의한 제어를 하기 위함이다. 그리고 스위치 보드의 경우 연결하는 방법은 앞에서와 같다. 사용되는 스위치의 개수가 몇 개이든 간에 문제될 것은 없고, 사용하지 않은 것은 신호를 받을 수 없도록 소프트웨어적으로 처리하면 된다.

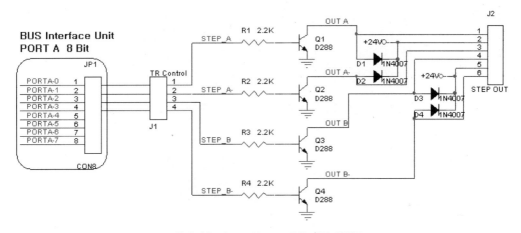

그림 2.98 Step Motor 구동 회로 연결도

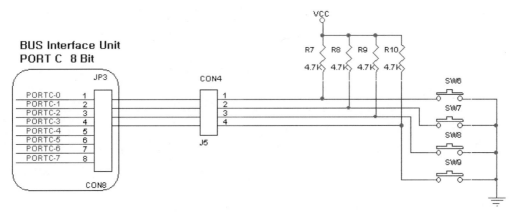

그림 2.99 SWITCH 회로 연결도

2. IO 장비 매핑

8255 장비를 이용하여 스테핑 모터를 제어하기 위해서는 매핑을 통해서 연결을 해 주어야 한다. 다음 표와 같이 장비의 매핑을 실시하고 역할을 수행하도록 한다.

표 2.31

디바이스	포트	타입	위치	연동 장비	역할(On)	역할(Off)
1	A	출력	1~4	스테핑 모터	모터 운전	모터 운전
1	C	입력	1~4	스위치	-	-

연결의 8255 포트 A의 4개 비트를 첫 번째 스테핑 모터에 결선한다. 이후 전원 공급을 위해 +24 V를 +5 V 전원을 백색에, −전원을 흑색에 연결한다. 이후 스테핑 모터 결선을 순서대로 A, ACom, A−, B, BCom, B−로 결선을 마무리하도록 한다.

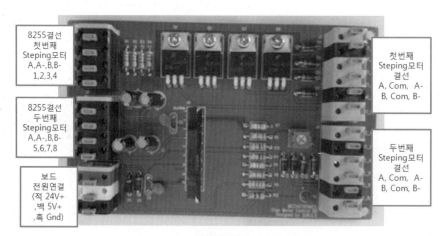

그림 2.100

3. 프로젝트 생성 및 스테핑 모터 작동

■ 프로젝트 추가

먼저 이전 Chapter와 같이 프로젝트를 생성하고 "FTD2XX_NET.dll"과 "Imech-atronics.dll" 파일을 참조에 등록한다.

다음으로 "메뉴 → 프로젝트 → 클래스 추가" 버튼을 누르고 ExamSteppingMotor 라는 클래스를 추가한다. 예제 관리 및 코드 정리를 쉽게 하기 위해서 클래스를 선언하였다.

그림 2.101

생성한 클래스에 IO디바이스 객체를 선언하고, 생성자에서 IO디바이스 객체를 만들고, 사용할 포트의 역할을 지정해 준다. 이로서 ExamSteppingMotor클래스에 전체적으로 IO디바이스를 접근할 수 있게 되었다.

```
using System;
using System.Threading;
using Imechatronics.IoDevice;


namespace Ex06_StepingMotor
{

    class ExamStepingMotor
    {
        public Io8255 IoDevice;

        public ExamStepingMotor()
        {
            IoDevice = new Io8255();

            IoDevice.UCIDrvInit();
            IoDevice.Outputb(3, 0x89);
        }
```

메인 메소드에서 ExamSteppingMotor클래스 객체를 생성하고 해당 메소드를 호출시켜 결과를 확인할 수 있도록 하였다.

```
namespace Ex06_StepingMotor
{
    class Program
    {
        static void Main(string[] args)
        {
            ExamStepingMotor Temp = new ExamStepingMotor();
            Temp.Ex01();

            // 한문자가 입력될때까지 대기
            Console.ReadKey();
        }
    }
}
```

4. 1상 여자 방식 제어

	ϕ_1	ϕ_2	ϕ_3	ϕ_4
1	1	0	0	0
2	0	1	0	0
3	0	0	1	0
4	0	0	0	1
5	1	0	0	0
6	0	1	0	0
7	0	0	1	0
8	0	0	0	1
9	1	0	0	0

CW(시계) 방향 운전

	ϕ_1	ϕ_2	ϕ_3	ϕ_4
1	0	0	0	1
2	0	0	1	0
3	0	1	0	0
4	1	0	0	0
5	0	0	0	1
6	0	0	1	0
7	0	1	0	0
8	1	0	0	0
9	0	0	0	1

CCW(반시계) 방향 운전

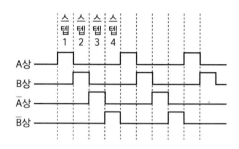

그림 2.102 1상 여자방식에 의한 제어

Step 1에서 transistor가 On 되고 A′ → A로 전류가 흐른다. Coil에 전류가 흐름으로써 고정자의 이빨은 N, S극으로 여자된다. 이때 B 쪽에는 전류가 흐르고 있지 않으므로 B 쪽의 Stator의 이빨은 비여자이지만, A 쪽 여자에 동반해서 회전자의 영구 자석은 각각 N과 S, S와 N이 결합해서 안정한 위치에 정지한다. 다음에 Step 2로 진행하면 먼저 On 되어 있던 Tr1은 Off가 되고, 대신에 Tr3가 On이 된다. Tr3가 On이 되면 B′ → B의 Coil에 전류가 흘러 이번에는 90° 씩 어긋나고 있는 고정자가 여자된다. 그리고 여자 위치가 이동한 것으로 회전자도 시계 방향으로 당겨져 90° 회전하게 된다. 같은 방법으로 Step 3과 Step 4의 동작을 함으로써 모터는 각 Step당 90°씩 진행시켜 회전시킬 수 있다.

다음은 1상 여자 방식을 이용하여 Step 모터를 작동해 보겠다.

다음과 같이 A상 B상 A-상 B-상 순서로 신호를 주어 1도식 회전하도록 한다.

```
// 스텝 모터 운전(1상 여자방식)
public void Ex01()
{
    int[] Step = new int[4] { 0x01, 0x04, 0x02, 0x08 };

    while (Console.KeyAvailable == false)
    {
        IoDevice.Outputb(0, Step[0]);
        Thread.Sleep(1);
        IoDevice.Outputb(0, Step[1]);
        Thread.Sleep(1);
        IoDevice.Outputb(0, Step[2]);
        Thread.Sleep(1);
        IoDevice.Outputb(0, Step[3]);
        Thread.Sleep(1);
    }
}
```

5. 1상 여자 방식을 이용하여 정회전, 역회전 조정

다음은 1상 여자 방식 회전을 스위치를 이용하여 역회전, 정회전시켜 보도록 하겠다. 역회전은 정회전했던 반대로 신호를 주게 되면 회전하게 된다. 그러면 다음과 같이 실습해 보도록 한다.

```
// 1상 여자방식 정,역회전
public void Ex02()
{
    // 스텝모터 운전
    int[] InputCheck = new int[8];
    int[] Step = new int[4];
    int[] Step1 = new int[4] { 0x01, 0x04, 0x02,0x08 };
    int[] Step2 = new int[4] { 0x08, 0x02, 0x04, 0x01 };

    while (Console.KeyAvailable == false)
    {
        InputCheck = IoDevice.ConvetByteToBit(IoDevice.Inputb(2));

        if (InputCheck[0] == 1)
        {
            Step = (InputCheck[1] == 1) ? Step1 : Step2;

            // 회전한다.
            IoDevice.Outputb(0, Step[0]);
            IoDevice.Outputb(0, Step[1]);
            IoDevice.Outputb(0, Step[2]);
            IoDevice.Outputb(0, Step[3]);
        }
    }
}
```

6. 2상 여자 방식을 이용하여 정회전, 역회전 조정

	ϕ_1	ϕ_2	ϕ_3	ϕ_4
1	1	1	0	0
2	0	1	1	0
3	0	0	1	1
4	1	0	0	1
5	1	1	0	0
6	0	1	1	0
7	0	0	1	1
8	1	0	0	1
9	1	1	0	0

	ϕ_1	ϕ_2	ϕ_3	ϕ_4
1	0	0	1	1
2	0	1	1	0
3	1	1	0	0
4	1	0	0	1
5	0	0	1	1
6	0	1	1	0
7	1	1	0	0
8	1	0	0	1
9	0	0	1	1

CW(시계) 방향 운전　　　　　　　　　CCW(반시계) 방향 운전

그림 2.103 2상 여자 시퀀스

그림은 2상 여자의 동작을 나타내며, 2상 여자의 경우는 A, B 쪽의 Coil이 동시에 1개의 신호선씩 여자된다.

우선 Step 1에서는 A′ → A, B′ → B의 Coil에 전류가 흐른다. 고정자의 극은 1상 여자와 같이 12시와 3시가 S극, 6시와 9시의 위치가 N극으로 여자된다. 그 결과 회전자의 N극은 12시와 3시의 S극의 중간 위치에 정지한다. 다음으로 Step 2에서는 A상의 Coil이 전환되고 A′ → A로 전류가 흐른다. 그리고 12시의 극이 N, 6시의 극이 S로 된다. 그 결과 회전자의 N극은 12시의 N극과 반발해서 3시와 6시의 S극의 중간 위치에 안정한다. 이렇게 해서 회전자는 시계 방향으로 90° 회전하는 셈이며, Step 3, Step 4에서도 마찬가지로 2장씩 같은 극으로 여자되어 회전자의 극이 그 중간 위치에서 정지하면서 회전하게 된다. 또한 2상 여자는 1상 여자와 비교해서 2배의 전류가 흐른다. 그러나 코일의 2상이 여자되어 있으므로, 1상 여자에 비하면 정지상의 오버슈터나 언더슈터가 작고 과도 특성이 좋아진다.

다음은 2상 여자 방식 회전을 스위치를 이용하여 역회전, 정회전을 시켜보도록 하겠다. 해당 표와 같이 동작을 실시하고 2상 여자 방식은 1여자 방식에 비해 움직일 회전수가 더 많다.

```
// 2상 여자 방식
public void Ex03()
{
    // 스텝모터 운전
    int[] InputCheck = new int[8];
    int[] Step = new int[4];
    int[] Step1 = new int[4] { 0x05, 0x06, 0x0A, 0x09 };
    int[] Step2 = new int[4] { 0x09, 0x0A, 0x06, 0x05 };

    while (Console.KeyAvailable == false)
    {
        InputCheck = IoDevice.ConvetByteToBit(IoDevice.Inputb(2));

        if (InputCheck[0] == 1)
        {
            Step = (InputCheck[1] == 1) ? Step1 : Step2;

            // 회전한다.
            IoDevice.Outputb(0, Step[0]);
            IoDevice.Outputb(0, Step[1]);
            IoDevice.Outputb(0, Step[2]);
            IoDevice.Outputb(0, Step[3]);
        }
    }
}
```

7. 1 - 2상 여자 방식을 이용하여 정회전, 역회전 조정

스텝	1	2	3	4
전류	$A' \rightarrow A$	$A' \rightarrow A$ $B' \rightarrow B$	$B' \rightarrow B$	$B' \rightarrow B$ $A' \rightarrow A$
회전차 위치				

	ϕ_1	ϕ_2	ϕ_3	ϕ_4
1	1	0	0	0
2	1	1	0	0
3	0	1	0	0
4	0	1	1	0
5	1	0	1	0
6	0	0	1	1
7	0	0	0	1
8	1	0	0	1
9	1	0	0	0

	ϕ_1	ϕ_2	ϕ_3	ϕ_4
1	0	0	0	1
2	0	0	1	1
3	0	0	1	0
4	0	1	1	0
5	0	1	0	0
6	1	1	0	0
7	1	0	0	0
8	1	0	0	1
9	0	0	0	1

CW(시계) 방향 운전   CCW(반시계) 방향 운전

그림 2.104 1-2상 여자 시퀀스

그림의 1 - 2상 여자는 앞에서 설명한 1상 여자와 2상 여자가 교대로 반복하는 것이다. 따라서 회전자는 Step마다 45° 회전한다. 즉 Step각은 Maker가 표시하는 각도의 1/2이 된다. 1 - 2상 여자는 1상 여자와 2상 여자의 특성을 가지고 있으므로 Step Rate는 배가 된다.

다음은 2상 여자 방식 회전을 스위치를 이용하여 역회전, 정회전시켜보도록 하겠다. 해당 표와 같이 동작을 실시하고 2상 여자 방식은 1여자 방식에 비해 움직일 회전수가 더 많다.

```
// 1-2상 여자 방식
public void Ex04()
{
    // 스텝모터 운전
    int[] InputCheck = new int[8];
    int[] Step = new int[8];
    int[] Step1 = new int[8] { 0x01, 0x05, 0x04,0x06, 0x02,0x0a,0x08,0x09 };
    int[] Step2 = new int[8] { 0x09, 0x08, 0x0A, 0x02, 0x06, 0x04, 0x05, 0x01 };

    while (Console.KeyAvailable == false)
    {
        InputCheck = IoDevice.ConvetByteToBit(IoDevice.Inputb(2));
```

```
if (InputCheck[0] == 1)
{
    // 정,역방향을 선택한다.
    Step = (InputCheck[1] == 1) ? Step1 : Step2;

    // 1바퀴 회전한다.
    IoDevice.Outputb(0, Step[0]);
    IoDevice.Outputb(0, Step[1]);
    IoDevice.Outputb(0, Step[2]);
    IoDevice.Outputb(0, Step[3]);
    IoDevice.Outputb(0, Step[4]);
    IoDevice.Outputb(0, Step[5]);
    IoDevice.Outputb(0, Step[6]);
    IoDevice.Outputb(0, Step[7]);
}
}
}
```

8. 제어 회로용 TR 보드 활용

제어 회로용 TR 회로를 이용해서 공압 실린더 제어에 대해서 이해해 보도록 한다. 앞에서 언급한 것과 같이 여기서 사용되는 TR들은 D288 NPN 트랜지스터로서 OPEN Collector 방식을 이용할 수 있도록 구성된 회로가 8개 준비되어 있다. 8개 이상의 출력 회로가 필요하다면 추가로 보드를 하나 더 활용하면 될 것이다.

공압 실린더를 구동할 수 있도록 회로를 구성해 보도록 한다. 실린더 구동을 위한 편측 솔레노이드에 DC24V 전원을 공급하면 된다.

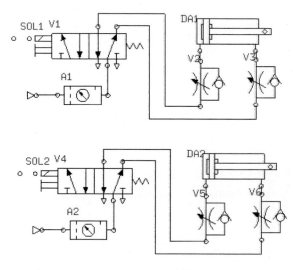

그림 2.105 편측 솔레노이드를 이용한 공압 실린더 회로

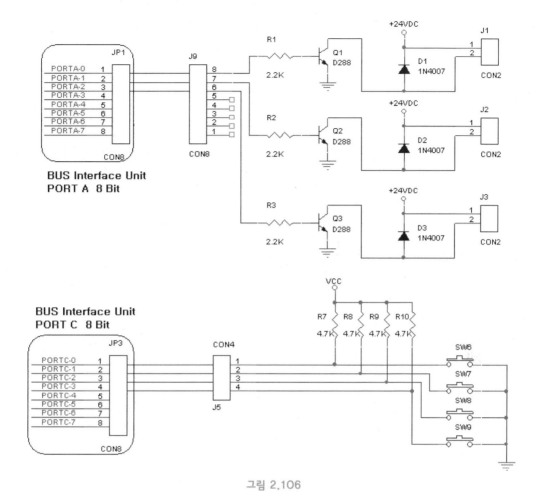

그림 2.106

그림 2.107 메카트로닉스 미니 MPS 장치의 그림 및 흡착 이송부 확대 그림

그림과 같이 흡착 이송부의 경우 X축 이동 실린더와 Y축 이동 실린더 2개가 있다. 각 실린더에 편측 솔레노이드를 연결해서 다음 시퀀스도와 같이 동작하도록 해 본다. PA0는 J1을 통해서 UP/DOWN 실린더에 연결하고, PA1은 J2를 통해서 좌우 실린더에 연결한다. 그리고 PA2는 흡착기에 연결한다.

▪흡착 이송부 동작 사이클

UP/DOWN 실린더 전진 → 흡착기 On(부품 흡착기에 수작업으로 WORK 공급) → UP/DOWN 실린더 후진 → 좌우 실린더 전진 → UP/DOWN 실린더 전진 → 흡착기 Off → UP/DOWN 실린더 후진 → 좌우 실린더 후진

9. 제어 회로용 포터커플러 보드 활용

제어 회로용 포터커플러 보드는 제어 회로용 TR 보드와의 기능적 비교로 보면 반대의 개념을 가지고 있다. 제어 회로용 TR 보드는 DC5V 전압을 DC24V 전압의 외부 장치 구동용 전압으로 변환해 주는 역할을 하는 반면, 제어 회로용 포터커플러 보드는 센서의 사용 전압이 DC24V인 상태를 제어 장치에서 사용이 가능하도록 DC5V의 전압으로 변환해 주는 역할을 한다.

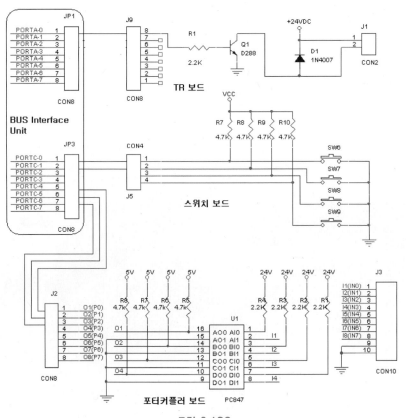

그림 2.108

이번에는 메카트로닉스 미니 MPS 장치의 중력 메거진에 설치되어 있는 4선 Photo 센서의 신호와, 공급 실린더 몸체에 부착되어 있는 마그네틱 센서의 신호를 받아서 공급 실린더에 의해 워크피스(WORK Peace)의 공급을 하도록 시스템을 꾸며 보도록 한다.

전자 회로도에서 확인할 수는 있겠으나 회로 연결에 대해서 확인해 보자. TR 보드와 BIU 보드의 연결은 여러 번 해 보았으니 문제 없을 것이다. J1은 공급 실린더 제어를 위한 편측 솔레노이드에 연결한다.

스위치 보드 역시 그림과 같이 PORT C의 PC0과 PC1에 연결한다. 그리고 포토커플러 보드의 경우, J2는 PORT C의 해당 단자에 연결하고, J3은 해당 센서에 연결한다. IN0은 공급 실린더 후진 센서, IN1은 공급 실린더 전진 센서 그리고 IN2는 중력 메거진에 있는 광센서에 연결하여 WORK Peace 감지 센서로 사용한다.

포토커플러 보드에 센서 입력 방법을 알아보자. 메카트로닉스 미니 MPS 장치에는 4선식 센서 2개가 있는데 모두 광화이버 센서이다. 광화이버 센서에 대한 사용 방법은 다음과 같다.

(1) 광 화이버 센서

메카트로닉스 미니 MPS 장치의 센서에 대한 기본 개념은 NPN형으로 통일하는 것이다. 국내의 산업 현장은 거의 모든 분야에서 센서 사용을 NPN Type로 사용하고 있기 때문에 우리도 여기에 맞추도록 한다. 특히 중력 매거진과 스토퍼에 장착된 광화이버 센서(BF3RX-FD-320-05)의 경우 컨트롤선을 GND에 연결해서 NPN Type으로 사용할 수 있도록 구성하고, 광케이블과 앰프의 연결은 어댑터를 이용해서 해야 한다. PNP Type을 원할 경우는 컨트롤선에 DC24 V 단자에 연결하면 된다.

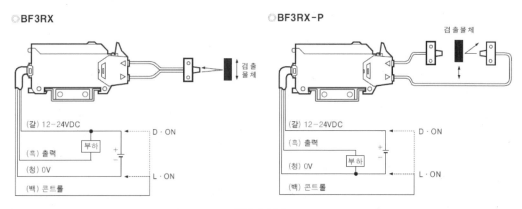

그림 2.109

광화이버 센서의 감도 조정은 표 2.32와 같은 방법으로 사용하면 된다. 본 메카트로닉스 미니 MPS 장치에서 사용되는 센서의 경우 가장 민감한 부분일 것 같아서 소개한다.

표 2.32

순서	검출 방식		조정 방법	VR	
	반사형	투과형		COARSE	FINE
1	초기 설정		강조정 VR(COARSE)은 최소(MIN)에 미세 조정 VR(FINE)은 중앙(▼) 표시 지점에 고정한다.	MIN	(−) (+)
2	입광	입광	검출 상태를 입광 상태로 하여 강조정 VR(COARSE)을 천천히 우회전하여 On 되는 위치에 고정한다.	ON MIN	(−) (+)
3	입광	입광	미세 조정(FINE)을 (−) 측으로 회전하여 Off 되는 지점에서 다시 (+) 측으로 회전하여 On 되는 지점 A를 확인한다.		A ON OFF (−) (+)
4	차광	차광	이후 검출 상태를 차광 상태로 하여 미세 조정 VR(FINE)을 (+) 측으로 회전하여 On 되는 지점에서 다시 (−) 측으로 회전하여 Off 되는 지점 B를 확인한다 (이때 On 되지 않을 때에는 최대점이 B가 된다.).	이후 강조정 VR은 조정 불필요	OFF B (−) (+) ON
5	−	−	A와 B의 중간 지점에 고정한다. 이 위치가 최상의 설정 위치가 된다.		A B (−) (+)
6	입광	입광	위의 조정 방법으로 조정이 불가능할 경우 미세 조정 VR(FINE)을 (+) 측의 최대(MAX) 지점에 놓고 위 순서 1번부터 재조정한다.	MIN	(−) (+) MAX

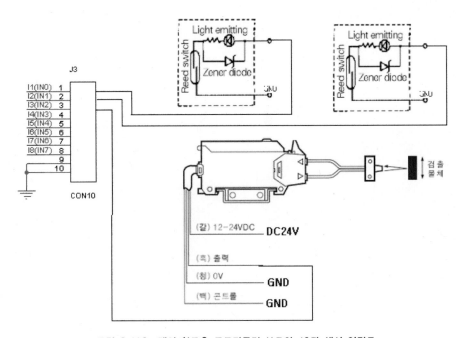

그림 2.110 제어 회로용 포토커플러 보드의 J3과 센서 연결도

여기서 사용한 Reed 스위치에 대해서 알아보도록 하자. 센서의 분류는 2선, 3선 및 4선으로 분류할 수 있는데 거의 모든 센서에서 이 모두를 가지고 있다. Reed 스위치 센서도 마찬가지이다. 2선, 3선 및 4선식이 있으나 지금은 2선식이 가정 널리 사용되는 것 같다. 메카트로닉스 미니 MPS 장치에서 사용된 2선식에 대해서 소개한다.

(2) Reed 스위치

Reed 스위치는 2선식과 3선식 및 4선식 모두 사용되는데 주로 2선식이 많이 이용된다. 3선식의 경우 3선식 근접 스위치와 같은 방식으로 사용하면 되고, 2선식의 경우 2선식 근접 스위치와 같은 방식으로 사용하면 된다. 여기서는 2선식인 "D－C73K"와 "D－A73K"를 사용했다. 그림의 제품 번호는 "D－C73K"라는 제품이다. 밴드 형태로서 공압 실린더의 몸체에 밴드를 이용해서 부착하면 사용이 가능하다.

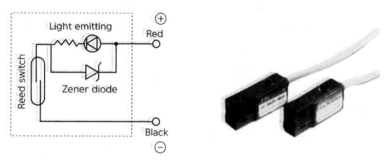

그림 2.111

Reed 스위치는 일반 스위치와 같은 방법으로 사용하면 된다. 즉 그림의 회로도에 "+"와 "－"가 표시되어 있지만 전원의 "+"와 "－"를 연결하라는 말은 아니다. 단지 스위치와 같이 신호를 연결해 주는 역할로 사용해야 함을 잊지 말아야 한다. 그림의 Black에 전원의 GND를 연결하고 RED(+)를 PLC 입력으로 연결하면 Reed 스위치는 단지 스위치 역할만 해서 GND 신호를 PLC 입력으로 전달하는 역할만 한다.

(3) 프로그램

① SW6을 1회 On/Off 하면 동작이 시작되고, SW7을 1회 On/Off 하면 초기 상태로 정지한다.
② 동작은 중력 메거진에 WORK Peace가 있을 경우 공급 실린더는 WORK Peace를 전후진 하여 공급하고, 없으면 공급 후 다시 SW6이 On/Off 되기를 기다린다. 동작보다 공급이 먼 저이다.
③ 실린더가 전진하기 전에는 후진되어 있는지를 확인하고, 후진하기 전에는 후진되었는지를 확 인한다. 확인되지 않았는데 동작이 발생하면 안 된다.

PORT C의 Bit별 기능을 표로 확인해 보자. 여기서 감지와 감지 안 됨의 "1"과 "0"의 관계는 제어 회로용 포토커플러가 Pull-Up 저항이 모두 연결되어 신호 감지 시 GND를 BIU에 보내게 되므로 실제 프로그램에서는 반대로 나타난다. 이 점 헷갈리지 않도록 하자.

표 2.33

PORT C 비트	PC7	PC6	PC5	PC4	PC3	PC2	PC1	PC0
설명	미사용	물품 감지	전진 센서	후진 센서	미사용	미사용	SW7	SW6
실행 조건(하드)	1(고정)	1	0	1	1(고정)	1(고정)	0	1
소프트웨어	1	0	1	0	1	1	1	0
정지 조건(하드)	X	X	X	X	X	X	1	0
소프트웨어	1	1	1	1	1	1	0	1
비고	하드웨어 기준 → 1 : 감지, 0 : 감지 안 됨, X : 리던던시, 1(고정) : 사용하지 않은 비트							

3 | 윈도우 폼 프로그램 실습

1 | 윈도우 폼 프로그램의 장점

지금부터는 장비의 제어를 위해 C# 윈도우 어플리케이션으로 프로젝트를 개발하도록 한다. 윈도우 폼을 이용하여 작업을 하면, 사용자 입력을 통해서 직관적으로 표현이 가능하고 이벤트 방식으로 작동되기 때문에 입력 버튼 등을 통해서 프로그램을 쉽게 제어할 수 있다.

그림 3.1과 같이 윈도우 폼에 컨트롤을 배치하고 버튼을 누르면 해당 버튼 행동에 대한 처리 메소드가 실행되고, 사용자가 프로그램 상태를 시간에 따라 변경해야 한다면 Timer를 만들어서 실행될 수 있게 할 수 있다.

그림 3.1

2 | 윈도우 폼 프로그램 생성

01 새 프로젝트 생성에서 콘솔 응용 프로그램이 아닌 "Windows Forms 응용 프로그램"을 선택하고 새 프로젝트를 생성한다.

그림 3.2

02 프로젝트가 생성되면 그림 3.3과 같은 윈도우 화면을 볼 수 있다. 이 폼에 컨트롤을 붙여 사용해 본다.

그림 3.3

03 "메뉴 → 보기 → 도구 상자"를 클릭하면 다음과 같이 도구 상자가 활성화된다. 여기서 "고정" 버튼을 눌러서 고정시킨다.

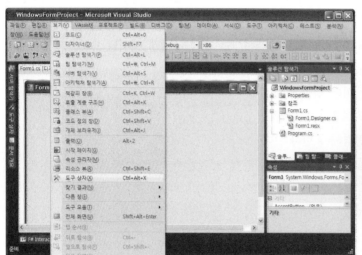

그림 3.4

04 라벨을 추가해 본다. 라벨은 폼에서 보여 줄 텍스트를 지정한다. 도구 상자에서 "라벨"을 선택한 후 폼에 드래그하여 배치한다.

그림 3.5

05 라벨을 자신이 원하는 크기로 변경하기
위해서는 라벨의 속성을 변경해야 한
다. 속성은 3번 오른쪽 하단에 있다. 선
택해야 할 속성은 여러 가지가 있지만
주로 사용하는 부분으로 설명한다.

그림 3.6

- AutoSize : 크기를 고정으로 사용할 것
  인지를 결정한다. FASLE로 설정한다.
- Location : 현재 컨트롤의 위치가 어디에 배치되어 있는지 수치로 나타낸 좌표이다.
- Size : 현재 컨트롤의 크기이다.
- Fon t : 현재 컨트롤 텍스트의 글자 크기 및 폰트를 변경할 수 있다.
- BorderStyle : 테두리 모양을 지정할 수 있다. 기본적으로 FixedSingle로 사용한다.
- Text : 화면에 표시될 문자이다. 원하는 문자를 지정한다.
- TextAlign : 글자 정렬을 어떻게 할 것인가를 결정한다. 기본적으로 Middle Center로 사용
  한다.

06 이후 설명부터는 수치표의 데이터를 다
음과 같이 표로 나타내도록 한다.

표 3.1

번호	0
타입	Button
위치	15, 62
크기	52, 28
속성	가운데 정렬
폰트	9pt
Text	Label1

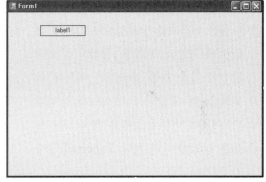

그림 3.7

07 복사 제거 위치 정렬 관련하여 설명하도록 한다. 복사는 "Ctrl+C" 버튼을 눌러 복사할 컨트롤을 정의 "Ctrl+V" 버튼을 눌러 설정한 컨트롤을 복사할 수 있다. 이후 배치할 컨트롤 근처로 위치를 이동하게 되면 다음과 같이 스마트 정렬 기능이 작동한다. 제거하기 위해서는 컨트롤을 선택하고 "Delete" 버튼을 클릭하면 된다.

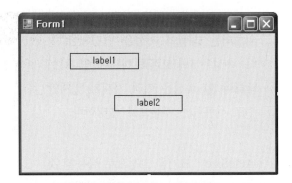

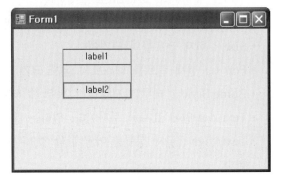

그림 3.8

08 다음은 이벤트를 발생시키는 버튼에 대해서 설명한다. 버튼을 생성하고 생성된 컨트롤을 더블 클릭하면 버튼을 클릭했을 때 호출되는 메소드가 생성된다. 여기에 버튼이 눌렸을 때 나타날 행동을 정의해 주면 된다. Label1의 문자를 변경하였다.

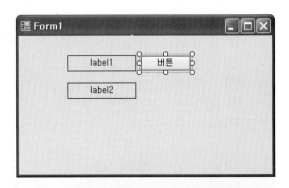

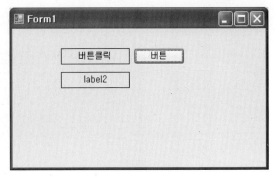

그림 3.9

```
using System;
using System.Windows.Forms;

namespace WindowsFormProject
{
    public partial class Form1 : Form
    {
        public Form1()
        {
            InitializeComponent();
        }

        private void button1_Click(object sender, EventArgs e)
        {
            label1.Text = "버튼클릭";
        }
    }
}
```

Chapter

4 │ UCI BUS 활용 인터페이스
기술2(Windows Form 응용)

1 ▶ LED Project

1. 윈도우 폼 Led 제어

(1) 개요

이번에는 윈도우 폼을 이용하여 Led 상태 출력을 할 수 있도록 한다.

(2) 시나리오

이번 시나리오는 시작 버튼을 누르면 첫 번째 Led를 점등하고 그 결과를 폼의 라벨에 표시할 수 있도록 한다.

처음 시작 상태는 그림 4.1과 같다.

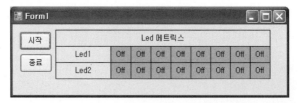

그림 4.1

시작 버튼을 누르면 첫줄 Led가 점등되고 폼에 다음과 같이 점등 상태가 표시된다.

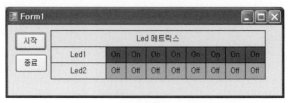

그림 4.2

(3) 프로젝트 생성 및 제어 예제

① 프로젝트 생성

<u>01</u> visualstudio2010 프로그램을 실행하고, "파일 → 새로 만들기 → 프로젝트 생성"을 클릭한다.

<u>02</u> 새 프로젝트 생성 다이얼로그가 활성화되면 "WindowsForm 응용 프로그램"을 선택하고 해당 솔루션 이름과 프로젝트 이름을 선택한다.

<u>03</u> 예제에서는 솔루션 이름을 LedExam, 프로젝트 이름을 Ex01로 만든다.

그림 4.3

② 프로젝트 참조 파일 추가

<u>01</u> 솔루션 탐색기의 참조에서 마우스 오른쪽 버튼을 눌러 "참조 추가" 메뉴를 선택한다.

<u>02</u> "D:/Program Files/IMechtronics" 폴더에 있는 "FTD2XX_NET.dll"과 "Imechatronics.dll" 파일을 "참조"에 등록한다.

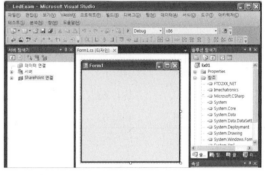

그림 4.4

(4) C# 폼 컨트롤 구성

해당 컨트롤 속성표대로 그림 4.5와 같이 폼에 컨트롤을 만든다.

그림 4.5

표 4.1

번호	타입	위치	크기	속성	폰트	Text
0	Button	12, 12	56, 31	가운데 정렬	9pt	시작
1	Button	13, 49	56, 31	가운데 정렬	9pt	종료

(계속)

번호	타입	위치	크기	속성	폰트	Text
2	Label	75, 9	368, 28	가운데 정렬	9pt	Led 매트릭스
3	Label	75, 36	96, 28	가운데 정렬	9pt	Led1
4	Label	75, 63	96, 28	가운데 정렬	9pt	Led2
5	Label	170, 36	35, 28	가운데 정렬	9pt	Off
6	Label	204, 36	35, 28	가운데 정렬	9pt	Off
7	Label	238, 36	35, 28	가운데 정렬	9pt	Off
8	Label	272, 36	35, 28	가운데 정렬	9pt	Off
9	Label	306, 36	35, 28	가운데 정렬	9pt	Off
10	Label	340, 36	35, 28	가운데 정렬	9pt	Off
11	Label	374, 36	35, 28	가운데 정렬	9pt	Off
12	Label	408, 36	35, 28	가운데 정렬	9pt	Off
13	Label	170, 63	35, 28	가운데 정렬	9pt	Off
14	Label	204, 63	35, 28	가운데 정렬	9pt	Off
15	Label	238, 63	35, 28	가운데 정렬	9pt	Off
16	Label	272, 63	35, 28	가운데 정렬	9pt	Off
17	Label	306, 63	35, 28	가운데 정렬	9pt	Off
18	Label	340, 63	35, 28	가운데 정렬	9pt	Off
19	Label	374, 63	35, 28	가운데 정렬	9pt	Off
20	Label	408, 63	35, 28	가운데 정렬	9pt	Off

(5) IO 장비 매핑

8255 장비를 이용하여 Led를 제어하기 위해서는 매핑을 통해서 연결해 주어야 한다. 표 4.2와 같이 장비의 매핑을 실시하고 역할을 수행하도록 한다.

표 4.2

디바이스	포트	타입	위치	연동 장비	역할(On)	역할(Off)
1	A	출력	1~8	Led1~LED8	Led 점등	Led 소등
1	B	출력	1~8	Led9~LED16	Led 소등	Led 점등

연결의 8255 포트 A의 8개의 비트를 D1~D8 연결 단자에, 결선 포트 B의 8개의 비트를 D9 ~D16 연결 단자에 결선한다. 이후 전원 공급을 위해 +5 V 전원을 백색에, − 전원을 흑색에 연결한다. 이렇게 하여 결선을 마무리한다.

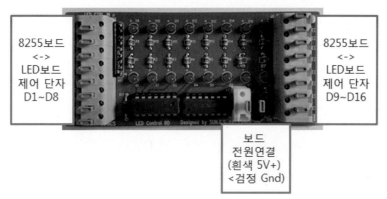

그림 4.6

(6) Form 인터페이스 등록 및 프로그램 구현

① 8255 장비를 이용하여 Led를 제어하기 위해서 UCI 버스 생성기의 제어 코드와 Window Form Control을 연결한다. 먼저 소스를 수정하기 위해 솔루션 탐색기 Ex01 Form1.cs 파일에서 마우스 오른쪽 버튼을 눌러 팝업 메뉴 "코드 보기"를 클릭한다.

그림 4.7

② 다음과 같은 초기 코드를 볼 수 있다.

```
using System;
using System.Collections.Generic;
using System.ComponentModel;
using System.Data;
using System.Drawing;
using System.Linq;
using System.Text;
using System.Windows.Forms;

namespace LEDExam
{
    public partial class Form1 : Form
    {
        public Form1()
        {
            InitializeComponent();
        }
    }
}
```

③ UCI 버스 생성기를 사용하기 위해서 Imechatronics.IoDevice 네임스페이스를 추가하고, Io8255 클래스 Label를 배열로 제어할 Label 배열형 LabelGroup 변수를 생성한다.

```csharp
using System;
using System.Drawing;
using System.Windows.Forms;
using Imechatronics.IoDevice;


namespace LedExam
{
    public partial class Form1 : Form
    {

        Io8255 IoDevice;
        Label[,] LabelGroup;
```

④ 생성자에서 컨트롤 라벨을 2차원 배열로 생성하고 LED1~8번, 9~16번까지의 Label 컨트롤을 순서대로 라벨 그룹을 만든다. 이후 UCI 버스 생성기를 초기화하고 Led를 표현할 Label의 백그라운드 색상을 변경한다. 변경하기 위해서는 컨트롤의 멤버 변수 BackColor에 원하는 색상을 지정하면 된다.

```csharp
public Form1()
{
    InitializeComponent();

    // 라벨 그룹을 등록한다.
    LabelGroup = new Label[2, 8]{
    { label4, label5, label6, label7, label8, label9, label10, label11 },
    { label12, label13, label14, label15, label16, label17, label18, label19 }};


     IoDevice = new Io8255();
    // UCI장비 초기화를 실행한다.
    IoDevice.UCIDrvInit();
    IoDevice.Outputb(3, 0x89);
    // 컨트롤 색상 및 상태배열을 변경한다.
    for (int Row = 0; Row < 2; ++Row)
    {
        for (int Colum = 0; Colum < 8; ++Colum)
        {
            LabelGroup[Row, Colum].BackColor = Color.DarkGray;
        }
    }

}
```

⑤ 윈도우 폼에 시작과 종료 버튼에 대한 클릭 이벤트를 지정한다. 이벤트 등록 방법은 폼에서 "시작 → 속성창에서 이벤트 → 작업의 Click 칸에 마우스 더블 클릭"을 하게 되면 버튼 클릭 이벤트 메소드가 등록된다. 버튼 메소드 이름은 컨트롤명_Click(인자)로 생성된다. 이후 설명부터는 버튼 클릭 이벤트를 등록하라고만 설명하도록 한다.

그림 4.8

⑥ 클릭 이벤트에 다음과 같이 LedChange() 메소드를 실행해 준다.

```csharp
private void button2_Click(object sender, EventArgs e)
{
    // LED 사용방법
    LedChange(0, 0xff);
}

private void button1_Click(object sender, EventArgs e)
{
    // LED 사용방법
    LedChange(0, 0x00);
}
```

⑦ LedChange 메소드는 해당 IO 명령에 대한 Label 컨트롤을 변경해 주는 역할을 한다. 매개변수로는 해당 포트 번호와 변경할 코드를 받아 UCI 버스 생성기에 변경된 포트와 CW값을 전달 이후 정수형 aCode 인자를 비트 신호로 변경하여 해당 비트의 컨트롤의 문자와 배경 색상을 변경해 준다.

```csharp
private void LedChange( int aPort, int aCode)
{
    // 변경메시지를 출력한다.
    IoDevice.Outputb(aPort, aCode);

    // 변경된 정보를 화면에 출력한다.
    int[] LedOut = IoDevice.ConvetByteToBit(aCode);
    for (int Index = 0; Index < 8; ++Index)
    {
```

```
            if ((LedOut[Index] == 1))
            {
                LabelGroup[aPort, Index].BackColor = Color.Red;
                LabelGroup[aPort, Index].Text = "On";
            }
            else
            {
                LabelGroup[aPort, Index].BackColor = Color.DarkGray;
                LabelGroup[aPort, Index].Text = "Off";
            }

        }
    }
```

⑧ 프로그램에 대한 전체 소스이다.

```csharp
using System;
using System.Drawing;
using System.Windows.Forms;
using Imechatronics.IoDevice;

namespace LedExam
{
    public partial class Form1 : Form
    {
        Io8255 IoDevice;
        Label[,] LabelGroup;

        public Form1()
        {
            InitializeComponent();

            // 라벨 그룹을 등록한다.
            LabelGroup = new Label[2, 8]{
            { label4, label5, label6, label7, label8, label9, label10, label11 },
            { label12, label13, label14, label15, label16, label17, label18, label19 }};


             IoDevice = new Io8255();
            // UCI 장비 초기화를 실행한다.
            IoDevice.UCIDrvInit();
            IoDevice.Outputb(3, 0x89);
            // 컨트롤 색상 및 상태 배열을 변경한다.
            for (int Row = 0; Row < 2; ++Row)
            {
```

(계속)

```
                for (int Colum = 0; Colum < 8; ++Colum)
                {
                    LabelGroup[Row, Colum].BackColor = Color.DarkGray;
                }
            }
        }


        private void LedChange( int aPort, int aCode)
        {
            // 변경 메시지를 출력한다.
            IoDevice.Outputb(aPort, aCode);

            // 변경된 정보를 화면에 출력한다.
            int[] LedOut = IoDevice.ConvetByteToBit(aCode);
            for (int Index = 0; Index < 8; ++Index)
            {
                if ((LedOut[Index] == 1))
                {
                    LabelGroup[aPort, Index].BackColor = Color.Red;
                    LabelGroup[aPort, Index].Text = "On";
                }
                else
                {
                    LabelGroup[aPort, Index].BackColor = Color.DarkGray;
                    LabelGroup[aPort, Index].Text = "Off";
                }
            }
        }


        private void button2_Click(object sender, EventArgs e)
        {
            // Led 사용 방법
            LedChange(0, 0xff);
        }

        private void button1_Click(object sender, EventArgs e)
        {
            // Led 사용 방법
            LedChange(0, 0x00);
        }
    }
}
```

2. 윈도우 폼 LED 제어

(1) 개요

이번에는 윈도우 폼을 이용하여 각 라인의 Led를 한 개씩만 점등할 수 있도록 한다.

(2) 시나리오

이번 시나리오는 각 위치의 Led 버튼을 누르면 각 줄에 한 개의 Led가 점등될 수 있도록 한다. 처음 시작 상태는 그림 4.9와 같다.

그림 4.9

각 줄의 Led가 점등되고, 폼에 다음과 같이 점등 상태가 표시된다. 각 줄의 Led는 한 개만 점등되도록 한다.

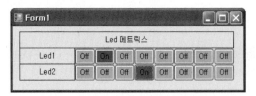

그림 4.10

(3) 프로젝트 생성 및 Led 제어 예제

① 프로젝트 추가

<u>01</u> visualstudio2010 프로그램을 실행하고, "파일 → 추가 → 프로젝트 추가를" 클릭한다.

<u>02</u> 새 프로젝트 추가 다이얼로그가 활성화되면 "WindowsForm 응용 프로그램"을 선택하고 프로젝트 이름을 선택한다.

<u>03</u> 예제에서는 프로젝트 이름을 Ex02로 만든다.

그림 4.11

② **프로젝트 참조 파일 추가**

<u>01</u> 솔루션 탐색기의 참조에서 마우스 오른쪽 버튼을 눌러 "참조 추가" 메뉴를 선택한다.

<u>02</u> "C:/Program Files/IMechtronics" 폴더에 있는 "FTD2XX_NET.dll"과 "Imechatronics.dll" 파일을 "참조"에 등록한다.

(4) C# 폼 컨트롤 구성

해당 컨트롤 속성표대로 그림 4.12와 같이 폼에 컨트롤을 만든다.

그림 4.12

표 4.3

번호	타입	위치	크기	속성	폰트	Text
0	Label	12, 9	368, 28	가운데 정렬	9pt	Led 매트릭스
1	Label	12, 36	96, 28	가운데 정렬	9pt	Led1
2	Label	12, 63	96, 28	가운데 정렬	9pt	Led2
3	Button	107, 37	35, 28	가운데 정렬	9pt	Off
4	Button	141, 37	35, 28	가운데 정렬	9pt	Off
5	Button	175, 37	35, 28	가운데 정렬	9pt	Off
6	Button	209, 37	35, 28	가운데 정렬	9pt	Off
7	Button	243, 37	35, 28	가운데 정렬	9pt	Off
8	Button	277, 37	35, 28	가운데 정렬	9pt	Off
9	Button	311, 37	35, 28	가운데 정렬	9pt	Off
10	Button	346, 37	35, 28	가운데 정렬	9pt	Off
11	Button	107, 64	35, 28	가운데 정렬	9pt	Off
12	Button	141, 64	35, 28	가운데 정렬	9pt	Off
13	Button	175, 64	35, 28	가운데 정렬	9pt	Off
14	Button	209, 64	35, 28	가운데 정렬	9pt	Off
15	Button	243, 64	35, 28	가운데 정렬	9pt	Off
16	Button	277, 64	35, 28	가운데 정렬	9pt	Off
17	Button	311, 64	35, 28	가운데 정렬	9pt	Off
18	Button	346, 64	35, 28	가운데 정렬	9pt	Off

3. IO 장비 매핑

8255 장비를 이용하여 Led를 제어하기 위해서는 매핑을 통해서 연결해 주어야 한다. 표 4.4와 같이 장비의 매핑을 실시하고 역할을 수행한다.

표 4.4

디바이스	포트	타입	위치	연동 장비	역할(On)	역할(Off)
1	A	출력	1~8	Led1~Led8	Led 점등	Led 소등
1	B	출력	1~8	Led9~Led16	Led 소등	Led 점등

연결의 8255 포트 A의 8개의 비트를 D1~D8 연결 단자에, 포트 B의 8개의 비트를 D9~D16 연결 단자에 결선한다. 이후 전원 공급을 위해 +5 V 전원을 백색에, − 전원을 흑색에 연결한다. 이렇게 하여 결선을 마무리한다.

그림 4.13

(6) Form 인터페이스 등록 및 프로그램 구현

① 먼저 소스를 수정하기 위해 솔루션 탐색기 Ex02 Form1.cs 파일에서 마우스 오른쪽 버튼을 눌러 팝업 메뉴 "코드 보기"를 클릭한다.
② UCI 버스 생성기를 사용하기 위해서 Imechatronics.IoDevice 네임스페이스를 추가하고 Button 컨트롤을 배열로 제어할 Button1 배열형 ButtonGroup 변수를 생성한다. 2개의 Led 상태를 저장하기 위한 LedOut 배열과 각 CW별 16진수 코드를 저장하는 Input 배열을 선언한다.

```
using System;
using System.Drawing;
using System.Windows.Forms;
using Imechatronics.IoDevice;
```

```
namespace Ex02
{
    public partial class Form1 : Form
    {

        //
        Io8255 IoDevice;
        Button[,] ButtonGroup;

        //
        int[] LEDOUT = new int[2] { 0, 0 };
        int[,] Input = new int[2, 8] {{ 0x01, 0x02, 0x04, 0x08, 0x10, 0x20, 0x40, 0x80 }
            ,{ 0xFE, 0xFD, 0xFB, 0xF7, 0xEF, 0xDF, 0xBF, 0x7F }};
```

③ 생성자에서 컨트롤 버튼을 2차원 배열로 생성하고, Led1~8번, 9~16번까지의 Button 컨트
롤을 순서대로 라벨 그룹을 만든다. 이후 UCI 버스 생성기를 초기화하고, Led를 표현할
Label의 백그라운드 색상을 변경한다. 변경하기 위해서는 컨트롤의 멤버 변수 BackColor에
원하는 색상을 지정하면 된다.

```
public Form1()
{
    InitializeComponent();

    IoDevice = new Io8255();
    // UCI장비 초기화를 실행한다.
    IoDevice.UCIDrvInit();

    // 사용할 포트의 역할을 지정한다.
    IoDevice.Outputb(3, 0x89);

    // 컨트롤을 배열로 연결한다.
    ButtonGroup = new Button[2, 8]{
        { button3, button4, button5, button6, button7, button8, button9, button10 },
        { button11, button12, button13, button14, button15, button16, button17, button18 }};

    // 컨트롤 색상을 변경한다.
    for (int Row = 0; Row < 2; ++Row)
    {
        for (int Colum = 0; Colum < 8; ++Colum)
        {
            ButtonGroup[Row, Colum].BackColor = Color.DarkGray;
        }
    }

}
```

④ 윈도우 폼에 16개의 LED 버튼에 클릭 이벤트 메소드를 추가한다. 추가 과정은 이전 설명과
동일하다. 메소드에는 다음과 같이 LedStateChange() 메소드를 호출한다.

```
private void button3_Click(object sender, EventArgs e)    private void button7_Click(object sender, EventArgs e)
{                                                          {
    LedStateChange(0, 0, (Button)sender);                     LedStateChange(0, 4, (Button)sender);
}                                                          }
```

```
private void button4_Click(object sender, EventArgs e)    private void button8_Click(object sender, EventArgs e)
{                                                          {
    LedStateChange(0, 1, (Button)sender);                     LedStateChange(0, 5, (Button)sender);
}                                                          }

private void button5_Click(object sender, EventArgs e)    private void button9_Click(object sender, EventArgs e)
{                                                          {
    LedStateChange(0, 2, (Button)sender);                     LedStateChange(0, 6, (Button)sender);
}                                                          }

private void button6_Click(object sender, EventArgs e)    private void button10_Click(object sender, EventArgs e)
{                                                          {
    LedStateChange(0, 3, (Button)sender);                     LedStateChange(0, 7, (Button)sender);
}                                                          }
```

```
//
private void button11_Click(object sender, EventArgs e)   private void button15_Click(object sender, EventArgs e)
{                                                          {
    LedStateChange(1, 0, (Button)sender);                     LedStateChange(1, 4, (Button)sender);
}                                                          }

private void button12_Click(object sender, EventArgs e)   private void button16_Click(object sender, EventArgs e)
{                                                          {
    LedStateChange(1, 1, (Button)sender);                     LedStateChange(1, 5, (Button)sender);
}                                                          }

private void button13_Click(object sender, EventArgs e)   private void button17_Click(object sender, EventArgs e)
{                                                          {
    LedStateChange(1, 2, (Button)sender);                     LedStateChange(1, 6, (Button)sender);
}                                                          }

private void button14_Click(object sender, EventArgs e)   private void button18_Click(object sender, EventArgs e)
{                                                          {
    LedStateChange(1, 3, (Button)sender);                     LedStateChange(1, 7, (Button)sender);
}                                                          }
```

⑤ 컨트롤이 변경되었을 때 처리할 메소드를 생성한다. 3개의 인자를 사용하고 인자는 변경할 포트, 변경할 CW, 이벤트가 발생한 버튼 컨트롤이다. 해당 포트의 8개의 컨트롤 워드를 반복하면서 이벤트가 발생한 Button만 On, 나머지는 Off로 해 주고 해당 동작에 대한 CW를 UCI 버스 생성기에 출력한다.

```
void LedStateChange(int aPort, int aCw, Button aButton)
{
    //
    for (int Index = 0; Index < 8; ++Index)
    {
        if (ButtonGroup[aPort,Index] == aButton)
        {
            ButtonGroup[aPort, Index].BackColor = Color.Red;
            ButtonGroup[aPort, Index].Text = "On";
        }
        else
        {
            ButtonGroup[aPort, Index].BackColor = Color.DarkGray;
            ButtonGroup[aPort, Index].Text = "Off";
```

```
        }
    }
    IoDevice.Outputb(aPort, Input[aPort, aCw]);
}
```

⑥ 프로그램에 대한 전체 소스이다.

```
using System;
using System.Drawing;
using System.Windows.Forms;
using Imechatronics.IoDevice;


namespace Ex02
{
    public partial class Form1: Form
    {

        //
        Io8255 IoDevice;
        Button[,] ButtonGroup;

        //
        int[] LEDOUT = new int[2] { 0, 0 };
        int[,] Input = new int[2, 8] {{ 0x01, 0x02, 0x04, 0x08, 0x10, 0x20, 0x40, 0x80 }
            ,{ 0xFE, 0xFD, 0xFB, 0xF7, 0xEF, 0xDF, 0xBF, 0x7F }};

        public Form1()
        {
            InitializeComponent();

            IoDevice = new Io8255();
            // UCI 장비 초기화를 실행한다.
            IoDevice.UCIDrvInit();

            // 사용할 포트의 역할을 지정한다.
            IoDevice.Outputb(3, 0x89);

            // 컨트롤을 배열로 연결한다.
            ButtonGroup = new Button[2, 8]{
                { button3, button4, button5, button6, button7, button8, button9, button10 },
```

(계속)

```
                { button11, button12, button13, button14, button15, button16, button17, button18 }};

        // 컨트롤 색상을 변경한다.
        for (int Row = 0; Row < 2; ++Row)
        {
            for (int Colum = 0; Colum < 8; ++Colum)
            {
                ButtonGroup[Row, Colum].BackColor = Color.DarkGray;
            }
        }

    }

    // Led 상태를 변경한다.
    void LedStateChange(int aPort, int aCw, Button aButton)
    {
        //
        for (int Index = 0; Index < 8; ++Index)
        {
            if (ButtonGroup[aPort,Index] == aButton)
            {
                ButtonGroup[aPort, Index].BackColor = Color.Red;
                ButtonGroup[aPort, Index].Text = "On";
            }
            else
            {
                ButtonGroup[aPort, Index].BackColor = Color.DarkGray;
                ButtonGroup[aPort, Index].Text = "Off";
            }
        }

        IoDevice.Outputb(aPort, Input[aPort, aCw]);
    }


    private void button3_Click(object sender, EventArgs e)
    {
        LedStateChange(0, 0, (Button)sender);
    }

    private void button4_Click(object sender, EventArgs e)
    {
```

(계속)

```
        LedStateChange(0, 1, (Button)sender);
}

private void button5_Click(object sender, EventArgs e)
{
        LedStateChange(0, 2, (Button)sender);
}

private void button6_Click(object sender, EventArgs e)
{
        LedStateChange(0, 3, (Button)sender);
}

private void button7_Click(object sender, EventArgs e)
{
        LedStateChange(0, 4, (Button)sender);
}

private void button8_Click(object sender, EventArgs e)
{
        LedStateChange(0, 5, (Button)sender);
}

private void button9_Click(object sender, EventArgs e)
{
        LedStateChange(0, 6, (Button)sender);
}

private void button10_Click(object sender, EventArgs e)
{
        LedStateChange(0, 7, (Button)sender);
}

//
private void button11_Click(object sender, EventArgs e)
{
        LedStateChange(1, 0, (Button)sender);
}

private void button12_Click(object sender, EventArgs e)
{
        LedStateChange(1, 1, (Button)sender);
```

(계속)

```
        }

        private void button13_Click(object sender, EventArgs e)
        {
            LedStateChange(1, 2, (Button)sender);
        }

        private void button14_Click(object sender, EventArgs e)
        {
            LedStateChange(1, 3, (Button)sender);
        }

        private void button15_Click(object sender, EventArgs e)
        {
            LedStateChange(1, 4, (Button)sender);
        }

        private void button16_Click(object sender, EventArgs e)
        {
            LedStateChange(1, 5, (Button)sender);
        }

        private void button17_Click(object sender, EventArgs e)
        {
            LedStateChange(1, 6, (Button)sender);
        }

        private void button18_Click(object sender, EventArgs e)
        {
            LedStateChange(1, 7, (Button)sender);
        }
    }
}
```

4. 윈도우 폼 LED 제어

(1) 개요

이번에는 윈도우 폼을 이용하여 각각의 Led를 Button을 통해 점등, 소등하도록 한다.

(2) 시나리오

이번 시나리오는 각 위치의 Led 버튼을 누르면 소등, 점등될 수 있도록 한다.
처음 시작 상태는 다음과 같다.

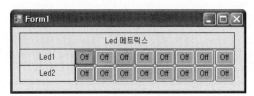

그림 4.14

각 줄의 Led가 점등되고, 폼에 그림 4.15와 같이 점등 상태가 표시된다. Led 각각의 관리가 가능하다.

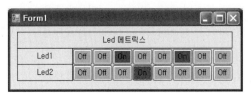

그림 4.15

(3) 프로젝트 생성 및 Led 제어 예제

"참조 추가"

① 프로젝트 추가

<u>01</u> visualstudio2010 프로그램을 실행하고, "파일 → 추가 → 프로젝트 추가"를 클릭한다.

<u>02</u> 새 프로젝트 추가 다이얼로그가 활성화되면 "WindowsForm 응용 프로그램"을 선택하고 프로젝트 이름을 선택한다.

<u>03</u> 예제에서는 프로젝트 이름을 Ex03로한다.

그림 4.16

② 프로젝트 참조 파일 추가

<u>01</u> 솔루션 탐색기의 참조에 마우스 오른쪽 버튼을 눌러 "참조 추가" 메뉴를 선택한다.

<u>02</u> "C:/Program Files/IMechtronics" 폴더에 있는 "FTD2XX_NET.dll"과 "Imechatronics.dll" 파일을 "참조"에 등록한다.

(4) C# 폼 컨트롤 구성

해당 컨트롤 속성표대로 그림 4.17과 같이 폼에 컨트롤을 만든다.

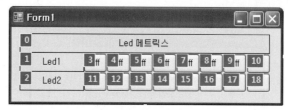

그림 4.17

표 4.5

번호	타입	위치	크기	속성	폰트	Text
0	Label	12, 9	368, 28	가운데 정렬	9pt	Led 매트릭스
1	Label	12, 36	96, 28	가운데 정렬	9pt	Led1
2	Label	12, 63	96, 28	가운데 정렬	9pt	Led2
3	Button	107, 37	35, 28	가운데 정렬	9pt	Off
4	Button	141, 37	35, 28	가운데 정렬	9pt	Off
5	Button	175, 37	35, 28	가운데 정렬	9pt	Off
6	Button	209, 37	35, 28	가운데 정렬	9pt	Off
7	Button	243, 37	35, 28	가운데 정렬	9pt	Off
8	Button	277, 37	35, 28	가운데 정렬	9pt	Off
9	Button	311, 37	35, 28	가운데 정렬	9pt	Off
10	Button	346, 37	35, 28	가운데 정렬	9pt	Off
11	Button	107, 64	35, 28	가운데 정렬	9pt	Off
12	Button	141, 64	35, 28	가운데 정렬	9pt	Off
13	Button	175, 64	35, 28	가운데 정렬	9pt	Off
14	Button	209, 64	35, 28	가운데 정렬	9pt	Off
15	Button	243, 64	35, 28	가운데 정렬	9pt	Off
16	Button	277, 64	35, 28	가운데 정렬	9pt	Off
17	Button	311, 64	35, 28	가운데 정렬	9pt	Off
18	Button	346, 64	35, 28	가운데 정렬	9pt	Off

(5) IO 장비 매핑

8255 장비를 이용하여 Led를 제어하기 위해서는 매핑을 통해서 연결해 주어야 한다. 표 4.6과 같이 장비의 매핑을 실시하고 역할을 수행한다.

표 4.6

디바이스	포트	타입	위치	연동 장비	역할(On)	역할(Off)
1	A	출력	1~8	Led1~Led8	Led 점등	Led 소등
1	B	출력	1~8	Led9~Led16	Led 소등	Led 점등

연결의 8255 포트 A의 8개의 비트를 D1~D8 연결 단자에, 포트 B의 8개의 비트를 D9~ D16 연결 단자에 결선한다. 이후 전원 공급을 위해 +5 V 전원을 백색에, − 전원을 흑색에 연결 한다. 이렇게 하여 결선을 마무리한다.

그림 4.18

(6) Form 인터페이스 등록 및 프로그램 구현

① 먼저 소스를 수정하기 위해 솔루션 탐색기 Ex03 안에 있는 Form1.cs 파일에서 마우스 오른 쪽 버튼을 눌러 팝업 메뉴 "코드 보기"를 클릭한다.

② UCI 버스 생성기를 사용하기 위해서 Imechatronics.IoDevice 네임스페이스를 추가하고, Button 컨트롤을 배열로 제어할 Button1 배열형 ButtonGroup 변수를 생성한다. 2개의 Led 상태를 저장하기 위한 LedOut 배열과 각 CW별 16진수 코드를 저장하는 Input 배열을 선언 한다.

```csharp
using System;
using System.Windows.Forms;
using Imechatronics.IoDevice;
using System.Drawing;


namespace Ex03
{
    public partial class Form1 : Form
    {

        // 맴버변수에서 초기화
        Io8255 IoDevice = new Io8255();

        // 컨트롤 그룹
        Button[,] ButtonGroup;

        //
        bool[,] LedState = new bool[2, 8];
        int[] LEDOUT = new int[2] { 0, 0 };
        int[,] Input = new int[2,8] {{ 0x01, 0x02, 0x04, 0x08, 0x10, 0x20, 0x40, 0x80 }
            ,{ 0xFE, 0xFD, 0xFB, 0xF7, 0xEF, 0xDF, 0xBF, 0x7F }};
```

③ 생성자에서 컨트롤 버튼을 2차원 배열로 생성하고 Led1~8번, 9~16번까지의 Button 컨트롤을 순서대로 라벨 그룹을 만든다. 이후 UCI 버스 생성기를 초기화하고 Led를 표현할 Label의 백그라운드 색상을 변경 및 Led 상태를 저장하는 변수를 초기화한다.

```csharp
public Form1()
{
    InitializeComponent();

    //
    // 컨트롤을 배열로 연결한다.
    ButtonGroup = new Button[2, 8]{
        { button3, button4, button5, button6, button7, button8, button9, button10 },
        { button11, button12, button13, button14, button15, button16, button17, button18 }};

    //
    IoDevice.UCIDrvInit();
    IoDevice.Outputb(3, 0x89);
    IoDevice.Outputb(0, 0x00);
    IoDevice.Outputb(1, 0xff);

    // 컨트롤 색상 및 상태배열,을 변경한다.
    for (int Row = 0; Row < 2; ++Row)
    {
        for (int Colum = 0; Colum < 8; ++Colum)
        {
            LedState[Row, Colum] = false;
            ButtonGroup[Row, Colum].BackColor = Color.DarkGray;
        }
    }

}
```

④ 윈도우 폼에 16개의 Led 버튼에 클릭 이벤트 메소드를 추가한다. 추가 과정은 이전 설명과 동일하다. 메소드에는 다음과 같이 LedStateChange() 메소드를 호출한다.

```csharp
private void button3_Click(object sender, EventArgs e)
{
    // 상태를 변경한다.
    LedStateChange(0, 0);
}

private void button4_Click(object sender, EventArgs e)
{
    // 상태를 변경한다.
    LedStateChange(0, 1);
}

private void button5_Click(object sender, EventArgs e)
{
    // 상태를 변경한다.
    LedStateChange(0, 2);
}

private void button6_Click(object sender, EventArgs e)
{
    // 상태를 변경한다.
    LedStateChange(0, 3);
}

private void button7_Click(object sender, EventArgs e)
{
    // 상태를 변경한다.
    LedStateChange(0, 4);
}

private void button8_Click(object sender, EventArgs e)
{
    // 상태를 변경한다.
    LedStateChange(0, 5);
}

private void button9_Click(object sender, EventArgs e)
{
    // 상태를 변경한다.
    LedStateChange(0, 6);
}

private void button10_Click(object sender, EventArgs e)
{
    // 상태를 변경한다.
    LedStateChange(0, 7);
}
```

```
private void button11_Click(object sender, EventArgs e)
{
    // 상태를 변경한다.
    LedStateChange(1, 0);
}

private void button12_Click(object sender, EventArgs e)
{
    // 상태를 변경한다.
    LedStateChange(1, 1);
}

private void button13_Click(object sender, EventArgs e)
{
    // 상태를 변경한다.
    LedStateChange(1, 2);
}

private void button14_Click(object sender, EventArgs e)
{
    // 상태를 변경한다.
    LedStateChange(1, 3);
}

private void button15_Click(object sender, EventArgs e)
{
    // 상태를 변경한다.
    LedStateChange(1, 4);
}

private void button16_Click(object sender, EventArgs e)
{
    // 상태를 변경한다.
    LedStateChange(1, 5);
}

private void button17_Click(object sender, EventArgs e)
{
    // 상태를 변경한다.
    LedStateChange(1, 6);
}

private void button18_Click(object sender, EventArgs e)
{
    // 상태를 변경한다.
    LedStateChange(1, 7);
}
```

⑤ 컨트롤이 변경되었을 때 처리할 메소드를 생성한다. 2개의 인자를 사용하고 인자는 변경할 포트, 변경할 CW이다. 해당 이벤트가 발생한 Button만 On, Off를 변경하고 Led 동작에 대한 상태를 저장 이후 해당 동작에 대한 CW를 UCI 버스 생성기에 출력한다.

```
// LED 상태를 변경한다.
void LedStateChange(int aPort, int aCw )
{
    //
    if (LedState[aPort, aCw] == false)
    {
        ButtonGroup[aPort,aCw].Text = "On";
        ButtonGroup[aPort, aCw].BackColor = Color.Red;
        LEDOUT[aPort] |= Input[aPort,aCw];
    }
    else
    {
        ButtonGroup[aPort, aCw].Text = "Off";
        ButtonGroup[aPort, aCw].BackColor = Color.DarkGray;
        LEDOUT[aPort] ^= Input[aPort, aCw];
    }

    LedState[aPort, aCw] = !LedState[aPort, aCw];
    IoDevice.Outputb(aPort, LEDOUT[aPort]);
}
```

⑥ 프로그램에 대한 전체 소스이다.

```
using System;
using System.Windows.Forms;
using Imechatronics.IoDevice;
```

(계속)

```csharp
using System.Drawing;


namespace Ex03
{
    public partial class Form1 : Form
    {

        // 멤버 변수에서 초기화
        Io8255 IoDevice = new Io8255();

        // 컨트롤 그룹
        Button[,] ButtonGroup;

        //
        bool[,] LedState = new bool[2, 8];
        int[] LEDOUT = new int[2] { 0, 0 };
        int[,] Input = new int[2,8] {{ 0x01, 0x02, 0x04, 0x08, 0x10, 0x20, 0x40, 0x80 }
            ,{ 0xFE, 0xFD, 0xFB, 0xF7, 0xEF, 0xDF, 0xBF, 0x7F }};


        public Form1()
        {
            InitializeComponent();

            //
            // 컨트롤을 배열로 연결한다.
            ButtonGroup = new Button[2, 8]{
                { button3, button4, button5, button6, button7, button8, button9, button10 },
                { button11, button12, button13, button14, button15, button16, button17, button18 }};

            //
            IoDevice.UCIDrvInit();
            IoDevice.Outputb(3, 0x89);
            IoDevice.Outputb(0, 0x00);
            IoDevice.Outputb(1, 0xff);

            // 컨트롤 색상 및 상태 배열을 변경한다.
            for (int Row = 0; Row < 2; ++Row)
            {
                for (int Colum = 0; Colum < 8; ++Colum)
                {
```

(계속)

```
                        LedState[Row, Colum] = false;
                        ButtonGroup[Row, Colum].BackColor = Color.DarkGray;
                }
            }

        }


        // LED 상태를 변경한다.
        void LedStateChange(int aPort, int aCw )
        {
            //
            if (LedState[aPort, aCw] == false)
            {
                ButtonGroup[aPort,aCw].Text = "On";
                ButtonGroup[aPort, aCw].BackColor = Color.Red;
                LEDOUT[aPort] |= Input[aPort,aCw];
            }
            else
            {
                ButtonGroup[aPort, aCw].Text = "Off";
                ButtonGroup[aPort, aCw].BackColor = Color.DarkGray;
                LEDOUT[aPort] ^= Input[aPort, aCw];
            }

            LedState[aPort, aCw] = !LedState[aPort, aCw];
            IoDevice.Outputb(aPort, LEDOUT[aPort]);
        }



// - - - - - - - - - - - - - - - - - - - - - - - - - - - - - - - - - - - - -
        // LED 1번째 이벤트
// - - - - - - - - - - - - - - - - - - - - - - - - - - - - - - - - - - - - -
        private void button3_Click(object sender, EventArgs e)
        {
            // 상태를 변경한다.
            LedStateChange(0, 0);
        }

        private void button4_Click(object sender, EventArgs e)
        {
            // 상태를 변경한다.
```

(계속)

```csharp
            LedStateChange(0, 1);
        }

        private void button5_Click(object sender, EventArgs e)
        {
            // 상태를 변경한다.
            LedStateChange(0, 2);
        }

        private void button6_Click(object sender, EventArgs e)
        {
            // 상태를 변경한다.
            LedStateChange(0, 3);
        }

        private void button7_Click(object sender, EventArgs e)
        {
            // 상태를 변경한다.
            LedStateChange(0, 4);
        }

        private void button8_Click(object sender, EventArgs e)
        {
            // 상태를 변경한다.
            LedStateChange(0, 5);
        }

        private void button9_Click(object sender, EventArgs e)
        {
            // 상태를 변경한다.
            LedStateChange(0, 6);
        }

        private void button10_Click(object sender, EventArgs e)
        {
            // 상태를 변경한다.
            LedStateChange(0, 7);
        }

//-----------------------------------------------------------
        // LED 2번째 이벤트
//-----------------------------------------------------------
```

(계속)

```
private void button11_Click(object sender, EventArgs e)
{
    // 상태를 변경한다.
    LedStateChange(1, 0);
}

private void button12_Click(object sender, EventArgs e)
{
    // 상태를 변경한다.
    LedStateChange(1, 1);
}

private void button13_Click(object sender, EventArgs e)
{
    // 상태를 변경한다.
    LedStateChange(1, 2);
}

private void button14_Click(object sender, EventArgs e)
{
    // 상태를 변경한다.
    LedStateChange(1, 3);
}

private void button15_Click(object sender, EventArgs e)
{
    // 상태를 변경한다.
    LedStateChange(1, 4);
}

private void button16_Click(object sender, EventArgs e)
{
    // 상태를 변경한다.
    LedStateChange(1, 5);
}

private void button17_Click(object sender, EventArgs e)
{
    // 상태를 변경한다.
    LedStateChange(1, 6);
}
```

(계속)

```
        private void button18_Click(object sender, EventArgs e)
    {
        // 상태를 변경한다.
        LedStateChange(1, 7);
    }
  }
}
```

5. 윈도우 폼 Led 제어

(1) 개요

이번에는 윈도우 폼을 이용하여 시간이 지남에 따라 Led의 출력을 변경하도록 한다.

(2) 시나리오

이번 시나리오는 각 위치의 Led 버튼을 누르면 소등, 점등될 수 있도록 한다.
처음 시작 상태는 다음과 같다.

그림 4.19

시작 버튼을 누르면 시간이 지남에 따라 Led1번의 8개의 Led가 점등되고, 8개가 점등되었을 때 Led2번에 Led가 차례로 한 개씩 점등될 수 있도록 한다.

그림 4.20

(3) 프로젝트 생성 및 Led 제어 예제

① 프로젝트 추가

01 visualstudio2010 프로그램을 실행하고, "파일 → 추가 → 프로젝트 추가"를 클릭한다.

02 새 프로젝트 추가 다이얼로그가 활성화되면 "WindowsForm 응용 프로그램"을 선택하고 프로젝트 이름을 선택한다.

03 예제에서는 프로젝트 이름을 Ex04로 한다.

그림 4.21

② 프로젝트 참조 파일 추가

01 솔루션 탐색기의 참조에 마우스 오른쪽 버튼을 눌러 "참조 추가" 메뉴를 선택한다.

02 "C:/Program Files/IMechtronics" 폴더에 있는 "FTD2XX_NET.dll"과 "Imechatronics.dll" 파일을 "참조"에 등록한다.

(4) c# 폼 컨트롤 구성

① 이번 예제부터 Timer 컨트롤이 추가된다. Timer 컨트롤은 사용자가 지정한 시간에 Timer 컨트롤에 등록된 메소드를 실행해 주는 역할을 한다. 이 메소드를 통해서 while문과 같이 사용자가 원하는 시간에 루프를 실행할 수 있다. 추가하는 방법은 다음과 같다.

② 구성 요소 타이머를 더블 클릭하면 그림 4.22와 같이 Window Form에 추가된다.

③ 추가된 Timer를 선택하고, "속성 → 동작 → InterVal"에 해당 시간을 작성한다. 이번 프로젝트에는 300 ms에 한 번씩 호출될 수 있도록 한다.

그림 4.22

④ "속성 → 이벤트(번개 표시 클릭) → Tick 동작에 더블 클릭"하여 timer1_Tick 메소드를 추가한다.

⑤ 이후 설명부터는 Timer가 필요한 시기마다 속성표에 "Timer - - 호출 대기 시간 - -"으로 나타낸다.

21	Timer	–	–	Time : 300	–	–

⑥ 해당 컨트롤 속성표대로 그림 4.23과 같이 폼에 컨트롤을 만든다.

그림 4.23

표 4.7

번호	타입	위치	크기	속성	폰트	Text
0	Button	12, 13	56, 31	가운데 정렬	9pt	시작
1	Button	12, 50	56, 31	가운데 정렬	9pt	종료
2	Label	74, 13	368, 28	가운데 정렬	9pt	Led 매트릭스
3	Label	74, 40	96, 28	가운데 정렬	9pt	Led1
4	Label	74, 67	96, 28	가운데 정렬	9pt	Led2
5	Label	169, 40	35, 28	가운데 정렬	9pt	Off
6	Label	203, 40	35, 28	가운데 정렬	9pt	Off
7	Label	237, 40	35, 28	가운데 정렬	9pt	Off
8	Label	271, 40	35, 28	가운데 정렬	9pt	Off
9	Label	305, 40	35, 28	가운데 정렬	9pt	Off
10	Label	339, 40	35, 28	가운데 정렬	9pt	Off
11	Label	373, 40	35, 28	가운데 정렬	9pt	Off
12	Label	407, 40	35, 28	가운데 정렬	9pt	Off
13	Label	169, 67	35, 28	가운데 정렬	9pt	Off
14	Label	203, 67	35, 28	가운데 정렬	9pt	Off
15	Label	237, 67	35, 28	가운데 정렬	9pt	Off
16	Label	271, 67	35, 28	가운데 정렬	9pt	Off
17	Label	305, 67	35, 28	가운데 정렬	9pt	Off
18	Label	339, 67	35, 28	가운데 정렬	9pt	Off
19	Label	373, 67	35, 28	가운데 정렬	9pt	Off
20	Label	407, 67	35, 28	가운데 정렬	9pt	Off
21	Timer	–	–	Time:300	–	–

6. IO 장비 매핑

8255 장비를 이용하여 Led를 제어하기 위해서는 매핑을 통해서 연결해 주어야 한다. 표 4.8과 같이 장비의 매핑을 실시하고 역할을 수행한다.

표 4.8

디바이스	포트	타입	위치	연동 장비	역할(On)	역할(Off)
1	A	출력	1~8	Led1~Led8	Led 점등	Led 소등
1	B	출력	1~8	Led9~Led16	Led 소등	Led 점등

연결의 8255 포트 A의 8개의 비트를 D1~D8 연결 단자에, 포트 B의 8개의 비트를 D9~D16 연결 단자에 결선한다. 이후 전원 공급을 위해 +5 V 전원을 백색에, −전원을 흑색에 연결한다. 이렇게 하여 결선을 마무리한다.

그림 4.24

(6) Form 인터페이스 등록 및 프로그램 구현

① 먼저 소스를 수정하기 위해 솔루션 탐색기 Ex04 안에 있는 Form1.cs 파일에서 마우스 오른쪽 버튼을 눌러 팝업 메뉴 "코드 보기"를 클릭한다.
② UCI 버스 생성기를 사용하기 위해서 Imechatronics.IoDevice 네임스페이스를 추가하고, Label 컨트롤을 배열로 제어할 Label 배열형 LedLabel 변수를 생성한다. 2개의 Led 상태를 저장하기 위한 LedOut 배열과 시간이 지남에 따른 동작 CW 16진수 코드를 저장하는 Input 배열을 선언한다.

```
using System;
using System.Windows.Forms;
using Imechatronics.IoDevice;
using System.Drawing;
```

```
namespace Ex04
{
    public partial class Form1 : Form
    {
        // UCI 버스 생성기
        Io8255 IoDevice;

        // 컨트롤을 저장하는 배열
        Label[,] LedLabel;

        // 컨트롤을 저장하는 배열
        int Led1 = 1;
        int Led2 = 1;

        // LED동작을 배열로 미리 작성한다.
        int[] LEDOUT = new int[2] { 0, 0 };
        int[,] Input = new int[2, 8] {
            { 0x01, 0x03, 0x07, 0x0f, 0x1f, 0x3f, 0x7f, 0xff }
           ,{ 0xfe, 0xfc, 0xf8, 0xf0, 0xe0, 0xc0, 0x80, 0x00 }};
```

③ 생성자에서 컨트롤 버튼을 2차원 배열로 생성하고, Led1~8번, 9~16번까지의 Label 컨트롤
을 순서대로 라벨 그룹을 만든다. 이후 UCI 버스 생성기를 초기화한다.

```
public Form1()
{
    InitializeComponent();

    // 컨트롤을 배열로 연결한다.
    LedLabel = new Label[2,8]{
        { label4, label5, label6, label7, label8, label9, label10, label11 },
        { label12, label13, label14, label15, label16, label17, label18, label19 }};

    // UCI장비 초기화를 실행한다.
    IoDevice = new Io8255();
    IoDevice.UCIDrvInit();

    // 사용할 포트의 역할을 지정한다.
    IoDevice.Outputb(3, 0x89);
    IoDevice.Outputb(0, 0x00);
    IoDevice.Outputb(1, 0xff);

}
```

④ 윈도우 폼에 시작과 종료 버튼의 클릭 메소드를 추가한다. 추가 과정은 이전 설명과 동일하
다. 생성된 메소드에서 시작과 종료 시 타이머를 종료해 준다. 타이머가 시작되면 추가하였던
timer1_tick() 메소드가 호출 시간마다 호출된다.

```
private void button1_Click(object sender, EventArgs e)
{
    Led1 = 0;
```

```
        Led2 = 0;
        timer1.Start();
}

private void button2_Click(object sender, EventArgs e)
{
        timer1.Stop();
}
```

⑤ 해당 포트와 CW를 인자로 받고 8개의 비트를 반복하면서 해당 CW 번호까지 라벨 텍스트와 배경 색상을 변경한다. 이후 UCI 버스 생성기에 해당하는 포트의 CW 신호를 출력한다.

```
// LED 상태를 변경한다.
void LedStateChange(int aPort, int aCw )
{
        //
        for (int Index = 0; Index < 8; ++Index)
        {
            if (aCw >= Index)
            {
                LedLabel[aPort, Index].BackColor = Color.Red;
                LedLabel[aPort, Index].Text = "On";
            }
            else
            {
                LedLabel[aPort, Index].BackColor = Color.DarkGray;
                LedLabel[aPort, Index].Text = "Off";
            }

        }

        IoDevice.Outputb(aPort, Input[aPort, aCw]);
}
```

⑥ 타이머 메소드에 현재 Led 상태를 ledStateChange 메소드를 통해서 변경해 주고, Led1 CW 가 전부 점등되었을 때 Led2를 1개 더 소등하여 Led1은 전부 소등해 준다.

```
//
private void timer1_Tick(object sender, System.EventArgs e)
{
    LedStateChange(0, Led1);
    LedStateChange(1, Led2);

    if (Led1 < 7)
    {
        ++Led1;
    }
    else
    {
        Led2 = (Led2 + 1 == 8) ? 0 : Led2 + 1;
        Led1 = 0;
    }
}
```

⑦ 프로그램에 대한 전체 소스이다.

```csharp
using System;
using System.Windows.Forms;
using Imechatronics.IoDevice;
using System.Drawing;

namespace Ex04
{
    public partial class Form1 : Form
    {
        // UCI 버스 생성기
        Io8255 IoDevice;

        // 컨트롤을 저장하는 배열
        Label[,] LedLabel;


        // 컨트롤을 저장하는 배열
        int Led1 = 1;
        int Led2 = 1;

        // LED동작을 배열로 미리 작성한다.

        int[] LEDOUT = new int[2] { 0, 0 };
        int[,] Input = new int[2, 8] {{ 0x01, 0x03, 0x07, 0x0f, 0x1f, 0x3f, 0x7f, 0xff }
            ,{ 0xfe, 0xfc, 0xf8, 0xf0, 0xe0, 0xc0, 0x80, 0x00 }};


        public Form1()
        {
            InitializeComponent();

            // 컨트롤을 배열로 연결한다.
            LedLabel = new Label[2,8]{
                    { label4, label5, label6, label7, label8, label9, label10, label11 }
                  ,{ label12, label13, label14, label15, label16, label17, label18, label19 }};


            // UCI 장비 초기화를 실행한다.
            IoDevice = new Io8255();
            IoDevice.UCIDrvInit();
```

(계속)

```csharp
        // 사용할 포트의 역할을 지정한다.
        IoDevice.Outputb(3, 0x89);
        IoDevice.Outputb(0, 0x00);
        IoDevice.Outputb(1, 0xff);



}

private void button1_Click(object sender, EventArgs e)
{
        Led1 = 0;
        Led2 = 0;
        timer1.Start();
}

private void button2_Click(object sender, EventArgs e)
{
        timer1.Stop();
}

// LED 상태를 변경한다.
void LedStateChange(int aPort, int aCw )
{
        //
        for (int Index = 0; Index < 8; ++Index)
        {
            if (aCw >= Index)
            {
                LedLabel[aPort, Index].BackColor = Color.Red;
                LedLabel[aPort, Index].Text = "On";
            }
            else
            {
                LedLabel[aPort, Index].BackColor = Color.DarkGray;
                LedLabel[aPort, Index].Text = "Off";
            }

        }

        IoDevice.Outputb(aPort, Input[aPort, aCw]);
}
```

(계속)

```
        //
        private void timer1_Tick(object sender, System.EventArgs e)
        {
            LedStateChange(0, Led1);
            LedStateChange(1, Led2);

            if (Led1 < 7)
            {
                ++Led1;
            }
            else
            {
                Led2 = (Led2 + 1 == 8) ? 0 : Led2 + 1;
                Led1 = 0;
            }


        }
    }
}
```

2 ＼ Switch

1. 윈도우 폼 Switch 제어

(1) 개요

이번에는 윈도우 폼을 이용하여 Switch 상태 출력을 할 수 있도록 한다.

(2) 시나리오

이번 시나리오는 Switch의 On, Off 상태를 Form에 표시할 수 있도록 한다.
스위치를 On, Off시키면 그림 4.25와 같이 변경된 상태가 출력된다.

그림 4.25

시작 버튼을 누르면 시간이 지남에 따라 Led1번의 8개의 Led가 점등되고, 8개가 점등되었을 때 Led2번에 Led가 차례로 한 개씩 점등될 수 있도록 한다.

그림 4.26

(3) 프로젝트 생성 및 Led 제어 예제

① 프로젝트 생성

<u>01</u> visualstudio2010 프로그램을 실행하고, "파일 → 새로 만들기 → 프로젝트 생성"을 클릭한다.

<u>02</u> 새 프로젝트 생성 다이얼로그가 활성화되면 "WindowsForm 응용 프로그램"을 선택하고 해당 솔루션 이름과 프로젝트 이름을 선택한다.

<u>03</u> 예제에서는 솔루션 이름을 InputSw Exam, 프로젝트 이름을 Ex01로 생성한다.

그림 4.27

② 프로젝트 참조 파일 추가

<u>01</u> 솔루션 탐색기의 참조에 마우스 오른쪽 버튼을 눌러 "참조 추가" 메뉴를 선택한다.

<u>02</u> "C:/Program Files/IMechtronics" 폴더에 있는 "FTD2XX_NET.dll"과 "I-mechatronics.dll" 파일을 "참조"에 등록한다.

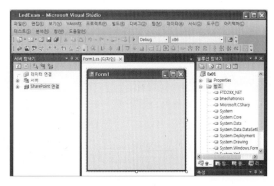

그림 4.28

(4) C# 폼 컨트롤 구성

해당 컨트롤 속성표대로 그림 4.29와 같이 폼에 컨트롤을 만든다.

그림 4.29

표 4.9

번호	타입	위치	크기	속성	폰트	Text
0	Label	12, 9	368, 28	가운데 정렬	9pt	Switch 매트릭스
1	Label	12, 36	96, 28	가운데 정렬	9pt	Sw 상태
2	Label	107, 36	35, 28	가운데 정렬	9pt	Off
3	Label	141, 36	35, 28	가운데 정렬	9pt	Off
4	Label	175, 36	35, 28	가운데 정렬	9pt	Off
5	Label	209, 36	35, 28	가운데 정렬	9pt	Off
6	Label	243, 36	35, 28	가운데 정렬	9pt	Off
7	Label	277, 36	35, 28	가운데 정렬	9pt	Off
8	Label	311, 36	35, 28	가운데 정렬	9pt	Off
9	Label	345, 36	35, 28	가운데 정렬	9pt	Off
10	Timer			시간 : 100		

(5) IO 장비 매핑

8255 장비를 이용하여 스위치를 조작하기 위해서는 매핑을 통해서 연결해 주어야 한다. 표 4.10과 같이 장비의 매핑을 실시하고 역할을 수행한다.

표 4.10

디바이스	포트	타입	위치	연동 장비	역할(On)	역할(Off)
1	A	출력	1~8	Led1~Led8	Led 점등	Led 소등
1	B	출력	1~8	Led9~Led16	Led 소등	Led 점등
1	C	입력	1~4	토글 스위치	–	–
1	C	입력	5~8	텍 스위치	–	–

연결은 입력 스위치에 C번 포트의 1~4번을 토글형 스위치에 연결하고, 5~8번을 Tack형 스위치에 연결한다.

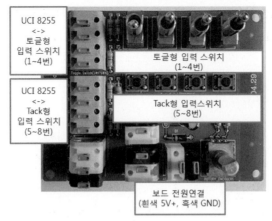

그림 4.30

(6) Form 인터페이스 등록 및 프로그램 구현

① 8255 장비를 이용하여 장비를 제어하기
위해서 UCI 버스 생성기의 제어 코드와
Window Form Control을 연결하도록
한다. 먼저 소스를 수정하기 위해 솔루
션 탐색기 Ex01 Form1.cs 파일에서 마
우스 오른쪽 버튼을 눌러 팝업 메뉴 "코
드 보기"를 클릭한다.

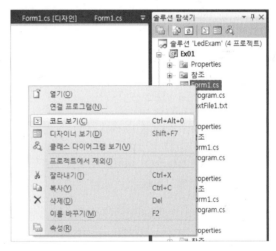

그림 4.31

② 다음과 같은 초기 코드를 볼 수 있다.

```
using System;
using System.Collections.Generic;
using System.ComponentModel;
using System.Data;
using System.Drawing;
using System.Linq;
using System.Text;
using System.Windows.Forms;

namespace LEDExam
{
    public partial class Form1 : Form
    {
        public Form1()
        {
            InitializeComponent();
        }
    }
}
```

③ UCI 버스 생성기를 사용하기 위해서 Imechatronics.IoDevice 네임스페이스를 추가하고, IO8255 클래스 Label을 배열로 제어할 Label 배열형 LabelGroup 변수를 생성한다.

```csharp
using System;
using System.Windows.Forms;
using Imechatronics.IoDevice;
using System.Drawing;


namespace Ex01
{
    public partial class Form1 : Form
    {
        // UCI 버스생성기
        Io8255 IoDevice;

        Label[] LabelGroup;
```

④ 생성자에서 컨트롤 라벨을 2차원 배열로 생성하고 Led1~8번, 9~16번까지의 Label 컨트롤을 순서대로 라벨 그룹을 만든다. 이후 UCI 버스 생성기를 초기화하고 타이머를 시작한다.

```csharp
public Form1()
{
    InitializeComponent();

    // 컨트롤을 배열에 삽입한다.
    LabelGroup = new Label[8] { label3, label4, label5, label6, label7, label8, label9, label10 };

    // UCI장비 초기화를 실행한다.
    IoDevice = new Io8255();
    IoDevice.UCIDrvInit();
    IoDevice.Outputb(3, 0x89);

    // 타이머를 시작한다.
    timer1.Start();
}
```

⑤ Sw 상태에 맞추어 컨트롤이 변경될 수 있도록 메소드를 만들고, 해당 CW값과 상태를 받아 각 스위치 CW를 표시할 Label의 배경색과 텍스트를 변경한다.

```csharp
// SW 상태를 변경한다.
void SWStateChange(int aCw, int aState )
{
    //
    if (aState == 1)
    {
        LabelGroup[aCw].BackColor = Color.Red;
        LabelGroup[aCw].Text = "On";
    }
    else
    {
        LabelGroup[aCw].BackColor = Color.DarkGray;
        LabelGroup[aCw].Text = "Off";
    }
}
```

⑥ 타이머 메소드에서 현재 상태의 입력 스위치의 CW를 배열로 받아오고, 8개의 비트를 반복하
면서 SwStateChange() 메소드를 호출하여 각 CW의 상태를 컨트롤에 변경해 준다.

```
private void timer1_Tick(object sender, EventArgs e)
{
    // 변경메시지를 출력한다.
    int[] nInput = IoDevice.ConvetByteToBit(IoDevice.Inputb(2));

    //
    for (int Index = 0; Index < 8; ++Index)
    {
        // 라벨 상태를 변경
        SWStateChange(Index, nInput[Index]);
    }
}
```

⑦ 프로그램에 대한 전체 소스이다.

```
using System;
using System.Windows.Forms;
using Imechatronics.IoDevice;
using System.Drawing;


namespace Ex01
{
    public partial class Form1 : Form
    {
        // UCI 버스 생성기
        Io8255 IoDevice;

        Label[] LabelGroup;

        public Form1()
        {
            InitializeComponent();

            // 컨트롤을 배열에 삽입한다.
            LabelGroup = new Label[8] { label3, label4, label5, label6, label7, label8, label9, label10 };

            // UCI 장비 초기화를 실행한다.
            IoDevice = new Io8255();
            IoDevice.UCIDrvInit();
            IoDevice.Outputb(3, 0x89);
```

(계속)

```
            // 타이머를 시작한다.
            timer1.Start();
    }


    // SW 상태를 변경한다.
    void SWStateChange(int aCw, int aState )
    {
        //
        if (aState == 1)
        {
            LabelGroup[aCw].BackColor = Color.Red;
            LabelGroup[aCw].Text = "On";
        }
        else
        {
            LabelGroup[aCw].BackColor = Color.DarkGray;
            LabelGroup[aCw].Text = "Off";
        }
    }

    private void timer1_Tick(object sender, EventArgs e)
    {
        // 변경 메시지를 출력한다.
        int[] nInput = IoDevice.ConvetByteToBit(IoDevice.Inputb(2));

        //
        for (int Index = 0; Index < 8; ++Index)
        {
            // 라벨 상태를 변경
            SWStateChange(Index, nInput[Index]);
        }
    }
  }
}
```

2. 윈도우 폼 Led 제어

(1) 개요

이번에는 윈도우 폼을 이용하여 각 라인의 Led를 한 개씩만 점등할 수 있도록 한다.

(2) 시나리오

이번 시나리오는 각 위치의 Led 버튼을 누르면 각 줄에 한 개의 Led가 점등될 수 있도록 한다.

처음 시작 상태는 그림 4.32와 같다.

그림 4.32

각 줄에 Led를 점등하고, 폼에 그림 4.33과 같이 점등 상태가 표시된다. 각 줄의 Led는 한 개만 점등되도록 한다.

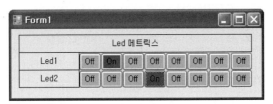

그림 4.33

(3) 프로젝트 생성 및 Led 제어 예제

① 프로젝트 추가

<u>01</u> visualstudio2010 프로그램을 실행하고, "파일 → 추가 → 프로젝트 추가"를 클릭한다.

<u>02</u> 새 프로젝트 추가 다이얼로그가 활성화되면 "WindowsForm 응용 프로그램"을 선택하고 프로젝트 이름을 선택한다.

<u>03</u> 예제에서는 프로젝트 이름을 Ex02로 만든다.

그림 4.34

② 프로젝트 참조 파일 추가

<u>01</u> 솔루션 탐색기의 참조에서 마우스 오른쪽 버튼을 눌러 "참조 추가" 메뉴를 선택한다.

<u>02</u> "D:/Program Files/IMechtronics" 폴더에 있는 "FTD2XX_NET.dll"과 "Imechatronics.dll" 파일을 "참조"에 등록한다.

(4) C# 폼 컨트롤 구성

해당 컨트롤 속성표대로 그림 4.35와 같이 폼에 컨트롤을 만든다.

그림 4.35

표 4.11

번호	타입	위치	크기	속성	폰트	Text
0	Label	21, 18	368, 28	가운데 정렬	9pt	매트릭스
1	Label	21, 45	96, 28	가운데 정렬	9pt	Sw 상태
2	Label	116, 45	35, 28	가운데 정렬	9pt	Off
3	Label	150, 45	35, 28	가운데 정렬	9pt	Off
4	Label	184, 45	35, 28	가운데 정렬	9pt	Off
5	label	218, 45	35, 28	가운데 정렬	9pt	Off
6	Label	252, 45	35, 28	가운데 정렬	9pt	Off
7	Label	286, 45	35, 28	가운데 정렬	9pt	Off
8	Label	320, 45	35, 28	가운데 정렬	9pt	Off
9	Label	354, 45	35, 28	가운데 정렬	9pt	Off
10	Label	21, 72	96, 28	가운데 정렬	9pt	Led 상태
11	Label	116, 72	35, 28	가운데 정렬	9pt	Off
12	Label	150, 72	35, 28	가운데 정렬	9pt	Off
13	Label	184, 72	35, 28	가운데 정렬	9pt	Off
14	Label	218, 72	35, 28	가운데 정렬	9pt	Off
15	Label	252, 72	35, 28	가운데 정렬	9pt	Off
16	Label	286, 72	35, 28	가운데 정렬	9pt	Off
17	Label	320, 72	35, 28	가운데 정렬	9pt	Off
18	Label	354, 72	35, 28	가운데 정렬	9pt	Off
19	Timer	–	–	시간 : 100	–	–

(5) IO 장비 매핑

8255 장비를 이용하여 스위치를 조작하기 위해서는 매핑을 통해서 연결해 주어야 한다. 표 4.12와 같이 장비의 매핑을 실시하고 역할을 수행한다.

표 4.12

디바이스	포트	타입	위치	연동 장비	역 활(On)	역 활(Off)
1	A	출력	1~8	Led1~Led8	Led 점등	Led 소등
1	B	출력	1~8	Led9~Led16	Led 소등	Led 점등
1	C	입력	1~4	토글 스위치	-	-
1	C	입력	5~8	텍 스위치	-	-

연결은 입력 스위치에 C번 포트의 1~4번을 토글형 스위치에 연결하고, 5~8번을 Tack형 스위치에 연결한다.

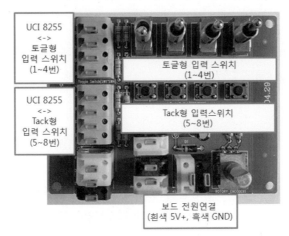

그림 4.36

(6) Form 인터페이스 등록 및 프로그램 구현

① 먼저 소스를 수정하기 위해 솔루션 탐색기 Ex02 Form1.cs 파일에서 마우스 오른쪽 버튼을 눌러 팝업 메뉴 "코드 보기"를 클릭한다.

② UCI 버스 생성기를 사용하기 위해서 Imechatronics.IoDevice 네임스페이스를 추가하고, Label 컨트롤을 배열로 제어할 Label 배열형 LabelGroup 변수를 생성한다.

```csharp
using System;
using System.Windows.Forms;
using Imechatronics.IoDevice;
using System.Drawing;

namespace Ex02
{
    public partial class Form1 : Form
    {
        // UCI 버스 생성기
        Io8255 IoDevice;

        // 컨트롤을 저장하는 배열
        Label[,] LabelGroup;
```

③ 생성자에서 컨트롤 버튼을 2차원 배열로 생성하고 스위치 상태, Led의 상태를 출력할 Label
컨트롤을 순서대로 라벨 그룹을 만든다. 이후 UCI 버스 생성기를 초기화하고 타이머를 시작
한다.

```csharp
public Form1()
{
    InitializeComponent();

    // 컨트롤을 배열로 연결한다.
    LabelGroup = new Label[2, 8]{
        { label3, label4, label5, label6, label7, label8, label9, label10 }
        ,{ label12, label13, label14, label15, label16, label17, label18, label19 }};

    // UCI장비 초기화를 실행한다.
    IoDevice = new Io8255();
    IoDevice.UCIDrvInit();

    // 사용할 포트의 역할을 지정한다.
    IoDevice.Outputb(3, 0x89);

    // 타이머를 시작한다.
    timer1.Start();
}
```

④ 스위치 상태에 맞추어 컨트롤이 변경될 수 있도록 메소드를 만들고 해당 CW값과 상태를 받
아 각 스위치 CW를 표시할 Label의 배경색과 텍스트를 변경한다. 추가적으로 Led 라벨의
배경과 텍스트를 변경해 준다.

```csharp
// SW 상태를 변경한다.
void SWStateChange(int aCw, int aState)
{
    //
    if (aState == 1)
    {
        LabelGroup[0, aCw].BackColor = Color.Red;
        LabelGroup[0, aCw].Text = "On";

        LabelGroup[1, aCw].BackColor = Color.Red;
        LabelGroup[1, aCw].Text = "On";
    }
    else
    {
        LabelGroup[0, aCw].BackColor = Color.DarkGray;
        LabelGroup[0, aCw].Text = "Off";

        LabelGroup[1, aCw].BackColor = Color.DarkGray;
        LabelGroup[1, aCw].Text = "Off";
    }
}
```

⑤ 타이머 메소드에서 현재 상태의 입력 스위치의 CW를 배열로 받아오고 8개의 비트를 반복하
면서 SwStateChange() 메소드를 호출하여 각 CW의 상태를 컨트롤에 변경해 준다.

```
private void timer1_Tick(object sender, EventArgs e)
{
    // 변경메시지를 출력한다.
    int Input = IoDevice.Inputb(2);
    int[] InputArrary = IoDevice.ConvetByteToBit(Input);
    IoDevice.Outputb(0, Input);

    //
    for (int Index = 0; Index < 8; ++Index)
    {
        // 라벨 상태를 변경
        SWStateChange(Index, InputArrary[Index]);
    }
}
```

⑥ 프로그램에 대한 전체 소스이다.

```
using System;
using System.Windows.Forms;
using Imechatronics.IoDevice;
using System.Drawing;

namespace Ex02
{
    public partial class Form1 : Form
    {
        // UCI 버스 생성기
        Io8255 IoDevice;

        // 컨트롤을 저장하는 배열
        Label[,] LabelGroup;

        public Form1()
        {
            InitializeComponent();

            // 컨트롤을 배열로 연결한다.
            LabelGroup = new Label[2, 8]{
                { label3, label4, label5, label6, label7, label8, label9, label10 }
                ,{ label12, label13, label14, label15, label16, label17, label18, label19 }};

            // UCI 장비 초기화를 실행한다.
            IoDevice = new Io8255();
            IoDevice.UCIDrvInit();

            // 사용할 포트의 역할을 지정한다.
```

(계속)

```csharp
        IoDevice.Outputb(3, 0x89);

        // 타이머를 시작한다.
        timer1.Start();
    }

    // SW 상태를 변경한다.
    void SWStateChange(int aCw, int aState)
    {
        //
        if (aState == 1)
        {
            LabelGroup[0, aCw].BackColor = Color.Red;
            LabelGroup[0, aCw].Text = "On";

            LabelGroup[1, aCw].BackColor = Color.Red;
            LabelGroup[1, aCw].Text = "On";
        }
        else
        {
            LabelGroup[0, aCw].BackColor = Color.DarkGray;
            LabelGroup[0, aCw].Text = "Off";

            LabelGroup[1, aCw].BackColor = Color.DarkGray;
            LabelGroup[1, aCw].Text = "Off";
        }
    }

    private void timer1_Tick(object sender, EventArgs e)
    {
        // 변경 메시지를 출력한다.
        int Input = IoDevice.Inputb(2);
        int[] InputArrary = IoDevice.ConvetByteToBit(Input);
        IoDevice.Outputb(0, Input);

        //
        for (int Index = 0; Index < 8; ++Index)
        {
            // 라벨 상태를 변경
            SWStateChange(Index, InputArrary[Index]);
        }
    }
}
```

3. 스위치를 조작하여 Led 제어

(1) 개요

이번에는 윈도우 폼을 이용하여 스위치를 통해 Led를 점등, 소등하고 변경된 결과를 리스트 박스에 출력한다.

(2) 시나리오

이번 시나리오는 Switch를 조작하여 Led를 제어하도록 한다. 스위치 상태가 변경된 결과를 리스트 박스에 출력하도록 한다.

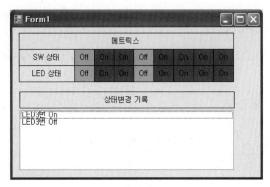

그림 4.37

각 줄에 Led를 점등하고, 폼에 그림 4.38과 같이 점등 상태가 표시된다. 각 줄의 Led는 한 개만 점등되도록 한다.

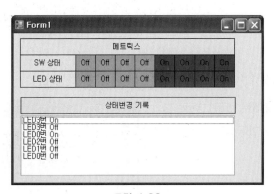

그림 4.38

(3) 프로젝트 생성 및 Led 제어 예제

① 프로젝트 추가

<u>01</u> visualstudio2010 프로그램을 실행하고, "파일 → 추가 → 프로젝트 추가"를 클릭한다.

02 새 프로젝트 추가 다이얼로그가 활성화 되면 "WindowsForm 응용 프로그램" 을 선택하고 프로젝트 이름을 선택한다.

03 예제에서는 프로젝트 이름을 Ex03로 만든다.

그림 4.39

② **프로젝트 참조 파일 추가**

01 솔루션 탐색기의 참조에서 마우스 오른쪽 버튼을 눌러 "참조 추가" 메뉴를 선택한다.

02 "C:/Program Files/IMechtronics" 폴더에 있는 "FTD2XX_NET.dll"과 "Imechatronics.dll" 파일을 "참조"에 등록한다.

(4) C# 폼 컨트롤 구성

01 이번 예제부터 ListBox 컨트롤이 추가 된다. ListBox 컨트롤은 사용자가 출력 한 문자를 리스트 형태로 출력하는 역 할을 한다.

02 구성 요소에서 ListBox를 선택하고 Form 에 배치하면 된다.

03 Item.Add() 메소드를 이용하여 문자열 을 삽입한다.

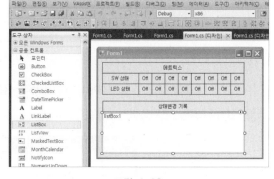

그림 4.40

04 해당 컨트롤 속성표대로 그림 4.41과 같이 폼에 컨트롤을 만든다.

그림 4.41

표 4.13

번호	타입	위치	크기	속성	폰트	Text
0	Label	21, 18	368, 28	가운데 정렬	9pt	매트릭스
1	Label	21, 45	96, 28	가운데 정렬	9pt	Sw 상태
2	Label	116, 45	35, 28	가운데 정렬	9pt	Off
3	Label	150, 45	35, 28	가운데 정렬	9pt	Off
4	Label	184, 45	35, 28	가운데 정렬	9pt	Off
5	Label	218, 45	35, 28	가운데 정렬	9pt	Off
6	Label	252, 45	35, 28	가운데 정렬	9pt	Off
7	Label	286, 45	35, 28	가운데 정렬	9pt	Off
8	Label	320, 45	35, 28	가운데 정렬	9pt	Off
9	Label	354, 45	35, 28	가운데 정렬	9pt	Off
10	Label	21, 72	96, 28	가운데 정렬	9pt	Led 상태
11	Label	116, 72	35, 28	가운데 정렬	9pt	Off
12	Label	150, 72	35, 28	가운데 정렬	9pt	Off
13	Label	184, 72	35, 28	가운데 정렬	9pt	Off
14	Label	218, 72	35, 28	가운데 정렬	9pt	Off
15	Label	252, 72	35, 28	가운데 정렬	9pt	Off
16	Label	286, 72	35, 28	가운데 정렬	9pt	Off
17	Label	320, 72	35, 28	가운데 정렬	9pt	Off
18	Label	354, 72	35, 28	가운데 정렬	9pt	Off
19	Label	12, 107	368, 28	가운데 정렬	9pt	Off
20	Listbox	12, 138	367, 100	가운데 정렬	9pt	Off
21	Timer			시간 : 100		

(4) IO 장비 매핑

8255 장비를 이용하여 스위치를 조작하기 위해서는 매핑을 통해서 연결해 주어야 한다. 표 4.14와 같이 장비의 매핑을 실시하고 역할을 수행한다.

표 4.14

디바이스	포트	타입	위치	연동 장비	역할(On)	역할(Off)
1	A	출력	1~8	Led1~Led8	Led 점등	LED 소등
1	B	출력	1~8	Led9~Led16	Led 소등	LED 점등
1	C	입력	1~4	토글 스위치	–	–
1	C	입력	5~8	텍 스위치	–	–

연결은 입력 스위치에 C번 포트의 1~4번을 토글형 스위치에 연결하고, 5~8번을 Tack형 스위치에 연결한다.

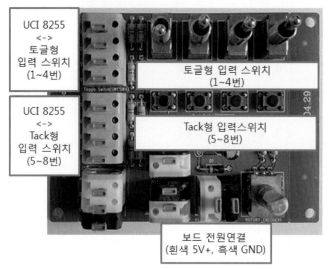

그림 4.42

(6) Form 인터페이스 등록 및 프로그램 구현

① 먼저 소스를 수정하기 위해 솔루션 탐색기 Ex03 안에 있는 Form1.cs 파일에서 마우스 오른쪽 버튼을 눌러 팝업 메뉴 "코드 보기"를 클릭한다.

② UCI 버스 생성기를 사용하기 위해서 Imechatronics.IoDevice 네임스페이스를 추가하고, Label 컨트롤을 배열로 제어할 Label 배열형 LabelGroup 변수를 생성한다. 이전 스위치의 On, Off 상태를 저장할 int[] 배열형 InputArrary 배열을 생성한다. 이 배열에 이전 상태를 저장하도록 한다.

```
using System;
using System.Windows.Forms;
using Imechatronics.IoDevice;
using System.Drawing;

namespace Ex03
{
    public partial class Form1 : Form
    {
        // UCI 버스생성기
        Io8255 IoDevice;

        // 스위치 집합
        Label[,] LabelGroup;

        int[] InputArrary = new int[8] { 0, 0, 0, 0, 0, 0, 0, 0 };
```

③ 생성자에서 컨트롤 버튼을 2차원 배열로 생성하고 스위치 상태, Led의 상태를 출력할 Label 컨트롤을 순서대로 라벨 그룹을 만든다. 이후 UCI 버스 생성기를 초기화하고 타이머를 시작한다.

```csharp
public Form1()
{
    InitializeComponent();

    //
    // 컨트롤을 배열로 연결한다.
    LabelGroup = new Label[2, 8]{
        { label3, label4, label5, label6, label7, label8, label9, label10 }
        ,{ label12, label13, label14, label15, label16, label17, label18, label19 }};


        // UCI장비 초기화를 실행한다.
    IoDevice = new Io8255();
    IoDevice.UCIDrvInit();

    // 사용할 포트의 역활을 지정한다.
    IoDevice.Outputb(3, 0x89);

    InputArrary = IoDevice.ConvetByteToBit(IoDevice.Inputb(2));

    for (int Index = 0; Index < 8; ++Index)
    {
        SWStateChange(Index, InputArrary[Index]);
    }

    // 타이머를 시작한다.
    timer1.Start();
}
```

④ 스위치 상태에 맞추어 컨트롤이 변경될 수 있도록 메소드를 만들고 해당 CW값과 상태를 받아 각 스위치 CW를 표시할 Label의 배경색과 텍스트를 변경한다. 추가적으로 Led 라벨의 배경과 텍스트를 변경해 준다. Sw 상태가 변경되었을 때는 스위치 정보를 ListBox에 해당 변경 메시지를 출력한다. listbox1.Item.Add() 메소드에 원하는 문자를 매개 변수로 입력하면 해당 문자가 ListBox에 출력된다. 컨트롤 변경이 끝나면 이전 상태 배열에 현재 상태를 저장한다.

```csharp
// SW 상태를 변경한다.
void SWStateChange(int aCw, int aState)
{
    //
    if (aState == 1)
    {
        LabelGroup[0, aCw].BackColor = Color.Red;
        LabelGroup[0, aCw].Text = "On";

        LabelGroup[1, aCw].BackColor = Color.Red;
        LabelGroup[1, aCw].Text = "On";
```

```
        if( InputArrary[aCw] == 0 )
        {
            listBox1.Items.Add(string.Format("LED{0}번 On", aCw));
        }
    }
    else if (aState == 0 )
    {
        LabelGroup[0, aCw].BackColor = Color.DarkGray;
        LabelGroup[0, aCw].Text = "Off";

        LabelGroup[1, aCw].BackColor = Color.DarkGray;
        LabelGroup[1, aCw].Text = "Off";

        if (InputArrary[aCw] == 1)
        {
            listBox1.Items.Add(string.Format("LED{0}번 Off", aCw));
        }

    }

    InputArrary[aCw] = aState;
}
```

⑤ 컨트롤이 변경되었을 때 처리할 메소드를 생성한다. 2개의 인자를 사용하고 인자는 변경할 포트, 변경할 CW이다. 해당 이벤트가 발생한 Button만 On, Off를 변경하고 Led 동작에 대한 상태를 저장 이후 해당 동작에 대한 CW를 UCI 버스 생성기에 출력한다.

```
private void timer1_Tick(object sender, EventArgs e)
{
    // 변경메시지를 출력한다.
    int Input = IoDevice.Inputb(2);
    int[] InputTemp = IoDevice.ConvetByteToBit(Input);
    IoDevice.Outputb(0, Input);

    for (int Index = 0; Index < 8; ++Index)
    {
        SWStateChange(Index, InputTemp[Index]);
    }
}
```

⑥ 프로그램에 대한 전체 소스이다.

```
using System;
using System.Windows.Forms;
using Imechatronics.IoDevice;
using System.Drawing;
```

(계속)

```
namespace Ex03
{
    public partial class Form1 : Form
    {
        // UCI 버스 생성기
        Io8255 IoDevice;

        // 스위치 집합
        Label[,] LabelGroup;

        int[] InputArrary = new int[8] { 0, 0, 0, 0, 0, 0, 0, 0 };

        public Form1()
        {
            InitializeComponent();

            //
            // 컨트롤을 배열로 연결한다.
            LabelGroup = new Label[2, 8]{
                { label3, label4, label5, label6, label7, label8, label9, label10 },
                { label12, label13, label14, label15, label16, label17, label18, label19 }};

            // UCI 장비 초기화를 실행한다.
            IoDevice = new Io8255();
            IoDevice.UCIDrvInit();

            // 사용할 포트의 역할을 지정한다.
            IoDevice.Outputb(3, 0x89);

            InputArrary = IoDevice.ConvetByteToBit(IoDevice.Inputb(2));

            for (int Index = 0; Index < 8; ++Index)
            {
                SWStateChange(Index, InputArrary[Index]);
            }

            // 타이머를 시작한다.
            timer1.Start();
        }

        // SW 상태를 변경한다.
        void SWStateChange(int aCw, int aState)
```

(계속)

```
{
    //
    if (aState == 1)
    {
        LabelGroup[0, aCw].BackColor = Color.Red;
        LabelGroup[0, aCw].Text = "On";

        LabelGroup[1, aCw].BackColor = Color.Red;
        LabelGroup[1, aCw].Text = "On";

        if( InputArrary[aCw] == 0 )
        {
            listBox1.Items.Add(string.Format("LED{0}번 On", aCw));
        }
    }
    else if (aState == 0 )
    {
        LabelGroup[0, aCw].BackColor = Color.DarkGray;
        LabelGroup[0, aCw].Text = "Off";

        LabelGroup[1, aCw].BackColor = Color.DarkGray;
        LabelGroup[1, aCw].Text = "Off";

        if (InputArrary[aCw] == 1)
        {
            listBox1.Items.Add(string.Format("LED{0}번 Off", aCw));
        }

    }

    InputArrary[aCw] = aState;
}


private void timer1_Tick(object sender, EventArgs e)
{

    // 변경 메시지를 출력한다.
    int Input = IoDevice.Inputb(2);
    int[] InputTemp = IoDevice.ConvetByteToBit(Input);
    IoDevice.Outputb(0, Input);
```

(계속)

```
        for (int Index = 0;  Index < 8;  ++Index)
        {
            SWStateChange(Index,  InputTemp[Index]);
        }
    }
  }
}
```

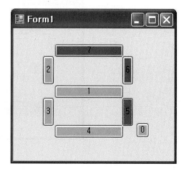

3 ▶ FND

1. 윈도우 폼 FND 제어

(1) 개요

이번에는 윈도우 폼을 이용하여 FND를 제어하도록 한다.

(2) 시나리오

이번 시나리오는 CW를 직접 제어하여 FND 숫자가 어떻게 출력되는지 알아보도록 한다.

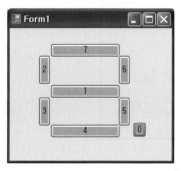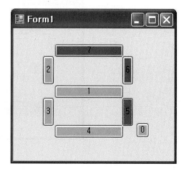

그림 4.43

(3) 프로젝트 생성 및 제어 예제

① 프로젝트 생성

<u>01</u> visualstudio2010 프로그램을 실행하고, "파일 → 새로 만들기 → 프로젝트 생성"을 클릭한다.

02 새 프로젝트 생성 다이얼로그가 활성화
되면 WindowsForm 응용 프로그램을
선택하고 해당 솔루션 이름과 프로젝트
이름을 선택한다.

03 예제에서는 솔루션 이름을 FndExam
프로젝트 이름을 Ex01로 생성한다.

그림 4.44

② 프로젝트 참조 파일 추가

01 솔루션 탐색기의 참조에서 마우스 오른
쪽 버튼을 눌러 "참조 추가" 메뉴를 선
택한다.

02 "C:/Program Files/IMechtronics" 폴
더에 있는 "FTD2XX_NET.dll"과 "I-
mechatronics.dll" 파일을 "참조"에 등
록한다.

그림 4.45

(4) C# 폼 컨트롤 구성

해당 컨트롤 속성표대로 다음과 같이 폼에 컨트롤을 만든다.

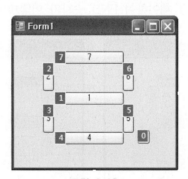

그림 4.46

표 4.15

번호	타입	위치	크기	속성	폰트	Text
0	Button	196, 145	21, 23	가운데 정렬	9pt	0
1	Button	65, 87	111, 21	가운데 정렬	9pt	1
2	Button	46, 42	19, 45	가운데 정렬	9pt	2
3	Button	46, 106	19, 45	가운데 정렬	9pt	3

(계속)

번호	타입	위치	크기	속성	폰트	Text
4	Button	65, 148	111, 21	가운데 정렬	9pt	4
5	Button	173, 106	19, 45	가운데 정렬	9pt	5
6	Button	173, 42	19, 45	가운데 정렬	9pt	6
7	Button	65, 24	111, 21	가운데 정렬	9pt	7

(5) IO 장비 매핑

8255 장비를 이용하여 FND를 제어하기 위해서는 매핑을 통해서 연결해 주어야 한다. 표 4.16과 같이 장비의 매핑을 실시하고 역할을 수행한다.

표 4.16

디바이스	포트	타입	위치	연동 장비	역할(On)	역할(Off)
1	A	출력	1~8	FND 1번	–	–
1	B	출력	1~8	FND 2번	–	

연결의 8255 포트 A의 8개의 비트를 D1~D8 연결 단자에, 포트 B의 8개의 비트를 D9~D16 연결 단자에 결선한다. 이후 전원 공급을 위해 +5 V 전원을 백색에, – 전원을 흑색에 연결한다. 이렇게 하여 결선을 마무리한다.

그림 4.47

(6) Form 인터페이스 등록 및 프로그램 구현

① 8255 보드를 이용하여 장비를 제어하기 위해서 UCI BUS의 제어 코드와 Window Form Control을 연결하도록 한다. 먼저 소스를 수정하기 위해 솔루션 탐색기 Ex01 Form1.cs 파

일에서 마우스 오른쪽 버튼을 눌러 팝업 메뉴 "코드 보기"를 클릭한다.

② UCI BUS를 사용하기 위해서 Imechatronics.IoDevice 네임스페이스를 추가하고, IO8255클
래스와 Button을 배열로 제어할 ButtonGroup 변수를 생성한다.

```
using System;
using System.Windows.Forms;
using Imechatronics.IoDevice;
using System.Drawing;

namespace Ex01
{
    public partial class Form1 : Form
    {
        // UCI 버스생성기
        Io8255 IoDevice;

        //
        int[] InputArry = new int[8] { 0x01, 0x02, 0x04, 0x08, 0x10, 0x20, 0x40, 0x80 };
        bool[] FNDArrary = new bool[8] { false, false, false, false, false, false, false, false };
        int FNDOut = 0;

        // 컨트롤 배열
        Button[] ButtonGroup;
```

③ 생성자에서 컨트롤 배열을 연결하고 배경색을 초기화 이후 버스 생성기를 초기화 해 준다.

```
public Form1()
{
    InitializeComponent();

    // 컨트롤을 배열로 연결한다.
    ButtonGroup = new Button[8] { button1, button2, button3, button4, button5, button6, button7, button8 };

    // 버튼을 초기화 한다.
    for (int Index = 0; Index < 8; ++Index)
    {
        ButtonGroup[Index].BackColor = Color.DarkGray;
    }

    // 버스생성기를 초기화 한다.
    IoDevice = new Io8255();
    IoDevice.UCIDrvInit();
    IoDevice.Outputb(3, 0x89);
    IoDevice.Outputb(0, 0xff);

}
```

④ 사용자가 변경한 출력 CW를 UCI 버스 생성기에 출력할 ChangeFndLed 메소드를 만들고
인자로 변경된 CW 번호와 On, Off 상태를 받는다. 받은 CW 상태를 미리 저장된 FNDOut
변수와 비트 연산을 하여 Outputb 메소드를 통해 출력한다.

```
void ChangeFndLed(int aCW, bool aState)
{
    if (aState == true)
    {
        ButtonGroup[aCW].BackColor = Color.Red;
        FNDOut |= InputArry[aCW];
    }
    else
    {
        ButtonGroup[aCW].BackColor = Color.DarkGray;
        FNDOut ^= InputArry[aCW];
    }

    FNDArrary[aCW] = aState;
    IoDevice.Outputb(0, 0xff-FNDOut);
}
```

⑤ 8개의 CW 신호를 제어할 버튼에 대한 클릭 이벤트 메소드를 만들고 각 번호에 맞게 ChangeFndLed() 메소드를 통해 출력한다.

```
private void button1_Click(object sender, EventArgs e)
{
    ChangeFndLed(0, !FNDArrary[0]);
}

private void button2_Click(object sender, EventArgs e)
{
    ChangeFndLed(1, !FNDArrary[1]);
}

private void button3_Click(object sender, EventArgs e)
{
    ChangeFndLed(2, !FNDArrary[2]);
}

private void button4_Click(object sender, EventArgs e)
{
    ChangeFndLed(3, !FNDArrary[3]);
}

private void button5_Click(object sender, EventArgs e)
{
    ChangeFndLed(4, !FNDArrary[4]);
}

private void button6_Click(object sender, EventArgs e)
{
    ChangeFndLed(5, !FNDArrary[5]);
}

private void button7_Click(object sender, EventArgs e)
{
    ChangeFndLed(6, !FNDArrary[6]);
}

private void button8_Click(object sender, EventArgs e)
{
    ChangeFndLed(7, !FNDArrary[7]);
}
```

⑥ 프로그램에 대한 전체 소스이다.

```
using System;
using System.Windows.Forms;
using Imechatronics.IoDevice;
using System.Drawing;

namespace Ex01
{
    public partial class Form1 : Form
    {
```

(계속)

```csharp
// UCI 버스 생성기
Io8255 IoDevice;

//
int[] InputArry = new int[8] { 0x01, 0x02, 0x04, 0x08, 0x10, 0x20, 0x40, 0x80 };
bool[] FNDArrary = new bool[8] { false, false, false, false, false, false, false, false };
int FNDOut = 0;

// 컨트롤 배열
Button[] ButtonGroup;

public Form1()
{
    InitializeComponent();

    // 컨트롤을 배열로 연결한다.
    ButtonGroup = new Button[8]
        { button1, button2, button3, button4, button5, button6, button7, button8 };

    // 버튼을 초기화한다.
    for (int Index = 0; Index < 8; ++Index)
    {
        ButtonGroup[Index].BackColor = Color.DarkGray;
    }

    // 버스 생성기를 초기화한다.
    IoDevice = new Io8255();
    IoDevice.UCIDrvInit();
    IoDevice.Outputb(3, 0x89);
    IoDevice.Outputb(0, 0xff);

}

void ChangeFndLed(int aCW, bool aState)
{
    if (aState == true)
    {
        ButtonGroup[aCW].BackColor = Color.Red;
        FNDOut |= InputArry[aCW];
    }
    else
    {
```

(계속)

```
            ButtonGroup[aCW].BackColor = Color.DarkGray;
            FNDOut ^= InputArry[aCW];
      }

      FNDArrary[aCW] = aState;
      IoDevice.Outputb(0, 0xff - FNDOut);
}

private void button1_Click(object sender, EventArgs e)
{
      ChangeFndLed(0, !FNDArrary[0]);
}

private void button2_Click(object sender, EventArgs e)
{
      ChangeFndLed(1, !FNDArrary[1]);
}

private void button3_Click(object sender, EventArgs e)
{
      ChangeFndLed(2, !FNDArrary[2]);
}

private void button4_Click(object sender, EventArgs e)
{
      ChangeFndLed(3, !FNDArrary[3]);
}

private void button5_Click(object sender, EventArgs e)
{
      ChangeFndLed(4, !FNDArrary[4]);
}

private void button6_Click(object sender, EventArgs e)
{
      ChangeFndLed(5, !FNDArrary[5]);
}

private void button7_Click(object sender, EventArgs e)
{
      ChangeFndLed(6, !FNDArrary[6]);
}
```

(계속)

```
        private void button8_Click(object sender, EventArgs e)
        {
            ChangeFndLed(7, !FNDArrary[7]);
        }
    }
}
```

2. 윈도우 폼 FND 제어

(1) 개요

이번에는 윈도우 폼을 이용하여 FND를 점등할 수 있도록 한다.

(2) 시나리오

이번 시나리오는 출력 숫자를 입력하면 디스플레이에 해당 숫자가 출력되고, FND에 입력된
숫자를 출력하도록 한다.

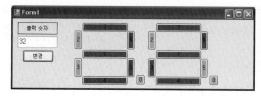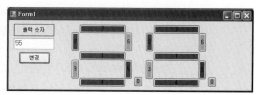

그림 4.48

(3) 프로젝트 생성 및 제어 예제

① 프로젝트 추가

<u>01</u> visualstudio2010 프로그램을 실행하
고, "파일 → 추가 → 프로젝트 추가"
를 클릭한다.

<u>02</u> 새 프로젝트 추가 다이얼로그가 활성화
되면 "WindowsForm 응용 프로그램"
을 선택하고 프로젝트 이름을 선택한다.

<u>03</u> 예제에서는 프로젝트 이름을 Ex02로
만든다.

그림 4.49

② **프로젝트 참조 파일 추가**

01 솔루션 탐색기의 참조에서 마우스 오른쪽 버튼을 눌러 "참조 추가" 메뉴를 선택한다.

02 "C:/Program Files/IMechtronics" 폴더에 있는 "FTD2XX_NET.dll"과 "Imechatronics.dll" 파일을 "참조"에 등록한다.

(4) C# 폼 컨트롤 구성

01 이번 예제부터 TextBox 컨트롤이 추가 된다. TextBox 컨트롤은 사용자가 문 자를 입력할 수 있는 역할을 한다.

02 구성 요소에서 EditBox를 선택하고 Form에 배치하면 된다.

그림 4.50

03 문자를 입력하고 text 변수를 통해서 변 경한 문자를 읽어오면 된다.

04 해당 컨트롤 속성표대로 그림 4.51과 같이 폼에 컨트롤을 만든다.

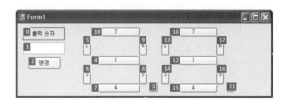

그림 4.51

표 4.17

번호	타입	위치	크기	속성	폰트	Text
0	Label	12, 9	96, 28	가운데 정렬	9pt	출력 숫자
1	Textbox	12, 42	96, 26	가운데 정렬	9pt	–
2	Button	24, 74	75, 28	가운데 정렬	9pt	변경
3	Button	299, 130	21, 23	가운데 정렬	9pt	0
4	Button	168, 72	111, 21	가운데 정렬	9pt	1
5	Button	149, 27	19, 45	가운데 정렬	9pt	2
6	Button	149, 91	19, 45	가운데 정렬	9pt	3
7	Button	168, 133	111, 21	가운데 정렬	9pt	4
8	Button	276, 91	19, 45	가운데 정렬	9pt	5
9	Button	276, 27	19, 45	가운데 정렬	9pt	6
10	Button	168, 9	111, 21	가운데 정렬	9pt	7
11	Button	477, 130	21, 23	가운데 정렬	9pt	0
12	Button	346, 72	111, 21	가운데 정렬	9pt	1
13	Button	327, 27	19, 45	가운데 정렬	9pt	2

(계속)

번호	타입	위치	크기	속성	폰트	Text
14	Button	327, 91	19, 45	가운데 정렬	9pt	3
15	Button	346, 133	111, 21	가운데 정렬	9pt	4
16	Button	454, 91	19, 45	가운데 정렬	9pt	5
17	Button	454, 27	19, 45	가운데 정렬	9pt	6
18	Button	346, 9	111, 21	가운데 정렬	9pt	7

(5) IO 장비 매핑

8255 장비를 이용하여 FND를 제어하기 위해서는 매핑을 통해서 연결해 주어야 한다. 다음 표 4.18과 같이 장비의 매핑을 실시하고 역할을 수행한다.

표 4.18

디바이스	포트	타입	위치	연동 장비	역할(On)	역할(Off)
1	A	출력	1~8	FND 1번	-	-
1	B	출력	1~8	FND 2번	-	

연결의 8255 포트 A의 8개의 비트를 D1~D8 연결 단자에, 포트 B의 8개의 비트를 D9~D16 연결 단자에 결선한다. 이후 전원 공급을 위해 +5 V 전원을 백색에, - 전원을 흑색에 연결한다. 이렇게 하여 결선을 마무리한다.

그림 4.52

(6) Form 인터페이스 등록 및 프로그램 구현

① 먼저 소스를 수정하기 위해 솔루션 탐색기 Ex03의 Form1.cs 파일에서 마우스 오른쪽 버튼을 눌러 팝업 메뉴 "코드 보기"를 클릭한다.

② UCI 버스 생성기를 사용하기 위해서 Imechatronics.IoDevice 네임스페이스를 추가하고, 컨트롤을 배열로 제어할 Button 배열형 LabelGroup 변수를 생성 각 숫자별 FND CW 16진수 배열을 선언한다.

```
using System;
using System.Windows.Forms;
using Imechatronics.IoDevice;
using System.Drawing;


namespace Ex02
{
    public partial class Form1 : Form
    {
        // UCI 버스 생성기
        Io8255 IoDevice;

        // 배열
        int[] FndArrary = new int[10] { 0x03, 0x9f, 0x25, 0x0d, 0x99, 0x49, 0x41, 0x1b, 0x01, 0x19 };

        // 컨트롤 배열
        Button[,] ButtonGroup;
```

③ 생성자에서 컨트롤 버튼을 2차원 배열로 생성하고, FBD 상태를 출력할 Button 컨트롤을 순서대로 버튼 그룹을 만든다. 이후 UCI 버스 생성기를 초기화한다.

```
public Form1()
{
    InitializeComponent();

    // 컨트롤을 배열로 연결한다.
    ButtonGroup = new Button[2, 8]{{ button2, button3, button4, button5, button6, button7, button8, button9}
        ,{ button10, button11, button12, button13, button14, button15, button16, button17}};

    // 버스생성기를 초기화 한다.
    IoDevice = new Io8255();
    IoDevice.UCIDrvInit();
    IoDevice.Outputb(3, 0x89);
    IoDevice.Outputb(0, 0xff);
}
```

④ 사용자가 입력한 숫자에 맞추어서 FND 컨트롤 정보가 변경될 수 있는 ChangeFNDButton() 메소드를 만들고, 인자 값으로 FND 번호와 FND에 출력할 숫자를 입력받는다. 이후 해당 숫자에 대한 16진수 CW값을 받게 되고, 해당 CW에 맞는 버튼 컨트롤의 배경 색상을 변경하고 UCI 버스 생성기에 받아온 CW값을 출력한다.

```
private void ChangeFNDButton(int aFnd, int aNum)
{
    int[] Input = IoDevice.ConvetByteToBit(FndArrary[aNum]);

    for (int Index = 0; Index < 8; ++Index)
    {
        if (Input[Index] == 0)
        {
            ButtonGroup[aFnd, Index].BackColor = Color.Red;
        }
        else
        {
            ButtonGroup[aFnd, Index].BackColor = Color.DarkGray;
        }
    }

    // 출력한다.
    IoDevice.Outputb(aFnd, FndArrary[aNum]);
}
```

⑤ 사용자가 textbox 컨트롤에 입력한 문자를 Convert 클래스의 Toin32() 메소드를 이용하여
   숫자로 받아오게 된다. 받은 문자를 ChangeFndButton() 메소드를 통해 숫자에 맞는 컨트롤
   과 UCI 버스 생성기에 CW값을 출력한다.

```
private void button1_Click(object sender, EventArgs e)
{
    if (textBox1.Text.Length == 2)
    {
        int Num1 = Convert.ToInt32(textBox1.Text[0].ToString());
        int Num2 = Convert.ToInt32(textBox1.Text[1].ToString());

        ChangeFNDButton(0, Num1);
        ChangeFNDButton(1, Num2);
    }
}
```

⑥ 프로그램에 대한 전체 소스이다.

```
using System;
using System.Windows.Forms;
using Imechatronics.IoDevice;
using System.Drawing;

namespace Ex02
{
    public partial class Form1 : Form
    {
```

(계속)

```
// UCI 버스 생성기
Io8255 IoDevice;

// 배열
int[] FndArrary = new int[10] { 0x03, 0x9f, 0x25, 0x0d, 0x99, 0x49, 0x41, 0x1b, 0x01, 0x19 };

// 컨트롤 배열
Button[,] ButtonGroup;

public Form1()
{
    InitializeComponent();

    // 컨트롤을 배열로 연결한다.
    ButtonGroup = new Button[2, 8]{
        { button2, button3, button4, button5, button6, button7, button8, button9},
        { button10, button11, button12, button13, button14, button15, button16, button17}};

    // 버스 생성기를 초기화한다.
    IoDevice = new Io8255();
    IoDevice.UCIDrvInit();
    IoDevice.Outputb(3, 0x89);
    IoDevice.Outputb(0, 0xff);
}

private void ChangeFNDButton(int aFnd, int aNum)
{
    int[] Input = IoDevice.ConvetByteToBit(FndArrary[aNum]);

    for (int Index = 0; Index < 8; ++Index)
    {
        if (Input[Index] == 0)
        {
            ButtonGroup[aFnd, Index].BackColor = Color.Red;
        }
        else
        {
            ButtonGroup[aFnd, Index].BackColor = Color.DarkGray;
        }
    }

    // 출력한다.
```

(계속)

```
            IoDevice.Outputb(aFnd, FndArrary[aNum]);
        }

        //
        private void button1_Click(object sender, EventArgs e)
        {
            if (textBox1.Text.Length == 2)
            {
                int Num1 = Convert.ToInt32(textBox1.Text[0].ToString());
                int Num2 = Convert.ToInt32(textBox1.Text[1].ToString());

                ChangeFNDButton(0, Num1);
                ChangeFNDButton(1, Num2);
            }
        }
    }
}
```

3. 윈도우 폼 FND 제어

(1) 개요

이번에는 윈도우 폼을 이용하여 디코더를 통해 FND를 출력할 수 있도록 한다.

(2) 시나리오

이번 시나리오는 입력받을 숫자를 디코더를 통해서 FND에 출력하도록 한다.

 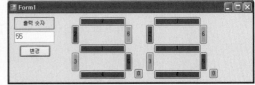

그림 4.53

(3) 프로젝트 생성 및 제어 예제

① 프로젝트 추가

<u>01</u> visualstudio2010 프로그램을 실행하고, "파일 → 추가 → 프로젝트 추가"를 클릭한다.

02 새 프로젝트 추가 다이얼로그가 활성화
되면 WindowsForm 응용 프로그램을
선택하고, 프로젝트 이름을 선택한다.

03 예제에서는 프로젝트 이름을 Ex03으로
만든다.

그림 4.54

② 프로젝트 참조 파일 추가

01 솔루션 탐색기의 참조에서 마우스 오른쪽 버튼을 눌러 "참조 추가" 메뉴를 선택한다.

02 "C:/Program Files/IMechtronics" 폴더에 있는 "FTD2XX_NET.dll"과 "Imechatronics.dll"
파일을 "참조"에 등록한다.

(4) C# 폼 컨트롤 구성

해당 컨트롤 속성표대로 그림 4.55와 같이 폼에 컨트롤을 만든다.

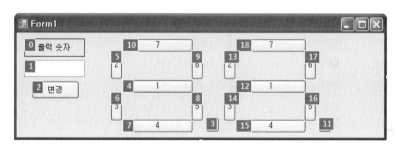

그림 4.55

표 4.19

번호	타입	위치	크기	속성	폰트	Text
0	Label	12, 9	96, 28	가운데 정렬	9pt	출력 숫자
1	Textbox	12, 42	96, 26	가운데 정렬	9pt	–
2	Button	24, 74	75, 28	가운데 정렬	9pt	변경
3	Button	299, 130	21, 23	가운데 정렬	9pt	0
4	Button	168, 72	111, 21	가운데 정렬	9pt	1
5	Button	149, 27	19, 45	가운데 정렬	9pt	2
6	Button	149, 91	19, 45	가운데 정렬	9pt	3
7	Button	168, 133	111, 21	가운데 정렬	9pt	4
8	Button	276, 91	19, 45	가운데 정렬	9pt	5

(계속)

번호	타입	위치	크기	속성	폰트	Text
9	Button	276, 27	19, 45	가운데 정렬	9pt	6
10	Button	168, 9	111, 21	가운데 정렬	9pt	7
11	Button	477, 130	21, 23	가운데 정렬	9pt	0
12	Button	346, 72	111, 21	가운데 정렬	9pt	1
13	Button	327, 27	19, 45	가운데 정렬	9pt	2
14	Button	327, 91	19, 45	가운데 정렬	9pt	3
15	Button	346, 133	111, 21	가운데 정렬	9pt	4
16	Button	454, 91	19, 45	가운데 정렬	9pt	5
17	Button	454, 27	19, 45	가운데 정렬	9pt	6
18	Button	346, 9	111, 21	가운데 정렬	9pt	7

(5) IO 장비 매핑

8255 장비를 이용하여 FND를 제어하기 위해서는 매핑을 통해서 연결해 주어야 한다. 표 4.20과 같이 장비의 매핑을 실시하고 역할을 수행한다.

표 4.20

디바이스	포트	타입	위치	연동 장비	역할(On)	역할(Off)
1	A	출력	1~4	디코더 FND 1번	–	–
1	A	출력	5~8	디코더 FND 2번	–	–

연결의 8255 포트 A의 4개의 비트를 1번 FND 디코더 타입 단자에, 포트 A의 4개의 비트를 2번 FND 디코더 타입 연결 단자에 결선한다. 이후 전원 공급을 위해 +5 V 전원을 백색에, – 전원을 흑색에 연결한다. 이렇게 하여 결선을 마무리한다.

그림 4.56

(6) Form 인터페이스 등록 및 프로그램 구현

① 먼저 소스를 수정하기 위해 솔루션 탐색기 Ex03의 Form1.cs 파일에서 마우스 오른쪽 버튼을 눌러 팝업 메뉴 "코드 보기"를 클릭한다.

② UCI 버스 생성기를 사용하기 위해서 Imechatronics.IoDevice 네임스페이스를 추가하고, 컨트롤을 배열로 제어할 Button 배열형 LabelGroup 변수를 생성 각 숫자별 FND CW 16진수 배열을 선언한다.

```csharp
using System;
using System.Windows.Forms;
using Imechatronics.IoDevice;
using System.Drawing;


namespace Ex03
{
    public partial class Form1 : Form
    {
        // UCI 버스 생성기
        Io8255 IoDevice;

        // 배열
        int[] FndArrary = new int[10] { 0x03, 0x9f, 0x25, 0x0d, 0x99, 0x49, 0x41, 0x1b, 0x01, 0x19 };

        // 컨트롤 배열
        Button[,] ButtonGroup;
```

③ 생성자에서 컨트롤 버튼을 2차원 배열로 생성하고, FBD 상태를 출력할 Button 컨트롤을 순서대로 버튼 그룹을 만든다. 이후 UCI 버스 생성기를 초기화한다.

```csharp
public Form1()
{
    InitializeComponent();

    // 컨트롤을 배열로 연결한다.
    ButtonGroup = new Button[2, 8]{{ button2, button3, button4, button5, button6, button7, button8, button9}
        ,{ button10, button11, button12, button13, button14, button15, button16, button17}};

    // 버스생성기를 초기화 한다.
    IoDevice = new Io8255();
    IoDevice.UCIDrvInit();
    IoDevice.Outputb(3, 0x89);
    IoDevice.Outputb(0, 0xff);
}
```

④ 사용자가 입력한 숫자에 맞추어서 FND 컨트롤 정보가 변경될 수 있는 ChangeFNDButton() 메소드를 만들고, 인자 값으로 FND 번호와 FND에 출력할 숫자를 입력받는다. 이후 해당 숫자에 대한 16진수 CW값을 받게 되고 해당 CW에 맞는 버튼 컨트롤의 배경 색상을 변경한다.

```
private void ChangeFNDButton(int aFnd, int aNum)
{
    int[] Input = IoDevice.ConvetByteToBit(FndArrary[aNum]);

    for (int Index = 0; Index < 8; ++Index)
    {
        if (Input[Index] == 0)
        {
            ButtonGroup[aFnd, Index].BackColor = Color.Red;
        }
        else
        {
            ButtonGroup[aFnd, Index].BackColor = Color.DarkGray;
        }
    }
}
```

⑤ 사용자가 textbox 컨트롤에 입력한 문자를 Convert 클래스의 Toin32() 메소드를 이용하여 숫자로 받아오게 된다. 받은 문자를 시프트 연산을 통해 한 개의 바이트 변수에 상위 4비트 하위 4비트 FND 숫자를 입력하고, UC I버스 생성기에 CW를 출력 이후 ChangeFndButton() 메소드를 통해 숫자에 맞는 컨트롤을 변경한다.

```
private void button1_Click(object sender, EventArgs e)
{
    if (textBox1.Text.Length == 2)
    {
        int Num1 = Convert.ToInt32(textBox1.Text[0].ToString());
        int Num2 = Convert.ToInt32(textBox1.Text[1].ToString());

        int Output = (Num1 << 4) + Num2;
        IoDevice.Outputb(0, Output);

        ChangeFNDButton(0, Num1);
        ChangeFNDButton(1, Num2);
    }
}
```

⑥ 프로그램에 대한 전체 소스이다.

```
using System;
using System.Windows.Forms;
using Imechatronics.IoDevice;
using System.Drawing;

namespace Ex03
{
    public partial class Form1 : Form
```

(계속)

Chapter 4 UCI BUS 활용 인터페이스 기술2(Windows Form 응용)

```
{
    // UCI 버스 생성기
    Io8255 IoDevice;

    // 배열
    int[] FndArrary = new int[10] { 0x03, 0x9f, 0x25, 0x0d, 0x99, 0x49, 0x41, 0x1b, 0x01, 0x19 };

    // 컨트롤 배열
    Button[,] ButtonGroup;

    public Form1()
    {
        InitializeComponent();

        // 컨트롤을 배열로 연결한다.
        ButtonGroup = new Button[2, 8]{
            { button2, button3, button4, button5, button6, button7, button8, button9 },
            { button10, button11, button12, button13, button14, button15, button16, button17}};

        // 버스 생성기를 초기화한다.
        IoDevice = new Io8255();
        IoDevice.UCIDrvInit();
        IoDevice.Outputb(3, 0x89);
        IoDevice.Outputb(0, 0xff);
    }

    private void ChangeFNDButton(int aFnd, int aNum)
    {
        int[] Input = IoDevice.ConvetByteToBit(FndArrary[aNum]);

        for (int Index = 0; Index < 8; ++Index)
        {
            if (Input[Index] == 0)
            {
                ButtonGroup[aFnd, Index].BackColor = Color.Red;
            }
            else
            {
                ButtonGroup[aFnd, Index].BackColor = Color.DarkGray;
            }
        }
    }
```

(계속)

```
private void button1_Click(object sender, EventArgs e)
{
    if (textBox1.Text.Length == 2)
    {
        int Num1 = Convert.ToInt32(textBox1.Text[0].ToString());
        int Num2 = Convert.ToInt32(textBox1.Text[1].ToString());

        int Output = (Num1 << 4) + Num2;
        IoDevice.Outputb(0, Output);

        ChangeFNDButton(0, Num1);
        ChangeFNDButton(1, Num2);
    }
}
```

4. 윈도우 폼 FND 제어

(1) 개요

이번에는 윈도우 폼을 이용하여 다이내믹 방식을 통해 FND를 출력할 수 있도록 한다.

(2) 시나리오

이번 시나리오는 다이내믹 방식을 이용하여 출력 숫자를 입력받아 FND에 출력한다.

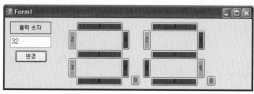 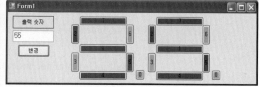

그림 4.57

(3) 프로젝트 생성 및 제어 예제

① 프로젝트 추가

<u>01</u> visualstudio2010 프로그램을 실행하고, "파일 → 추가 → 프로젝트 추가"를 클릭한다.

02 새 프로젝트 추가 다이얼로그가 활성화
되면 "WindowsForm 응용 프로그램"을
선택하고, 프로젝트 이름을 선택한다.

03 예제에서는 프로젝트 이름을 Ex04로
만든다.

그림 4.58

② 프로젝트 참조 파일 추가

01 솔루션 탐색기의 참조에서 마우스 오른쪽 버튼을 눌러 "참조 추가" 메뉴를 선택한다.

02 "C:/Program Files/IMechtronics" 폴더에 있는 "FTD2XX_NET.dll"과 "Imechatronics.dll"
파일을 "참조"에 등록한다.

(4) C# 폼 컨트롤 구성

해당 컨트롤 속성표대로 그림 4.59와 같이 폼에 컨트롤을 만든다.

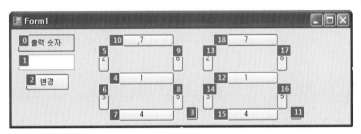

그림 4.59

표 4.21

번호	타입	위치	크기	속성	폰트	Text
0	Label	12, 9	96, 28	가운데 정렬	9pt	출력 숫자
1	Textbox	12, 42	96, 26	가운데 정렬	9pt	–
2	Button	24, 74	75, 28	가운데 정렬	9pt	변경
3	Button	299, 130	21, 23	가운데 정렬	9pt	0
4	Button	168, 72	111, 21	가운데 정렬	9pt	1
5	Button	149, 27	19, 45	가운데 정렬	9pt	2
6	Button	149, 91	19, 45	가운데 정렬	9pt	3
7	Button	168, 133	111, 21	가운데 정렬	9pt	4
8	Button	276, 91	19, 45	가운데 정렬	9pt	5
9	Button	276, 27	19, 45	가운데 정렬	9pt	6

(계속)

번호	타입	위치	크기	속성	폰트	Text
10	Button	168, 9	111, 21	가운데 정렬	9pt	7
11	Button	477, 130	21, 23	가운데 정렬	9pt	0
12	Button	346, 72	111, 21	가운데 정렬	9pt	1
13	Button	327, 27	19, 45	가운데 정렬	9pt	2
14	Button	327, 91	19, 45	가운데 정렬	9pt	3
15	Button	346, 133	111, 21	가운데 정렬	9pt	4
16	Button	454, 91	19, 45	가운데 정렬	9pt	5
17	Button	454, 27	19, 45	가운데 정렬	9pt	6
18	Bbutton	346, 9	111, 21	가운데 정렬	9pt	7
19	Timer	–	–	시간 : 1	–	–

(5) IO 장비 매핑

8255 장비를 이용하여 FND를 제어하기 위해서는 매핑을 통해서 연결해 주어야 한다. 표 4.22와 같이 장비의 매핑을 실시하고 역할을 수행한다.

표 4.22

디바이스	포트	타입	위치	연동 장비	역할(On)	역할(Off)
1	A	출력	1~4	다이내믹 디코더	–	–
1	B	출력	1-2	다이내믹 E1, E2	–	–

연결의 8255포트 A의 4개의 비트를 다이내믹 디코더 타입 단자에, 포트 B의 2개의 비트를 다이내믹 E1, E2 연결 단자에 결선한다. 이후 전원 공급을 위해 +5 V 전원을 백색에, 전원을 흑색에 연결한다. 이렇게 하여 결선을 마무리한다.

그림 4.60

(6) Form 인터페이스 등록 및 프로그램 구현

① 먼저 소스를 수정하기 위해 솔루션 탐색기 Ex03의 Form1.cs 파일에서 마우스 오른쪽 버튼을 눌러 팝업 메뉴 "코드 보기"를 클릭한다.

② UCI 버스 생성기를 사용하기 위해서 Imechatronics.IoDevice 네임스페이스를 추가하고, 컨트롤을 배열로 제어할 Button 배열형 ButtonGroup 변수를 생성 각 숫자별 FND CW16진수 배열을 선언한다. 다음으로 Step 변수를 만들어 Timer에서 이벤트 메소드에서 각 Step별로 교차하여 문자를 출력할 수 있도록 한다.

```csharp
using System;
using System.Windows.Forms;
using Imechatronics.IoDevice;
using System.Drawing;

namespace Ex04
{
    public partial class Form1 : Form
    {
        // UCI 버스 생성기
        Io8255 IoDevice;

        // 배열
        int[] FndArrary = new int[10] { 0x03, 0x9f, 0x25, 0x0d, 0x99, 0x49, 0x41, 0x1b, 0x01, 0x19 };

        int Step = 0;
        int[] Num = new int[2]{0,0};

        // 컨트롤 배열
        Button[,] ButtonGroup;
```

③ 생성자에서 컨트롤 버튼을 2차원 배열로 생성하고 FBD 상태를 출력할 Button 컨트롤을 순서대로 버튼 그룹을 만든다. 이후 UCI 버스 생성기를 초기화하고 Timer를 시작한다.

```csharp
public Form1()
{
    InitializeComponent();

    // 컨트롤을 배열로 연결한다.
    ButtonGroup = new Button[2, 8]{{ button2, button3, button4, button5, button6, button7, button8, button9}
        ,{ button10, button11, button12, button13, button14, button15, button16, button17}};

    // 버스생성기를 초기화 한다.
    IoDevice = new Io8255();
    IoDevice.UCIDrvInit();
    IoDevice.Outputb(3, 0x89);
    IoDevice.Outputb(0, 0xff);

    timer1.Start();
}
```

④ 사용자가 입력한 숫자에 맞추어서 FND 컨트롤 정보가 변경될 수 있는 ChangeFNDButton() 메소드를 만들고, 인자 값으로 FND 번호와 FND에 출력할 숫자를 입력받는다. 이후 해당

숫자에 대한 16진수 CW값을 받게 되고, 해당 CW에 맞는 버튼 컨트롤의 배경 색상을 변경한다.

```csharp
private void ChangeFNDButton(int aFnd, int aNum)
{
    int[] Input = IoDevice.ConvetByteToBit(FndArrary[aNum]);

    for (int Index = 0; Index < 8; ++Index)
    {
        if (Input[Index] == 0)
        {
            ButtonGroup[aFnd, Index].BackColor = Color.Red;
        }
        else
        {
            ButtonGroup[aFnd, Index].BackColor = Color.DarkGray;
        }
    }
}
```

⑤ 사용자가 Textbox 컨트롤에 입력한 문자를 Convert클래스의 Toin32() 메소드를 이용하여 숫자로 받아오게 된다. 받은 문자를 멤버 변수 Num[] 배열에 저장하고, ChangeFndButton() 메소드를 통해 숫자에 맞는 컨트롤을 변경한다.

```csharp
private void button1_Click(object sender, EventArgs e)
{
    if (textBox1.Text.Length == 2)
    {
        Num[0] = Convert.ToInt32(textBox1.Text[0].ToString());
        Num[1] = Convert.ToInt32(textBox1.Text[1].ToString());

        ChangeFNDButton(0, Num[0]);
        ChangeFNDButton(1, Num[1]);
    }
}
```

⑥ Timer 이벤트 메소드에서 Step 변수가 0일 때는 첫 번째 FND 숫자를 입력하고 화면에 출력 후 소거한다. Step 변수가 1일 때는 두 번째 FND 숫자를 입력하고 화면에 출력 후 소거하여 잔상을 이용하여 화면에 출력되도록 한다.

```csharp
private void timer1_Tick(object sender, EventArgs e)
{
    // 첫번째 FND에 출력
    if (Step == 0)
    {
```

```
                // 기록할 숫자를 입력
                IoDevice.Outputb(0, Num[0]);

                // 1번째 FND를 화면에 출력후 바로 소거
                IoDevice.Outputb(1, 0x01);
                IoDevice.Outputb(1, 0x00);
                Step = 1;
            }
            // 두번째 FND에 출력
            else
            {
                // 기록할 숫자를 입력
                IoDevice.Outputb(0, Num[1]);

                // 2번째 FND를 화면에 출력후 바로 소거
                IoDevice.Outputb(1, 0x02);
                IoDevice.Outputb(1, 0x00);
                Step = 0;
            }
        }
```

⑦ 프로그램에 대한 전체 소스이다.

```
using System;
using System.Windows.Forms;
using Imechatronics.IoDevice;
using System.Drawing;

namespace Ex04
{
    public partial class Form1 : Form
    {
        // UCI 버스 생성기
        Io8255 IoDevice;

        // 배열
        int[] FndArrary = new int[10] { 0x03, 0x9f, 0x25, 0x0d, 0x99, 0x49, 0x41, 0x1b, 0x01, 0x19 };

        int Step = 0;
        int[] Num = new int[2]{0,0};

        // 컨트롤 배열
        Button[,] ButtonGroup;

        public Form1()
        {
            InitializeComponent();
```

(계속)

```csharp
    // 컨트롤을 배열로 연결한다.
    ButtonGroup = new Button[2, 8]{
        { button2, button3, button4, button5, button6, button7, button8, button9 },
        { button10, button11, button12, button13, button14, button15, button16, button17}};

    // 버스 생성기를 초기화한다.
    IoDevice = new Io8255();
    IoDevice.UCIDrvInit();
    IoDevice.Outputb(3, 0x89);
    IoDevice.Outputb(0, 0xff);

    timer1.Start();
}

private void ChangeFNDButton(int aFnd, int aNum)
{
    int[] Input = IoDevice.ConvetByteToBit(FndArrary[aNum]);

    for (int Index = 0; Index < 8; ++Index)
    {
        if (Input[Index] == 0)
        {
            ButtonGroup[aFnd, Index].BackColor = Color.Red;
        }
        else
        {
            ButtonGroup[aFnd, Index].BackColor = Color.DarkGray;
        }
    }
}

private void button1_Click(object sender, EventArgs e)
{
    if (textBox1.Text.Length == 2)
    {
        Num[0] = Convert.ToInt32(textBox1.Text[0].ToString());
        Num[1] = Convert.ToInt32(textBox1.Text[1].ToString());

        ChangeFNDButton(0, Num[0]);
        ChangeFNDButton(1, Num[1]);
    }
}
```

(계속)

```
private void timer1_Tick(object sender, EventArgs e)
{

    // 첫 번째 FND에 출력
    if (Step == 0)
    {
        // 기록할 숫자를 입력
        IoDevice.Outputb(0, Num[0]);

        // 1번째 FND를 화면에 출력 후 바로 소거
        IoDevice.Outputb(1, 0x01);
        IoDevice.Outputb(1, 0x00);
        Step = 1;
    }
    // 두 번째 FND에 출력
    else
    {
        // 기록할 숫자를 입력
        IoDevice.Outputb(0, Num[1]);

        // 2번째 FND를 화면에 출력 후 바로 소거
        IoDevice.Outputb(1, 0x02);
        IoDevice.Outputb(1, 0x00);
        Step = 0;
    }

}
}
```


4 ▶ DC Motor(시작)

1. 윈도우 폼 DC 모터 제어

(1) 개요

이번에는 윈도우 폼을 이용하여 입력받은 스위치 신호로 DC 모터를 제어하도록 한다.

(2) 시나리오

이번 시나리오는 윈도우 폼을 이용하여 입력받은 스위치 신호로 DC 모터를 제어하도록 한다.

그림 4.61

그림 4.62

(3) 프로젝트 생성 및 제어 예제

① 프로젝트 생성

01 visualstudio2010 프로그램을 실행하고, "파일 → 새로 만들기 → 프로젝트 생성"을 클릭한다.

02 새 프로젝트 생성 다이얼로그가 활성화되면 "WindowsForm 응용 프로그램"을 선택하고 해당 솔루션 이름과 프로젝트 이름을 선택한다.

그림 4.63

03 예제에서는 솔루션 이름을 DCMotorExam, 프로젝트 이름을 Ex01로 생성한다.

② 프로젝트 참조 파일 추가

01 솔루션 탐색기의 참조에 마우스 오른쪽 버튼을 눌러 "참조 추가" 메뉴를 선택한다.

02 "C:/Program Files/IMechtronics" 폴더에 있는 "FTD2XX_NET.dll"과 "I-mechatronics.dll" 파일을 "참조"에 등록한다.

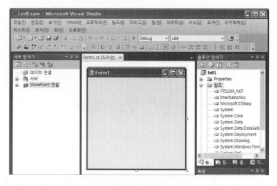

그림 4.64

(4) C# 폼 컨트롤 구성

해당 컨트롤 속성표대로 다음과 같이 폼에 컨트롤을 만든다.

그림 4.65

표 4.23

번호	타입	위치	크기	속성	폰트	Text
0	Label	41, 22	96, 28	가운데 정렬	9pt	정회전
1	Label	143, 22	96, 28	가운데 정렬	9pt	역회전
2	Label	245, 22	96, 28	가운데 정렬	9pt	정지
3	Timer	–	–	시간 : 100	–	–

(5) IO 장비 매핑

8255 보드를 이용하여 DC 모터를 조정하기 위해서 다음과 같이 결선하도록 한다.

표 4.24

디바이스	포트	타입	위치	연동 장비	역할(On)	역할(Off)
1	A	출력	1~4	H_BRIDGE 방식	–	–
1	C	입력	1~4	토글 입력 스위치	–	–

연결의 8255 포트 A의 4개의 비트를 H_BRIDGE 방식 결선 포트 C의 4개의 비트를 입력 스위치 연결 단자에 결선한다. 이후 전원 공급을 위해 +5 V 전원을 백색에, －전원을 흑색에 연결한다. 이렇게 하여 결선을 마무리한다.

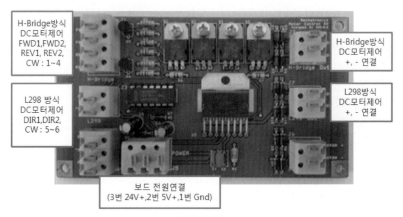

그림 4.66

(6) Form 인터페이스 등록 및 프로그램 구현

① 8255 보드를 이용하여 장비를 제어하기 위해서 UCI BUS의 제어 코드와 Window Form Control을 연결한다. 먼저 소스를 수정하기 위해 솔루션 탐색기 Ex01의 Form1.cs 파일에서 마우스 오른쪽 버튼을 눌러 팝업 메뉴 "코드 보기"를 클릭한다.

② UCI BUS를 사용하기 위해서 Imechatronics.IoDevice 네임스페이스를 추가한다.

```
using System;
using System.Windows.Forms;
using Imechatronics.IoDevice;
using System.Drawing;


namespace Ex01
{
    public partial class Form1 : Form
    {
        // UCI 버스 생성기
        Io8255 IoDevice;
```

③ 생성자에서 버스 생성기를 초기화하고 타이머를 시작한다.

```
public Form1()
{
    InitializeComponent();

    // 버스생성기를 초기화 한다.
    IoDevice = new Io8255();
    IoDevice.UCIDrvInit();
    IoDevice.Outputb(3, 0x89);

    // 타이머를 시작한다.
    timer1.Start();
}
```

④ 스위치의 입력 CW를 받아오고 첫 번째 스위치가 On일 때 동작, Off일 때 정지 CW를 출력한다. 두 번째 스위치가 On일 때 정회전 CW를 출력, Off일 때 역회전 CW를 출력한다.

```
private void timer1_Tick(object sender, EventArgs e)
{
    int[] InputCheck = IoDevice.ConvetByteToBit(IoDevice.Inputb(2));

    if (InputCheck[0] == 1)
    {
        // 정회전
        if (InputCheck[1] == 1)
        {
```

```
            // 컨트롤 색상 변경
            label1.BackColor = Color.Red;
            label2.BackColor = Color.DarkGray;
            label3.BackColor = Color.DarkGray;

            IoDevice.Outputb(0, 0x03);
        }
        // 역회전
        else
        {
            // 컨트롤 색상 변경
            label1.BackColor = Color.DarkGray;
            label2.BackColor = Color.Red;
            label3.BackColor = Color.DarkGray;

            IoDevice.Outputb(0, 0x0c);
        }
    }
    // 정지
    else
    {
        // 컨트롤 색상 변경
        label1.BackColor = Color.DarkGray;
        label2.BackColor = Color.DarkGray;
        label3.BackColor = Color.Red;

        IoDevice.Outputb(0, 0x00);
    }
}
```

⑤ 프로그램에 대한 전체 소스이다.

```
using System;
using System.Windows.Forms;
using Imechatronics.IoDevice;
using System.Drawing;

namespace Ex01
{
    public partial class Form1 : Form
    {
        // UCI 버스 생성기
        Io8255 IoDevice;

        public Form1()
        {
            InitializeComponent();

            // UCI BUS를 초기화한다.
            IoDevice = new Io8255();
            IoDevice.UCIDrvInit();
            IoDevice.Outputb(3, 0x89);
```

(계속)

```csharp
        timer1.Start();
    }

    private void timer1_Tick(object sender, EventArgs e)
    {
        int[] InputCheck = IoDevice.ConvetByteToBit(IoDevice.Inputb(2));

        if (InputCheck[0] == 1)
        {
            // 정회전
            if (InputCheck[1] == 1)
            {
                // 컨트롤 색상 변경
                label1.BackColor = Color.Red;
                label2.BackColor = Color.DarkGray;
                label3.BackColor = Color.DarkGray;

                IoDevice.Outputb(0, 0x03);
            }
            // 역회전
            else
            {
                // 컨트롤 색상 변경
                label1.BackColor = Color.DarkGray;
                label2.BackColor = Color.Red;
                label3.BackColor = Color.DarkGray;

                IoDevice.Outputb(0, 0x0c);
            }
        }
        // 정지
        else
        {
            // 컨트롤 색상 변경
            label1.BackColor = Color.DarkGray;
            label2.BackColor = Color.DarkGray;
            label3.BackColor = Color.Red;

            IoDevice.Outputb(0, 0x00);
        }
    }
}
```

2. 윈도우 폼 DC 모터 제어

(1) 개요

이번에는 윈도우 폼을 이용하여 DC 모터를 쇼트브레이크 방식으로 정지할 수 있도록 한다.

(2) 시나리오

이번 시나리오는 DC 모터 상태를 라벨에 출력하고, DC 모터를 쇼트브레이크 방식으로 정지할 수 있도록 한다.

그림 4.67

그림 4.68

(3) 프로젝트 생성 및 제어 예제

① 프로젝트 추가

<u>01</u> visualstudio2010 프로그램을 실행하고, "파일 → 추가 → 프로젝트 추가"를 클릭한다.

<u>02</u> 새 프로젝트 추가 다이얼로그가 활성화되면 "WindowsForm 응용 프로그램"을 선택하고 프로젝트 이름을 선택한다.

<u>03</u> 예제에서는 프로젝트 이름을 Ex02로 만든다.

그림 4.69

② 프로젝트 참조 파일 추가

<u>01</u> 솔루션 탐색기의 참조에서 마우스 오른쪽 버튼을 눌러 "참조 추가" 메뉴를 선택한다.

<u>02</u> "C:/Program Files/IMechtronics" 폴더에 있는 "FTD2XX_NET.dll"과 "Imechatronics.dll" 파일을 "참조"에 등록한다.

(4) C# 폼 컨트롤 구성

해당 컨트롤 속성표대로 다음과 같이 폼에 컨트롤을 만든다.

그림 4.70

표 4.25

번호	타입	위치	크기	속성	폰트	Text
0	Label	41, 22	96, 28	가운데 정렬	9pt	정회전
1	Label	143, 22	96, 28	가운데 정렬	9pt	역회전
2	Label	245, 22	96, 28	가운데 정렬	9pt	정지
3	Timer	–	–	시간 : 100	–	–

(5) IO 장비 매핑

8255 보드를 이용하여 DC 모터를 조정하기 위해서 다음과 같이 결선하도록 한다.

표 4.26

디바이스	포트	타입	위치	연동 장비	역할(On)	역할(Off)
1	A	출력	1~4	H_BRIDGE 방식	–	–
1	C	입력	1~4	토글 입력 스위치	–	–

연결의 8255 포트 A의 4개의 비트를 H_BRIDGE 방식 결선 포트 C의 4개의 비트를 입력 스위치 연결 단자에 결선한다. 이후 전원 공급을 위해 +5 V 전원을 백색에, 전원을 흑색에 연결한다. 이렇게 하여 결선을 마무리한다.

그림 4.71

(6) Form 인터페이스 등록 및 프로그램 구현

① 먼저 소스를 수정하기 위해 솔루션 탐색기 Ex02의 Form1.cs 파일에서 마우스 오른쪽 버튼
을 눌러 팝업 메뉴 "코드 보기"를 클릭한다.

② UCI BUS를 사용하기 위해서 Imechatronics.IoDevice 네임스페이스를 추가하고, IO8255 클
래스를 추가한다.

```
using System;
using System.Windows.Forms;
using Imechatronics.IoDevice;
using System.Drawing;
using System.Threading;

namespace Ex02
{
    public partial class Form1 : Form
    {
        // UCI 버스 생성기
        Io8255 IoDevice;
```

③ 생성자에서 UCI BUS를 초기화하고 타이머를 시작한다.

```
public Form1()
{
    InitializeComponent();

    // 버스생성기를 초기화 한다.
    IoDevice = new Io8255();
    IoDevice.UCIDrvInit();
    IoDevice.Outputb(3, 0x89);

    // 타이머를 시작한다.
    timer1.Start();
}
```

④ 스위치의 입력 CW를 받아오고 첫 번째 스위치가 On일 때 동작 CW를, Off일 때 정지 CW
를 출력한다. 두 번째 스위치가 On일 때 정회전 CW를, Off일 때 역회전 CW를 출력한다.

```
private void timer1_Tick(object sender, EventArgs e)
{
    int[] InputCheck = IoDevice.ConvetByteToBit(IoDevice.Inputb(2));

    if (InputCheck[0] == 1)
    {
        // 정회전
        if (InputCheck[1] == 1)
        {
```

```
                    // 컨트롤 색상 변경
                    label1.BackColor = Color.Red;
                    label2.BackColor = Color.DarkGray;
                    label3.BackColor = Color.DarkGray;
                    IoDevice.Outputb(0, 0x03);
                }
                // 역회전
                else
                {
                    // 컨트롤 색상 변경
                    label1.BackColor = Color.DarkGray;
                    label2.BackColor = Color.Red;
                    label3.BackColor = Color.DarkGray;
                    IoDevice.Outputb(0, 0x0c);
                }
            }
            // 정지
            else
            {
                // 컨트롤 색상 변경
                label1.BackColor = Color.DarkGray;
                label2.BackColor = Color.DarkGray;
                label3.BackColor = Color.Red;
                IoDevice.Outputb(0, 0x06);
                Thread.Sleep(100);
                IoDevice.Outputb(0, 0x00);
            }
        }
```

⑤ 프로그램에 대한 전체 소스이다.

```
using System;
using System.Windows.Forms;
using Imechatronics.IoDevice;
using System.Drawing;
using System.Threading;

namespace Ex02
{
    public partial class Form1 : Form
    {
        // UCI 버스 생성기
        Io8255 IoDevice;

        public Form1()
        {
            InitializeComponent();

            // 버스 생성기를 초기화한다.
            IoDevice = new Io8255();
            IoDevice.UCIDrvInit();
```

(계속)

```csharp
        IoDevice.Outputb(3, 0x89);

        // 타이머를 시작한다.
        timer1.Start();
}

private void timer1_Tick(object sender, EventArgs e)
{
    int[] InputCheck = IoDevice.ConvetByteToBit(IoDevice.Inputb(2));

    if (InputCheck[0] == 1)
    {
        // 정회전
        if (InputCheck[1] == 1)
        {
            // 컨트롤 색상 변경
            label1.BackColor = Color.Red;
            label2.BackColor = Color.DarkGray;
            label3.BackColor = Color.DarkGray;
            IoDevice.Outputb(0, 0x03);
        }
        // 역회전
        else
        {
            // 컨트롤 색상 변경
            label1.BackColor = Color.DarkGray;
            label2.BackColor = Color.Red;
            label3.BackColor = Color.DarkGray;
            IoDevice.Outputb(0, 0x0c);
        }
    }
    // 정지
    else
    {
        // 컨트롤 색상 변경
        label1.BackColor = Color.DarkGray;
        label2.BackColor = Color.DarkGray;
        label3.BackColor = Color.Red;
        IoDevice.Outputb(0, 0x06);
        Thread.Sleep(100);
        IoDevice.Outputb(0, 0x00);
    }
  }
 }
}
```

3. 윈도우 폼 DC 모터 제어

(1) 개요

이번에는 윈도우 폼을 이용하여 입력받은 스위치 신호로 디코더 방식 DC 모터를 제어하도록 한다.

(2) 시나리오

이번 시나리오는 윈도우 폼을 이용하여 입력받은 스위치 신호로 디코더 방식 DC 모터를 제어하도록 한다.

그림 4.72

그림 4.73

(3) 프로젝트 생성 및 제어 예제

① 프로젝트 추가

<u>01</u> visualstudio2010 프로그램을 실행하고, "파일 → 추가 → 프로젝트 추가"를 클릭한다.

<u>02</u> 새 프로젝트 추가 다이얼로그가 활성화되면 "WindowsForm 응용 프로그램"을 선택하고, 프로젝트 이름을 선택한다.

<u>03</u> 예제에서는 프로젝트 이름을 Ex03로 만든다.

그림 4.74

② 프로젝트 참조 파일 추가

<u>01</u> 솔루션 탐색기의 참조에서 마우스 오른쪽 버튼을 눌러 "참조 추가" 메뉴를 선택한다.

<u>02</u> "C:/Program Files/IMechtronics" 폴더에 있는 "FTD2XX_NET.dll"과 "Imechatronics.dll" 파일을 "참조"에 등록한다.

(4) C# 폼 컨트롤 구성

해당 컨트롤 속성표대로 그림 4.75와 같이 폼에 컨트롤을 만든다.

그림 4.75

표 4.27

번호	타입	위치	크기	속성	폰트	Text
0	Label	41, 22	96, 28	가운데 정렬	9pt	정회전
1	Label	143, 22	96, 28	가운데 정렬	9pt	역회전
2	Label	245, 22	96, 28	가운데 정렬	9pt	정지
3	Timer	–	–	시간 : 100	–	–

(5) IO 장비 매핑

8255 보드를 이용하여 DC 모터를 조정하기 위해서 다음과 같이 결선하도록 한다.

표 4.28

디바이스	포트	타입	위치	연동장비	역할(On)	역할(Off)
1	A	출력	1~2	L298 방식 제어	–	–
1	C	입력	1~4	토글 입력 스위치	–	–

연결의 8255 포트 A의 2개의 비트를 L298 방식 결선 포트 C의 4개의 비트를 입력 스위치 연결 단자에 결선한다. 이후 전원 공급을 위해 +5 V 전원을 백색에, – 전원을 흑색에 연결한다. 이렇게 하여 결선을 마무리한다.

그림 4.76

(6) Form 인터페이스 등록 및 프로그램 구현

① 먼저 소스를 수정하기 위해 솔루션 탐색기 Ex03의 Form1.cs 파일에서 마우스 오른쪽 버튼을 눌러 팝업 메뉴 "코드 보기"를 클릭한다.

② UCI BUS를 사용하기 위해서 Imechatronics.IoDevice 네임스페이스를 추가하고, 멤버 변수에 UCI BUS를 사용하기위한 Io8255 클래스 객체를 생성한다.

```
using System;
using System.Windows.Forms;
using Imechatronics.IoDevice;
using System.Drawing;


namespace Ex03
{
    public partial class Form1 : Form
    {
        // UCI 버스 생성기
        Io8255 IoDevice;
```

③ 생성자에서 버스 생성기를 초기화하고 타이머를 시작한다.

```
public Form1()
{
    InitializeComponent();

    // 버스생성기를 초기화 한다.
    IoDevice = new Io8255();
    IoDevice.UCIDrvInit();
    IoDevice.Outputb(3, 0x89);

    // 타이머를 시작한다.
    timer1.Start();
}
```

④ 스위치의 입력 CW를 받아오고 첫 번째 스위치가 On일 때 동작 CW를, Off일 때 정지 CW를 출력한다. 두 번째 스위치가 On일 때 정회전 CW를, Off일 때 역회전 CW를 출력한다.

```
private void timer1_Tick(object sender, EventArgs e)
{
    int[] InputCheck = IoDevice.ConvetByteToBit(IoDevice.Inputb(2));

    if (InputCheck[0] == 1)
    {
        // 정회전
        if (InputCheck[1] == 1)
        {
```

```
            // 컨트롤 색상 변경
            label1.BackColor = Color.Red;
            label2.BackColor = Color.DarkGray;
            label3.BackColor = Color.DarkGray;
            IoDevice.Outputb(0, 0x01);
        }
        // 역회전
        else
        {
            // 컨트롤 색상 변경
            label1.BackColor = Color.DarkGray;
            label2.BackColor = Color.Red;
            label3.BackColor = Color.DarkGray;
            IoDevice.Outputb(0, 0x02);
        }
    }
    // 정지
    else
    {
        // 컨트롤 색상 변경
        label1.BackColor = Color.DarkGray;
        label2.BackColor = Color.DarkGray;
        label3.BackColor = Color.Red;
        IoDevice.Outputb(0, 0x00);
    }
}
```

⑤ 프로그램에 대한 전체 소스이다.

```
using System;
using System.Windows.Forms;
using Imechatronics.IoDevice;
using System.Drawing;

namespace Ex03
{
    public partial class Form1 : Form
    {
        // UCI 버스 생성기
        Io8255 IoDevice;

        public Form1()
        {
            InitializeComponent();

            // 버스 생성기를 초기화한다.
            IoDevice = new Io8255();
            IoDevice.UCIDrvInit();
            IoDevice.Outputb(3, 0x89);
```

(계속)

```csharp
        // 타이머를 시작한다.
        timer1.Start();
    }

    private void timer1_Tick(object sender, EventArgs e)
    {

        int[] InputCheck = IoDevice.ConvetByteToBit(IoDevice.Inputb(2));

        if (InputCheck[0] == 1)
        {
            // 정회전
            if (InputCheck[1] == 1)
            {
                // 컨트롤 색상 변경
                label1.BackColor = Color.Red;
                label2.BackColor = Color.DarkGray;
                label3.BackColor = Color.DarkGray;

                IoDevice.Outputb(0, 0x01);
            }
            // 역회전
            else
            {
                // 컨트롤 색상 변경
                label1.BackColor = Color.DarkGray;
                label2.BackColor = Color.Red;
                label3.BackColor = Color.DarkGray;

                IoDevice.Outputb(0, 0x02);
            }
        }
        // 정지
        else
        {
            // 컨트롤 색상 변경
            label1.BackColor = Color.DarkGray;
            label2.BackColor = Color.DarkGray;
            label3.BackColor = Color.Red;

            IoDevice.Outputb(0, 0x00);
        }
    }
}
```

5 ▶ Stepping Motor

1. 윈도우 폼 Stepping 모터 제어

(1) 개요

이번에는 윈도우 폼을 이용하여 입력받은 스위치 신호로 Stepping 모터를 제어하도록 한다.

(2) 시나리오

이번 시나리오는 윈도우 폼을 이용하여 입력받은 스위치 신호로 SteppingDC 모터를 제어하도록 한다. Stepping 모터의 회전자 위치 A상B상 A－상 B+상의 상태를 컨트롤로 나타내도록 한다.

그림 4.77

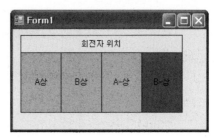

그림 4.78

(3) 프로젝트 생성 및 제어 예제

① 프로젝트 생성

<u>01</u> visualstudio2010 프로그램을 실행하고, "파일 → 새로 만들기 → 프로젝트 생성"을 클릭한다.

<u>02</u> 새 프로젝트 생성 다이얼로그가 활성화되면 "WindowsForm 응용 프로그램"을 선택하고 해당 솔루션 이름과 프로젝트 이름을 선택한다.

<u>03</u> 예제에서는 솔루션 이름을 Stepping MotorExam, 프로젝트 이름을 Ex01로 생성한다.

그림 4.79

② 프로젝트 참조 파일 추가

01 솔루션 탐색기의 참조에서 마우스 오른쪽 버튼을 눌러 "참조 추가" 메뉴를 선택한다.

02 "C:/Program Files/IMechtronics" 폴더에 있는 "FTD2XX_NET.dll"과 "I-mechatronics.dll" 파일을 "참조"에 등록한다.

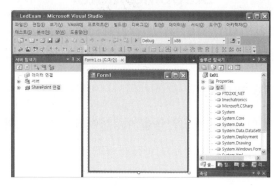

그림 4.80

(4) C# 폼 컨트롤 구성

해당 컨트롤 속성표대로 다음과 같이 폼에 컨트롤을 만든다.

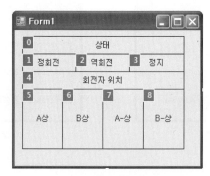

그림 4.81

표 4.29

번호	타입	위치	크기	속성	폰트	Text
0	Label	12, 9	257, 28	가운데 정렬	9pt	상태
1	Label	12, 36	86, 28	가운데 정렬	9pt	정회전
2	Label	97, 36	86, 28	가운데 정렬	9pt	역회전
3	Label	182, 36	86, 28	가운데 정렬	9pt	정지
4	Label	12, 63	257, 28	가운데 정렬	9pt	회전자 위치
5	Label	12, 90	65, 93	가운데 정렬	9pt	A상
6	Label	76, 90	65, 93	가운데 정렬	9pt	B상
7	Label	140, 90	65, 93	가운데 정렬	9pt	A-상
8	Label	204, 90	65, 93	가운데 정렬	9pt	B-상
9	Timer	-	-	시간 : 1	-	-

(5) IO 장비 매핑

8255 장비를 이용하여 스테핑 모터를 제어하기 위해서는 매핑을 통해서 연결해 주어야 한다. 다음 표와 같이 장비의 매핑을 실시하고 역할을 수행하도록 한다.

표 4.30

디바이스	포트	타입	위치	연동 장비	역할(On)	역할(Off)
1	A	출력	1~4	스테핑 모터	모터 운전	모터 운전
1	C	입력	1~4	스위치	–	–

연결의 8255 포트 A의 4개 비트를 첫 번째 스테핑 모터에 결선한다. 이후 전원 공급을 위해 +24 V를 +5 V 전원을 백색에, –전원을 흑색에 연결한다. 이후 스테핑 모터 결선을 순서대로 A, ACom, A –, B, BCom, B –로 결선을 마무리 하도록 한다.

그림 4.82

(6) Form 인터페이스 등록 및 프로그램 구현

① 8255 장비를 이용하여 장비를 제어하기 위해서 UCI 버스 생성기의 제어 코드와 Window Form Control을 연결한다. 먼저 소스를 수정하기 위해 솔루션 탐색기 Ex01의 Form1.cs 파일에서 마우스 오른쪽 버튼을 눌러 팝업 메뉴 "코드 보기"를 클릭한다.

② UCI 버스 생성기를 사용하기 위해서 Imechatronics.IoDevice 네임스페이스를 추가하고 멤버 변수에 버스 생성기 및 타이머 메소드 작동 시 수행할 스텝 변수, 회전축이 스텝별로 움직일 CW값을 저장할 변수를 선언한다.

```
using System;
using System.Windows.Forms;
using Imechatronics.IoDevice;
using System.Drawing;


namespace Ex01
{
    public partial class Form1 : Form
    {
        // UCI 버스 생성기
        Io8255 IoDevice;

        int nStep = 0;
        int[,] RoterStep = new int[2,4]{ { 0x01, 0x04, 0x02, 0x08 }, { 0x08, 0x02, 0x04, 0x01 }};

        //
        Label[] RoterStepGroup;
```

③ 생성자에서 상태를 표시할 라벨 그룹 배열을 만들어 주고, 버스 생성기를 초기화하고 타이머를 시작한다.

```
        public Form1()
        {
            InitializeComponent();

            // 라벨그룹을 만든다.
            RoterStepGroup = new Label[4] { label2, label3, label4, label5 };

            // 버스생성기를 초기화 한다.
            IoDevice = new Io8255();
            IoDevice.UCIDrvInit();
            IoDevice.Outputb(3, 0x89);

            // 타이머를 시작한다.
            timer1.Start();
        }
```

④ A+, B+, A-, B- 컨트롤을 출력 CW값의 배열을 분해하여 컨트롤의 텍스트 및 색상을 변경한다.

```
        void RotorPosLabel(int aInput)
        {
            int[] Pos = IoDevice.ConvetByteToBit(aInput);

            for (int Index = 0; Index < 4; ++Index)
            {
                if (Pos[Index] == 1)
                {
                    RoterStepGroup[Index].BackColor = Color.Red;
                }
                else
                {
                    RoterStepGroup[Index].BackColor = Color.DarkGray;
                }
            }
        }
```

⑤ 타이머 메소드가 반복 실행 될 때마다 4방향 회전자 위치를 이동하여 UCI 버스 생성기에 미리 생성된 배열의 CW값을 출력하고, 해당 상태에 대한 컨트롤 텍스트 및 색상을 변경한다.

```csharp
private void timer1_Tick(object sender, EventArgs e)
{
    IoDevice.Outputb(0, RoterStep[0,nStep]);
    RotorPosLabel(RoterStep[0, nStep]);

    // 회전자 위치를 구한다.
    nStep = (nStep + 1 == 4) ? 0 : nStep + 1;
}
```

⑥ 프로그램에 대한 전체 소스이다.

```csharp
using System;
using System.Windows.Forms;
using Imechatronics.IoDevice;
using System.Drawing;

namespace Ex01
{
    public partial class Form1 : Form
    {
        // UCI 버스 생성기
        Io8255 IoDevice;

        int nStep = 0;
        int[,] RoterStep = new int[2,4]{ { 0x01, 0x04, 0x02, 0x08 }, { 0x08, 0x02, 0x04, 0x01 }};

        //
        Label[] RoterStepGroup;

        public Form1()
        {
            InitializeComponent();

            // 라벨 그룹을 만든다.
            RoterStepGroup = new Label[4] { label2, label3, label4, label5 };

            // 버스 생성기를 초기화한다.
            IoDevice = new Io8255();
```

(계속)

```csharp
        IoDevice.UCIDrvInit();
        IoDevice.Outputb(3, 0x89);

        // 타이머를 시작한다.
        timer1.Start();
    }

    void RotorPosLabel(int aInput)
    {
        int[] Pos = IoDevice.ConvetByteToBit(aInput);

        for (int Index = 0; Index < 4; ++Index)
        {
            if (Pos[Index] == 1)
            {
                RoterStepGroup[Index].BackColor = Color.Red;
            }
            else
            {
                RoterStepGroup[Index].BackColor = Color.DarkGray;
            }
        }
    }

    private void timer1_Tick(object sender, EventArgs e)
    {
        // 회전자 위치를 구한다.


        IoDevice.Outputb(0, RoterStep[0,nStep]);
        RotorPosLabel(RoterStep[0, nStep]);

        nStep = (nStep + 1 == 4) ? 0 : nStep + 1;
    }
  }
}
```

2. 윈도우 폼 Stepping 모터 제어

(1) 개요

이번에는 윈도우 폼을 이용하여 입력받은 스위치 신호로 1상 여자 방식으로 Stepping 모터를 제어하도록 한다.

(2) 시나리오

이번 시나리오는 윈도우 폼을 이용하여 입력받은 스위치 신호로 1상 여자 방식으로 SteppingDC 모터를 제어하도록 한다. Stepping 모터의 회전자 위치 A상 B상 A－상 B+상의 상태를 컨트롤로 나타내도록 한다.

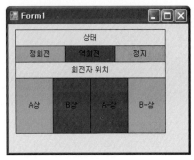

그림 4.83

(3) 프로젝트 생성 및 제어 예제

① 프로젝트 추가

<u>01</u> visualstudio2010 프로그램을 실행하고, "파일 → 추가 → 프로젝트 추가"를 클릭한다.

<u>02</u> 새 프로젝트 추가 다이얼로그가 활성화되면 "WindowsForm 응용 프로그램"을 선택하고, 프로젝트 이름을 선택한다.

<u>03</u> 예제에서는 프로젝트 이름을 Ex02로 만든다.

그림 4.84

② 프로젝트 참조 파일 추가

<u>01</u> 솔루션 탐색기의 참조에서 마우스 오른쪽 버튼을 눌러 "참조 추가" 메뉴를 선택한다.

<u>02</u> "C:/Program Files/IMechtronics" 폴더에 있는 "FTD2XX_NET.dll"과 "Imechatronics.dll" 파일을 "참조"에 등록한다.

(4) C# 폼 컨트롤 구성

해당 컨트롤 속성표대로 그림 4.85와 같이 폼에 컨트롤을 만든다.

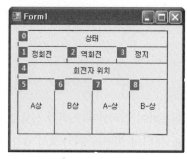

그림 4.85

표 4.31

번호	타입	위치	크기	속성	폰트	Text
0	Label	12, 9	257, 28	가운데 정렬	9pt	상태
1	Label	12, 36	86, 28	가운데 정렬	9pt	정회전
2	Label	97, 36	86, 28	가운데 정렬	9pt	역회전
3	Label	182, 36	86, 28	가운데 정렬	9pt	정지
4	Label	12, 63	257, 28	가운데 정렬	9pt	회전자 위치
5	Label	12, 90	65, 93	가운데 정렬	9pt	A상
6	Label	76, 90	65, 93	가운데 정렬	9pt	B상
7	Label	140, 90	65, 93	가운데 정렬	9pt	A-상
8	Label	204, 90	65, 93	가운데 정렬	9pt	B-상
9	Timer	–		시간 : 1	–	–

(5) IO 장비 매핑

8255 장비를 이용하여 스테핑 모터를 제어하기 위해서는 매핑을 통해서 연결해 주어야 한다. 표 4.32와 같이 장비의 매핑을 실시하고 역할을 수행하도록 한다.

표 4.32

디바이스	포트	타입	위치	연동 장비	역할(On)	역할(Off)
1	A	출력	1~4	스테핑 모터	모터 운전	모터 운전
1	C	입력	1~4	스위치	–	–

연결의 8255 포트 A의 4개 비트를 첫 번째 스테핑 모터에 결선한다. 이후 전원 공급을 위해 +24 V를 적색에, +5 V 전원을 백색에, −전원을 흑색에 연결한다. 이후 스테핑 모터 결선을 순서대로 A, ACom, A−, B, BCom, B−로 결선을 마무리한다.

그림 4.86

(6) Form 인터페이스 등록 및 프로그램 구현

① 8255 장비를 이용하여 장비를 제어하기 위해서 UCI 버스 생성기의 제어 코드와 Window Form Control을 연결한다. 먼저 소스를 수정하기 위해 솔루션 탐색기 Ex02의 Form1.cs 파일에서 마우스 오른쪽 버튼을 눌러 팝업 메뉴 "코드 보기"를 클릭한다.

② UCI 버스 생성기를 사용하기 위해서 Imechatronics.IoDevice 네임스페이스를 추가하고, 멤버 변수에 버스 생성기 및 타이머 메소드 작동 시 수행할 스텝 변수, 회전축이 스텝별로 움직일 CW값을 저장할 변수를 선언한다.

```csharp
using System;
using System.Windows.Forms;
using Imechatronics.IoDevice;
using System.Drawing;

namespace Ex02
{
    public partial class Form1 : Form
    {
        // UCI 버스 생성기
        Io8255 IoDevice;

        int nStep = 0;
        int[,] RoterStep = new int[2, 4] { { 0x01, 0x04, 0x02, 0x08 }, { 0x08, 0x02, 0x04, 0x01 } };

        //
        Label[] MotionGroup;
        Label[] RoterStepGroup;
    }
}
```

③ 생성자에서 상태를 표시할 라벨 그룹 배열을 만들어 주고, 버스 생성기를 초기화하고 타이머를 시작한다.

```
public Form1()
{
    InitializeComponent();

    // 라벨그룹을 만든다.
    MotionGroup = new Label[3] {label2, label3, label4};
    RoterStepGroup = new Label[4] { label6, label7, label8, label9 };

    // 버스생성기를 초기화 한다.
    IoDevice = new Io8255();
    IoDevice.UCIDrvInit();
    IoDevice.Outputb(3, 0x89);

    // 타이머를 시작한다.
    timer1.Start();
}
```

④ A+, B+, A-, B- 컨트롤을 출력 CW값의 배열을 분해하여 컨트롤의 텍스트 및 색상을 변경한다.

```
void RotorPosLabel(int aInput)
{
    int[] Pos = IoDevice.ConvetByteToBit(aInput);

    for (int Index = 0; Index < 4; ++Index)
    {
        if (Pos[Index] == 1)
        {
            RoterStepGroup[Index].BackColor = Color.Red;
        }
        else
        {
            RoterStepGroup[Index].BackColor = Color.DarkGray;
        }
    }
}
```

⑤ 정방향, 역방향 이동, 정지 상태에 대한 컨트롤의 텍스트 및 색상을 변경한다. 인자 값 0은 정방향, 1은 역방향, 2는 정지를 활성화한다.

```
void MotionState(int aIdx)
{
    for (int Index = 0; Index < 3; ++Index)
    {
```

```
            if (aIdx == Index)
            {
                MotionGroup[Index].BackColor = Color.Red;
            }
            else
            {
                MotionGroup[Index].BackColor = Color.DarkGray;
            }
        }
    }
```

⑥ 입력 스위치 상태를 받아와 해당 상태에 맞게 MotionState() 메소드를 실행하여 모션 정보를
변경한다. 변경 신호는 DC 모터와 같다. 타이머 메소드를 반복 실행될 때마다 4방향 회전자
위치를 이동하여 UCI 버스 생성기에 미리 생성된 배열의 CW값을 출력하고, 해당 상태에
대한 컨트롤 텍스트 및 색상을 변경한다.

```
private void timer1_Tick(object sender, EventArgs e)
{
    // 상태를 받아온다.
    int[] InputCheck = IoDevice.ConvetByteToBit(IoDevice.Inputb(2));

    if (InputCheck[0] == 1)
    {
        // 방향을 받아오고 방향에 맞는 스텝을 이동한다.
        int Dir = InputCheck[1];
        MotionState(Dir);

        IoDevice.Outputb(0, RoterStep[Dir, nStep]);
        RotorPosLabel(RoterStep[Dir, nStep]);

        // 이동스텝을 계산한다.
        nStep = (nStep + 1 == 4) ? 0 : nStep + 1;
    }
    else
    {
        MotionState(2);
    }
}
```

⑦ 프로그램에 대한 전체 소스이다.

```
using System;
using System.Windows.Forms;
using Imechatronics.IoDevice;
using System.Drawing;

namespace Ex02
{
```

(계속)

```
public partial class Form1 : Form
{
    // UCI 버스 생성기
    Io8255 IoDevice;

    int nStep = 0;
    int[,] RoterStep = new int[2, 4] { { 0x01, 0x04, 0x02, 0x08 }, { 0x08, 0x02, 0x04, 0x01 } };

    //
    Label[] MotionGroup;
    Label[] RoterStepGroup;

    public Form1()
    {
        InitializeComponent();

        // 라벨 그룹을 만든다.
        MotionGroup = new Label[3] {label2, label3, label4};
        RoterStepGroup = new Label[4] { label6, label7, label8, label9 };

        // 버스 생성기를 초기화한다.
        IoDevice = new Io8255();
        IoDevice.UCIDrvInit();
        IoDevice.Outputb(3, 0x89);

        // 타이머를 시작한다.
        timer1.Start();
    }

    void RotorPosLabel(int aInput)
    {
        int[] Pos = IoDevice.ConvetByteToBit(aInput);

        for (int Index = 0; Index < 4; ++Index)
        {
            if (Pos[Index] == 1)
            {
                RoterStepGroup[Index].BackColor = Color.Red;
            }
            else
            {
                RoterStepGroup[Index].BackColor = Color.DarkGray;
            }
```

(계속)

```
        }
    }

    void MotionState(int aIdx)
    {

        for (int Index = 0; Index < 3; ++Index)
        {
            if (aIdx == Index)
            {
                MotionGroup[Index].BackColor = Color.Red;
            }
            else
            {
                MotionGroup[Index].BackColor = Color.DarkGray;
            }
        }
    }

    private void timer1_Tick(object sender, EventArgs e)
    {
        // 상태를 받아온다.
        int[] InputCheck = IoDevice.ConvetByteToBit(IoDevice.Inputb(2));

        if (InputCheck[0] == 1)
        {
            // 방향을 받아오고 방향에 맞는 스텝을 이동한다.
            int Dir = InputCheck[1];
            MotionState(Dir);

            IoDevice.Outputb(0, RoterStep[Dir, nStep]);
            RotorPosLabel(RoterStep[Dir, nStep]);

            // 이동 스텝을 계산한다.
            nStep = (nStep + 1 == 4) ? 0 : nStep + 1;
        }
        else
        {
            MotionState(2);
        }
    }
}
}
```

3. 윈도우 폼 활용 STEP 모터 제어

(1) 개요

이번에는 윈도우 폼을 이용하여 입력받은 스위치 신호로 2상 여자 방식으로 Stepping 모터를 제어하도록 한다.

(2) 시나리오

이번 시나리오는 윈도우 폼을 이용하여 입력받은 스위치 신호로 2상 여자 방식으로 SteppingDC 모터를 제어하도록 한다. Stepping 모터의 회전자 위치 A상 B상 A-상 B+상의 상태를 컨트롤로 나타내도록 한다.

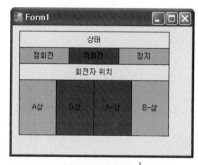

그림 4.87

(3) 프로젝트 생성 및 제어 예제

① 프로젝트 추가

<u>01</u> visualstudio2010 프로그램을 실행하고, "파일 → 추가 → 프로젝트 추가"를 클릭한다.

<u>02</u> 새 프로젝트 추가 다이얼로그가 활성화되면, "WindowsForm 응용 프로그램"을 선택하고 프로젝트 이름을 선택한다.

<u>03</u> 예제에서는 프로젝트 이름을 Ex03로 만든다.

그림 4.88

② 프로젝트 참조 파일 추가

<u>01</u> 솔루션 탐색기의 참조에서 마우스 오른쪽 버튼을 눌러 "참조 추가" 메뉴를 선택한다.

<u>02</u> "C:/Program Files/IMechtronics" 폴더에 있는 "FTD2XX_NET.dll"과 "Imechatronics.dll" 파일을 "참조"에 등록한다.

(4) C# 폼 컨트롤 구성

해당 컨트롤 속성표대로 그림 4.89와 같이 폼에 컨트롤을 만든다.

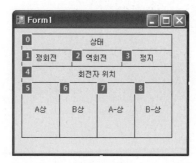

그림 4.89

표 4.33

번호	타입	위치	크기	속성	폰트	Text
0	Label	12, 9	257, 28	가운데 정렬	9pt	상태
1	Label	12, 36	86, 28	가운데 정렬	9pt	정회전
2	Label	97, 36	86, 28	가운데 정렬	9pt	역회전
3	Label	182, 36	86, 28	가운데 정렬	9pt	정지
4	Label	12, 63	257, 28	가운데 정렬	9pt	회전자 위치
5	Label	12, 90	65, 93	가운데 정렬	9pt	A상
6	Label	76, 90	65, 93	가운데 정렬	9pt	B상
7	Label	140, 90	65, 93	가운데 정렬	9pt	A-상
8	Label	204, 90	65, 93	가운데 정렬	9pt	B-상
9	Timer	–	–	시간 : 1	–	–

(5) IO 장비 매핑

8255 보드를 이용하여 스테핑 모터를 제어하기 위해서는 매핑을 통해서 연결해 주어야 한다. 표 4.34와 같이 장비의 매핑을 실시하고 역할을 수행한다.

표 4.34

디바이스	포트	타입	위치	연동 장비	역할(On)	역할(Off)
1	A	출력	1~4	스테핑 모터	모터 운전	모터 운전
1	C	입력	1~4	스위치	–	–

연결의 8255 포트 A의 4개 비트를 첫 번째 스테핑 모터에 결선한다. 이후 전원 공급을 위해 +24 V 전원을 적색에, +5 V 전원을 백색에, -전원을 흑색에 연결한다. 이후 스테핑 모터 결선을 순서대로 A, ACom, A-, B, BCom, B-로 결선을 마무리한다.

그림 4.90

(6) Form 인터페이스 등록 및 프로그램 구현

① 8255 보드를 이용하여 장비를 제어하기 위해서 UCI BUS의 제어 코드와 Window Form Control을 연결하도록 한다. 먼저 소스를 수정하기 위해 솔루션 탐색기 Ex03의 Form1.cs 파일에서 마우스 오른쪽 버튼을 눌러 팝업 메뉴 "코드 보기"를 클릭한다.

② UCI BUS를 사용하기 위해서 Imechatronics.IoDevice 네임스페이스를 추가하고, 멤버 변수에 UCI BUS 및 타이머 메소드 작동 시 수행할 스텝 변수, 회전축이 스텝별로 움직일 CW값을 저장할 변수를 선언한다.

```csharp
using System;
using System.Windows.Forms;
using Imechatronics.IoDevice;
using System.Drawing;

namespace Ex03
{
    public partial class Form1 : Form
    {
        // UCI 버스 생성기
        Io8255 IoDevice;

        //
        int nStep = 0;
        int[,] RoterStep = new int[2, 4] { { 0x05, 0x06, 0x0a, 0x09 }, { 0x09, 0x0A, 0x06, 0x05 } };

        //
        Label[] MotionGroup;
        Label[] RoterStepGroup;
```

③ 생성자에서 상태를 표시할 라벨 그룹 배열을 만들어 주고, 버스 생성기를 초기화하고 타이머를 시작한다.

```csharp
public Form1()
{
    InitializeComponent();

    // 라벨그룹을 만든다.
    MotionGroup = new Label[3] {label2, label3, label4};
    RoterStepGroup = new Label[4] { label6, label7, label8, label9 };

    // 버스생성기를 초기화 한다.
    IoDevice = new Io8255();
    IoDevice.UCIDrvInit();
    IoDevice.Outputb(3, 0x89);

    // 타이머를 시작한다.
    timer1.Start();
}
```

④ A+, B+, A-, B- 컨트롤을 출력 CW값의 배열을 분해하여 컨트롤의 텍스트 및 색상을 변경한다.

```csharp
void RotorPosLabel(int aInput)
{
    int[] Pos = IoDevice.ConvetByteToBit(aInput);

    for (int Index = 0; Index < 4; ++Index)
    {
        if (Pos[Index] == 1)
        {
            RoterStepGroup[Index].BackColor = Color.Red;
        }
        else
        {
            RoterStepGroup[Index].BackColor = Color.DarkGray;
        }
    }
}
```

⑤ 정방향, 역방향 이동, 정지 상태에 대한 컨트롤의 텍스트 및 색상을 변경한다. 인자 값 0은 정방향, 1은 역방향, 2는 정지를 활성화한다.

```csharp
void MotionState(int aIdx)
{

    for (int Index = 0; Index < 3; ++Index)
    {
```

```
        if (aIdx == Index)
        {
            MotionGroup[Index].BackColor = Color.Red;
        }
        else
        {
            MotionGroup[Index].BackColor = Color.DarkGray;
        }
    }
}
```

⑥ 입력 스위치 상태를 받아와 해당 상태에 맞게 MotionState() 메소드를 실행하여 모션 정보를
변경한다. 변경 신호는 DC 모터와 같다. 타이머 메소드가 반복 실행될 때마다 4방향 회전자
위치를 이동하여 UCI BUS에 미리 생성된 배열의 CW값을 출력하고, 해당 상태에 대한 컨트
롤 텍스트 및 색상을 변경한다.

```
private void timer1_Tick(object sender, EventArgs e)
{
    // 상태를 받아온다.
    int[] InputCheck = IoDevice.ConvetByteToBit(IoDevice.Inputb(2));

    if (InputCheck[0] == 1)
    {
        // 방향을 받아오고 방향에 맞는 스텝을 이동한다.
        int Dir = InputCheck[1];
        MotionState(Dir);

        IoDevice.Outputb(0, RoterStep[Dir, nStep]);
        RotorPosLabel(RoterStep[Dir, nStep]);

        // 이동스텝을 계산한다.
        nStep = (nStep + 1 == 4) ? 0 : nStep + 1;
    }
    else
    {
        MotionState(2);
    }
}
```

⑦ 프로그램에 대한 전체 소스이다.

```
using System;
using System.Windows.Forms;
using Imechatronics.IoDevice;
using System.Drawing;

namespace Ex03
{
```

(계속)

```csharp
public partial class Form1 : Form
{
    // UCI BUS
    Io8255 IoDevice;

    //
    int nStep = 0;
    int[,] RoterStep = new int[2, 4] { { 0x05, 0x06, 0x0a, 0x09 }, { 0x09, 0x0A, 0x06, 0x05 } };

    //
    Label[] MotionGroup;
    Label[] RoterStepGroup;


    public Form1()
    {
        InitializeComponent();

        // 라벨 그룹을 만든다.
        MotionGroup = new Label[3] { label2, label3, label4 };
        RoterStepGroup = new Label[4] { label6, label7, label8, label9 };

        // UCI BUS를 초기화한다.
        IoDevice = new Io8255();
        IoDevice.UCIDrvInit();
        IoDevice.Outputb(3, 0x89);

        // 타이머를 시작한다.
        timer1.Start();
    }

    void RotorPosLabel(int aInput)
    {
        int[] Pos = IoDevice.ConvetByteToBit(aInput);

        for (int Index = 0; Index < 4; ++Index)
        {
            if (Pos[Index] == 1)
            {
                RoterStepGroup[Index].BackColor = Color.Red;
            }
            else
            {
```

(계속)

```csharp
                    RoterStepGroup[Index].BackColor = Color.DarkGray;
                }
            }
        }

        void MotionState(int aIdx)
        {

            for (int Index = 0; Index < 3; ++Index)
            {
                if (aIdx == Index)
                {
                    MotionGroup[Index].BackColor = Color.Red;
                }
                else
                {
                    MotionGroup[Index].BackColor = Color.DarkGray;
                }
            }
        }

        private void timer1_Tick(object sender, EventArgs e)
        {

            int[] InputCheck = IoDevice.ConvetByteToBit(IoDevice.Inputb(2));

            if (InputCheck[0] == 1)
            {
                // 방향을 받아오고 방향에 맞는 스텝을 이동한다.
                int Dir = InputCheck[1];
                MotionState(Dir);

                IoDevice.Outputb(0, RoterStep[Dir, nStep]);
                RotorPosLabel(RoterStep[Dir, nStep]);

                // 이동 스텝을 계산한다.
                nStep = (nStep + 1 == 4) ? 0 : nStep + 1;
            }
            else
            {
                MotionState(2);
            }

        }
    }
}
```

4. 윈도우 폼 Stepping 모터 제어

(1) 개요

이번에는 윈도우 폼을 이용하여 입력받은 스위치 신호로 1-2상 여자 방식으로 Stepping 모터를 제어하도록 한다.

(2) 시나리오

이번 시나리오는 윈도우 폼을 이용하여 입력받은 스위치 신호로 1-2상 여자 방식으로 Stepping DC 모터를 제어하도록 한다. Stepping 모터의 회전자 위치 A상 B상 A-상 B+상의 상태를 컨트롤로 나타내도록 한다.

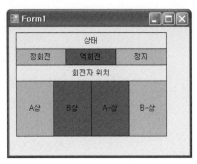

그림 4.91

(3) 프로젝트 생성 및 제어 예제

① 프로젝트 추가

01 visualstudio2010 프로그램을 실행하고, "파일 → 추가 → 프로젝트 추가"를 클릭한다.

02 새 프로젝트 추가 다이얼로그가 활성화되면 "WindowsForm 응용 프로그램"을 선택하고 프로젝트 이름을 선택한다.

03 예제에서는 프로젝트 이름을 Ex04로 만든다.

그림 4.92

② 프로젝트 참조파일 추가

01 솔루션 탐색기의 참조에서 마우스 오른쪽 버튼을 눌러 "참조 추가" 메뉴를 선택한다.

02 "C:/Program Files/IMechtronics" 폴더에 있는 "FTD2XX_NET.dll"과 "Imechatronics.dll" 파일을 "참조"에 등록한다.

(4) C# 폼 컨트롤 구성

해당 컨트롤 속성표대로 그림 4.93과 같이 폼에 컨트롤을 만든다.

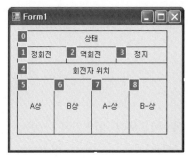

그림 4.93

표 4.34

번호	타입	위치	크기	속성	폰트	Text
0	Label	12, 9	257, 28	가운데 정렬	9pt	상태
1	Label	12, 36	86, 28	가운데 정렬	9pt	정회전
2	Label	97, 36	86, 28	가운데 정렬	9pt	역회전
3	Label	182, 36	86, 28	가운데 정렬	9pt	정지
4	Label	12, 63	257, 28	가운데 정렬	9pt	회전자 위치
5	Label	12, 90	65, 93	가운데 정렬	9pt	A상
6	Label	76, 90	65, 93	가운데 정렬	9pt	B상
7	Label	140, 90	65, 93	가운데 정렬	9pt	A－상
8	Label	204, 90	65, 93	가운데 정렬	9pt	B－상
9	Timer	－	－	시간 : 1	－	－

(5) IO 장비 매핑

8255 보드를 이용하여 스테핑 모터를 제어하기 위해서는 매핑을 통해서 연결해 주어야 한다. 표 4.35와 같이 장비의 매핑을 실시하고 역할을 수행한다.

표 4.35

디바이스	포트	타입	위치	연동 장비	역할(On)	역할(Off)
1	A	출력	1~4	스테핑 모터	모터 운전	모터 운전
1	C	입력	1~4	스위치	－	－

연결의 8255 포트 A의 4개 비트를 첫 번째 스테핑 모터에 결선한다. 이후 전원 공급을 위해 +24 V를 적색에, +5 V 전원을 백색에, － 전원을 흑색에 연결한다. 이후 스테핑 모터 결선을 순서대로 A, ACom, A－, B, BCom, B－로 결선을 마무리한다.

그림 4.94

(6) Form 인터페이스 등록 및 프로그램 구현

① 8255 보드를 이용하여 장비를 제어하기 위해서 UCI BUS의 제어 코드와 Window Form Control을 연결한다. 먼저 소스를 수정하기 위해 솔루션 탐색기 Ex03의 Form1.cs 파일에서 마우스 오른쪽 버튼을 눌러 팝업 메뉴 "코드 보기"를 클릭한다.

② UCI BUS를 사용하기 위해서 Imechatronics.IoDevice 네임스페이스를 추가하고, 멤버 변수에 버스 생성기 및 타이머 메소드 작동 시 수행할 스텝 변수, 회전축이 스텝별로 움직일 CW 값을 저장할 변수를 선언한다.

```csharp
using System;
using System.Windows.Forms;
using Imechatronics.IoDevice;
using System.Drawing;

namespace Ex04
{
    public partial class Form1 : Form
    {
        // UCI 버스 생성기
        Io8255 IoDevice;

        //
        int nStep = 0;
        int[,] RoterStep = new int[2, 8]
        {
            { 0x01, 0x05, 0x04, 0x06, 0x02, 0x0a, 0x08, 0x09 },
            { 0x09, 0x08, 0x0A, 0x02, 0x06, 0x04, 0x05, 0x01 }
        };

        // 라벨 컨트롤 그룹
        Label[] MotionGroup;
        Label[] RoterStepGroup;
```

③ 생성자에서 상태를 표시할 라벨 그룹 배열을 만들어 주고, 버스 생성기를 초기화하고 타이머를 시작한다.

```
public Form1()
{
    InitializeComponent();

    // 라벨그룹을 만든다.
    MotionGroup = new Label[3] {label2, label3, label4};
    RoterStepGroup = new Label[4] { label6, label7, label8, label9 };

    // 버스생성기를 초기화 한다.
    IoDevice = new IoB255();
    IoDevice.UCIDrvInit();
    IoDevice.Outputb(3, 0x89);

    // 타이머를 시작한다.
    timer1.Start();
}
```

④ A+, B+, A−, B− 컨트롤을 출력 CW값의 배열을 분해하여 컨트롤의 텍스트 및 색상을 변경한다.

```
void RotorPosLabel(int aInput)
{
    int[] Pos = IoDevice.ConvetByteToBit(aInput);

    for (int Index = 0; Index < 4; ++Index)
    {
        if (Pos[Index] == 1)
        {
            RoterStepGroup[Index].BackColor = Color.Red;
        }
        else
        {
            RoterStepGroup[Index].BackColor = Color.DarkGray;
        }
    }
}
```

⑤ 정방향, 역방향 이동, 정지 상태에 대한 컨트롤의 텍스트 및 색상을 변경한다. 인자 값 0은 정방향, 1은 역방향, 2는 정지를 활성화한다.

```
void MotionState(int aIdx)
{
    for (int Index = 0; Index < 3; ++Index)
    {
```

```
            if (aIdx == Index)
            {
                MotionGroup[Index].BackColor = Color.Red;
            }
            else
            {
                MotionGroup[Index].BackColor = Color.DarkGray;
            }
        }
    }
```

⑥ 입력 스위치 상태를 받아와 해당 상태에 맞게 MotionState() 메소드를 실행하여 모션 정보를 변경한다. 변경 신호는 DC 모터와 같다. 타이머 메소드를 반복 실행될 때마다 8방향 회전자 위치를 이동하여 UCI BUS에 미리 생성된 배열의 CW값을 출력하고, 해당 상태에 대한 컨트롤 텍스트 및 색상을 변경한다.

```
private void timer1_Tick(object sender, EventArgs e)
{
    int[] InputCheck = IoDevice.ConvetByteToBit(IoDevice.Inputb(2));

    if (InputCheck[0] == 1)
    {

        // 방향을 받아오고 방향에 맞는 스텝을 이동한다.
        int Dir = InputCheck[1];
        MotionState(Dir);

        IoDevice.Outputb(0, RoterStep[Dir, nStep]);
        RotorPosLabel(RoterStep[Dir, nStep]);

        // 이동스텝을 계산한다.
        nStep = (nStep + 1 == 8) ? 0 : nStep + 1;
    }
    else
    {
        MotionState(2);
    }
}
```

⑦ 프로그램에 대한 전체 소스이다.

```
using System;
using System.Windows.Forms;
using Imechatronics.IoDevice;
using System.Drawing;

namespace Ex04
{
```

(계속)

```csharp
public partial class Form1 : Form
{
    // UCI BUS
    Io8255 IoDevice;

    //
    int nStep = 0;
    int[,] RoterStep = new int[2, 8]
    {
        { 0x01, 0x05, 0x04, 0x06, 0x02, 0x0a, 0x08, 0x09 },
        { 0x09, 0x08, 0x0A, 0x02, 0x06, 0x04, 0x05, 0x01 }
    };

    // 라벨 컨트롤 그룹
    Label[] MotionGroup;
    Label[] RoterStepGroup;

    public Form1()
    {
        InitializeComponent();

        // 라벨 그룹을 만든다.
        MotionGroup = new Label[3] { label2, label3, label4 };
        RoterStepGroup = new Label[4] { label6, label7, label8, label9 };

        // 버스 생성기를 초기화한다.
        IoDevice = new Io8255();
        IoDevice.UCIDrvInit();
        IoDevice.Outputb(3, 0x89);

        // 타이머를 시작한다.
        timer1.Start();
    }

    void RotorPosLabel(int aInput)
    {
        int[] Pos = IoDevice.ConvetByteToBit(aInput);

        for (int Index = 0; Index < 4; ++Index)
        {
            if (Pos[Index] == 1)
            {
                RoterStepGroup[Index].BackColor = Color.Red;
            }
            else
```

(계속)

```
            {
                RoterStepGroup[Index].BackColor = Color.DarkGray;
            }
        }
    }

    void MotionState(int aIdx)
    {

        for (int Index = 0; Index < 3; ++Index)
        {
            if (aIdx == Index)
            {
                MotionGroup[Index].BackColor = Color.Red;
            }
            else
            {
                MotionGroup[Index].BackColor = Color.DarkGray;
            }
        }
    }

    private void timer1_Tick(object sender, EventArgs e)
    {
        int[] InputCheck = IoDevice.ConvetByteToBit(IoDevice.Inputb(2));

        if (InputCheck[0] == 1)
        {

            // 방향을 받아오고 방향에 맞는 스텝을 이동한다.
            int Dir = InputCheck[1];
            MotionState(Dir);

            IoDevice.Outputb(0, RoterStep[Dir, nStep]);
            RotorPosLabel(RoterStep[Dir, nStep]);

            // 이동 스텝을 계산한다.
            nStep = (nStep + 1 == 8) ? 0 : nStep + 1;
        }
        else
        {
            MotionState(2);
        }
    }
}
}
```

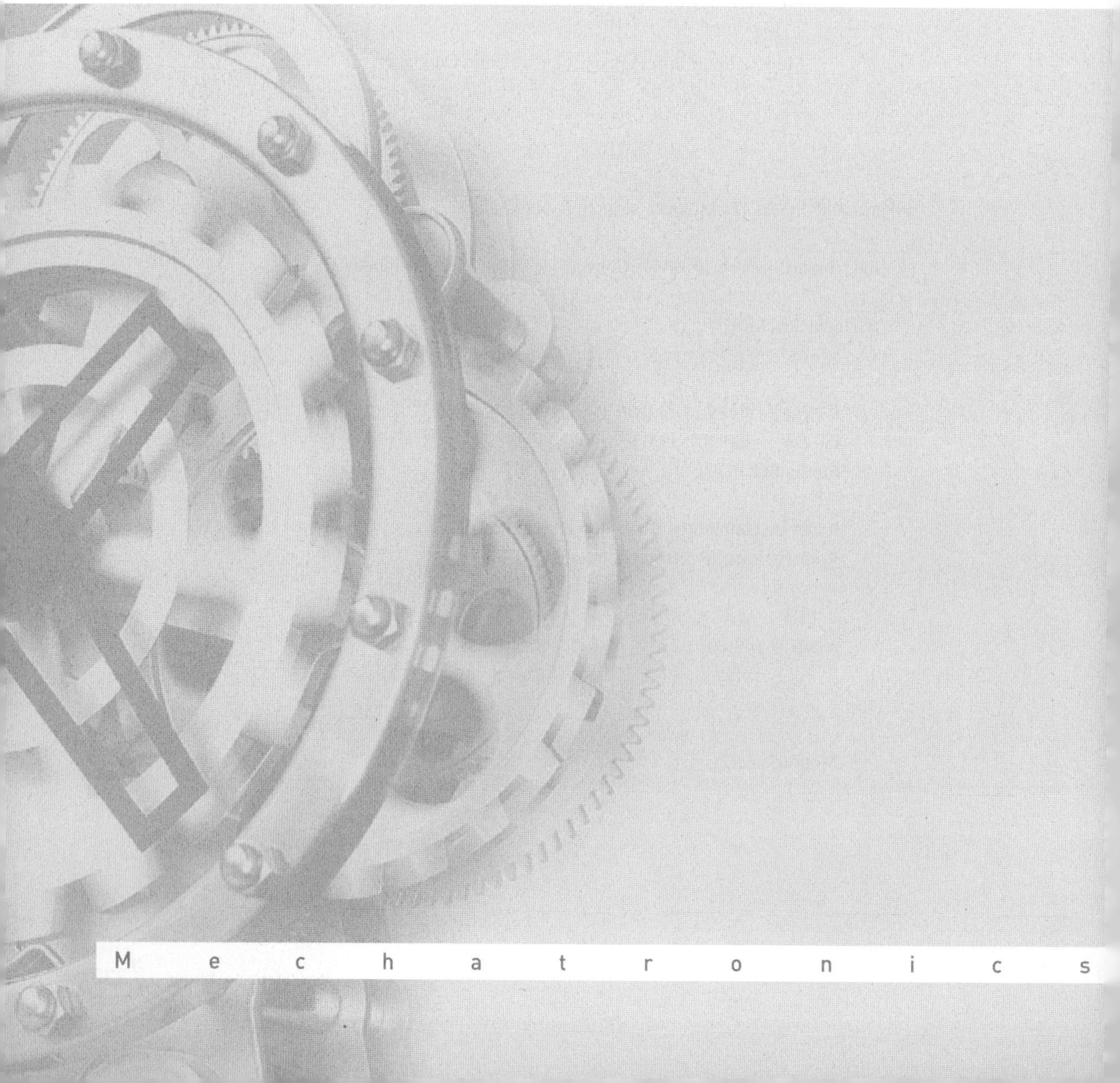
M e c h a t r o n i c s

PART

02

Engineering

5 | 공압 실린더 제어

1 실린더 구동(A+, B+, A−, B−)

1. 개요

이번에는 GPIO를 이용해 PC에서 실린더를 구동할 수 있도록 하여, 시작 버튼을 On/Off 하면 다음과 같은 동작이 실행될 수 있도록 하겠다.

2. 시나리오

이번 시나리오는 그림 5.1과 같이 공압 실린더 2개를 1사이클 동작 시퀀스와 같이 동작하도록 배선하고 프로그램한 다음 구동하는 것이다.

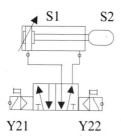
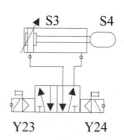

※ 1사이클 동작 시퀀스 : A+ , B+ , A− , B−

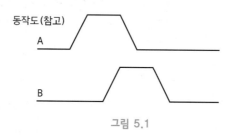

그림 5.1

3. C# 폼 컨트롤 구성

해당 컨트롤 속성표대로 그림 5.2와 같이 폼에 컨트롤을 만든다.

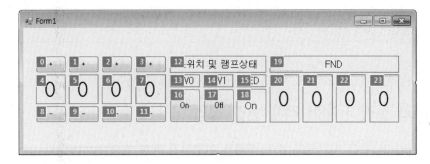

그림 5.2

표 5.1

번호	타입	위치	크기	속성	폰트	Text
0	Button	15, 62	52, 28	가운데 정렬	9pt	+
1	Button	72, 62	52, 28	가운데 정렬	9pt	+
2	Button	129, 62	52, 28	가운데 정렬	9pt	+
3	Button	187, 62	52, 28	가운데 정렬	9pt	+
4	Label	15, 93	52, 28	가운데 정렬	26pt	0
5	Label	72, 93	52, 28	가운데 정렬	26pt	0
6	Label	129, 93	52, 28	가운데 정렬	26pt	0
7	Label	187, 93	52, 28	가운데 정렬	26pt	0
8	Button	15, 145	52, 28	가운데 정렬	9pt	−
9	Button	72, 145	52, 28	가운데 정렬	9pt	−
10	Button	129, 145	52, 28	가운데 정렬	9pt	−
11	Button	187, 145	52, 28	가운데 정렬	9pt	−
12	Label	243, 31	222, 28	가운데 정렬	9pt	스위치 및 램프 상태
13	Label	244, 64	51, 21	가운데 정렬	12pt	SW0
14	Label	301, 64	51, 21	가운데 정렬	12pt	SW1
15	Label	415, 64	51, 21	가운데 정렬	12pt	Led
16	Button	244, 93	52, 56	가운데 정렬	9pt	On
17	Button	301, 93	52, 56	가운데 정렬	9pt	On
18	Label	415, 93	52, 56	가운데 정렬	9pt	
19	Label	474, 31	223, 28	가운데 정렬	12pt	시간 FND
20	Label	473, 62	51, 87	가운데 정렬	26pt	0

(계속)

번호	타입	위치	크기	속성	폰트	Text
21	Label	530, 62	51, 87	가운데 정렬	26pt	0
22	Label	587, 62	51, 87	가운데 정렬	26pt	0
23	Label	645, 62	51, 87	가운데 정렬	26pt	0
24	Timer	–	–	시간 : 10	–	–

4. Form과 실린더 제어 객체 연결 작업

다음은 Form과 공압 실린더의 제어 객체를 연결하기 위한 작업을 수행한다.

(1) 반복 횟수 증가 카운트 설정

현재 반복 횟수를 늘리는 버튼을 작동하기 위해 컨트롤에 Click 이벤트를 처리할 메소드를 만들고 해당 메소드를 클릭햇을 때 데이터를 처리할 메소드를 생성한다.

그림 5.3

```
    private void button1_Click(object sender, EventArgs e)
    {
        CalcRepatCount(1000);
    }

    private void button2_Click(object sender, EventArgs e)
    {
        CalcRepatCount(100);
    }

    private void button3_Click(object sender, EventArgs e)
    {
        CalcRepatCount(10);
    }

    private void button4_Click(object sender, EventArgs e)
    {
        CalcRepatCount(1);
    }

    // 뷰에서 받아온 반복 설정값을 가공하는 함수
    public void CalcRepatCount(int aCount)
    {
        int nCount = m_pMachineIo.m_nRepeatCnt;
        nCount = (nCount + aCount > 0) ? nCount + aCount : 0;
```

```
    m_pMachineIo.m_nRepeatCnt = nCount;
    DisplayRepeatCnt(nCount);
}

// 가공된 반복설정값을 뷰에 적용하는 함수
public void DisplayRepeatCnt(int aCount)
{
    label1.Text = ((int)(Math.Floor((double)aCount / 1000.0)) % 10).ToString();
    label2.Text = ((int)(Math.Floor((double)aCount / 100.0)) % 10).ToString();
    label3.Text = ((int)(Math.Floor((double)aCount / 10.0)) % 10).ToString();
    label4.Text = ((int)(Math.Floor((double)aCount / 1.0)) % 10).ToString();
}
```

(2) 반복 횟수 감소 카운트 설정

현재 반복 횟수를 늘리는 버튼을 작동하기 위해 컨트롤에 Click 이벤트를 처리할 메소드를 만들고 해당 메소드를 클릭했을 때 데이터를 처리할 메소드를 생성한다.

그림 5.4

```
private void button1_Click(object sender, EventArgs e)
{
    CalcRepatCount(1000);
}

private void button2_Click(object sender, EventArgs e)
{
    CalcRepatCount(100);
}

private void button3_Click(object sender, EventArgs e)
{
    CalcRepatCount(10);
}

private void button4_Click(object sender, EventArgs e)
{
    CalcRepatCount(1);
}

// 뷰에서 받아온 반복 설정값을 가공하는 함수
public void CalcRepatCount(int aCount)
{
    int nCount = m_pMachineIo.m_nRepeatCnt;
    nCount = (nCount + aCount > 0) ? nCount + aCount : 0;

    m_pMachineIo.m_nRepeatCnt = nCount;
    DisplayRepeatCnt(nCount);
}
```

```
// 가공된 반복설정값을 뷰에 적용하는 함수
public void DisplayRepeatCnt(int aCount)
{
    label1.Text = ((int)(Math.Floor((double)aCount / 1000.0)) % 10).ToString();
    label2.Text = ((int)(Math.Floor((double)aCount / 100.0)) % 10).ToString();
    label3.Text = ((int)(Math.Floor((double)aCount / 10.0)) % 10).ToString();
    label4.Text = ((int)(Math.Floor((double)aCount / 1.0)) % 10).ToString();
}
```

(3) 실린더 작동 정지를 위한 버튼 설정

시작, 종료 스위치 역할을 담당하는 컨트롤에 클릭 이벤트를 생성하고 시작, 종료 메소드를 등록한다.

그림 5.5

```
private void button9_Click(object sender, EventArgs e)
{
    m_pMachineIo.Start();
}

private void button10_Click(object sender, EventArgs e)
{
    m_pMachineIo.Stop();
}
```

(4) 반복 횟수 표시 라벨 설정

반복 위치를 표시해야할 라벨 컨트롤 11~14번의 텍스트를 수정하기 위한 메소드를 만들고, 해당 숫자 4자리를 표시할 수 있도록 작성하였다.

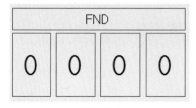

그림 5.6

```
// 모델에서 받은 현제 반복횟수를 뷰에 적용하는 함수
public void DisplayCount(int aCount)
{
    label11.Text = ((int)(Math.Floor((double)aCount / 1000.0)) % 10).ToString();
    label12.Text = ((int)(Math.Floor((double)aCount / 100.0)) % 10).ToString();
    label13.Text = ((int)(Math.Floor((double)aCount / 10.0)) % 10).ToString();
    label14.Text = ((int)(Math.Floor((double)aCount / 1.0)) % 10).ToString();
}
```

(5) Form1의 전체 소스는 다음과 같다.

```
using System;
using System.Windows.Forms;
using Imechatronics;
using System.Drawing;

namespace Ex01
{
    public partial class Form1 : Form
    {

        public MachineIo m_pMachineIo;
        CpuTimer m_pTimer;

        public Form1()
        {
            InitializeComponent();

            // 컨트롤을 담당할 FrameWork 객체를 생성한다.
            m_pMachineIo = new MachineIo(this);

            m_pTimer = new CpuTimer();
            timer1.Start();
        }

        private void button1_Click(object sender, EventArgs e)
        {
            CalcRepatCount(1000);
        }
```

(계속)

```csharp
    private void button2_Click(object sender, EventArgs e)
    {
        CalcRepatCount(100);
    }

    private void button3_Click(object sender, EventArgs e)
    {
        CalcRepatCount(10);
    }

    private void button4_Click(object sender, EventArgs e)
    {
        CalcRepatCount(1);
    }

    private void button5_Click(object sender, EventArgs e)
    {
        CalcRepatCount( - 1000);
    }

    private void button6_Click(object sender, EventArgs e)
    {
        CalcRepatCount( - 100);
    }

    private void button7_Click(object sender, EventArgs e)
    {
        CalcRepatCount( - 10);
    }

    private void button8_Click(object sender, EventArgs e)
    {
        CalcRepatCount( - 1);
    }

    private void button9_Click(object sender, EventArgs e)
    {
        m_pMachineIo.Start();
    }

    private void button10_Click(object sender, EventArgs e)
    {
```

(계속)

```
        m_pMachineIo.Stop();
}

private void timer1_Tick(object sender, EventArgs e)
{
        m_pMachineIo.InputCollection();
        m_pMachineIo.Update(m_pTimer.Duration());
}

// 뷰에서 받아온 반복 설정값을 가공하는 함수
public void CalcRepatCount(int aCount)
{
        int nCount = m_pMachineIo.m_nRepeatCnt;
        nCount = (nCount + aCount > 0) ? nCount + aCount : 0;

        m_pMachineIo.m_nRepeatCnt = nCount;
        DisplayRepeatCnt(nCount);
}

// 가공된 반복 설정값을 뷰에 적용하는 함수
public void DisplayRepeatCnt(int aCount)
{
        label1.Text = ((int)(Math.Floor((double)aCount / 1000.0)) % 10).ToString();
        label2.Text = ((int)(Math.Floor((double)aCount / 100.0)) % 10).ToString();
        label3.Text = ((int)(Math.Floor((double)aCount / 10.0)) % 10).ToString();
        label4.Text = ((int)(Math.Floor((double)aCount / 1.0)) % 10).ToString();
}

// 모델에서 받은 현재 반복 횟수를 뷰에 적용하는 함수
public void DisplayCount(int aCount)
{
        label11.Text = ((int)(Math.Floor((double)aCount / 1000.0)) % 10).ToString();
        label12.Text = ((int)(Math.Floor((double)aCount / 100.0)) % 10).ToString();
        label13.Text = ((int)(Math.Floor((double)aCount / 10.0)) % 10).ToString();
        label14.Text = ((int)(Math.Floor((double)aCount / 1.0)) % 10).ToString();
}

// 모델에서 받은 동작 상태를 뷰에 출력하는 함수
public void NotifryStateSwitch(MachineState aState)
{
        if (aState == MachineState.MACHINESTATE_START)
        {
```

(계속)

```
                    label9.Text = "On";
                    label9.BackColor = Color.Red;
                }
            else
                {
                    label9.Text = "Off";
                    label9.BackColor = Color.White;
                }
            }
        }
    }
```

(6) 공압 실린더 IO 신호 정리

다음은 공압 실린더를 제어하기 위한 IO 신호를 정리하고 해당 센서가 작동할 수 있도록 프로그램을 작성하도록 한다.

① IO 신호 정리

이번 예제를 실습하면서 필요한 신호는 다음 표와 같다.

표 5.2 **입력 타입**

순번	포트	연동 장비	역할(On)	역할(Off)
1	B	실린더 A	S1(실린더 A 후진 위치)	후진 위치의 센서 입력 신호
2	B	실린더 A	S2(실린더 A 전진 위치)	전진 위치의 센서 입력 신호
3	B	실린더 B	S3(실린더 B 후진 위치)	후진 위치의 센서 입력 신호
4	B	실린더 B	S4(실린더 B 전진 위치)	전진 위치의 센서 입력 신호

표 5.3 **출력 타입**

순번	포트	연동 장비	역할(On)	역할(Off)
1	A	실린더 A	Y21(실린더 A 전진)	양솔 전진 솔레노이드 신호
2	A	실린더 A	Y22(실린더 A 후진)	양솔 후진 솔레노이드 신호
3	A	실린더 B	Y23(실린더 B 전진)	양솔 전진 솔레노이드 신호
4	A	실린더 B	Y24(실린더 B 후진)	양솔 후진 솔레노이드 신호

(7) MachineIo 클래스에 작성

Model 역할을 담당할 MachineIo 클래스를 작성해 보도록 한다.

① 사용할 상태 열거형 정의

장비 동작을 위한 Sol 벨브 상태, 머신 동작 상태를 지정한다.

```
enum SolState
{
    SOLSTATE_OFFING,        // OFF 변경중인 상태
    SOLSTATE_OFF,           // OFF 상태
    SOLSTATE_ONING,
    SOLSTATE_ON,
};

public enum MachineState
{
    MACHINESTATE_START,
    MACHINESTATE_PLAY,
    MACHINESTATE_END,
    MACHINESTATE_STOP,
};
```

② 사용할 멤버 변수 선언

공통적으로 사용할 멤버 변수를 선언한다.

```
public class MachineIo
{
    Io8255 m_pIoDevice;            // 8255Io장비 /
    Form1 m_pOwner;                // 컨트롤 객체 위치 기록

    int m_nMotionState;           // 실린더 움직임을 기록
    double m_fTime;               // 머신의 동작시작을 기록

    MachineState m_enMachineState;  // 머신 동작 상태 변수

    SolState m_enSolState1;        // 솔벨브 상태를 저장하는 변수
    SolState m_enSolState2;        // 솔벨브 상태를 저장하는 변수
    SolState m_enSolState3;        // 솔벨브 상태를 저장하는 변수

    // Io 입출력 변수
    int m_nIoInput;               // 3번포트 Input버퍼
    int m_nIoOutput;              // 1번포트 Output버퍼

    public int m_nRepeatCnt;      // 설정된반복 카운트
    public int m_nCurRepeatCount; // 현제 반복 카운트
```

③ 생성자, 소멸자

8255IO 장비의 설정을 초기화하는 생성자와 소멸자를 만들고 IO 및 횟수 카운트를 초기화한다.

```csharp
public MachineIo(Form1 aOwner)
{

    // 부모객체 주소 저장
    m_pOwner = aOwner;

    // 드라이버를 초기화
    m_pIoDevice = new Io8255();
    m_pIoDevice.UCIDrvInit();
    m_pIoDevice.Outputb(3, 0x8b);


    // 반복 카운트를 초기화
    m_nRepeatCnt = 0;
    m_nCurRepeatCount = 0;

    Stop();
}

~MachineIo()
{
    m_pIoDevice.UCIDrvClose();
}
```

④ 실린더 동작의 시작과 종료를 알리는 함수 생성

실린더 동작의 시작과 종료를 알리는 Start(), Stop함수를 생성한다. StateChange()함수를 이용하여 상태를 변경한다.

```csharp
// IO신호를 리셋한다.
public void Start()
{
    // 머신의 시작상태 변경전 변경사항을 적용한다.
    StateChange(MachineState.MACHINESTATE_START);
}

public void Stop()
{
    StateChange(MachineState.MACHINESTATE_STOP);
}
```

⑤ Sol 밸브 상태를 계산하여 IO 출력 신호를 실린더 동작의 시작과 종료를 알리는 Start(), Stop함수를 생성한다. StateChange()함수를 이용하여 상태를 변경한다.

```csharp
public void StateCalc()
{
    // 초기 상태
    m_nIoOutput = 0x00;
```

```
    if (m_enSolState1 == SolState.SOLSTATE_ONING)
    {
        m_nIoOutput |= 0x01;
    }
    else if (m_enSolState1 == SolState.SOLSTATE_OFFING)
    {
        m_nIoOutput |= 0x02;
    }
    if (m_enSolState2 == SolState.SOLSTATE_ONING)
    {
        m_nIoOutput |= 0x04;
    }
    else if (m_enSolState2 == SolState.SOLSTATE_OFFING)
    {
        m_nIoOutput |= 0x08;
    }
    if (m_enSolState3 == SolState.SOLSTATE_ONING
        || m_enSolState3 == SolState.SOLSTATE_ON)
    {
        m_nIoOutput |= 0x10;
    }

    // 실린더 제어상태를 보내준다.
    m_pIoDevice.Outputb(0, m_nIoOutput);
}
```

⑥ 실린더의 상태 변경을 처리할 변수 생성

실린더 동작의 시작과 종료를 알리는 Start(), Stop함수를 생성한다.

```
public void StateChange(MachineState aState)
{
    if (aState == MachineState.MACHINESTATE_START)
    {
        // 현제 카운트를 초기화 하고 Play상태로변경
        m_nCurRepeatCount = 0;
        StateChange(MachineState.MACHINESTATE_PLAY);
    }
    else if (aState == MachineState.MACHINESTATE_PLAY)
    {
        // Sol벨브를 Off상태로 변경한다.
        m_enSolState1 = SolState.SOLSTATE_OFF;
        m_enSolState2 = SolState.SOLSTATE_OFF;
        m_enSolState3 = SolState.SOLSTATE_OFF;
        StateCalc();

        // 모션상태 및 동작시간을 초기화 한다.
        m_nMotionState = 0;
        m_fTime = 0.0;

        // 뷰의 상태스위치라벨을 변경한다.
        m_pOwner.NotifryStateSwitch(MachineState.MACHINESTATE_PLAY);
```

```
        }
        else if (aState == MachineState.MACHINESTATE_END)
        {
            m_pOwner.DisplayCount(++m_nRepeatCnt);
            if (m_nCurRepeatCount >= m_nRepeatCnt)
            {
                StateChange(MachineState.MACHINESTATE_STOP);
            }
            else
            {
                // 시작 상태로 되돌린다.
                StateChange(MachineState.MACHINESTATE_PLAY);
            }
        }
        else if (aState == MachineState.MACHINESTATE_STOP)
        {
            // 머신상태를 멈춘다.
            m_enMachineState = MachineState.MACHINESTATE_STOP;

            // 솔벨브를 수축상태로 변경한다.
            m_enSolState1 = SolState.SOLSTATE_OFFING;
            m_enSolState2 = SolState.SOLSTATE_OFFING;
            m_enSolState3 = SolState.SOLSTATE_OFFING;
            StateCalc();

            // 뷰의 상태스위치라벨을 변경한다.
            m_pOwner.NotifryStateSwitch(MachineState.MACHINESTATE_STOP);
        }

    }
```

⑦ 실린더의 상태 변경을 처리할 변수 생성

실린더 동작의 시작과 종료를 알리는 Start(), Stop함수를 생성한다.

```
    public void InputCollection()
    {
        // 컨트롤 비트를 받아온다.
        m_nIoInput = m_pIoDevice.Inputb(1);
        InputCheck();
    }


public void InputCheck()
{
    bool Result = false;
    if (m_enSolState1 == SolState.SOLSTATE_ONING && (m_nIoInput & 0x02) == 0)
    {
        Result = true;
        m_enSolState1 = SolState.SOLSTATE_ON;
```

```
    }
    else if (m_enSolState1 == SolState.SOLSTATE_OFFING && (m_nIoInput & 0x01) == 0)
    {
        Result = true;
        m_enSolState1 = SolState.SOLSTATE_OFF;
    }

    if (m_enSolState2 == SolState.SOLSTATE_ONING && (m_nIoInput & 0x08) == 0)
    {
        Result = true;
        m_enSolState2 = SolState.SOLSTATE_ON;
    }
    else if (m_enSolState2 == SolState.SOLSTATE_OFFING && (m_nIoInput & 0x04) == 0)
    {
        Result = true;
        m_enSolState2 = SolState.SOLSTATE_OFF;
    }

    if (m_enSolState3 == SolState.SOLSTATE_ONING && (m_nIoInput & 0x10) == 0)
    {
        Result = true;
        m_enSolState3 = SolState.SOLSTATE_ON;
    }
    else if (m_enSolState3 == SolState.SOLSTATE_OFFING && (m_nIoInput & 0x10) != 0)
    {
        Result = true;
        m_enSolState3 = SolState.SOLSTATE_OFF;
    }

    // 변경결과가 있으면 출력을 수행한다.
    if (Result == true)
    {
        StateCalc();
    }
}
```

(8) MachineIO 클래스에 Update 설정

실린더 운동의 동작 차트를 6개의 구간으로 나누어서 동작이 시작하는 동작 시간, 동작 조건, 동작 방법으로 나누어서 다음과 같이 표와 동작 차트로 정의하였다.

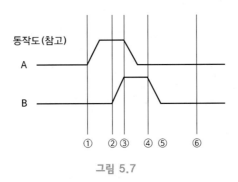

그림 5.7

표 5.4

동작 번호	동작 시간	동작 조건	동작
1	1초	실린더 A Off, 실린더 B Off	실린더 A Oning
2	3초	실린더 A On, 실린더 B Off	실린더 B Oning
3	–	실린더 A On, 실린더 B On	실린더 A Offing
4	4초	실린더 A Off, 실린더 B On	실린더 B Offing
5	5초	실린더 A Off, 실린더 B Off	End 상태 변경

① Update()

이제 Update()함수의 시작 상태에서 동작하는 방법은 다음 예제와 같이 동작 번호별로 작동을 할 수 있도록 나누어 작동을 테스트한다.

```
                    // 동작을 시작한지 4초가 되면 2번 실린더 Off
                    else if (m_enSolState1 == SolState.SOLSTATE_OFF && m_enSolState2 == SolState.SOLSTATE_ON
                        && m_fTime > 3.0 && m_nMotionState == 3)
                    {

                        m_enSolState2 = SolState.SOLSTATE_OFFING;
                        StateCalc();

                        m_nMotionState = 4;
                    }
                    // 동작이 시작한지 5초기 되면 실린더 상태를 확인하고 End상태로 상태변경
                    else if (m_enSolState1 == SolState.SOLSTATE_OFF && m_enSolState2 == SolState.SOLSTATE_OFF
                        && m_fTime > 4.0 && m_nMotionState == 4)
                    {
                        StateChange(MachineState.MACHINESTATE_END);
                    }

                }
            }

        // 상태에 따른 변화
        public void Update(double aTime)
        {
            // 현제 시간을 더해준다.
            m_fTime += aTime;

            if (m_enMachineState == MachineState.MACHINESTATE_PLAY)
            {
                // 동작을 시작한지 1초후에 1번실린더 On
                if (m_enSolState1 == SolState.SOLSTATE_OFF && m_enSolState2 == SolState.SOLSTATE_OFF
                    && m_fTime > 1.0 && m_nMotionState == 0)
                {
                    m_enSolState1 = SolState.SOLSTATE_ONING;
                    StateCalc();

                    m_nMotionState = 1;
                }
                // 동작을 시작한지 2초후에 2번 실린더 On
                else if (m_enSolState1 == SolState.SOLSTATE_ON && m_enSolState2 == SolState.SOLSTATE_OFF
                    && m_fTime > 2.0 && m_nMotionState == 1)
                {
                    m_enSolState2 = SolState.SOLSTATE_ONING;
                    StateCalc();
```

```
                m_nMotionState = 2;
        }
        // 2번실린더가 On되면 1번실린더는 Off
        else if (m_enSolState1 == SolState.SOLSTATE_ON && m_enSolState2 == SolState.SOLSTATE_ON
            && m_nMotionState == 2)
        {
            m_enSolState1 = SolState.SOLSTATE_OFFING;
            StateCalc();

            m_nMotionState = 3;

        }
```

② **MachineIo 클래스에 대한 내용은 다음과 같다.**

```
using Imechatronics.IoDevice;
using System.Threading;

namespace Ex01
{

    enum SolState
    {
            SOLSTATE_Offing,                // Off 변경 중인 상태
            SOLSTATE_Off,                   // Off 상태
            SOLSTATE_Oning,
            SOLSTATE_On,
    };

    public enum MachineState
    {
            MACHINESTATE_START,
        MACHINESTATE_PLAY,
            MACHINESTATE_END,
            MACHINESTATE_STOP,
    };

    public class MachineIo
    {
        Io8255 m_pIoDevice;             // 8255Io 장비 /
        Form1 m_pOwner;                 // 컨트롤 객체 위치 기록
        int m_nMotionState;             // 실린더 움직임을 기록
        double m_fTime;                 // 머신의 동작 시작을 기록
```

(계속)

```csharp
MachineState m_enMachineState;          // 머신 동작 상태 변수

SolState m_enSolState1;                  // 솔벨브 상태를 저장하는 변수
SolState m_enSolState2;                  // 솔벨브 상태를 저장하는 변수
SolState m_enSolState3;                  // 솔벨브 상태를 저장하는 변수

// Io 입출력 변수
int m_nIoInput;                         // 3번 포트 Input 버퍼
int m_nIoOutput;                        // 1번 포트 Output 버퍼

public int m_nRepeatCnt;                // 설정된 반복 카운트
public int m_nCurRepeatCount;           // 현재 반복 카운트

public MachineIo(Form1 aOwner)
{

    // 부모 객체 주소 저장
    m_pOwner = aOwner;

    // 드라이버를 초기화
    m_pIoDevice = new Io8255();
    m_pIoDevice.UCIDrvInit();
    m_pIoDevice.Outputb(3, 0x8b);

    // 반복 카운트를 초기화
    m_nRepeatCnt = 0;
    m_nCurRepeatCount = 0;

    Stop();
}

~MachineIo()
{
    m_pIoDevice.UCIDrvClose();
}

// IO 신호를 리셋한다.
public void Start()
{
    // 머신의 시작 상태 변경 전 변경 사항을 적용한다.
    StateChange(MachineState.MACHINESTATE_START);
```

(계속)

```
    }

    public void Stop()
    {
        StateChange(MachineState.MACHINESTATE_STOP);
    }

    public void StateCalc()
    {
        // 초기 상태
        m_nIoOutput = 0x00;

        if (m_enSolState1 == SolState.SOLSTATE_ONING)
        {
            m_nIoOutput |= 0x01;
        }
        else if (m_enSolState1 == SolState.SOLSTATE_OFFING)
        {
            m_nIoOutput |= 0x02;
        }
        if (m_enSolState2 == SolState.SOLSTATE_ONING)
        {
            m_nIoOutput |= 0x04;
        }
        else if (m_enSolState2 == SolState.SOLSTATE_OFFING)
        {
            m_nIoOutput |= 0x08;
        }
        if (m_enSolState3 == SolState.SOLSTATE_ONING
            || m_enSolState3 == SolState.SOLSTATE_ON)
        {
            m_nIoOutput |= 0x10;
        }

        // 실린더 제어 상태를 보내 준다.
        m_pIoDevice.Outputb(0, m_nIoOutput);
    }

    public void StateChange(MachineState aState)
    {
        if (aState == MachineState.MACHINESTATE_START)
```

(계속)

```
    {
        // 현재 카운트를 초기화하고 Play 상태로 변경
        m_nCurRepeatCount = 0;
        StateChange(MachineState.MACHINESTATE_PLAY);
    }
    else if (aState == MachineState.MACHINESTATE_PLAY)
    {
        m_enMachineState = aState;

        // Sol 벨브를 Off 상태로 변경한다.
        m_enSolState1 = SolState.SOLSTATE_Off;
        m_enSolState2 = SolState.SOLSTATE_Off;
        m_enSolState3 = SolState.SOLSTATE_Off;
        StateCalc();

        // 모션 상태 및 동작 시간을 초기화한다.
        m_nMotionState = 0;
        m_fTime = 0.0;

        // 뷰의 상태 스위치 라벨을 변경한다.
        m_pOwner.NotifryStateSwitch(MachineState.MACHINESTATE_START);
    }
    else if (aState == MachineState.MACHINESTATE_END)
    {
        m_pOwner.DisplayCount(++m_nCurRepeatCount);
        if (m_nCurRepeatCount >= m_nRepeatCnt)
        {
            StateChange(MachineState.MACHINESTATE_STOP);
        }
        else
        {
            // 시작 상태로 되돌린다.
            StateChange(MachineState.MACHINESTATE_PLAY);
        }
    }
    else if (aState == MachineState.MACHINESTATE_STOP)
    {
        // 머신 상태를 멈춘다.
        m_enMachineState = MachineState.MACHINESTATE_STOP;

        // 솔 벨브를 수축 상태로 변경한다.
```

(계속)

```
            m_enSolState1 = SolState.SOLSTATE_Offing;
            m_enSolState2 = SolState.SOLSTATE_Offing;
            m_enSolState3 = SolState.SOLSTATE_Offing;
            StateCalc();

            // 뷰의 상태 스위치 라벨을 변경한다.
            m_pOwner.NotifryStateSwitch(MachineState.MACHINESTATE_STOP);
        }

    }

    // 상태에 따른 변화
    public void Update(double aTime)
    {
        // 현재 시간을 더해 준다.
        m_fTime += aTime;

        if (m_enMachineState == MachineState.MACHINESTATE_PLAY)
        {
            // 동작을 시작한지 1초 후에 1번 실린더 On
            if (m_enSolState1 == SolState.SOLSTATE_Off
                && m_enSolState2 == SolState.SOLSTATE_Off
                && m_fTime > 1.0 && m_nMotionState == 0)
            {
                m_enSolState1 = SolState.SOLSTATE_Oning;
                StateCalc();

                m_nMotionState = 1;
            }
            // 동작을 시작한지 2초 후에 2번 실린더 On
            else if (m_enSolState1 == SolState.SOLSTATE_On
                && m_enSolState2 == SolState.SOLSTATE_Off
                && m_fTime > 2.0 && m_nMotionState == 1)
            {
                m_enSolState2 = SolState.SOLSTATE_ONING;
                StateCalc();

                m_nMotionState = 2;
            }
            // 2번실린더가 On 되면 1번 실린더는 Off
            else if (m_enSolState1 == SolState.SOLSTATE_On
                    && m_enSolState2 == SolState.SOLSTATE_On
```

(계속)

```csharp
                    && m_nMotionState == 2)
        {

            m_enSolState1 = SolState.SOLSTATE_Offing;
            StateCalc();

            m_nMotionState = 3;

        }

        // 동작을 시작한지 4초가 되면 2번 실린더 Off
        else if (m_enSolState1 == SolState.SOLSTATE_Off
                && m_enSolState2 == SolState.SOLSTATE_On
            && m_fTime > 3.0 && m_nMotionState == 3)
        {
            m_enSolState2 = SolState.SOLSTATE_Offing;
            StateCalc();

            m_nMotionState = 4;
        }
        // 동작이 시작한지 5초가 되면 실린더 상태를 확인하고 End 상태로 상태 변경
        else if (m_enSolState1 == SolState.SOLSTATE_Off
                && m_enSolState2 == SolState.SOLSTATE_Off
            && m_fTime > 4.0 && m_nMotionState == 4)
        {
            StateChange(MachineState.MACHINESTATE_END);
        }

    }
}

//
public void InputCollection()
{
    // 컨트롤 비트를 받아온다.
    m_nIoInput = m_pIoDevice.Inputb(1);
    InputCheck();
}

public void InputCheck()
{
    bool Result = false;
    if (m_enSolState1 == SolState.SOLSTATE_ONING && (m_nIoInput & 0x02) == 0)
```

(계속)

```
        {
            Result = true;
            m_enSolState1 = SolState.SOLSTATE_On;
        }
        else if (m_enSolState1 == SolState.SOLSTATE_Offing && (m_nIoInput & 0x01) == 0)
        {
            Result = true;
            m_enSolState1 = SolState.SOLSTATE_Off;
        }

        if (m_enSolState2 == SolState.SOLSTATE_Oning && (m_nIoInput & 0x08) == 0)
        {
            Result = true;
            m_enSolState2 = SolState.SOLSTATE_On;
        }
        else if (m_enSolState2 == SolState.SOLSTATE_Offing && (m_nIoInput & 0x04) == 0)
        {
            Result = true;
            m_enSolState2 = SolState.SOLSTATE_Off;
        }

        if (m_enSolState3 == SolState.SOLSTATE_Oning && (m_nIoInput & 0x10) == 0)
        {
            Result = true;
            m_enSolState3 = SolState.SOLSTATE_On;
        }
        else if (m_enSolState3 == SolState.SOLSTATE_Offing && (m_nIoInput & 0x10) != 0)
        {
            Result = true;
            m_enSolState3 = SolState.SOLSTATE_Off;
        }

        // 변경 결과가 있으면 출력을 수행한다.
        if (Result == true)
        {
            StateCalc();
        }
    }
  }
}
```

1. 개요

이번에는 GPIO를 이용해 PC에서 실린더를 구동할 수 있도록 하여 시작 버튼을 On/ Off 하면 다음과 같은 동작이 실행될 수 있도록 한다.

2. 시나리오

이번 시나리오는 그림과 같이 공압 실린더 2개를 1사이클 동작 시퀀스와 같이 동작하도록 배선하고 프로그램한 다음 구동하는 것이다.

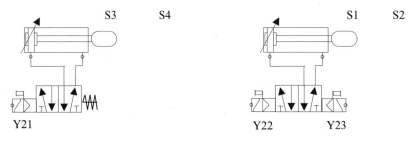

※ 1사이클 동작 시퀀스 : A+ , A- , B+ , B-

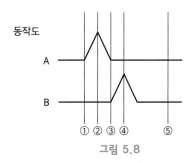

그림 5.8

3. C# 폼 컨트롤 구성

해당 컨트롤 속성표대로 그림 5.9와 같이 폼에 컨트롤을 만든다.

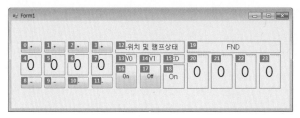

그림 5.9

표 5.5

번호	타입	위치	크기	속성	폰트	Text
0	Button	15, 62	52, 28	가운데 정렬	9pt	+
1	Button	72, 62	52, 28	가운데 정렬	9pt	+
2	Button	129, 62	52, 28	가운데 정렬	9pt	+
3	Button	187, 62	52, 28	가운데 정렬	9pt	+
4	Label	15, 93	52, 28	가운데 정렬	26pt	0
5	Label	72, 93	52, 28	가운데 정렬	26pt	0
6	Label	129, 93	52, 28	가운데 정렬	26pt	0
7	Label	187, 93	52, 28	가운데 정렬	26pt	0
8	Button	15, 145	52, 28	가운데 정렬	9pt	−
9	Button	72, 145	52, 28	가운데 정렬	9pt	−
10	Button	129, 145	52, 28	가운데 정렬	9pt	−
11	Button	187, 145	52, 28	가운데 정렬	9pt	−
12	Label	243, 31	222, 28	가운데 정렬	9pt	스위치 및 램프 상태
13	Label	244, 64	51, 21	가운데 정렬	12pt	SW0
14	Label	301, 64	51, 21	가운데 정렬	12pt	SW1
15	Label	415, 64	51, 21	가운데 정렬	12pt	Led
16	Button	244, 93	52, 56	가운데 정렬	9pt	On
17	Button	301, 93	52, 56	가운데 정렬	9pt	On
18	Label	415, 93	52, 56	가운데 정렬	9pt	
19	Label	474, 31	223, 28	가운데 정렬	12pt	시간 FND
20	Label	473, 62	51, 87	가운데 정렬	26pt	0
21	Label	530, 62	51, 87	가운데 정렬	26pt	0
22	Label	587, 62	51, 87	가운데 정렬	26pt	0
23	Label	645, 62	51, 87	가운데 정렬	26pt	0
24	Timer	−	−	시간 : 10	−	−

4. Form과 실린더 제어 객체 연결 작업

1번 과제를 참고해서 구성하고 동작하도록 한다.

5. 공압 실린더 IO 신호 정리

다음은 공압 실린더를 제어하기 위한 IO 신호를 정리하고, 해당 센서가 작동할 수 있도록 프로그램을 작성하도록 한다.

(1) IO 신호 정리

이번 예제를 실습하면서 필요한 신호는 다음 표와 같다.

표 5.6 **입력 타입**

순번	포트	연동 장비	역할(On)	역할(Off)
1	B	실린더 A	S1(실린더 A 후진 위치)	후진 위치의 센서 입력 신호
2	B	실린더 A	S2(실린더 A 전진 위치)	전진 위치의 센서 입력 신호
3	B	실린더 B	S3(실린더 B 후진 위치)	후진 위치의 센서 입력 신호
4	B	실린더 B	S4(실린더 B 전진 위치)	전진 위치의 센서 입력 신호

표 5.7 **출력 타입**

순번	포트	연동 장비	역할(On)	역할(Off)
1	A	실린더 A	Y21(실린더 A 전진, 후진)	편솔 솔레노이드 신호
2	A	실린더 B	Y22(실린더 B 전진)	양솔 전진 솔레노이드 신호
3	A	실린더 B	Y23(실린더 B 후진)	양솔 후진 솔레노이드 신호

6. MachineIO 클래스에 Update 설정

실린더 운동의 동작 차트를 5개의 구간으로 나누어서 동작이 시작하는 동작 시간, 동작 조건, 동작 방법으로 나누어서 다음과 같이 표와 동작 차트로 정의하였다.

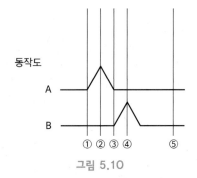

그림 5.10

표 5.8

동작 번호	동작 시간	동작 조건	동작
1	1초	실린더 A Off, 실린더 B Off	실린더 A Oning
2	–	실린더 A On, 실린더 B Off	실린더 A Oning
3	–	실린더 A Off, 실린더 B Off	실린더 B Oning
4	–	실린더 A Off, 실린더 B On	실린더 B Offing
5	5초	실린더 A Off, 실린더 B Off	End 상태 변경

(1) Update()

이제 Update()함수의 시작 상태에서 동작하는 방법은 다음 예제와 같이 시작한 시간을 기록한다. 이후 특정 시간이나 실린더 상태가 변경이 되게 되면 거기에 맞는 행동을 실시하게 된다.

```
// 상태에 따른 변화
public void Update(double aTime)
{
    m_fTime += aTime;

    if (m_enMachineState == MachineState.MACHINESTATE_PLAY)
    {
        // 1초후에 실린더1을 ON시킨다.
        if (m_enSolState1 == SolState.SOLSTATE_OFF && m_enSolState2 == SolState.SOLSTATE_OFF
            && m_fTime > 1.0 && m_nMotionState == 0)
        {
            m_enSolState1 = SolState.SOLSTATE_ONING;
            StateCalc();
            m_nMotionState = 1;
        }

        // 실린더1을 Off시킨다.
        else if (m_enSolState1 == SolState.SOLSTATE_ON && m_enSolState2 == SolState.SOLSTATE_OFF
            && m_nMotionState == 1)
        {
            m_enSolState1 = SolState.SOLSTATE_OFFING;

            m_nMotionState = 2;
            StateCalc();
        }
        // 실린더1,2 가 Off되면 실린더2을 On시킨다.
        else if (m_enSolState1 == SolState.SOLSTATE_OFF && m_enSolState2 == SolState.SOLSTATE_OFF
            && m_nMotionState == 2)
        {
            m_enSolState2 = SolState.SOLSTATE_ONING;

            m_nMotionState = 3;
            StateCalc();
        }
        // 실린더1이 Off, 실린더2가 On되면  실린더2를 Off시킨다.
        else if (m_enSolState1 == SolState.SOLSTATE_OFF && m_enSolState2 == SolState.SOLSTATE_ON
            && m_nMotionState == 3)
        {
            m_enSolState2 = SolState.SOLSTATE_OFFING;

            m_nMotionState = 4;
            StateCalc();
        }

        // 실린더1,2가 Off이고 시작후 3초가 지났을때 종료한다.
        else if (m_enSolState1 == SolState.SOLSTATE_OFF && m_enSolState2 == SolState.SOLSTATE_OFF
            && m_fTime > 3.0 && m_nMotionState == 4)
        {
            StateChange( MachineState.MACHINESTATE_END);
        }
    }
}
```

3 실린더 구동(A+, A−, B+, B−)

1. 개요

이번에는 GPIO를 이용해 PC에서 실린더를 구동할 수 있도록 하여, 시작 버튼을 On/Off 하면 다음과 같은 동작이 실행될 수 있도록 하겠다.

2. 시나리오

이번 시나리오는 아래 그림과 같이 공압 실린더 2개를 1사이클 동작 시퀀스와 같이 동작하도록 배선하고 프로그램한 다음 구동하는 것이다.

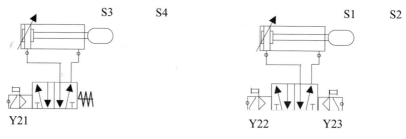

※ 1사이클 동작 시퀀스 : A+ , A- , B+ , B-

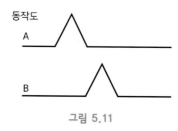

그림 5.11

3. C# 폼 컨트롤 구성

해당 컨트롤 속성표대로 그림 5.12와 같이 폼에 컨트롤을 만든다.

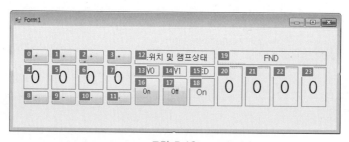

그림 5.12

표 5.9

번호	타입	위치	크기	속성	폰트	Text
0	Button	15, 62	52, 28	가운데 정렬	9pt	+
1	Button	72, 62	52, 28	가운데 정렬	9pt	+
2	Button	129, 62	52, 28	가운데 정렬	9pt	+

(계속)

번호	타입	위치	크기	속성	폰트	Text
3	Button	187, 62	52, 28	가운데 정렬	9pt	+
4	Label	15, 93	52, 28	가운데 정렬	26pt	0
5	Label	72, 93	52, 28	가운데 정렬	26pt	0
6	Label	129, 93	52, 28	가운데 정렬	26pt	0
7	Label	187, 93	52, 28	가운데 정렬	26pt	0
8	Button	15, 145	52, 28	가운데 정렬	9pt	−
9	Button	72, 145	52, 28	가운데 정렬	9pt	−
10	Button	129, 145	52, 28	가운데 정렬	9pt	−
11	Button	187, 145	52, 28	가운데 정렬	9pt	−
12	Label	243, 31	222, 28	가운데 정렬	9pt	스위치 및 램프 상태
13	Label	244, 64	51, 21	가운데 정렬	12pt	SW0
14	Label	301, 64	51, 21	가운데 정렬	12pt	SW1
15	Label	415, 64	51, 21	가운데 정렬	12pt	Led
16	Button	244, 93	52, 56	가운데 정렬	9pt	On
17	Button	301, 93	52, 56	가운데 정렬	9pt	On
18	Label	415, 93	52, 56	가운데 정렬	9pt	
19	Label	474, 31	223, 28	가운데 정렬	12pt	시간 FND
20	Label	473, 62	51, 87	가운데 정렬	26pt	0
21	Label	530, 62	51, 87	가운데 정렬	26pt	0
22	Label	587, 62	51, 87	가운데 정렬	26pt	0
23	Label	645, 62	51, 87	가운데 정렬	26pt	0
24	Timer	−	−	시간 : 10	−	−

4. Form과 실린더 제어 객체 연결 작업

1번 과제를 참고해서 구성하고 동작하도록 한다.

5. 공압 실린더 IO 신호 정리

다음은 공압 실린더를 제어하기 위한 IO 신호를 정리하고 해당 센서가 작동할 수 있도록 프로그램을 작성하도록 한다.

(1) IO 신호 정리

이번 예제를 실습하면서 필요한 신호는 다음 표와 같다.

표 5.10 **입력 타입**

순번	포트	연동 장비	역할(On)	역할(Off)
1	B	실린더 A	S1(실린더 A 후진 위치)	후진 위치의 센서 입력 신호
2	B	실린더 A	S2(실린더 A 전진 위치)	전진 위치의 센서 입력 신호
3	B	실린더 B	S3(실린더 B 후진 위치)	후진 위치의 센서 입력 신호
4	B	실린더 B	S4(실린더 B 전진 위치)	전진 위치의 센서 입력 신호

표 5.11 **출력 타입**

순번	포트	연동 장비	역할(On)	역할(Off)
1	A	실린더 A	Y21(실린디 A 전진, 후진)	편솔 솔레노이드 신호
2	A	실린더 B	Y22(실린더 B 전진)	양솔 전진 솔레노이드 신호
3	A	실린더 B	Y23(실린더 B 후진)	양솔 후진 솔레노이드 신호

6. Machine IO 클래스에 Update 설정

이번 예제를 진행하는 방법에 대해서 설명하도록 한다.

먼저 일정 시간이 흐른 후에 A+ 신호로 1번 실린더를 On시킨다. 그 후 일정 시간이 지나면 2번 실린더를 On, 1번 실린더를 Off시킨다. 또 일정 시간이 지나면 2번 실린더를 Off시킨다.

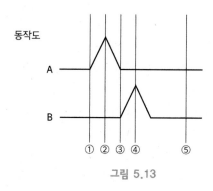

그림 5.13

표 5.12

동작 번호	동작 시간	동작 조건	동작
1	1초	실린더 A Off, 실린더 B Off	실린더 A Oning
2	–	실린더 A On, 실린더 B Off	실린더 A Offing
3	–	실린더 A Off, 실린더 B Off	실린더 B Offing
4	–	실린더 A Off, 시린더 B On	실린더 B Offing
5	5초	실린더 A Off, 실린더 B Off	End 상태 변경

(1) Update()

이제 Update() 함수의 시작 상태에서 동작하는 방법은 다음 예제와 같이 시작한 시간을 기록한다. 이후 특정 시간이나 실린더 상태가 변경되게 되면 거기에 맞는 행동을 실시하게 된다.

```
// 상태에 따른 변화
public void Update(double aTime)
{
    m_fTime += aTime;

    if (m_enMachineState == MachineState.MACHINESTATE_PLAY)
    {
        // 1번동작
        if (m_enSolState1 == SolState.SOLSTATE_OFF && m_enSolState2 == SolState.SOLSTATE_OFF
            && m_fTime > 1.0 && m_nMotionState == 0)
        {
            m_enSolState1 = SolState.SOLSTATE_ONING;
            m_nMotionState = 1;
            StateCalc();
        }
        // 2번동작
        else if (m_enSolState1 == SolState.SOLSTATE_ON && m_enSolState2 == SolState.SOLSTATE_OFF
            && m_nMotionState == 1)
        {
            m_enSolState1 = SolState.SOLSTATE_OFFING;
            m_enSolState2 = SolState.SOLSTATE_OFFING;
            m_nMotionState = 2;
            StateCalc();
        }
        // 3번동작
        else if (m_enSolState1 == SolState.SOLSTATE_OFF && m_enSolState2 == SolState.SOLSTATE_OFF
            && m_nMotionState == 2)
        {
            m_enSolState1 = SolState.SOLSTATE_OFFING;
            m_enSolState2 = SolState.SOLSTATE_ONING;
            m_nMotionState = 3;
            StateCalc();
        }
        // 4번동작
        else if (m_enSolState1 == SolState.SOLSTATE_OFF && m_enSolState2 == SolState.SOLSTATE_ON
            && m_nMotionState == 3)
        {
            m_enSolState1 = SolState.SOLSTATE_OFFING;
            m_enSolState2 = SolState.SOLSTATE_OFFING;
            m_nMotionState = 4;
            StateCalc();
        }
        // 5번동작
        else if (m_enSolState1 == SolState.SOLSTATE_OFF && m_enSolState2 == SolState.SOLSTATE_OFF
            && m_nMotionState == 4 && m_fTime > 3.0)
        {
            StateChange(MachineState.MACHINESTATE_END);
        }
    }
}
```

1. 개요

이번에는 GPIO를 이용해 PC에서 실린더를 구동할 수 있도록 하여, 시작 버튼을 On/Off 하면 다음과 같은 동작이 실행될 수 있도록 한다.

2. 시나리오

이번 시나리오는 다음 그림과 같이 공압 실린더 2개를 1사이클 동작 시퀀스와 같이 동작하도록 배선하고 프로그램한 다음 구동하는 것이다.

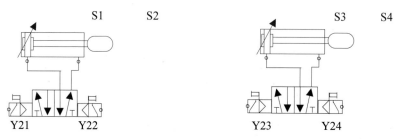

※ 1사이클 동작 시퀀스 : B+ , A+B− , A−

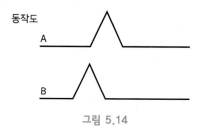

그림 5.14

3. C# 폼 컨트롤 구성

해당 컨트롤 속성표대로 그림 5.15와 같이 폼에 컨트롤을 만든다.

그림 5.15

표 5.13

번호	타입	위치	크기	속성	폰트	Text
0	Button	15, 62	52, 28	가운데 정렬	9pt	+
1	Button	72, 62	52, 28	가운데 정렬	9pt	+
2	Button	129, 62	52, 28	가운데 정렬	9pt	+
3	Button	187, 62	52, 28	가운데 정렬	9pt	+
4	Label	15, 93	52, 28	가운데 정렬	26pt	0
5	Label	72, 93	52, 28	가운데 정렬	26pt	0
6	Label	129, 93	52, 28	가운데 정렬	26pt	0
7	Label	187, 93	52, 28	가운데 정렬	26pt	0
8	Button	15, 145	52, 28	가운데 정렬	9pt	−
9	Button	72, 145	52, 28	가운데 정렬	9pt	−
10	Button	129, 145	52, 28	가운데 정렬	9pt	−
11	Button	187, 145	52, 28	가운데 정렬	9pt	−
12	Label	243, 31	222, 28	가운데 정렬	9pt	스위치 및 램프 상태
13	Label	244, 64	51, 21	가운데 정렬	12pt	SW0
14	Label	301, 64	51, 21	가운데 정렬	12pt	SW1
15	Label	415, 64	51, 21	가운데 정렬	12pt	Led
16	Button	244, 93	52, 56	가운데 정렬	9pt	On
17	Button	301, 93	52, 56	가운데 정렬	9pt	On
18	Label	415, 93	52, 56	가운데 정렬	9pt	
19	Label	474, 31	223, 28	가운데 정렬	12pt	시간 FND
20	Label	473, 62	51, 87	가운데 정렬	26pt	0
21	Label	530, 62	51, 87	가운데 정렬	26pt	0
22	Label	587, 62	51, 87	가운데 정렬	26pt	0
23	Label	645, 62	51, 87	가운데 정렬	26pt	0
24	Timer	−	−	시간 : 10	−	−

4. Form과 실린더 제어 객체 연결 작업

1번 과제를 참고해서 구성하고 동작하도록 한다.

5. 공압 실린더 IO 신호 정리

다음은 공압 실린더를 제어하기 위한 IO 신호를 정리하고, 해당 센서가 작동할 수 있도록 프로그램을 작성하도록 한다.

(1) IO 신호 정리

이번 예제를 실습하면서 필요한 신호는 다음 표와 같다.

표 5.14 **입력 타입**

순번	포트	연동 장비	역할(On)	역할(Off)
1	B	실린더 A	S1(실린더 A 후진 위치)	후진 위치의 센서 입력 신호
2	B	실린더 A	S2(실린더 A 전진 위치)	전진 위치의 센서 입력 신호
3	B	실린더 B	S3(실린더 B 후진 위치)	후진 위치의 센서 입력 신호
4	B	실린더 B	S4(실린더 B 전진 위치)	전진 위치의 센서 입력 신호

표 5.15 **출력 타입**

순번	포트	연동 장비	역할(On)	역할(Off)
1	A	실린더 A	Y21(실린더 A 전진)	양솔 전진 솔레노이드 신호
2	A	실린더 A	Y22(실린더 A 후진)	양솔 후진 솔레노이드 신호
3	A	실린더 B	Y23(실린더 B 전진)	양솔 전진 솔레노이드 신호
4	A	실린더 B	Y24(실린더 B 후진)	양솔 후진 솔레노이드 신호

6. Machine IO 클래스에 Update 설정

이번 예제를 진행하는 방법에 대해서 설명하도록 한다.

먼저 일정 시간이 흐른 후에 A+ 신호로 1번 실린더를 On시킨다. 그 후 일정 시간이 지나면 2번 실린더를 On, 1번 실린더를 Off시킨다. 또 일정 시간이 지나면 2번 실린더를 Off시킨다.

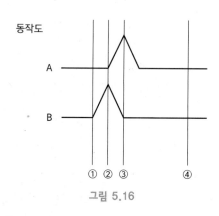

그림 5.16

표 5.16

동작 번호	동작 시간	동작 조건	동작
1	1초	실린더 A Off, 실린더 B Off	실린더 B Oning
2	–	실린더 A Off, 실린더 B On	실린더 A Oning, 실린더 B Offing
3	–	실린더 A On, 실린더 B Off	실린더 A Offing
4	5초	실린더 A Off, 실린더 B Off	End 상태 변경

(1) Update()

이제 Update() 함수의 시작 상태에서 동작하는 방법은 다음 예제와 같이 시작한 시간을 기록한다. 이후 특정 시간이나 실린더 상태가 변경되게 되면 거기에 맞는 행동을 실시하게 된다.

```csharp
// 상태에 따른 변화
public void Update(double aTime)
{
    m_fTime += aTime;

    if (m_enMachineState == MachineState.MACHINESTATE_PLAY)
    {
        // 1번 동작
        if (m_enSolState1 == SolState.SOLSTATE_OFF && m_enSolState2 == SolState.SOLSTATE_OFF
            && m_fTime > 1.0 && m_nMotionState == 0)
        {
            m_enSolState2 = SolState.SOLSTATE_ONING;
            StateCalc();
            m_nMotionState = 1;
        }
        // 2번 동작
        else if (m_enSolState1 == SolState.SOLSTATE_OFF && m_enSolState2 == SolState.SOLSTATE_ON
            && m_nMotionState == 1)
        {
            m_enSolState1 = SolState.SOLSTATE_ONING;
            m_enSolState2 = SolState.SOLSTATE_OFFING;

            m_nMotionState = 2;
            StateCalc();
        }
        // 3번 동작
        else if (m_enSolState1 == SolState.SOLSTATE_ON && m_enSolState2 == SolState.SOLSTATE_OFF
            && m_nMotionState == 2)
        {
            m_enSolState1 = SolState.SOLSTATE_OFFING;

            m_nMotionState = 3;
            StateCalc();
        }
        //4번 동작
        else if (m_enSolState1 == SolState.SOLSTATE_OFF && m_enSolState2 == SolState.SOLSTATE_OFF
            && m_nMotionState == 3 && m_fTime > 3.0)
        {
            StateChange(MachineState.MACHINESTATE_END);
        }
    }
}
```

5 실린더 구동(A+, B+, A-, B-)

1. 개요

이번에는 GPIO를 이용해 PC에서 실린더를 구동할 수 있도록 하여, 시작 버튼을 On/Off 하면 다음과 같은 동작이 실행될 수 있도록 한다.

2. 시나리오

이번 시나리오는 다음 그림과 같이 공압 실린더 2개를 1사이클 동작 시퀀스와 같이 동작하도록 배선하고 프로그램한 다음 구동하는 것이다.

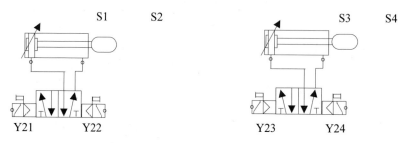

※ 1사이클 동작 시퀀스 : A+ 램프1 점등, 2초 후 B+, A- 램프1 소등, 3초 후 B-

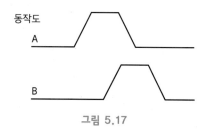

그림 5.17

3. C# 폼 컨트롤 구성

해당 컨트롤 속성표대로 그림 5.18과 같이 폼에 컨트롤을 만든다.

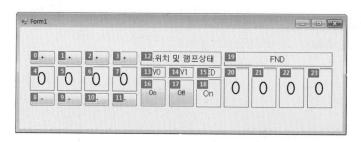

그림 5.18

표 5.17

번호	타입	위치	크기	속성	폰트	Text
0	Button	15, 62	52, 28	가운데 정렬	9pt	+
1	Button	72, 62	52, 28	가운데 정렬	9pt	+
2	Button	129, 62	52, 28	가운데 정렬	9pt	+

(계속)

번호	타입	위치	크기	속성	폰트	Text
3	Button	187, 62	52, 28	가운데 정렬	9pt	+
4	Label	15, 93	52, 28	가운데 정렬	26pt	0
5	Label	72, 93	52, 28	가운데 정렬	26pt	0
6	Label	129, 93	52, 28	가운데 정렬	26pt	0
7	Label	187, 93	52, 28	가운데 정렬	26pt	0
8	Button	15, 145	52, 28	가운데 정렬	9pt	–
9	Button	72, 145	52, 28	가운데 정렬	9pt	–
10	Button	129, 145	52, 28	가운데 정렬	9pt	–
11	Button	187, 145	52, 28	가운데 정렬	9pt	–
12	Label	243, 31	222, 28	가운데 정렬	9pt	스위치 및 램프 상태
13	Label	244, 64	51, 21	가운데 정렬	12pt	SW0
14	Label	301, 64	51, 21	가운데 정렬	12pt	SW1
15	Label	415, 64	51, 21	가운데 정렬	12pt	Led
16	Button	244, 93	52, 56	가운데 정렬	9pt	On
17	Button	301, 93	52, 56	가운데 정렬	9pt	On
18	Label	415, 93	52, 56	가운데 정렬	9pt	
19	Label	474, 31	223, 28	가운데 정렬	12pt	시간 FND
20	Label	473, 62	51, 87	가운데 정렬	26pt	0
21	Label	530, 62	51, 87	가운데 정렬	26pt	0
22	Label	587, 62	51, 87	가운데 정렬	26pt	0
23	Label	645, 62	51, 87	가운데 정렬	26pt	0
24	Timer	–	–	시간 : 10	–	–

4. Form과 실린더 제어 객체 연결 작업

1번 과제를 참고해서 구성하고 동작하도록 한다.

5. 공압 실린더 IO 신호 정리

다음은 공압 실린더를 제어하기 위한 IO 신호를 정리하고 해당 센서가 작동할 수 있도록 프로그램을 구성해 보도록 한다.

(1) IO 신호 정리

이번 예제를 실습하면서 필요한 신호는 다음 표와 같다.

표 5.18 **입력 타입**

순번	·포트	연동 장비	역할(On)	역할(Off)
1	B	실린더 A	S1(실린더 A 후진 위치)	후진 위치의 센서 입력 신호
2	B	실린더 A	S2(실린더 A 전진 위치)	전진 위치의 센서 입력 신호
3	B	실린더 B	S3(실린더 B 후진 위치)	후진 위치의 센서 입력 신호
4	B	실린더 B	S4(실린더 B 전진 위치)	전진 위치의 센서 입력 신호

표 5.19 **출력 타입**

순번	포트	연동 장비	역할(On)	역할(Off)
1	A	실린더 A	Y21(실린더 A 전진)	양솔 전진 솔레노이드 신호
2	A	실린더 A	Y22(실린더 A 후진)	양솔 후진 솔레노이드 신호
3	A	실린더 B	Y23(실린더 B 전진)	양솔 전진 솔레노이드 신호
4	A	실린더 B	Y24(실린더 B 후진)	양솔 후진 솔레노이드 신호

6. Machine IO 클래스에 Update 설정

이번 예제를 진행하는 방법에 대해서 설명하도록 한다.

먼저 일정 시간이 흐른 후에 A+ 신호로 1번 실린더를 On시킨다. 그 후 일정 시간이 지나면 2번 실린더를 On, 1번 실린더를 Off시킨다. 또 일정 시간이 지나면 2번 실린더를 Off시킨다.

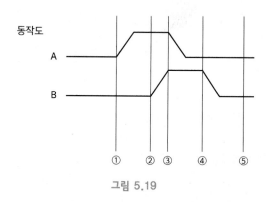

그림 5.19

표 5.20

동작 번호	동작 시간	동작 조건	동작
1	1초	실린더 A Off, 실린더 B Off	실린더 A Oning
2	3초	실린더 A On, 실린더 B Off	실린더 B Oninig
3	–	실린더 A On, 실린더 B On	실린더 A Offing
4	5초	실린더 A Off, 실린더 B On	실린더 B Offing
5	7초	실린더 A Off, 실린더 B Off	End 상태 변경

(1) Update()

이제 Update() 함수의 시작 상태에서 동작하는 방법은 다음 예제와 같이 시작한 시간을 기록한다. 이후 특정 시간이나 실린더 상태가 변경이 되게 되면 거기에 맞는 행동을 실시하게 된다.

```
// 상태에 따른 변화
public void Update(double aTime)
{
    m_fTime += aTime;

    if (m_enMachineState == MachineState.MACHINESTATE_PLAY)
    {
        // 1번 동작
        if (m_enSolState1 == SolState.SOLSTATE_OFF && m_enSolState2 == SolState.SOLSTATE_OFF
            && m_fTime > 1.0 && m_nMotionState == 0)
        {
            m_enSolState1 = SolState.SOLSTATE_ONING;
            StateCalc();

            m_nMotionState = 1;
            m_pOwner.NotifryStateSwitch(MachineState.MACHINESTATE_START);
        }
        // 2번 동작
        else if (m_enSolState1 == SolState.SOLSTATE_ON && m_enSolState2 == SolState.SOLSTATE_OFF
            && m_fTime > 2.0 && m_nMotionState == 1)
        {
            m_enSolState2 = SolState.SOLSTATE_ONING;
            StateCalc();

            m_nMotionState = 2;
        }
        // 3번 동작
        else if (m_enSolState1 == SolState.SOLSTATE_ON && m_enSolState2 == SolState.SOLSTATE_ON
            && m_nMotionState == 2)
        {
            m_enSolState1 = SolState.SOLSTATE_OFFING;
            StateCalc();
            m_nMotionState = 3;
            m_pOwner.NotifryStateSwitch(0);
        }

        // 4번 동작
        else if (m_enSolState1 == SolState.SOLSTATE_OFF && m_enSolState2 == SolState.SOLSTATE_ON
            && m_fTime > 3.0 && m_nMotionState == 3)
        {
            m_enSolState2 = SolState.SOLSTATE_OFFING;
            StateCalc();
            m_nMotionState = 4;
        }
        // 5번 동작
        else if (m_enSolState1 == SolState.SOLSTATE_OFF && m_enSolState2 == SolState.SOLSTATE_OFF
            && m_fTime > 4.0 && m_nMotionState == 4)
        {
            StateChange(MachineState.MACHINESTATE_END);
        }
    }
}
```

6 실린더 구동(A+, B+, A−, B−, A+B+, B−, A−)

1. 개요

이번에는 GPIO를 이용해 PC에서 실린더를 구동할 수 있도록 하여, 시작 버튼을 On/Off 하면 다음과 같은 동작이 실행될 수 있도록 한다.

2. 시나리오

이번 시나리오는 그림과 같이 공압 실린더 2개를 1사이클 동작 시퀀스와 같이 동작하도록 배선하고 프로그램한 다음 구동하는 것이다.

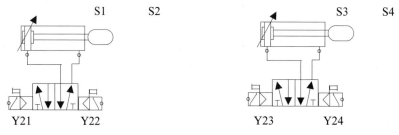

※ 1사이클 동작 시퀀스 : A+, B+, A−, B−, A+B+, B−, A−

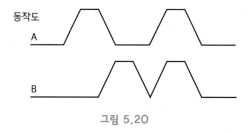

그림 5.20

3. C# 폼 컨트롤 구성

해당 컨트롤 속성표대로 다음과 같이 폼에 컨트롤을 만든다.

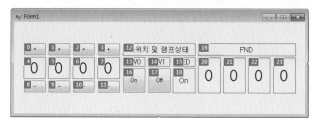

그림 5.21

표 5.21

번호	타입	위치	크기	속성	폰트	Text
0	Button	15, 62	52, 28	가운데 정렬	9pt	+
1	Button	72, 62	52, 28	가운데 정렬	9pt	+
2	Button	129, 62	52, 28	가운데 정렬	9pt	+
3	Button	187, 62	52, 28	가운데 정렬	9pt	+
4	Label	15, 93	52, 28	가운데 정렬	26pt	0
5	Label	72, 93	52, 28	가운데 정렬	26pt	0
6	Label	129, 93	52, 28	가운데 정렬	26pt	0
7	Label	187, 93	52, 28	가운데 정렬	26pt	0
8	Button	15, 145	52, 28	가운데 정렬	9pt	–
9	Button	72, 145	52, 28	가운데 정렬	9pt	–
10	Button	129, 145	52, 28	가운데 정렬	9pt	–
11	Button	187, 145	52, 28	가운데 정렬	9pt	–
12	Label	243, 31	222, 28	가운데 정렬	9pt	스위치 및 램프 상태
13	Label	244, 64	51, 21	가운데 정렬	12pt	SW0
14	Label	301, 64	51, 21	가운데 정렬	12pt	SW1
15	Label	415, 64	51, 21	가운데 정렬	12pt	Led
16	Button	244, 93	52, 56	가운데 정렬	9pt	On
17	Button	301, 93	52, 56	가운데 정렬	9pt	On
18	Label	415, 93	52, 56	가운데 정렬	9pt	
19	Label	474, 31	223, 28	가운데 정렬	12pt	시간 FND
20	Label	473, 62	51, 87	가운데 정렬	26pt	0
21	Label	530, 62	51, 87	가운데 정렬	26pt	0
22	Label	587, 62	51, 87	가운데 정렬	26pt	0
23	Label	645, 62	51, 87	가운데 정렬	26pt	0
24	Timer	–	–	시간 : 10	–	–

4. Form과 실린더 제어 객체 연결 작업

1번 과제를 참고해서 구성하고 동작하도록 한다.

5. 공압 실린더 IO 신호 정리

다음은 공압 실린더를 제어하기위한 IO 신호를 정리하고, 해당 센서의 작동을 할 수 있도록 프로그램을 구성해 보도록 한다.

(1) IO 신호 정리

이번 예제를 실습하면서 필요한 신호는 다음 표와 같다.

표 5.22 **입력 타입**

순번	포트	연동 장비	역할(On)	역할(Off)
1	B	실린더 A	S1(실린더 A 후진 위치)	후진 위치의 센서 입력 신호
2	B	실린더 A	S2(실린더 A 전진 위치)	전진 위치의 센서 입력 신호
3	B	실린더 B	S3(실린더 B 후진 위치)	후진 위치의 센서 입력 신호
4	B	실린더 B	S4(실린더 B 전진 위치)	전진 위치의 센서 입력 신호

표 5.23 **출력 타입**

순번	포트	연동 장비	역할(On)	역할(Off)
1	A	실린더 A	Y21(실린더 A 전진)	양솔 전진 솔레노이드 신호
2	A	실린더 A	Y22(실린더 A 후진)	양솔 후진 솔레노이드 신호
3	A	실린더 B	Y23(실린더 B 전진)	양솔 전진 솔레노이드 신호
4	A	실린더 B	Y24(실린더 B 후진)	양솔 후진 솔레노이드 신호

6. Machine IO 클래스에 Update 설정

이번 예제를 진행하는 방법에 대해서 설명하도록 한다.

먼저 일정 시간이 흐른 후에 A+ 신호로 1번 실린더를 On시킨다. 그 후 일정 시간이 지나면 2번 실린더를 On, 1번 실린더를 Off시킨다. 또 일정 시간이 지나면 2번 실린더를 Off시킨다.

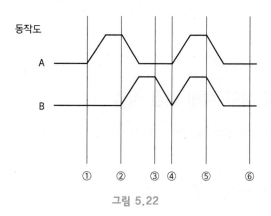

그림 5.22

표 5.24

동작 번호	동작 시간	동작 조건	동작
1	1초	실린더 A Off, 실린더 B Off	실린더 A Oning
2	2초	실린더 A On, 실린더 B Off	실린더 A Offing, 실린더 B Oning
3	3초	실린더 A Off, 실린더 B On	실린더 B Offing
4	–	실린더 A Off, 실린더 B Off	실린더 A Oning, 실린더 B Oning
5	5초	실린더 A On, 실린더 B On	실린더 A Offing, 실린더 B Offing
6	7초	실린더 A Off, 실린더 B Off	End 상태 변경

(1) Update()

이제 Update() 함수의 시작 상태에서 동작하는 방법은 다음 예제와 같이 시작한 시간을 기록한다. 이후 특정 시간이나 실린더 상태가 변경이 되게 되면 거기에 맞는 행동을 실시하게 된다.

```
// 상태에 따른 변화
public void Update(double aTime)
{
    m_fTime += aTime;

    if (m_enMachineState == MachineState.MACHINESTATE_PLAY)
    {
        // 1번 동작
        if (m_enSolState1 == SolState.SOLSTATE_OFF && m_enSolState2 == SolState.SOLSTATE_OFF
            && m_fTime > 1.0 && m_nMotionState == 0)
        {
            m_enSolState1 = SolState.SOLSTATE_ONING;
            StateCalc();
            m_nMotionState = 1;
        }
        // 2번 동작
        else if (m_enSolState1 == SolState.SOLSTATE_ON && m_enSolState2 == SolState.SOLSTATE_OFF
            && m_fTime > 1.5 && m_nMotionState == 1)
        {
            m_enSolState1 = SolState.SOLSTATE_OFFING;
            m_enSolState2 = SolState.SOLSTATE_ONING;
            StateCalc();

            m_nMotionState = 2;
        }
        // 3번 동작
        else if (m_enSolState1 == SolState.SOLSTATE_OFF && m_enSolState2 == SolState.SOLSTATE_ON
            && m_fTime > 2.0 && m_nMotionState == 2)
        {

            m_enSolState2 = SolState.SOLSTATE_OFFING;
            StateCalc();

            m_nMotionState = 3;
        }
        // 4번 동작
        else if (m_enSolState1 == SolState.SOLSTATE_OFF && m_enSolState2 == SolState.SOLSTATE_OFF
            && m_nMotionState == 3)
        {
            m_enSolState1 = SolState.SOLSTATE_ONING;
            m_enSolState2 = SolState.SOLSTATE_ONING;
            StateCalc();

            m_nMotionState = 4;
        }

        // 5번 동작
        else if (m_enSolState1 == SolState.SOLSTATE_ON && m_enSolState2 == SolState.SOLSTATE_ON
            && m_fTime > 3.0 && m_nMotionState == 4)
        {
            m_enSolState1 = SolState.SOLSTATE_OFFING;
            m_enSolState2 = SolState.SOLSTATE_OFFING;
            StateCalc();

            m_nMotionState = 5;
        }
        // 6번 동작
        else if (m_enSolState1 == SolState.SOLSTATE_OFF && m_enSolState2 == SolState.SOLSTATE_OFF
            && m_fTime > 5.0 && m_nMotionState == 5)
        {
            StateChange(MachineState.MACHINESTATE_END);
        }

    }
}
```

7 실린더 구동(B+, A+, A-, A+, B-, A-)

1. 개요

이번에는 GPIO를 이용해 PC에서 실린더를 구동할 수 있도록 하여, 시작 버튼을 On/Off 하면 다음과 같은 동작이 실행될 수 있도록 한다.

2. 시나리오

이번 시나리오는 그림과 같이 공압 실린더 2개를 1사이클 동작 시퀀스와 같이 동작하도록 배선하고 프로그램한 다음 구동하는 것이다.

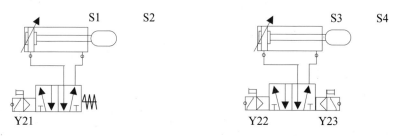

※ 1사이클 동작 시퀀스 : B+, A+, A-, A+, B-, A-

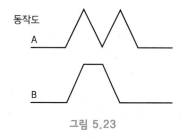

그림 5.23

3. C# 폼 컨트롤 구성

해당 컨트롤 속성표대로 다음과 같이 폼에 컨트롤을 만든다.

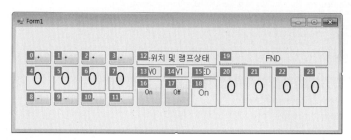

그림 5.24

표 5.25

번호	타입	위치	크기	속성	폰트	Text
0	Button	15, 62	52, 28	가운데 정렬	9pt	+
1	Button	72, 62	52, 28	가운데 정렬	9pt	+
2	Button	129, 62	52, 28	가운데 정렬	9pt	+
3	Button	187, 62	52, 28	가운데 정렬	9pt	+
4	Label	15, 93	52, 28	가운데 정렬	26pt	0
5	Label	72, 93	52, 28	가운데 정렬	26pt	0
6	Label	129, 93	52, 28	가운데 정렬	26pt	0
7	Label	187, 93	52, 28	가운데 정렬	26pt	0
8	Button	15, 145	52, 28	가운데 정렬	9pt	−
9	Button	72, 145	52, 28	가운데 정렬	9pt	−
10	Button	129, 145	52, 28	가운데 정렬	9pt	−
11	Button	187, 145	52, 28	가운데 정렬	9pt	−
12	Label	243, 31	222, 28	가운데 정렬	9pt	스위치 및 램프 상태
13	Label	244, 64	51, 21	가운데 정렬	12pt	SW0
14	Label	301, 64	51, 21	가운데 정렬	12pt	SW1
15	Label	415, 64	51, 21	가운데 정렬	12pt	Led
16	Button	244, 93	52, 56	가운데 정렬	9pt	On
17	Button	301, 93	52, 56	가운데 정렬	9pt	On
18	Label	415, 93	52, 56	가운데 정렬	9pt	
19	Label	474, 31	223, 28	가운데 정렬	12pt	시간 FND
20	Label	473, 62	51, 87	가운데 정렬	26pt	0
21	Label	530, 62	51, 87	가운데 정렬	26pt	0
22	Label	587, 62	51, 87	가운데 정렬	26pt	0
23	Label	645, 62	51, 87	가운데 정렬	26pt	0
24	Timer	−	−	시간 : 10	−	−

4. Form과 실린더 제어 객체 연결 작업

1번 과제를 참고해서 구성하고 동작하도록 한다.

5. 공압 실린더 IO 신호 정리

다음은 공압 실린더를 제어하기 위한 IO 신호를 정리하고, 해당 센서의 작동을 할 수 있도록 프로그램을 작성하도록 한다.

(1) IO 신호 정리

이번 예제를 실습하면서 필요한 신호는 표 5.26과 같다.

표 5.26 **입력 타입**

순번	포트	연동 장비	역할(On)	역할(Off)
1	B	실린더 A	S1(실린더 A 후진 위치)	후진 위치의 센서 입력 신호
2	B	실린더 A	S2(실린더 A 전진 위치)	전진 위치의 센서 입력 신호
3	B	실린더 B	S3(실린더 B 후진 위치)	후진 위치의 센서 입력 신호
4	B	실린더 B	S4(실린더 B 전진 위치)	전진 위치의 센서 입력 신호

표 5.27 **출력 타입**

순번	포트	연동 장비	역할(On)	역할(Off)
1	A	실린더 A	Y21(실린더 A 전진, 후진)	편솔 솔레노이드 신호
2	A	실린더 A	Y22(실린더 B 후진)	양솔 전진 솔레노이드 신호
3	A	실린더 B	Y23(실린더 B 전진)	양솔 후진 솔레노이드 신호

6. Machine IO 클래스에 Update 설정

이번 예제를 진행하는 방법에 대해서 설명하도록 한다.

먼저 일정 시간이 흐른 후에 A+ 신호로 1번 실린더를 On시킨다. 그 후 일정 시간이 지나면 2번 실린더를 On, 1번 실린더를 Off시킨다. 또 일정 시간이 지나면 2번 실린더를 Off시킨다.

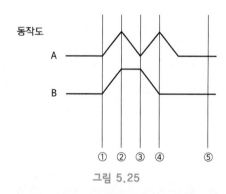

그림 5.25

표 5.28

동작 번호	동작 시간	동작 조건	동작
1	1초	실린더 A Off, 실린더 B Off	실린더 A Oning, 실린더 B Oning
2	–	실린더 A On, 실린더 B On	실린더 A Offing
3	–	실린더 A Off, 실린더 B On	실린더 A Oning, 실린더 B Offing
4	–	실린더 A On, 실린더 B Off	실린더 A Offing
5	6초	실린더 A Off, 실린더 B Off	End 상태 변경

(1) Update()

이제 Update() 함수의 시작 상태에서 동작하는 방법은 다음 예제와 같이 시작한 시간을 기록한다. 이후 특정 시간이나 실린더 상태가 변경이 되게 되면 거기에 맞는 행동을 실시하게 된다.

```
// 상태에 따른 변화
public void Update(double aTime)
{
    m_fTime += aTime;

    if (m_enMachineState == MachineState.MACHINESTATE_PLAY)
    {
        // 1번째 동작
        if (m_enSolState1 == SolState.SOLSTATE_OFF && m_enSolState2 == SolState.SOLSTATE_OFF
            && m_fTime > 2.0 && m_nMotionState == 0)
        {
            m_enSolState1 = SolState.SOLSTATE_ONING;
            m_enSolState2 = SolState.SOLSTATE_ONING;
            StateCalc();

            m_nMotionState = 1;
        }
        // 1번째 동작
        else if (m_enSolState1 == SolState.SOLSTATE_ON && m_enSolState2 == SolState.SOLSTATE_ON
            && m_nMotionState == 1)
        {
            m_enSolState1 = SolState.SOLSTATE_OFFING;
            StateCalc();

            m_nMotionState = 2;
        }
        // 3번째 동작
        else if (m_enSolState1 == SolState.SOLSTATE_OFF && m_enSolState2 == SolState.SOLSTATE_ON
            && m_nMotionState == 2)
        {
            m_enSolState1 = SolState.SOLSTATE_ONING;
            m_enSolState2 = SolState.SOLSTATE_OFFING;
            StateCalc();

            m_nMotionState = 3;
        }
        // 4번째 동작
        else if (m_enSolState1 == SolState.SOLSTATE_ON && m_enSolState2 == SolState.SOLSTATE_OFF
            && m_nMotionState == 3)
        {
            m_enSolState1 = SolState.SOLSTATE_OFFING;
            StateCalc();

            m_nMotionState = 4;
        }
        // 5번째 동작
        else if (m_enSolState1 == SolState.SOLSTATE_OFF && m_enSolState2 == SolState.SOLSTATE_OFF
            && m_fTime > 4.0 && m_nMotionState == 4)
        {
            StateChange(MachineState.MACHINESTATE_END);
        }
    }
}
```

1. 개요

이번에는 GPIO를 이용해 PC에서 실린더를 구동할 수 있도록 하여. 시작 버튼을 On/Off 하면 다음과 같은 동작이 실행될 수 있도록 한다.

2. 시나리오

이번 시나리오는 다음 그림과 같이 공압 실린더 2개를 1사이클 동작 시퀀스와 같이 동작하도록 배선하고 프로그램한 다음 구동하는 것이다.

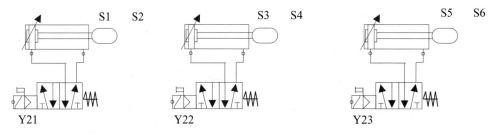

※ 1사이클 동작 시퀀스 : B+, C+, A+, C-, B-, A-

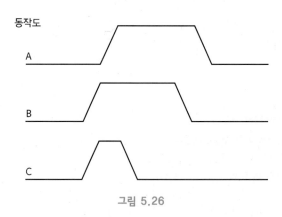

그림 5.26

3. C# 폼 컨트롤 구성

해당 컨트롤 속성표대로 그림 5.27과 같이 폼에 컨트롤을 만든다.

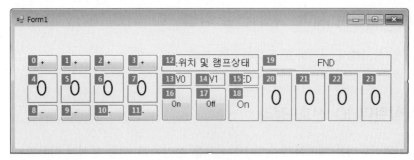

그림 5.27

표 5.29

번호	타입	위치	크기	속성	폰트	Text
0	Button	15, 62	52, 28	가운데 정렬	9pt	+
1	Button	72, 62	52, 28	가운데 정렬	9pt	+
2	Button	129, 62	52, 28	가운데 정렬	9pt	+
3	Button	187, 62	52, 28	가운데 정렬	9pt	+
4	Label	15, 93	52, 28	가운데 정렬	26pt	0
5	Label	72, 93	52, 28	가운데 정렬	26pt	0
6	Label	129, 93	52, 28	가운데 정렬	26pt	0
7	Label	187, 93	52, 28	가운데 정렬	26pt	0
8	Button	15, 145	52, 28	가운데 정렬	9pt	−
9	Button	72, 145	52, 28	가운데 정렬	9pt	−
10	Button	129, 145	52, 28	가운데 정렬	9pt	−
11	Button	187, 145	52, 28	가운데 정렬	9pt	−
12	Label	243, 31	222, 28	가운데 정렬	9pt	스위치 및 램프 상태
13	Label	244, 64	51, 21	가운데 정렬	12pt	SW0
14	Label	301, 64	51, 21	가운데 정렬	12pt	SW1
15	Label	415, 64	51, 21	가운데 정렬	12pt	Led
16	Button	244, 93	52, 56	가운데 정렬	9pt	On
17	Button	301, 93	52, 56	가운데 정렬	9pt	On
18	Label	415, 93	52, 56	가운데 정렬	9pt	
19	Label	474, 31	223, 28	가운데 정렬	12pt	시간 FND
20	Label	473, 62	51, 87	가운데 정렬	26pt	0
21	Label	530, 62	51, 87	가운데 정렬	26pt	0
22	Label	587, 62	51, 87	가운데 정렬	26pt	0
23	Label	645, 62	51, 87	가운데 정렬	26pt	0
24	Timer	−	−	시간 : 10	−	−

4. Form과 실린더 제어 객체 연결 작업

1번 과제를 참고해서 구성하고 동작하도록 한다.

5. 공압 실린더 IO 신호 정리

다음은 공압 실린더를 제어하기 위한 IO 신호를 정리하고, 해당 센서가 작동할 수 있도록 프로그램을 작성하도록 한다.

(1) IO 신호 정리

이번 예제를 실습하면서 필요한 신호는 다음 표와 같다.

표 5.30 **입력 타입**

순번	포트	연동 장비	역할(On)	역할(Off)
1	B	실린더 A	S1(실린더 A 후진 위치)	후진 위치의 센서 입력 신호
2	B	실린더 A	S2(실린더 A 전진 위치)	전진 위치의 센서 입력 신호
3	B	실린더 B	S3(실린더 B 후진 위치)	후진 위치의 센서 입력 신호
4	B	실린더 B	S4(실린더 B 전진 위치)	전진 위치의 센서 입력 신호
5	B	실린더 C	S5(실린더 B 후진 위치)	후진 위치의 센서 입력 신호
6	B	실린더 C	S6(실린더 B 전진 위치)	전진 위치의 센서 입력 신호

표 5.31 **출력 타입**

순번	포트	연동 장비	역할(On)	역할(Off)
1	A	실린더 A	Y21(실린더 A 전진, 후진)	편솔 솔레노이드 신호
2	A	실린더 B	Y22(실린더 B 전진, 후진)	편솔 솔레노이드 신호
3	A	실린더 C	Y23(실린더 C 전진, 전진)	편솔 솔레노이드 신호

6. Machine IO 클래스에 Update 설정

이번 예제를 진행하는 방법에 대해서 설명하도록 한다.

먼저 일정 시간이 흐른 후에 A+ 신호로 1번 실린더를 On시킨다. 그 후 일정 시간이 지나면 2번 실린더를 On, 1번 실린더를 Off시킨다. 또 일정 시간이 지나면 2번 실린더를 Off시킨다.

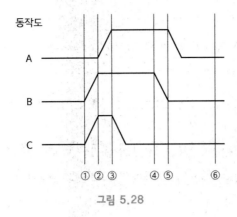

동작도

A

B

C

① ② ③   ④ ⑤   ⑥

그림 5.28

표 5.32

동작 번호	동작 시간	동작 조건	동작
1	1초	실린더 A Off, 실린더 B Off, 실린더 C Off	실린더 B Oning, 실린더 C Oning
2	–	실린더 A Off, 실린더 B On, 실린더 C On	실린더 A Oning,
3	–	실린더 A On, 실린더 B On, 실린더 C On	실린더 C Offing
4	4초	실린더 A On, 실린더 B On, 실린더 C Off	실린더 B Offing
5	5초	실린더 A On, 실린더 B Off, 실린더 C Off	실린더 A Offing
6	6초	실린더 A Off, 실린더 B Off, 실린더 C Off	End 상태 변경

(1) Update()

이제 Update() 함수의 시작 상태에서 동작하는 방법은 다음 예제와 같이 시작한 시간을 기록한다. 이후 특정 시간이나 실린더 상태가 변경이 되게 되면 거기에 맞는 행동을 실시하게 된다.

```
// 상태에 따른 변화
public void Update(double aTime)
{
    m_fTime += aTime;

    if (m_enMachineState == MachineState.MACHINESTATE_PLAY)
    {
        // 1번 동작
        if (m_enSolState1 == SolState.SOLSTATE_OFF
            && m_enSolState2 == SolState.SOLSTATE_OFF
            && m_enSolState3 == SolState.SOLSTATE_OFF
            && m_fTime > 1.0 && m_nMotionState == 0)
        {
            m_enSolState1 = SolState.SOLSTATE_OFFING;
            m_enSolState2 = SolState.SOLSTATE_ONING;
            m_enSolState3 = SolState.SOLSTATE_ONING;
            StateCalc();

            m_nMotionState = 1;
        }
```

```
        // 2번 동작
        else if (m_enSolState1 == SolState.SOLSTATE_OFF
            && m_enSolState2 == SolState.SOLSTATE_ON
            && m_enSolState3 == SolState.SOLSTATE_ON
            && m_nMotionState == 1)
        {
            m_enSolState1 = SolState.SOLSTATE_ONING;
            StateCalc();

            m_nMotionState = 2;
        }
        // 3번 동작
        else if (m_enSolState1 == SolState.SOLSTATE_ON
            && m_enSolState2 == SolState.SOLSTATE_ON
            && m_enSolState3 == SolState.SOLSTATE_ON
            && m_nMotionState == 2)
        {
            m_enSolState3 = SolState.SOLSTATE_OFFING;
            StateCalc();

            m_nMotionState = 3;
        }

        // 4번 동작
        else if (m_enSolState1 == SolState.SOLSTATE_ON
            && m_enSolState2 == SolState.SOLSTATE_ON
            && m_enSolState3 == SolState.SOLSTATE_OFF
            && m_fTime > 4.0 && m_nMotionState == 3)
        {
            m_enSolState2 = SolState.SOLSTATE_OFFING;
            StateCalc();

            m_nMotionState = 4;
        }
        // 5번 동작
        else if (m_enSolState1 == SolState.SOLSTATE_ON
            && m_enSolState2 == SolState.SOLSTATE_OFF
            && m_enSolState3 == SolState.SOLSTATE_OFF
            && m_nMotionState == 4)
        {
            m_enSolState1 = SolState.SOLSTATE_OFFING;
            StateCalc();

            m_nMotionState = 5;
        }

        // 6번 동작
        else if (m_enSolState1 == SolState.SOLSTATE_OFF
            && m_enSolState2 == SolState.SOLSTATE_OFF
            && m_enSolState3 == SolState.SOLSTATE_OFF
            && m_fTime > 6 && m_nMotionState == 5)
        {
            StateChange(MachineState.MACHINESTATE_END);
        }

    }
}
```

6 | MPS 제어

1 MPS 장비의 워크피스 저장 창고 상태 확인

1. 개요

이번에는 장비의 워크피스 저장소에 물품이 있는지 검사를 수행하도록 한다.

2. 검사 시나리오

이번 검사 시나리오는 다음과 같이 워크피스 저장소의 센서의 신호를 받아 저장소의 적재 상태를 보여 주는 역할을 수행한다.

3. C# 폼 컨트롤 구성

(1) 폼 구성

해당 컨트롤 속성표대로 그림 6.1과 같이 폼에 컨트롤을 만든다.

그림 6.1

표 6.1

번호	타입	위치	크기	속성	폰트	Text
0	Label	16, 25	75, 30	가운데 정렬	9pt	검사 시작
1	Label	98, 25	83, 30	가운데 정렬	9pt	MPS 상태

(계속)

번호	타입	위치	크기	속성	폰트	Text
2	Label	180, 25	98, 30	가운데 정렬	9pt	
3	Label	277, 25	83, 30	가운데 정렬	9pt	물품 창고 상태
4	Label	359, 25	98, 30	가운데 정렬	9pt	
5	Timer	–	–	시간 : 10	–	–

(2) From과 MPS 제어 객체 상태 연결 작업

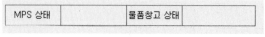

그림 6.2

① Form의 제어에 필요한 멤버 변수 선언과 생성자 초기화 과정

MPS 상태를 제어하기 위한 객체를 생성하고, 해당 MPS 상태를 주기적으로 변경하기 위한 반복 루프 시간을 계산할 수 있는 Cpu 타이머 객체를 만든다.

```
MachineIo m_pMachineIo;      // MPS제어 객체
CpuTimer m_pTimer;           // 시간을 측정

public Form1( )
{
    InitializeComponent( );

    // MPS 제어객체 생성
    m_pMachineIo = new MachineIo(this);

    // 시간을 계산할 타이머 객체 생성
    m_pTimer = new CpuTimer( );|

    // 반복 루프를 설정
    timer1.Start( );

}
```

② MPS 상태를 주기적으로 변경할 Update() 메소드 연결

MPS 상태를 변경하기 매주기마다 입력값을 받아올 수 있는 메소드를 호출하고 Update() 메소드를 CpuTimer를 통해서 매루프가 반복에 걸린 시간을 매개 변수로 보내 준다.

```
// 프로그램 루프를 만들어준다.
private void Timer_Tick(object sender, EventArgs e)
{
    // Timer객체를 통해 루프의 반복소요시간을 보내준다.
    m_pMachineIo.InputCollection( );
    m_pMachineIo.Update(m_pTimer.Duration( ));
}
```

③ MPS 상태를 출력할 컨트롤 연결

MPS 상태를 변경하기 위해서 Label3의 텍스트를 변경하는 메소드를 만들어 외부에서 변경한다.

```
public void NotifryMachineState(string aState)
{
    label3.Text = aState;
}
```

④ 물품 창고 상태를 출력할 컨트롤 연결

물품 창고 상태를 변경하기 위해서 Label5의 텍스트를 변경하는 메소드를 만들어 외부에서 변경한다.

```
public void NotifryInspStorgeState(string aState)
{
    label5.Text = aState;
}
```

⑤ 전체 소스

```
using System;
using System.Windows.Forms;
using Imechatronics;

namespace Ex01
{
    public partial class Form1 : Form
    {
        MachineIo m_pMachineIo;      // MPS 제어 객체
        CpuTimer m_pTimer;           // 시간을 측정

        public Form1()
        {
            InitializeComponent();

            // MPS 제어 객체 생성
            m_pMachineIo = new MachineIo(this);
```

```
            // 시간을 계산할 타이머 객체 생성
            m_pTimer = new CpuTimer();

            // 반복 루프를 설정
            timer1.Start();

        }


        // 프로그램 루프를 만들어 준다.
        private void Timer_Tick(object sender, EventArgs e)
        {
            // Timer 객체를 통해 루프의 반복 소요 시간을 보내 준다.
            m_pMachineIo.InputCollection();
            m_pMachineIo.Update(m_pTimer.Duration());
        }

        public void NotifryMachineState(string aState)
        {
            label3.Text = aState;
        }

        public void NotifryInspStorgeState(string aState)
        {
            label5.Text = aState;
        }
    }
}
```

4. MPS 동작 처리 클래스 제작

다음은 MPS 장비를 제어하기 위한 IO 신호를 정리하고, 해당 센서가 작동할 수 있도록 프로그램을 작성하도록 한다.

(1) MPS 신호 정리

이번 예제를 실습하면서 필요한 신호는 다음 표와 같다.

표 6.2 입력 타입

디바이스	포트	CW	연동 장비	역할(On)	역할(Off)
1	A	1	워크 센서	워크 센서에 물체가 없을 때	워크 센서에 물체가 있을 때

(2) 장비 결선

이번 예제에서는 S1 센서에 대한 결선을 해 보도록 한다. S1 그림과 같이 공급 박스에 워크피스가 있는지 없는지 확인하는 화이바센서이다.

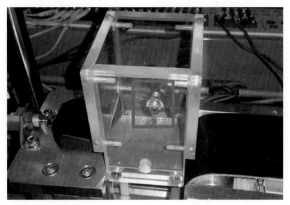

그림 6.3

미니 MPS에 Input란의 S1 단자와 A 포트에 연결된 PHOTO IN-OUT 1번 단자와 결선한다.

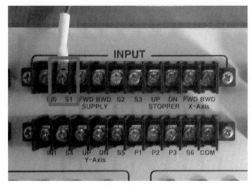

MPS   PHOTO IN-OUT

그림 6.4

5. Machine IO 클래스 생성

MachineIO 클래스의 목록은 그림 6.5 같다.

다음은 MPS 장비를 제어하기 위한 IO 신호를 정리하고, 해당 센서의 작동을 할 수 있도록 프로그램을 작성하도록 한다.

(1) 멤버 변수

이번 예제를 실습하면서 필요한 신호는 다음과 같다.

그림 6.5

```
using Imechatronics.IoDevice;

namespace Ex01
{
    public class MachineIo
    {
        public Form1 m_pOwner;  // 컨트롤러 객체
        Io8255 m_pIoDevice;        // 8255장비제어객체

        // 입력 포트의 Cw를 읽어올 변수
        public int[] m_nInputA;
        public int[] m_nInputB;

        // 시간 값
        double m_fTime;

        // 각 파트의 기능을 담당할 클래스
        StoreEjector m_pStoreEjector;
```

① 생성자

생성자에서는 IO 장비의 사용 방법 및 각 장비 파트의 동작을 담당할 객체의 생성과 초기화를 담당하고 있다. IO 장비는 0~2번 포트를 입력하고, 4~6번 포트를 출력으로 사용하고 있다.

```
public MachineIo(Form1 aOwner)
{
    // 컨트롤롯의 위치를 기록한다.
    m_pOwner = aOwner;

    // IO장비를 생성하고 0~2번포트를 입력,
    // 4~6번포트를 을출력으로 사용한다.
    m_pIoDevice = new Io8255();
    m_pIoDevice.UCIDrvInit();
    m_pIoDevice.Outputb(3, 0x9B);
    m_pIoDevice.Outputb(7, 0x80);

    // 각 파트의 동작을 담당할 객체를 생성한다.
    m_pStoreEjector = new StoreEjector(this);
}
```

② 생성자 Update() 메소드

Update 메소드는 매 갱신 주기마다 파트의 동작을 수행하고, 각 파트의 동작 상황에 맞는 전체적인 진행을 담당하고 있다. 현재 소스에서는 파트의 동작을 갱신해 주고 있다.

```
// 상태에 따른 변화
public void Update(double aTime)
{
    // 시간을 기록한다.
    m_fTime += aTime;

    // 파트의 동작을 담당하는 클래스를 업데이트한다.
    m_pStoreEjector.Update(aTime);
}
```

③ InputCollection() 메소드

갱신 주기마다 현재 0~2번 입력 CW를 읽어오고, 접근하기 편하게 배열 형태로 저장하게 된다.

```
// 현재 입력 CW의 변화를 기록한다.
public void InputCollection( )
{
    int Temp;
    Temp = m_ploDevice.Inputb(0);
    m_nInputA = m_ploDevice.ConvetByteToBit(Temp);

    Temp = m_ploDevice.Inputb(1);
    m_nInputB = m_ploDevice.ConvetByteToBit(Temp);
}
```

④ 전체 소스

```
using Imechatronics.IoDevice;

namespace Ex01
{
    public class MachineIo
    {
        public Form1 m_pOwner;          // 컨트롤러 객체
        Io8255 m_pIoDevice;             // 8255 장비 제어 객체

        // 입력 포트의 CW를 읽어올 변수
        public int[] m_nInputA;
        public int[] m_nInputB;

        // 시간값
        double m_fTime;

        // 각 파트의 기능을 담당할 클래스
        StoreEjector m_pStoreEjector;

        public MachineIo(Form1 aOwner)
        {
            // 컨트롤러의 위치를 기록한다.
            m_pOwner = aOwner;

            // IO 장비를 생성하고 0~2번 포트를 입력,
            // 4~6번 포트를 출력으로 사용한다.
```

(계속)

```
            m_pIoDevice = new Io8255();
            m_pIoDevice.UCIDrvInit();
            m_pIoDevice.Outputb(3, 0x9B);
            m_pIoDevice.Outputb(7, 0x80);

            // 각 파트의 동작을 담당할 객체를 생성한다.
            m_pStoreEjector = new StoreEjector(this);
        }

        ~MachineIo()
        {
            m_pIoDevice.UCIDrvClose();
        }

        // 상태에 따른 변화
        public void Update(double aTime)
        {
            // 시간을 기록한다.
            m_fTime += aTime;

            // 파트의 동작을 담당하는 클래스를 업데이트한다.
            m_pStoreEjector.Update(aTime);
        }

        // 현재 입력 CW의 변화를 기록한다.
        public void InputCollection()
        {
            int Temp;
            Temp = m_pIoDevice.Inputb(0);
            m_nInputA = m_pIoDevice.ConvetByteToBit(Temp);

            Temp = m_pIoDevice.Inputb(1);
            m_nInputB = m_pIoDevice.ConvetByteToBit(Temp);
        }
    }
}
```

6. 공급기의 동작을 구현할 클래스 생성

다음은 MPS 장비를 제어하기 위한 IO 신호를 정리하고, 해당 센서가 작동할 수 있도록 프로그램을 짜 보도록 하겠다. 클래스의 요소는 그림과 같다.

그림 6.6

(1) 상태 열거형

현재 워크 센서의 상태를 3가지 상태로 표현하였다. 이렇게 상태를 열거형으로 표현함으로써
가독성의 증가와 규칙을 만들어 갈 수 있다.

```
// 열거형으로 워크센서의 상태를 열거한다.
public enum StoreState
{
    STORESTATE_INIT = -1,    // 초기화 상태
    STORESTATE_NORMAL,       // 워크가 있는상태
    STORESTATE_EMPTY,        // 워크가 없는 상태
}
```

(2) 멤버 변수와 생성자 선언

먼저 멤버 변수로 Model 객체에 접근하기 위한 변수와 워크 센서 상태를 저장하는 변수를
만들었고 생성자를 통해 초기화를 하였다.

```
public class StoreEjector
{
    // 부모객체
    Machinelo m_pOwner;

    // 워크센서의 상태
    public StoreState m_enStoreState;

    // 생성자
    public StoreEjector(Machinelo aOwner)
    {
        // 주소를 받아온다.
        m_pOwner = aOwner;

        // 스토어 상태를 초기화 상태로 변경한다.
        m_enStoreState = StoreState.STORESTATE_INIT;
    }
```

(3) 업데이트 메소드

해당 메소드가 호출되면서 워크 센서가 상태를 받아와 이전 상태와 현재 상태가 변경이 되었다면 그 상황을 NotifryInspStorgeState() 메소드를 통해 폼에 상황을 출력하게 된다.

```
public void Update(double atime)
{
    // 저장소의 워크상태가 변경되었는지 확인한다.
    if (m_pOwner.m_nInputA[0] != (int)m_enStoreState)
    {
        // 현제 워크상태를 비교한다.
        m_enStoreState = (StoreState)m_pOwner.m_nInputA[0];

        if (m_enStoreState == StoreState.STORESTATE_NORMAL)
        {
            Form1.m_pLabel1.Text = "스토어 적재중";
            m_pOwner.m_pOwner.NotifryInspStorgeState("스토어 적재중");
        }
        else
        {
            m_pOwner.m_pOwner.NotifryInspStorgeState("스토어 비었음");
        }
    }
}
```

(4) 전체 소스

```
namespace Ex01
{
    // 열거형으로 워크 센서의 상태를 열거한다.
    public enum StoreState
    {
        STORESTATE_INIT = -1,      // 초기화 상태
        STORESTATE_NORMAL,         // 워크가 있는 상태
        STORESTATE_EMPTY,          // 워크가 없는 상태
    }

    public class StoreEjector
    {
        // 부모 객체
        MachineIo m_pOwner;

        // 워크 센서의 상태
        public StoreState m_enStoreState;
```

(계속)

```
    // 생성자
    public StoreEjector(MachineIo aOwner)
    {
        // 주소를 받아온다.
        m_pOwner = aOwner;

        // 스토어 상태를 초기화 상태로 변경한다.
        m_enStoreState = StoreState.STORESTATE_INIT;
    }

    public void Update(double atime)
    {
        // 저장소의 워크 상태가 변경되었는지 확인한다.
        if (m_pOwner.m_nInputA[0] != (int)m_enStoreState)
        {
            // 현재 워크 상태를 비교한다.
            m_enStoreState = (StoreState)m_pOwner.m_nInputA[0];

            if (m_enStoreState == StoreState.STORESTATE_NORMAL)
            {
                m_pOwner.m_pOwner.NotifryInspStorgeState("스토어 적재 중");
            }
            else
            {
                m_pOwner.m_pOwner.NotifryInspStorgeState("스토어 비었음");
            }
        }
    }
}
```

2 검사 물품 이송 작업

1. 개요

이번에는 MPS 장비에서 출력 신호를 이용하여 물품 워크피스 저장 창고에 워크피스를 컨테이너에 이동할 수 있도록 해 보도록 한다. 여기에서부터는 MPS 장비가 어떻게 구동되고 있는지 순서도를 이용하여 설명하도록 한다.

2. 검사 시나리오

이번에 진행할 검사 시나리오는 그림 6.7과 같이 검사 시작 신호가 들어오면 보낼 워크피스가 있는지 확인한다. 없으면 정지 상태로, 변경 있으면 검사 시작 상태로 변경 이후 스토퍼가 작동하여 컨테이너 벨트에 워크피스를 이송 후 정지 상태에 들어간다.

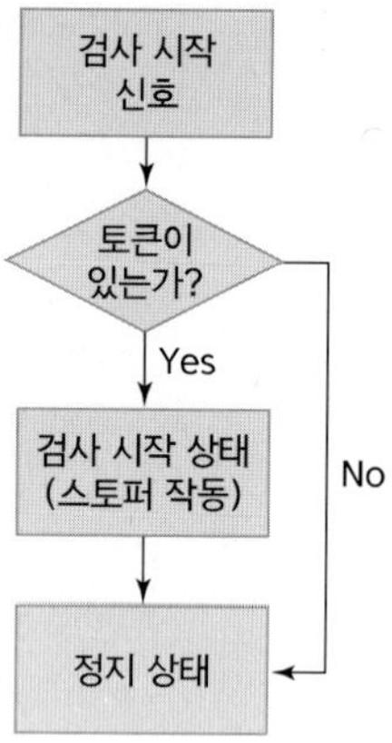

3. C# 폼 컨트롤 구성

해당 컨트롤 속성표대로 그림 6.8과 같이 폼에 컨트롤을 만든다.

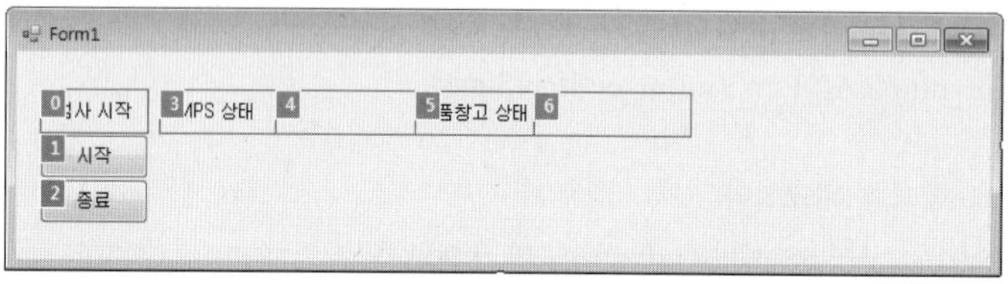

그림 6.8

그림 6.7

표 6.3

번호	타입	위치	크기	속성	폰트	Text
0	Label	16, 25	75, 30	가운데 정렬	9pt	검사 시작
1	Button	16, 55	75, 30	가운데 정렬	9pt	시작
2	Button	16, 84	75, 30	가운데 정렬	9pt	종료
3	Label	98, 25	83, 30	가운데 정렬	9pt	MPS 상태
4	Label	180, 25	98, 30	가운데 정렬	9pt	
5	Label	277, 25	83, 30	가운데 정렬	9pt	물품 창고 상태
6	Label	359, 25	98, 30	가운데 정렬	9pt	

4. From과 MPS 제어 객체 상태 연결 작업

그림 6.9

(1) Form의 제어에 필요한 멤버 변수 선언과 생성자 초기화 과정

MPS 상태를 제어하기 위한 객체를 생성하고, 해당 MPS 상태를 주기적으로 변경하기 위한 반복 루프 시간을 계산할 수 있는 CPU 타이머 객체를 만든다.

```
Machinelo m_pMachinelo;      // MPS제어 객체
CpuTimer m_pTimer;           // 시간을 측정

public Form1( )
{
    InitializeComponent( );

    // MPS 제어객체 생성
    m_pMachinelo = new Machinelo(this);

    // 시간을 계산할 타이머 객체 생성
    m_pTimer = new CpuTimer( );|

    // 반복 루프를 설정
    timer1.Start( );

}
```

(2) MPS 상태를 주기적으로 변경할 Update() 메소드 연결

MPS 상태를 변경하기 매주기마다 입력값을 받아올 수 있는 메소드를 호출하고, Update() 메소드를 CpuTimer를 통해서 매루프가 반복에 걸린 시간을 매개 변수로 보내 준다.

```
// 프로그램 루프를 만들어준다.
private void Timer_Tick(object sender, EventArgs e)
{
    // Timer객체를 통해 루프의 반복소요시간을 보내준다.
    m_pMachinelo.InputCollection( );
    m_pMachinelo.Update(m_pTimer.Duration( ));
}
```

(3) MPS 상태를 출력할 컨트롤 연결

MPS 상태를 변경하기 위해서 Label3의 텍스트를 변경하는 메소드를 만들어 외부에서 변경한다.

```
public void NotifryMachineState(string aState)
{
    label3.Text = aState;
}
```

(4) 물품 창고 상태를 출력할 컨트롤 연결

물품 창고 상태를 변경하기 위해서 Label5의 텍스트를 변경하는 메소드를 만들어 외부에서 변경한다.

```
public void NotifryInspStorgeState(string aState)
{
    label5.Text = aState;
}
```

(5) 시작과 종료를 담당할 컨트롤 연결

다음과 같이 해당 컨트롤을 클릭하고 속성에서 "이벤추가 → Click"에 해당 버튼의 연결 메소드를 만든다.

 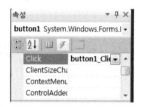

그림 6.10

연결된 이후 시작 버튼의 작업은 MPS 동작의 시작, 종료 버튼의 작업은 MPS의 동작을 종료하는 메소드를 작성한다.

```
// 시작과 정지에 대한 명령 메소드
private void button1_Click(object sender, EventArgs e)
{
    // 모델의 상태를 시작상태로 변경한다.
    m_pMachineIo.StateChange(MachineState.MACHINESTATE_START);
}

private void button2_Click(object sender, EventArgs e)
{
    // 모델의 상태를 정지상태로 변경한다.
    m_pMachineIo.StateChange(MachineState.MACHINESTATE_STOP);
}
```

(6) 전체 소스

```
using System;
using System.Windows.Forms;
using Imechatronics;

namespace Ex02
```

(계속)

```
{
    public partial class Form1 : Form
    {
        MachineIo m_pMachineIo;

        // 시간을 측정
        CpuTimer m_pTimer;

        public Form1()
        {
            InitializeComponent();

            // 컨트롤 역할을 담당할 FrameWork 객체를 생성
            m_pMachineIo = new MachineIo(this);

            // 시간을 계산할 타이머 객체 생성
            m_pTimer = new CpuTimer();

            // 반복 루프를 설정
            timer1.Start();

        }

        // 프로그램 루프를 만들어 준다.
        private void timer1_Tick(object sender, EventArgs e)
        {
            // 루프를 갱신한다.
            m_pMachineIo.InputCollection();
            m_pMachineIo.Update(m_pTimer.Duration());
        }

        // 시작과 정지에 대한 명령 메소드
        private void button1_Click(object sender, EventArgs e)
        {
            // 모델의 상태를 시작 상태로 변경한다.
            m_pMachineIo.StateChange(MachineState.MACHINESTATE_START);
        }

        private void button2_Click(object sender, EventArgs e)
        {
            // 모델의 상태를 정지 상태로 변경한다.
            m_pMachineIo.StateChange(MachineState.MACHINESTATE_STOP);
```

(계속)

```
        }

        // 프로그램의 종료 시 초기화를 정지 상태로 변경하기 위한 메소드
        private void Form1_FormClosing(object sender, FormClosingEventArgs e)
        {
            // 모델의 상태를 정지 상태로 변경한다.
            m_pMachineIo.StateChange(MachineState.MACHINESTATE_STOP);
        }

        // 컨트롤의 텍스트를 변경하는 메소드 선언
        public void NotifryMachineState(string aState)
        {
            label3.Text = aState;
        }

        public void NotifryInspStorgeState(string aState)
        {
            label5.Text = aState;
        }
    }
}
```

5. MPS 신호 정리

다음은 MPS 장비를 제어하기 위한 IO 신호를 정리하고, 해당 센서가 작동할 수 있도록 프로그램을 구성하도록 한다.

(1) MPS 신호 정리

이번 예제를 실습하면서 필요한 신호는 다음 표와 같다.

표 6.4 **입력 타입**

디바이스	포트	CW	연동 장비	역할(On)	역할(Off)
1	A	1	워크 센서	워크 센서에 물체가 없을 때	워크 센서에 물체가 있을 때

표 6.5 **출력 타입**

디바이스	포트	CW	연동 장비	역할(On)	역할(Off)
2	A	2	배출기	배출기 전진	배출기 후진

Chapter 6 MPS 제어

(2) 장비 결선

이번 예제에서는 Sup 장비에 대한 결선을 해 보도록 한다. Sup 장비는 그림 6.11과 같이 전진과 후진을 하면서 워크피스를 밀어 주는 역할을 한다.

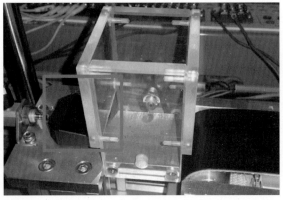

그림 6.11

미니 MPS에 OUTPUT 단자대의 SUP 단자와 디바이스2의 A 포트에 연결된 TR-OUP 2번 단자와 결선한다.

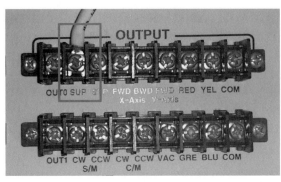

MPS   TR-OUT

그림 6.12

6. Machine IO 클래스 생성

Machine IO 클래스의 목록은 그림 6.13과 같다.

다음은 MPS 장비를 제어하기 위한 IO 신호를 정리하고, 해당 센서가 작동할 수 있도록 프로그램을 구성하도록 한다.

MachineIo
Class

□ 필드
- m_fTime
- m_nInputA
- m_nInputB
- m_pIoDevice
- m_pOwner
- m_pStoreEjector

□ 메서드
- ~MachineIo
- InputCollection
- MachineIo
- Update

그림 6.13

2 / 검사 물품 이송 작업   403

(1) 머신 상태

이번 동작부터 정지 대기 상태가 추가되었다. 이렇게 각 상태에 따라 나눈 이유는 반복 루프가 호출되면서 각 머신의 변경 상태를 기록하여 해당 상황에 맞는 동작을 수행할 수 있도록 하기 위해서이다.

```
public enum MachineState
{
    MACHINESTATE_INIT,  // 초기화 상태
    MACHINESTATE_START, // 시작신호상태
    MACHINESTATE_PLAY,  // 동작상태
    MACHINESTATE_END,   // 정지 대기 상태
    MACHINESTATE_STOP,  // 정지 상태
}
```

(2) 멤버 변수

현재 필요한 멤버 변수를 나열하였다. 추가된 항목을 머신 상태를 기록하는 멤버 변수와 배출기의 작동을 제어하는 클래스 객체를 추가하였다.

```
public class MachineIo
{
    public Form1 m_pOwner;    // 컨트롤러 객체
     Io8255 m_pIoDevice;         // 8255장비제어객체

    // 입력 포트의 Cw를 읽어올 변수
    public int[] m_nInputA;
    public int[] m_nInputB;

    // 시간 값
    double m_fTime;

    // 모델 상태
    MachineState m_enMachineState;

    // 각 파트의 기능을 담당할 클래스
    StoreEjector m_pStoreEjector;
}
```

(3) 생성자

생성자에서는 IO 장비의 사용 방법 및 각 장비 파트의 동작을 담당할 객체의 생성과 초기화를 담당하고 있다. IO 장비는 0~2번 포트를 입력, 4~6번 포트를 출력으로 사용하고 있다.

```
public MachineIo(FrameWork aOwner)
{
    // 컨트롤러의 위치를 기록한다.
    m_pOwner = aOwner;

    // IO장비를 생성하고 0~2번포트를 입력,
    // 4~6번포트를 출력으로 사용한다.
    m_pIoDevice = new Io8255();
    m_pIoDevice.UCIDrvInit();
    m_pIoDevice.Outputb(3, 0x9B);
    m_pIoDevice.Outputb(7, 0x80);

    // 각 파트의 동작을 담당할 객체를 생성한다.
    m_pStoreEjector = new StoreEjector(this);
}
```

(4) Update() 메소드

Update 메소드에서 추가적으로 머신 상태가 Play일 때 배출기가 후진 상태일 때 정지 상태로 변경하도록 코드를 추가하였다.

```
// 상태에 따른 변화
public void Update(double aTime)
{
    // 시간을 기록한다.
    m_fTime += aTime;

    // 파트의 동작을 담당하는 클래스를 업데이트한다.
    m_pStoreEjector.Update(aTime);

    // Play상태를 수행한다.
    if (m_enMachineState == MachineState.MACHINESTATE_PLAY)
    {
        // 배출기가 정지상태일때 종료상태로 변경한다.
        if (m_pStoreEjector.m_enState == StoreEjectorState.STOREEJECTORSTATE_STOP)
        {
            // 정지상태로 변경한다.
            StateChange(MachineState.MACHINESTATE_STOP);
        }
    }
}
```

(5) StateCalc() 메소드

공급기의 장비 동작을 위해 StateCalc 메소드를 만들어서 장비의 동작이 변경되어야 할 때 수행을 해 주는 메소드이다.

```
public void StateCalc( )
{
    // 초기 상태
    byte State1 = 0x00;
    byte State2 = 0x00;

    // 4번포트에 연결된 장치의 상태를 변경한다.
    State1 += m_pStoreEjector.GetStateCode( ); // 배출기 io상태를 받아온다.

    // 각포트의 쓰기상태를 변경한다.|
    m_ploDevice.Outputb(4, State1);
    Thread.Sleep(10);
    m_ploDevice.Outputb(5, State2);
    Thread.Sleep(10);
}
```

(6) StateChange() 메소드

이 메소드는 머신의 작동 상태를 시작 상태, 작동 상태, 정지 신호 상태, 종료 상태로 나누어서 해당 상태가 변경될 때마다 메소드를 실행하여 필요한 작업을 수행할 수 있도록 하였다.

```
// 상태변경
public void StateChange( MachineState aState )
{
    // 시작상태일때
    if (aState == MachineState.MACHINESTATE_START)
    {
        // 코인이 있다면 시작
        if (m_pStoreEjector.m_enStoreState == StoreState.STORESTATE_NORMAL)
        {
            // 초기화 코드를 실행
            m_fTime = 0.0f;
            m_pStoreEjector.ChangeState(StoreEjectorState.STOREEJECTORSTATE_EMIT);

            // 상태변경
            StateChange(MachineState.MACHINESTATE_PLAY);
        }
        else
        {
            // 정지상태로 상태변경
            StateChange(MachineState.MACHINESTATE_STOP);
        }
    }
    if( aState == MachineState.MACHINESTATE_PLAY )
    {
        // 2. 머신을 시작상태로 변경
        m_enMachineState = MachineState.MACHINESTATE_PLAY;
        m_pOwner.NotifryMachineState("머신 작동");|
    }
    else if( aState == MachineState.MACHINESTATE_STOP )
    {
        m_pOwner.NotifryMachineState( "머신 종료" );
        m_enMachineState = MachineState.MACHINESTATE_STOP;
        m_pStoreEjector.ChangeState(StoreEjectorState.STOREEJECTORSTATE_STOP);
    }
}
```

(7) 전체 코드

MachineIo 클래스의 전체 코드이다.

```
using Imechatronics.IoDevice;
using System.Threading;

namespace Ex02
{
    public enum MachineState
    {
        MACHINESTATE_INIT,
        MACHINESTATE_START,
        MACHINESTATE_PLAY,
        MACHINESTATE_STOP,
    }

    public class MachineIo
    {
        public Form1 m_pOwner;          // 컨트롤러 객체
        Io8255 m_pIoDevice;             // 8255장비제어객체

        // 입력 포트의 CW를 읽어올 변수
        public int[] m_nInputA;
        public int[] m_nInputB;

        // 시간값
        double m_fTime;

        // 모델 상태
        MachineState m_enMachineState;

        // 각 파트의 기능을 담당할 클래스
        StoreEjector m_pStoreEjector;

        public MachineIo(Form1 aOwner)
        {
            // 컨트롤러의 위치를 기록한다.
            m_pOwner = aOwner;

            // IO장비를 생성하고 0~2번 포트를 입력,
            // 4~6번 포트를 출력으로 사용한다.
            m_pIoDevice = new Io8255();
```

(계속)

```csharp
        m_pIoDevice.UCIDrvInit();
        m_pIoDevice.Outputb(3, 0x9B);
        m_pIoDevice.Outputb(7, 0x80);

        // 각 파트의 동작을 담당할 객체를 생성한다.
        m_pStoreEjector = new StoreEjector(this);
    }


    ~MachineIo()
    {
        m_pIoDevice.UCIDrvClose();
    }


    // 상태 변경
    public void StateChange( MachineState aState )
    {
            // 시작 상태일 때
        if (aState == MachineState.MACHINESTATE_START)
        {
            // 코인이 있다면 시작
            if (m_pStoreEjector.m_enStoreState == StoreState.STORESTATE_NORMAL)
            {
                // 초기화 코드를 실행
                m_fTime = 0.0f;
            m_pStoreEjector.ChangeState(StoreEjectorState.STOREEJECTORSTATE_EMIT);

                // 상태 변경
                StateChange(MachineState.MACHINESTATE_PLAY);
            }
            else
            {
                // 정지 상태로 상태 변경
                StateChange(MachineState.MACHINESTATE_STOP);
            }
        }
            if( aState == MachineState.MACHINESTATE_PLAY)
            {
            // 2. 머신을 시작 상태로 변경
            m_enMachineState = MachineState.MACHINESTATE_PLAY;
            m_pOwner.NotifryMachineState("머신 작동");
            }
            else if( aState == MachineState.MACHINESTATE_STOP )
```

```
                {
                    m_pOwner.NotifryMachineState( "머신 종료" );
                    m_enMachineState = MachineState.MACHINESTATE_STOP;
                m_pStoreEjector.ChangeState(StoreEjectorState.STOREEJECTORSTATE_STOP);
                }
        }

    public void StateCalc()
    {
        // 초기 상태
        byte State1 = 0x00;
        byte State2 = 0x00;

        // 4번 포트에 연결된 장치의 상태를 변경한다.
        State1 += m_pStoreEjector.GetStateCode(); // 배출기 IO 상태를 받아온다.

        m_pIoDevice.Outputb(4, State1);
        Thread.Sleep(10);

        // 5번 포트에 연결된 장치의 상태를 변경한다.
        m_pIoDevice.Outputb(5, State2);
        Thread.Sleep(10);
    }

    // 상태에 따른 변화
    public void Update(double aTime)
    {
        // 시간을 기록한다.
        m_fTime += aTime;

        // 파트의 동작을 담당하는 클래스를 업데이트한다.
        m_pStoreEjector.Update(aTime);

        // Play 상태를 수행한다.
        if (m_enMachineState == MachineState.MACHINESTATE_PLAY)
        {
            // 배출기가 정지 상태일 때 종료 상태로 변경한다.
            if (m_pStoreEjector.m_enState == StoreEjectorState.STOREEJECTORSTATE_STOP)
            {
                // 정지 상태로 변경한다.
                StateChange(MachineState.MACHINESTATE_STOP);
            }
```

(계속)

```
                }
            }

            // 현재 입력 CW의 변화를 기록한다.
            public void InputCollection()
            {
                int Temp;
                Temp = m_pIoDevice.Inputb(0);
                m_nInputA = m_pIoDevice.ConvetByteToBit(Temp);

                Temp = m_pIoDevice.Inputb(1);
                m_nInputB = m_pIoDevice.ConvetByteToBit(Temp);
            }
        }
    }
```

7. 공급기의 동작을 구현할 클래스 생성

다음은 공급기를 제어할 StoreEjector 클래스에 대한 설명을 하도록 한다.

공급기의 목적에 맞게 다음과 같은 변수 및 메소드로 구성하였다. 클래스의 요소는 그림 6.14와 같다.

그림 6.14

(1) 상태 열거형

추가된 상태 열거형은 배출기의 상태를 표현하는 열거형이 추가되었다.

```
// 물품 배출기 상태를 열거한다.
public enum StoreEjectorState
{
    STOREEJECTORSTATE_STOP,     // 후진상태
    STOREEJECTORSTATE_EMIT,     // 전진상태
}
```

(2) 멤버 변수와 생성자 선언

먼저 멤버 변수로 Model 객체에 접근하기 위한 변수와 워크 센서 상태를 저장하는 변수를

만들었고 생성자를 통해 초기화하였다.

```
public class StoreEjector
{
    // Model의 주소를 저장
    MachineIo m_pOwner;

    // 변화시간일 기록
    double m_fTime;

    // 상태관련
    public StoreEjectorState m_enState;   // 배출기 상태
    public StoreState m_enStoreState;   // 워크센서의 상태
```

(3) 상태 변화 메소드

상태 변화 함수는 공급기의 상태를 변환해 주는 메소드이다. 상태를 변경하고 변경된 상태의 IO 동작을 할 수 있도록 되어 있다.

```
    // 상태변환 함수
    public void ChangeState(StoreEjectorState aState)
    {
        // 변경상태를 저장한다.
        m_enState = StoreEjectorState.STOREEJECTORSTATE_EMIT;

        // 변경된 장비의 IO를 갱신하고 시간을 초기화 한다.
        m_pOwner.StateCalc( );
        m_fTime = 0.0;
    }
```

(4) 업데이트 메소드

Update는 공급기가 전진해져 있다면 1.0초가 흐른 후에 다시 후진할 수 있도록 코드를 추가로 구성하였다.

```
    public void Update(double atime)
    {
        m_fTime += atime;

        // 저장소의 워크상태가 변경되었는지 확인한다.
        if (m_pOwner.m_nInputA[0] != (int)m_enStoreState)
        {
```

```
        // 현제 워크상태를 비교한다.
        m_enStoreState = (StoreState)m_pOwner.m_nInputA[0];

        if (m_enStoreState == StoreState.STORESTATE_NORMAL)
        {
            m_pOwner.m_pOwner.NotifryInspStorgeState("슈토어 적재중");
        }
        else
        {
            m_pOwner.m_pOwner.NotifryInspStorgeState("슈토어 비었음");
        }
    }

    // 공급기가 전진해져있다면 일정시간이 지난후에 다시 후진한다.
    if (m_fTime > 1.0 && m_enState == StoreEjectorState.STOREEJECTORSTATE_EMIT)
    {
        m_enState = StoreEjectorState.STOREEJECTORSTATE_STOP;
        m_pOwner.StateCalc();
    }
}
```

(5) IO 출력 상태 반환 메소드

이 메소드는 공급기의 상태에 맞추어 출력 CW값을 계산하고 반환해 주는 메소드이다.

```
    // 공급기의 상태코드를 계산해준다.
    public byte GetStateCode()
    {
        byte StateCode = 0x00;
        if (m_enState == StoreEjectorState.STOREEJECTORSTATE_EMIT)
        {
            StateCode |= 0x02;
        }

        return StateCode;
    }
```

(6) 전체 코드

이 클래스의 전체 코드이다.

```
namespace Ex02
{
    // 물품 배출기 상태를 열거한다.
    public enum StoreEjectorState
    {
```

(계속)

```csharp
        STOREEJECTORSTATE_STOP,          // 후진 상태
        STOREEJECTORSTATE_EMIT,          // 전진 상태
}

// 열거형으로 워크 센서의 상태를 열거한다.
public enum StoreState
{
        STORESTATE_INIT = -1,       // 초기화 상태
        STORESTATE_NORMAL,          // 워크가 있는 상태
        STORESTATE_EMPTY,           // 워크가 없는 상태
}

// 이미터에 대한 클래스를 만든다.
public class StoreEjector
{
        // Model의 주소를 저장
        MachineIo m_pOwner;

        // 변화 시간일 기록
        double m_fTime;

        // 상태관련
        public StoreEjectorState m_enState;        // 배출기 상태
        public StoreState m_enStoreState;          // 워크 센서의 상태


        // 생성자
        public StoreEjector(MachineIo aOwner)
        {
                // 주소를 받아온다.
                m_pOwner = aOwner;

                // 워크 배출기 상태를 정지 상태로 변경한다.
                m_enState = StoreEjectorState.STOREEJECTORSTATE_STOP;

                // 워크 센서 상태를 초기화 상태로 변경한다.
                m_enStoreState = StoreState.STORESTATE_INIT;
        }

        // 상태 변환 함수
        public void ChangeState(StoreEjectorState aState)
        {
```

(계속)

2 / 검사 물품 이송 작업   413

```csharp
            // 변경 상태를 저장한다.
            m_enState = StoreEjectorState.STOREEJECTORSTATE_EMIT;

            // 변경된 장비의 IO를 갱신하고 시간을 초기화한다.
            m_pOwner.StateCalc();
            m_fTime = 0.0;
        }

        public void Update(double atime)
        {
            // 시간을 더해 준다.
            m_fTime += atime;

            // 저장소의 워크 상태가 변경되었는지 확인한다.
            if (m_pOwner.m_nInputA[0] != (int)m_enStoreState)
            {
                // 현재 워크 상태를 비교한다.
                m_enStoreState = (StoreState)m_pOwner.m_nInputA[0];

                if (m_enStoreState == StoreState.STORESTATE_NORMAL)
                {
                    m_pOwner.m_pOwner.NotifryInspStorgeState("스토어 적재 중");
                }
                else
                {
                    m_pOwner.m_pOwner.NotifryInspStorgeState("스토어 비었음");
                }
            }

            // 공급기가 전진해져 있다면 일정 시간이 지난 후에 다시 후진한다.
            if (m_fTime > 1.0 && m_enState == StoreEjectorState.STOREEJECTORSTATE_EMIT)
            {
                ChangeState( StoreEjectorState.STOREEJECTORSTATE_STOP );
            }
        }

        // 공급기의 상태 코드를 계산해 준다.
        public byte GetStateCode()
        {
            byte StateCode = 0x00;
            if (m_enState == StoreEjectorState.STOREEJECTORSTATE_EMIT)
            {
```

(계속)

```
            StateCode |= 0x02;
        }

        // 계산된 코드를 반환한다.
        return StateCode;
    }
  }
}
```

3 MPS 콘테이너에 검사 물품 이송 작업

1. 개요

이번에는 프로젝트에 이어서 컨베이어를 작동하는 부분까지 설명하도록 한다. 컨베이어를 이용하는 이유는 워크피스의 불량 유무를 검사하기 위한 위치까지 이동시키는 역할을 해 주기 때문이다. 그러면 새로운 상태에 대한 순서도에 대한 설명을 하도록 한다.

2. 검사 시나리오

이번에 진행할 검사 시나리오는 다음 그림과 같이 검사 시작 신호가 들어오면 보낼 워크피스가 있는지 확인한다. 없으면 정지 상태로, 변경이 있으면 검사 시작 상태로 변경 이후 공급 실린더 작동하여 컨테이어 벨트에 워크피스를 이송 후 컨베이어 벨트를 일정 시간 동안 동작시키고 정지하기로 한다.

시작 상태에 진입하여 종료되는 과정의 순서도에 대하여 설명하도록 한다.

먼저 시작 상태 진입과 함께 컨베이어 작동 및 배송 실린더를 작동시킨다. 이후 배송 실린더 후진 하게 되면 종료 대기 상태로 들어가게 된다. 종료 대기 상태에서는 워크피스를 분류함으로 들어가기까지의 시간을 대기하고 있게 된다.

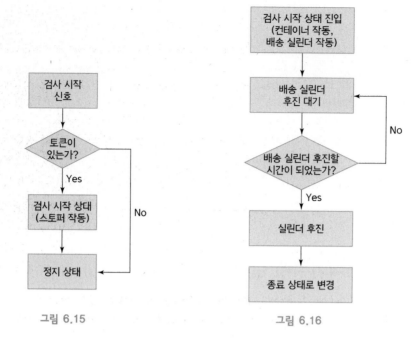

그림 6.15   그림 6.16

3. C# 폼 컨트롤 구성

해당 컨트롤 속성표대로 그림 6.17과 같이 폼에 컨트롤을 만든다.

그림 6.17

표 6.6

번호	타입	위치	크기	속성	폰트	Text
1	Label	16, 25	75, 30	가운데 정렬	9pt	검사 시작
2	Button	16, 55	75, 30	가운데 정렬	9pt	시작
3	Button	16, 84	75, 30	가운데 정렬	9pt	종료
4	Label	98, 25	83, 30	가운데 정렬	9pt	MPS 상태
5	Label	180, 25	98, 30	가운데 정렬	9pt	
6	Label	277, 25	83, 30	가운데 정렬	9pt	물품 창고 상태
7	Label	359, 25	98, 30	가운데 정렬	9pt	

4. From과 MPS 제어 객체 상태 연결 작업

MPS 상태		물품창고 상태	

그림 6.18

(1) Form의 제어에 필요한 멤버 변수 선언과 생성자 초기화 과정

MPS 상태를 제어하기 위한 객체를 생성하고, 해당 MPS 상태를 주기적으로 변경하기 위한 반복 루프 시간을 계산할 수 있는 Cpu 타이머 객체를 만든다.

```
Machinelo m_pMachinelo;      // MPS제어 객체
CpuTimer m_pTimer;           // 시간을 측정

public Form1( )
{
    InitializeComponent( );

    // MPS 제어객체 생성
    m_pMachinelo = new Machinelo(this);

    // 시간을 계산할 타이머 객체 생성
    m_pTimer = new CpuTimer( );|

    // 반복 루프를 설정
    timer1.Start( );

}
```

(2) MPS 상태를 주기적으로 변경할 Update() 메소드 연결

MPS 상태를 변경하기 매주기마다 입력값을 받아올 수 있는 메소드를 호출하고, Update() 메소드를 CpuTimer를 통해서 매루프가 반복에 걸린 시간을 매개 변수로 보내 준다.

```
// 프로그램 루프를 만들어준다.
private void Timer_Tick(object sender, EventArgs e)
{
    // Timer객체를 통해 루프의 반복소요시간을 보내준다.
    m_pMachinelo.InputCollection( );
    m_pMachinelo.Update(m_pTimer.Duration( ));
}
```

(3) MPS 상태를 출력할 컨트롤 연결

MPS 상태를 변경하기 위해서 Label3의 텍스트를 변경하는 메소드를 만들어 외부에서 변경한다.

```
public void NotifryMachineState(string aState)
{
    label3.Text = aState;
}
```

(4) 물품 창고 상태를 출력할 컨트롤 연결

물품 창고 상태를 변경하기 위해서 Label5의 텍스트를 변경하는 메소드를 만들어 외부에서 변경한다.

```
public void NotifryInspStorgeState(string aState)
{
    label5.Text = aState;
}
```

(5) 시작과 종료를 담당할 컨트롤 연결

다음과 같이 해당 컨트롤을 클릭하고 속성에서 "이벤 추가 → Click"에 해당 버튼의 연결 메소드를 만든다.

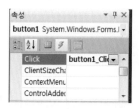

그림 6.19

연결된 이후 시작 버튼의 작업은 MPS 동작의 시작 종료 버튼의 작업은 MPS의 동작을 종료하는 메소드를 작성한다.

```
// 시작과 정지에 대한 명령 메소드
private void button1_Click(object sender, EventArgs e)
{
    // 모델의 상태를 시작상태로 변경한다.
    m_pMachineIo.StateChange(MachineState.MACHINESTATE_START);
}

private void button2_Click(object sender, EventArgs e)
{
    // 모델의 상태를 정지상태로 변경한다.
    m_pMachineIo.StateChange(MachineState.MACHINESTATE_STOP);
}
```

(6) 전체 소스

```
using System;
using System.Windows.Forms;
using Imechatronics;

namespace Ex02
{
    public partial class Form1 : Form
    {
        MachineIo m_pMachineIo;

        // 시간을 측정
        CpuTimer m_pTimer;

        public Form1()
        {
            InitializeComponent();

            // 컨트롤 역할을 담당할 FrameWork 객체 생성
            m_pMachineIo = new MachineIo(this);

            // 시간을 계산할 타이머 객체 생성
            m_pTimer = new CpuTimer();

            // 반복 루프 설정
            timer1.Start();

        }

        // 프로그램 루프를 만들어 준다.
        private void timer1_Tick(object sender, EventArgs e)
        {
            // 루프를 갱신한다.
            m_pMachineIo.InputCollection();
            m_pMachineIo.Update(m_pTimer.Duration());
        }

        // 시작과 정지에 대한 명령 메소드
        private void button1_Click(object sender, EventArgs e)
        {
            // 모델의 상태를 시작 상태로 변경한다.
            m_pMachineIo.StateChange(MachineState.MACHINESTATE_START);
```

(계속)

```
        }

        private void button2_Click(object sender, EventArgs e)
        {
            // 모델의 상태를 정지 상태로 변경한다.
            m_pMachineIo.StateChange(MachineState.MACHINESTATE_STOP);
        }

        // 프로그램의 종료 시 초기화를 정지 상태로 변경하기 위한 메소드
        private void Form1_FormClosing(object sender, FormClosingEventArgs e)
        {
            // 모델의 상태를 정지 상태로 변경한다.
            m_pMachineIo.StateChange(MachineState.MACHINESTATE_STOP);
        }

        // 컨트롤의 텍스트를 변경하는 메소드 선언
        public void NotifryMachineState(string aState)
        {
            label3.Text = aState;
        }

        public void NotifryInspStorgeState(string aState)
        {
            label5.Text = aState;
        }
    }
}
```

5. MPS 신호 정리

다음은 MPS 장비를 제어하기 위한 IO 신호를 정리하고, 해당 센서가 작동할 수 있도록 프로그램을 구성하도록 한다.

(1) MPS 신호 정리

이번 예제를 실습하면서 필요한 신호는 다음 표와 같다.

표 6.7 입력 타입

디바이스	포트	CW	연동 장비	역할(On)	역할(Off)
1	A	1	워크 센서	워크 센서에 물체가 없을 때	워크 센서에 물체가 있을 때

표 6.8 출력 타입

디바이스	포트	CW	연동 장비	역할(On)	역할(Off)
2	A	2	배출기	배출기 전진	배출기 후진
2	A	3	컨베이어	컨베이어 벨트 작동	컨베이어 벨트 정지

(2) 장비 결선

이번 예제에서는 컨베이어 벨트 장비에 대한 결선을 해 보도록 하겠다. 컨베이어 벨트 장비는
그림 6.20과 같이 컨베이어를 움직여서 워크피스를 검사 위치로 이동하기 위한 장비이다.

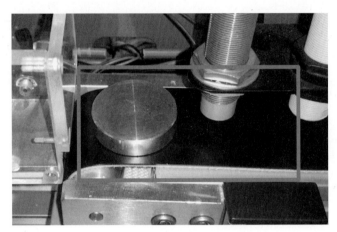

그림 6.20

미니 MPS에 OUTPUT 단자대의 CM/CW 단자와 디바이스2의 A 포트에 연결된 TR-OUT
3번 단자와 결선한다.

MPS

TR-OUT

그림 6.21

6. Machine IO 클래스 생성

MachineIo 클래스의 목록은 그림 6.22와 같다.

다음은 MPS 장비를 제어하기 위한 IO 신호를 정리하고, 해당 센서가 작동할 수 있도록 프로그램을 구성하도록 한다.

MachineIo
Class

▱ 필드
- m_fTime
- m_nInputA
- m_nInputB
- m_pIoDevice
- m_pOwner
- m_pStoreEjector

▱ 메서드
- ~MachineIo
- InputCollection
- MachineIo
- Update

그림 6.22

(1) 멤버 변수

이번에 추가된 멤버 변수는 컨베이어 벨트의 동작을 담당하는 클래스형의 변수가 추가되었다.

```
public class MachineIo
{
    public FrameWork m_pOwner; // 컨트롤러 객체
    Io8255 m_pIoDevice; // 8255장비제어 객체

    // 입력 포트의 Cw를 읽어올 변수
    public int[] m_nInputA;
    public int[] m_nInputB;

    // 시간 값
    double m_fTime;

    // 동작 상태
    MachineState m_enMachineState;

    // 각 장비파트에 대한 클래스
    StoreEjector m_pStoreEjector;
    ConveyerBelt m_pConveyerBelt;
```

(2) 생성자

생성자에서는 컨베이어 벨트의 동작을 담당할 객체를 추가로 생성하였다.

```
public MachineIo(Form1 aOwner)
{
    m_pOwner = aOwner;
    m_pIoDevice = new Io8255( );

    // UCI장비 세팅
    m_pIoDevice.UCIDrvInit( );
    m_pIoDevice.Outputb(3, 0x9B);
    m_pIoDevice.Outputb(7, 0x80);

    // 독립적으로 동작할 작업객체를 생성
    m_pStoreEjector = new StoreEjector(this);
    m_pConveyerBelt = new ConveyerBelt(this);
}
```

(3) Update() 메소드

Update 메소드는 이전 Chapter와 같다.

```
// 상태에 따른 변화
public void Update(double aTime)
{
    // 시간을 기록한다.
    m_fTime += aTime;

    // 파트의 동작을 담당하는 클래스를 업데이트한다.
    m_pStoreEjector.Update(aTime);

    // Play상태를 수행한다.
    if (m_enMachineState == MachineState.MACHINESTATE_PLAY)
    {
        // 배출기가 정지상태일때 종료상태로 변경한다.
        if (m_pStoreEjector.m_enState == StoreEjectorState.STOREEJECTORSTATE_STOP)
        {
            // 정지상태로 변경한다.
            StateChange(MachineState.MACHINESTATE_STOP);
        }
    }
}
```

(4) StateCalc() 메소드

컨베이어 벨트를 제어할 수 있도록 출력 비트를 추가하였다.

```
public void StateCalc()
{
    // 초기 상태
    byte m_nState1 = 0x00;
    byte m_nState2 = 0x00;

    // 각 장치의 상태를 받아온다.
    m_nState1 += m_pStoreEjector.GetStateCode();
    m_nState1 += m_pConveyerBelt.GetStateCode();

    m_pIoDevice.Outputb(4, m_nState1);
    Thread.Sleep(10);
    m_pIoDevice.Outputb(5, m_nState2);
    Thread.Sleep(10);
}
```

(5) 상태 변경 메소드

추가적으로 Play 상태일 때 컨베이어 벨트를 시작할 수 있도록 수정되었다.

```
// 상태변경
public void StateChange(MachineState aState)
{
    // 스탑 상태일때 바뀔수 있도록
    if (aState == MachineState.MACHINESTATE_START)
    {
        // 코인이 있다면 시작
        if (m_pStoreEjector.m_enStoreState == StoreState.STORESTATE_NORMAL)
        {

            // 플레이상태로 상태변경
            StateChange(MachineState.MACHINESTATE_PLAY);
        }
    }
    if (aState == MachineState.MACHINESTATE_PLAY)
    {
        // 장치를 초기화 한다.
        m_pStoreEjector.Reset();

        // 초기화 코드를 실행
        m_fTime = 0.0f;
        m_pStoreEjector.ChangeState(StoreEjectorState.STOREEJECTORSTATE_EMIT);
        m_pConveyerBelt.ChangeState(ConveryorState.CONVERYORSTATE_PLAY);

        // 2. 머신을 시작상태로 변경
        m_enMachineState = MachineState.MACHINESTATE_PLAY;
        m_pOwner.NotifryMachineState("머신 작동");
    }
    else if( aState == MachineState.MACHINESTATE_END )
    {
        m_pOwner.NotifryMachineState( "머신 종료대기" );

        m_fTime = 0.0;
        m_enMachineState = MachineState.MACHINESTATE_END;

    }
    else if (aState == MachineState.MACHINESTATE_STOP)
    {
        m_pOwner.NotifryMachineState("머신 종료");
        m_enMachineState = MachineState.MACHINESTATE_STOP;
        m_pStoreEjector.ChangeState(StoreEjectorState.STOREEJECTORSTATE_STOP);
        m_pConveyerBelt.ChangeState(ConveryorState.CONVERYORSTATE_STOP);
    }
}
```

(6) 전체 코드

MachineIo 클래스의 전체 코드이다

```
using Imechatronics.IoDevice;
using System.Threading;

namespace Ex03
```

(계속)

```csharp
{
    public enum MachineState
    {
        MACHINESTATE_INIT,        // 초기화 상태
        MACHINESTATE_START,       // 시작 신호 상태
        MACHINESTATE_PLAY,        // 동작 상태
        MACHINESTATE_END,         // 정지 대기 상태
        MACHINESTATE_STOP,        // 정지 상태
    }

    public class MachineIo
    {
        public Form1 m_pOwner;         // 컨트롤러 객체
        Io8255 m_pIoDevice;            // 8255 장비 제어 객체

        // 입력 포트의 CW를 읽어올 변수
        public int[] m_nInputA;
        public int[] m_nInputB;

        // 시간값
        double m_fTime;

        // 동작 상태
        MachineState m_enMachineState;

        // 각 장비 파트에 대한 클래스
        StoreEjector m_pStoreEjector;
        ConveyerBelt m_pConveyerBelt;


        public MachineIo(Form1 aOwner)
        {
            m_pOwner = aOwner;
            m_pIoDevice = new Io8255();

            // UCI장비 세팅
            m_pIoDevice.UCIDrvInit();
            m_pIoDevice.Outputb(3, 0x9B);
            m_pIoDevice.Outputb(7, 0x80);

            // 독립적으로 동작할 작업 객체 생성
```

(계속)

```
            m_pStoreEjector = new StoreEjector(this);
            m_pConveyerBelt = new ConveyerBelt(this);
        }


        // 상태 변경
        public void StateChange(MachineState aState)
        {
            // 스톱 상태일 때 바뀔 수 있도록
            if (aState == MachineState.MACHINESTATE_START)
            {
                // 코인이 있다면 시작
                if (m_pStoreEjector.m_enStoreState == StoreState.STORESTATE_NORMAL)
                {

                    // 플레이 상태로 상태 변경
                    StateChange(MachineState.MACHINESTATE_PLAY);
                }
            }
            if (aState == MachineState.MACHINESTATE_PLAY)
            {
                // 장치를 초기화한다.
                m_pStoreEjector.Reset();

                // 초기화 코드 실행
                m_fTime = 0.0f;
                m_pStoreEjector.ChangeState(StoreEjectorState.STOREEJECTORSTATE_EMIT);
                m_pConveyerBelt.ChangeState(ConveryorState.CONVERYORSTATE_PLAY);

                // 2. 머신을 시작 상태로 변경
                m_enMachineState = MachineState.MACHINESTATE_PLAY;
                m_pOwner.NotifryMachineState("머신 작동");
            }
            else if( aState == MachineState.MACHINESTATE_END )
                {
                        m_pOwner.NotifryMachineState( "머신 종료 대기" );

                m_fTime = 0.0;
                m_enMachineState = MachineState.MACHINESTATE_END;

                }
            else if (aState == MachineState.MACHINESTATE_STOP)
            {
```

(계속)

```
            m_pOwner.NotifryMachineState("머신 종료");
            m_enMachineState = MachineState.MACHINESTATE_STOP;
            m_pStoreEjector.ChangeState(StoreEjectorState.STOREEJECTORSTATE_STOP);
            m_pConveyerBelt.ChangeState(ConveryorState.CONVERYORSTATE_STOP);
        }
    }


    public void StateCalc()
    {
        // 초기 상태
        byte m_nState1 = 0x00;
        byte m_nState2 = 0x00;

        // 각 장치의 상태를 받아온다.
        m_nState1 += m_pStoreEjector.GetStateCode();
        m_nState1 += m_pConveyerBelt.GetStateCode();

        m_pIoDevice.Outputb(4, m_nState1);
        Thread.Sleep(10);
        m_pIoDevice.Outputb(5, m_nState2);
        Thread.Sleep(10);
    }

    // 상태에 따른 변화
    public void Update(double aTime)
    {
        // 시간을 기록한다.
        m_fTime += aTime;

        // 파트의 동작을 담당하는 클래스를 업데이트한다.
        m_pStoreEjector.Update(aTime);

        // Play 상태에 대한 동작을 수행한다.
        if(m_enMachineState == MachineState.MACHINESTATE_PLAY)
        {
            // 배출기가 정지 상태일 때 종료 상태로 변경한다.
            if (m_pStoreEjector.m_enState == StoreEjectorState.STOREEJECTORSTATE_STOP)
            {
                // 종료 상태로 변경한다.
                StateChange(MachineState.MACHINESTATE_END);
            }
```

(계속)

```
        }
        // 종료 상태에 대한 동작을 수행한다.
        else if (m_enMachineState == MachineState.MACHINESTATE_END)
        {
            // 12초 후에 정지 상태로 변경된다.
            if (m_fTime > 12.0)
            {
                StateChange(MachineState.MACHINESTATE_STOP);
            }
        }
    }


    // 입력 신호를 갱신한다.
    public void InputCollection()
    {
        int Temp;
        Temp = m_pIoDevice.Inputb(0);
        m_nInputA = m_pIoDevice.ConvetByteToBit(Temp);

        Temp = m_pIoDevice.Inputb(1);
        m_nInputB = m_pIoDevice.ConvetByteToBit(Temp);

    }
  }
}
```

7. 컨베이어 벨트 동작을 구현할 클래스 생성

다음은 물건을 이송할 컨베이어의 동작을 관리할 ConveyerBelt 객체에 대한 설명이다. 클래스의 요소는 다음 그림과 같다.

그림 6.23

(1) 상태 열거형

추가된 상태 열거형은 배출기의 상태를 표현하는 열거형이 추가되었다.

```
// 컨베이어벨트의 상태를 열거한다.
public enum ConveryorState
{
    CONVERYORSTATE_STOP,    // 작동상태
    CONVERYORSTATE_PLAY,    // 정지상태
};
```

(2) 멤버 변수와 생성자 선언

먼저 멤버 변수로 Model 객체에 접근하기 위한 변수와 워크 센서 상태를 저장하는 변수를 만들었고, 생성자를 통해 초기화하였다.

```
public class ConveyerBelt
{
    // Model 주소를 저장
    MachineIo m_pOwner;

    // 컨베이어 벨트 상태상태
    public ConveryorState m_enState;
}
```

(3) 상태 변화 메소드

상태 변화 함수는 외부에서 컨베이어 벨트의 상태를 받아 거기에 맞는 동작을 실시한다.

```
// 상태변환 함수
public void ChangeState(ConveryorState aState)
{
    if (aState == ConveryorState.CONVERYORSTATE_PLAY)
    {
        // 상태를 변경한다.
        m_enState = ConveryorState.CONVERYORSTATE_PLAY;
        m_pOwner.StateCalc();
    }
    else
    {
        m_enState = ConveryorState.CONVERYORSTATE_STOP;
        m_pOwner.StateCalc();
    }
}
```

(4) IO 출력 상태 반환 메소드

이 메소드는 공급기의 상태에 맞추어 출력 CW값을 계산하고 반환해 주는 메소드이다.

```
public byte GetStateCode( )
{
    byte StateCode = 0x00;

    if (m_enState == ConveryorState.CONVERYORSTATE_PLAY)
    {
        // 3번 CW를 On한다
        StateCode = 0x04;
    }

    return StateCode;
}
```

(5) 전체 코드

이 클레스의 전체 코드이다.

```
namespace Ex03
{
    // 컨베이어 벨트의 상태를 열거한다.
    public enum ConveryorState
    {
        CONVERYORSTATE_STOP,     // 작동 상태
        CONVERYORSTATE_PLAY,     // 정지 상태
    };

    public class ConveyerBelt
    {
        // Model 주소 저장
        MachineIo m_pOwner;

        // 컨베이어 벨트 상태
        public ConveryorState m_enState;

          // 생성자
        public ConveyerBelt(MachineIo aOwner)
        {
            m_pOwner = aOwner;
            m_enState = ConveryorState.CONVERYORSTATE_STOP; // 컨베이어 상태
```

(계속)

```
    }

    // 상태 변환 함수
    public void ChangeState(ConveryorState aState)
    {
        if (aState == ConveryorState.CONVERYORSTATE_PLAY)
        {
            // 상태를 변경한다.
            m_enState = ConveryorState.CONVERYORSTATE_PLAY;
            m_pOwner.StateCalc();
        }
        else
        {
            m_enState = ConveryorState.CONVERYORSTATE_STOP;
            m_pOwner.StateCalc();
        }
    }

    public byte GetStateCode()
    {
        byte StateCode = 0x00;

        if (m_enState == ConveryorState.CONVERYORSTATE_PLAY)
        {
            // 3번 CW를 On한다
            StateCode = 0x04;
        }

        return StateCode;
    }
  }
}
```

4 검사 센서를 이용한 워크피스 판별

1. 개요

이번에는 검사 센서를 이용하여 워크피스의 재질이 플라스틱인지 아닌지 확인하는 코드를 작성하도록 한다.

2. 검사 시나리오

이번에 진행할 검사 시나리오는 그림 6.24와 같이 검사 시작 신호가 들어오면 보낼 워크피스가 있는지 확인한다. 없으면 정지 상태로, 변경이 있으면 검사 시작 상태로 변경 이후 공급 실린더 작동하여 컨테이너 벨트에 워크피스를 이송 후 검사 센서를 이용하여 금속인지 금속이 아닌지 판별하게 된다. 이후 이전 Chapter와 같이 종료 상태로 변경 이후 작업을 마무리한다.

시작 상태에 진입하여 종료되는 과정의 순서도에 대하여 설명하도록 한다. 먼저 배송 실린더 후진 상태는 별도로 처리가 되게 된다. 그리고 센서 검사 위치에 도달하게 되면 검사 이후 센서 결과를 출력하고 마무리 단계로 들어가게 된다.

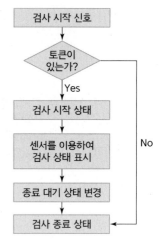

그림 6.24

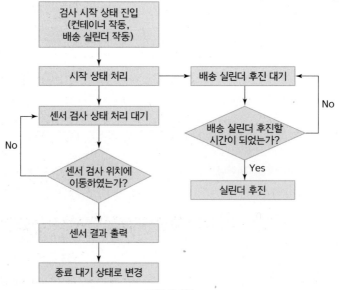

그림 6.25

3. C# 폼 컨트롤 구성

해당 컨트롤 속성표대로 그림 6.26과 같이 폼에 컨트롤을 만든다.

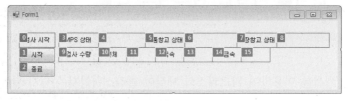

그림 6.26

표 6.9

번호	타입	위치	크기	속성	폰트	Text
1	Label	16, 25	75, 30	가운데 정렬	9pt	검사 시작
2	Button	16, 55	75, 30	가운데 정렬	9pt	시작
3	Button	16, 84	75, 30	가운데 정렬	9pt	종료
4	Label	98, 25	83, 30	가운데 정렬	9pt	MPS 상태
5	Label	180, 25	98, 30	가운데 정렬	9pt	
6	Label	277, 25	83, 30	가운데 정렬	9pt	물품 창고 상태
7	Label	359, 25	108, 30	가운데 정렬	9pt	
8	Label	466, 25	83, 30	가운데 정렬	9pt	저장 창고 상태
9	Label	548, 25	108, 30	가운데 정렬	9pt	
10	Label	98, 54	83, 30	가운데 정렬	9pt	검사 수량
11	Label	180, 54	60, 30	가운데 정렬	9pt	전체
12	Label	239, 54	60, 30	가운데 정렬	9pt	
13	Label	298, 54	60, 30	가운데 정렬	9pt	금속
14	Label	357, 54	60, 30	가운데 정렬	9pt	
15	Label	416, 54	60, 30	가운데 정렬	9pt	비금속
16	Label	475, 54	60, 30	가운데 정렬	9pt	

4. From과 MPS 제어 객체 상태 연결 작업

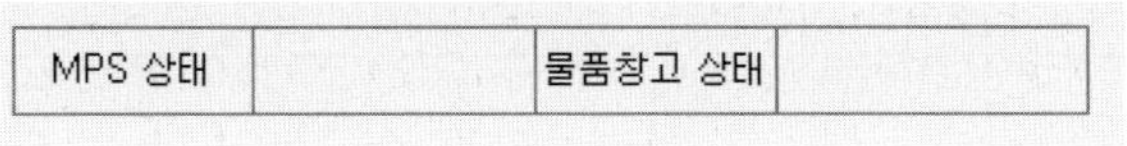

MPS 상태		물품창고 상태	

그림 6.27

(1) Form의 제어에 필요한 멤버 변수 선언과 생성자 초기화 과정

MPS 상태를 제어하기 위한 객체를 생성하고, 해당 MPS 상태를 주기적으로 변경하기 위한 반복 루프 시간을 계산할 수 있는 Cpu 타이머 객체를 만든다.

```
MachineIo m_pMachineIo;    // MPS제어 객체
CpuTimer m_pTimer;         // 시간을 측정

public Form1( )
{
    InitializeComponent( );
```

```
        // MPS 제어객체 생성
        m_pMachineIo = new MachineIo(this);

        // 시간을 계산할 타이머 객체 생성
        m_pTimer = new CpuTimer( );

        // 반복 루프를 설정
        timer1.Start( );

    }
```

(2) MPS 상태를 주기적으로 변경할 Update() 메소드 연결

MPS 상태를 변경하기 매주기마다 입력값을 받아올 수 있는 메소드를 호출하고, Update() 메소드를 CpuTimer를 통해서 매루프가 반복에 걸린 시간을 매개 변수로 보내 준다.

```
    // 프로그램 루프를 만들어준다.
    private void Timer_Tick(object sender, EventArgs e)
    {
        // Timer객체를 통해 루프의 반복소요시간을 보내준다.
        m_pMachineIo.InputCollection( );
        m_pMachineIo.Update(m_pTimer.Duration( ));
    }
```

(3) MPS 상태를 출력할 컨트롤 연결

MPS 상태를 변경하기 위해서 Label3의 텍스트를 변경하는 메소드를 만들어 외부에서 변경한다.

```
    public void NotifryMachineState(string aState)
    {
        label3.Text = aState;
    }
```

(4) 물품 창고 상태를 출력할 컨트롤 연결

물품 창고 상태를 변경하기 위해서 Label5의 텍스트를 변경하는 메소드를 만들어 외부에서 변경한다.

```
    public void NotifryInspStorgeState(string aState)
    {
        label5.Text = aState;
    }
```

(5) 검사 수량을 출력할 컨트롤 연결

검사 수량	전체	금속	비금속

그림 6.28

물품의 검사 수량은 다음과 같이 전체, 금속, 비금속으로 나누어지고, 전체의 컨트롤 이름이 label10, 금속 label12, 비금속 label14의 문자열을 변경해 주는 메소드를 만든다.

```
public void NotifryInspResult(int aTotal, int aTypeA, int aTypeB)
{
    label10.Text = aTotal.ToString();
    label12.Text = aTypeA.ToString();
    label14.Text = aTypeB.ToString();
}
```

(6) 시작과 종료를 담당할 컨트롤 연결

그림 6.29와 같이 해당 컨트롤을 클릭하고 속성에서 "이벤 추가 → Click"에 해당 버튼의 연결 메소드를 만든다.

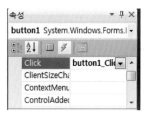

그림 6.29

연결된 이후 시작 버튼의 작업은 MPS 동작의 시작 종료 버튼의 작업은 MPS의 동작을 종료하는 메소드를 작성한다.

```
// 시작과 정지에 대한 명령 메소드
private void button1_Click(object sender, EventArgs e)
{
    // 모델의 상태를 시작상태로 변경한다.
    m_pMachineIo.StateChange(MachineState.MACHINESTATE_START);
}

private void button2_Click(object sender, EventArgs e)
{
    // 모델의 상태를 정지상태로 변경한다.
    m_pMachineIo.StateChange(MachineState.MACHINESTATE_STOP);
}
```

(7) 전체 소스

```csharp
using System;
using System.Windows.Forms;
using Imechatronics;

namespace Ex04
{
    public partial class Form1 : Form
    {
        MachineIo m_pMachineIo;

        // 컨트롤에 접근하기 위한 변수
        public Label m_pMpsState;        // MPS 상태
        public Label m_pInspStorge;      // 검사 물품 창고 상태
        public Label m_pIdentCylinder;   // 저장 창고 상태

        public Label m_pInspTotal;       // 전체 검사 개수
        public Label m_pInspTypeA;       // 금속 개수
        public Label m_pInspTypeB;       // 비금속 개수

        CpuTimer m_pTimer;

        public Form1()
        {
            InitializeComponent();

            // 외부에서 접근할 컨트롤 연결
            m_pMpsState = label3;
            m_pInspStorge = label5;
            m_pIdentCylinder = label7;

            m_pInspTotal = label10;
            m_pInspTypeA = label12;
            m_pInspTypeB = label14;

            // 컨트롤 역할을 담당할 FrameWork 객체를 생성
            m_pMachineIo = new MachineIo(this);

            // 시간을 계산할 타이머 객체 생성
            m_pTimer = new CpuTimer();
```

(계속)

```
        // 반복 루프 설정
        timer1.Start();
    }

    private void Timer_Tick(object sender, EventArgs e)
    {
        // 루프를 갱신한다.
        m_pMachineIo.InputCollection();
        m_pMachineIo.Update(m_pTimer.Duration());
    }

// 시작과 정지에 대한 명령 메소드
    private void button1_Click(object sender, EventArgs e)
    {
        // 모델의 상태를 시작 상태로 변경한다.
        m_pMachineIo.StateChange(MachineState.MACHINESTATE_START);
    }

    private void button2_Click(object sender, EventArgs e)
    {
        // 모델의 상태를 정지 상태로 변경한다.
        m_pMachineIo.StateChange(MachineState.MACHINESTATE_STOP);
    }

// 프로그램 종료 시 초기화를 정지 상태로 변경하기 위한 메소드
    private void Form1_FormClosing(object sender, FormClosingEventArgs e)
    {
        // 모델의 상태를 정지 상태로 변경한다.
        m_pMachineIo.StateChange(MachineState.MACHINESTATE_STOP);
    }


//- - - - - - - - - - - - - - - - - - - - - - - - - - - - - - - -
// 각 상태를 처리해 줌
//- - - - - - - - - - - - - - - - - - - - - - - - - - - - - - - -

public void NotifryMachineState(string aState)
{
    label3.Text = aState;
}

public void NotifryInspStorgeState(string aState)
```

(계속)

```
        {
            label5.Text = aState;
        }
        public void NotifryIdentCylinderState(string aState)
        {
            label7.Text = aState;
        }

        public void NotifryInspResult(int aTotal, int aTypeA, int aTypeB)
        {
            label10.Text = aTotal.ToString();
            label12.Text = aTypeA.ToString();
            label14.Text = aTypeB.ToString();
        }
    }
}
```

5. MPS 신호 정리

다음은 MPS 장비를 제어하기 위한 IO 신호를 정리하고, 해당 센서가 작동할 수 있도록 프로그램을 구성하도록 한다.

(1) MPS 신호 정리

이번 예제를 실습하면서 필요한 신호는 다음 표와 같다.

표 6.10 입력 타입

디바이스	포트	CW	연동 장비	역할(On)	역할(Off)
1	A	1	워크 센서	워크 센서에 물체가 없을 때	워크 센서에 물체가 있을 때
1	A	2	금속 센서	코인이 금속이 아닐 때	코인이 금속일 때
1	A	3	물품 센서	물품이 있을 때	물품이 없을 때

표 6.11 출력 타입

디바이스	포트	CW	연동 장비	역할(On)	역할(Off)
2	A	2	배출기	배출기 전진	배출기 후진
2	A	3	컨베이어	컨베이어 작동	컨베이어 정지

(2) 장비 결선

이번 예제에서는 금속 센서와 물품 센서를 연결해 보도록 하겠다. 금속 센서와 물품 센서는 워크피스가 컨베이어 벨트를 통해 이동하면서 금속 센서에서 금속 여부를 판단하고 물품 센서로 이동되면 센서 판단이 끝났음을 알려주는 장비이다.

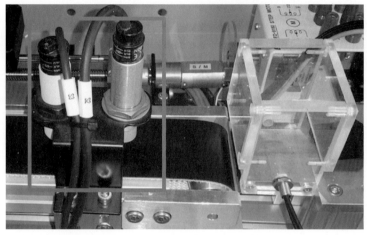

그림 6.30

미니 MPS에 INPUT 단자대의 S2/S3 단자와 디바이스2의 A 포트에 연결된 PHOTO IN-OUT 2번, 3번 단자와 결선한다.

MPS

PHOTO IN-OUT

그림 6.31

6. Machine IO 클래스 생성

Machine IO에서 추가적으로 금속 검사 센서를 추가하고, 거기에 맞도록 프로그램을 수정하였다. 추가, 변경된 클래스 중심으로 설명하도록 한다.

그림 6.32

(1) 멤버 변수

추가적으로 센서를 제어할 객체가 추가되었다.

```
public class MachineIo
{
    public Form1 m_pOwner;
    Io8255 m_pIoDevice;

    // 입력 포트의 Cw를 읽어올 변수
    public int[] m_nInputA = new int[8];
    public int[] m_nInputB = new int[8];

    // 시간 값
    double m_fTime;

    MachineState m_enMachineState;

    // 각 장비파트에 대한 클래스
    StoreEjector m_pStoreEjector;        // 스토어 이젝터
    ConveyerBelt m_pConveyerBelt;        // 컨베이어 벨트
    InspSensor m_pInspSersor;            // 검사센서
```

(2) 생성자

생성자에서는 IO 장비의 사용 방법 및 각 장비 파트의 동작을 담당할 객체의 생성과 초기화를 담당하고 있다. IO 장비는 0~2번 포트를 입력, 4~6번 포트를 출력으로 사용하고 있다.

```
public MachineIo(Form1 aOwner)
{
    m_pOwner = aOwner;
    m_pIoDevice = new Io8255( );

    // UCI장비 세팅
    m_pIoDevice.UCIDrvInit( );
    m_pIoDevice.Outputb(3, 0x9B);
    m_pIoDevice.Outputb(7, 0x80);

    // 독립적으로 작동할 작업객체 생성
    m_pStoreEjector = new StoreEjector(this);       // 스토어 이젝터
    m_pConveyerBelt = new ConveyerBelt(this);       // 컨베이어벨트
    m_pInspSersor = new InspSensor(this);           // 검사센서
}
```

(3) Update() 메소드

추가된 작업이 센서 검사가 끝나면 검사 상태를 화면에 출력할 수 있는 작업이 추가되었다.

```
// 상태에 따른 변화
public void Update(double aTime)
{
    // 모든 장비를 업데이트 한다.
    m_pStoreEjector.Update(aTime);
    m_pInspSersor.Update(aTime);

    // 시간을 기록한다.
    m_fTime += aTime;
    if (m_enMachineState == MachineState.MACHINESTATE_PLAY)
    {
        // 센서체크 상태가 되었을때
        if (m_pInspSersor.m_enState == InspSersorState.INSPSENSORSTATE_SENSER)
        {
            // 검사 상태를 기록한다.
            if (m_pInspSersor.m_enObjectState == ObjectCheckState.OBJECTTYPE_METAL)
            {
                m_pOwner.NotifryInspResult(1, 1, 0);
            }
            else
            {
                m_pOwner.NotifryInspResult(1, 0, 1);
            }

            // 종료 상태로 변경한다.
            StateChange(MachineState.MACHINESTATE_END);
        }
    }
    else if (m_enMachineState == MachineState.MACHINESTATE_END)
    {
        if (m_fTime > 12.0)
        {
            StateChange(MachineState.MACHINESTATE_STOP);
        }
    }
}
```

(4) 상태 변경 메소드

이번 작업에서는 추가된 상태에 대한 초기화 코드들이 추가되었다.

```
// 상태변경
public void StateChange(MachineState aState)
{
    // 스탑 상태일때 바뀔수 있도록
    if (aState == MachineState.MACHINESTATE_START)
    {
        // 배출기가 정지상태일때 종료상태로 변경한다.
        if (m_pStoreEjector.m_enStoreState == StoreState.STORESTATE_NORMAL)
        {
            // 장치들을 리셋한다.
            m_pStoreEjector.Reset();            // 스토어 이젝터
            m_pInspSersor.Reset();              // 검사센서


            // 초기화 코드를 실행
            m_fTime = 0.0f;
            m_pStoreEjector.ChangeState(StoreEjectorState.STOREEJECTORSTATE_EMIT);
            m_pConveyerBelt.ChangeState(ConveyorState.CONVERYORSTATE_PLAY);
            // 플레이상태로 상태변경
            StateChange(MachineState.MACHINESTATE_PLAY);
        }
        else
        {
            // 종료상태로 상태변경
            StateChange(MachineState.MACHINESTATE_STOP);
        }
    }

    if (aState == MachineState.MACHINESTATE_PLAY)
    {
        // 2. 머신을 시작상태로 변경
        m_enMachineState = MachineState.MACHINESTATE_PLAY;
        m_pOwner.NotifryMachineState("머신 작동");
    }
    else if (aState == MachineState.MACHINESTATE_END)
    {
        m_pOwner.NotifryMachineState("머신 종료대기");

        m_fTime = 0.0;
        m_enMachineState = MachineState.MACHINESTATE_END;

    }
    else if (aState == MachineState.MACHINESTATE_STOP)
    {
        m_pOwner.NotifryMachineState("머신 종료");
        m_enMachineState = MachineState.MACHINESTATE_STOP;
        m_pStoreEjector.ChangeState(StoreEjectorState.STOREEJECTORSTATE_STOP);
        m_pConveyerBelt.ChangeState(ConveryorState.CONVERYORSTATE_STOP);
    }
}
```

(5) 전체 코드

Machine Io 클래스의 전체 코드이다

```csharp
using Imechatronics.IoDevice;
using System.Threading;
using System.Collections;

namespace Ex04
{
    // 머신의 상태
    public enum MachineState
    {
        MACHINESTATE_INIT,       // 초기화 상태
        MACHINESTATE_START,      // 시작 신호 상태
        MACHINESTATE_PLAY,       // 동작 상태
        MACHINESTATE_END,        // 정지 대기 상태
        MACHINESTATE_STOP,       // 정지 상태
    }

    public class MachineIo
    {
        public Form1 m_pOwner;
        Io8255 m_pIoDevice;

        // 입력 포트의 CW를 읽어올 변수
        public int[] m_nInputA = new int[8];
        public int[] m_nInputB = new int[8];

        // 시간값
        double m_fTime;

        MachineState m_enMachineState;

        // 각 장비 파트에 대한 클래스
        StoreEjector m_pStoreEjector;        // 스토어 이젝터
        ConveyerBelt m_pConveyerBelt;        // 컨베이어 벨트
        InspSensor m_pInspSersor;            // 검사 센서

        public MachineIo(Form1 aOwner)
        {
            m_pOwner = aOwner;
```

(계속)

```csharp
        m_pIoDevice = new Io8255();

        // UCI 장비 세팅
        m_pIoDevice.UCIDrvInit();
        m_pIoDevice.Outputb(3, 0x9B);
        m_pIoDevice.Outputb(7, 0x80);

        // 독립적으로 작동할 작업 객체 생성
        m_pStoreEjector = new StoreEjector(this);        // 스토어 이젝터
        m_pConveyerBelt = new ConveyerBelt(this);        // 컨베이어 벨트
        m_pInspSersor = new InspSensor(this);            // 검사 센서
    }


    ~MachineIo()
    {
        m_pIoDevice.UCIDrvClose();
    }


    // 상태 변경
    public void StateChange(MachineState aState)
    {
        // 스톱 상태일 때 바뀔 수 있도록
        if (aState == MachineState.MACHINESTATE_START)
        {
            // 배출기가 정지 상태일 때 종료 상태로 변경한다.
            if (m_pStoreEjector.m_enStoreState == StoreState.STORESTATE_NORMAL)
            {
                // 장치들을 리셋한다.
                m_pStoreEjector.Reset();        // 스토어 이젝터
                m_pInspSersor.Reset();          // 검사 센서

                // 초기화 코드 실행
                m_fTime = 0.0f;
                m_pStoreEjector.ChangeState(StoreEjectorState.STOREEJECTORSTATE_EMIT);
                m_pConveyerBelt.ChangeState(ConveryorState.CONVERYORSTATE_PLAY);
                // 플레이 상태로 상태 변경
                StateChange(MachineState.MACHINESTATE_PLAY);
            }
            else
            {
                // 종료 상태로 상태 변경
                StateChange(MachineState.MACHINESTATE_STOP);
```

(계속)

```
                }
        }
        if (aState == MachineState.MACHINESTATE_PLAY)
        {
            // 2. 머신을 시작 상태로 변경
            m_enMachineState = MachineState.MACHINESTATE_PLAY;
            m_pOwner.NotifryMachineState("머신 작동");
        }
        else if (aState == MachineState.MACHINESTATE_END)
        {

            m_pOwner.NotifryMachineState("머신 종료 대기");

            m_fTime = 0.0;
            m_enMachineState = MachineState.MACHINESTATE_END;


        }
        else if (aState == MachineState.MACHINESTATE_STOP)
        {
            m_pOwner.NotifryMachineState("머신 종료");
            m_enMachineState = MachineState.MACHINESTATE_STOP;
            m_pStoreEjector.ChangeState(StoreEjectorState.STOREEJECTORSTATE_STOP);
            m_pConveyerBelt.ChangeState(ConveryorState.CONVERYORSTATE_STOP);
        }
}

public void StateCalc()
{
    // 초기 상태
    byte m_nState1 = 0x00;
    byte m_nState2 = 0x00;

    // 각 장치의 상태를 받아온다.
    m_nState1 += m_pStoreEjector.GetStateCode();
    m_nState1 += m_pConveyerBelt.GetStateCode();

    m_pIoDevice.Outputb(4, m_nState1);
    Thread.Sleep(10);
    m_pIoDevice.Outputb(5, m_nState2);
    Thread.Sleep(10);
}

// 상태에 따른 변화
```

(계속)

```
public void Update(double aTime)
{
    // 모든 장비를 업데이트한다.
    m_pStoreEjector.Update(aTime);
    m_pInspSersor.Update(aTime);

    // 시간을 기록한다.
    m_fTime += aTime;
    if (m_enMachineState == MachineState.MACHINESTATE_PLAY)
    {
        // 센서 체크 상태가 되었을 때
        if (m_pInspSersor.m_enState == InspSersorState.INSPSENSORSTATE_SENSER)
        {
            // 검사 상태를 기록한다.
            if (m_pInspSersor.m_enObjectState == ObjectCheckState.OBJECTTYPE_METAL)
            {
                m_pOwner.NotifryInspResult(1, 1, 0);
            }
            else
            {
                m_pOwner.NotifryInspResult(1, 0, 1);
            }

            // 종료 상태로 변경한다.
            StateChange(MachineState.MACHINESTATE_END);
        }
    }
    else if (m_enMachineState == MachineState.MACHINESTATE_END)
    {
        if (m_fTime > 12.0)
        {
            StateChange(MachineState.MACHINESTATE_STOP);
        }
    }
}

//
public void InputCollection()
{
    int Temp;
    Temp = m_pIoDevice.Inputb(0);
    m_nInputA = m_pIoDevice.ConvetByteToBit(Temp);
```

(계속)

```
            Temp = m_pIoDevice.Inputb(1);
            m_nInputB = m_pIoDevice.ConvetByteToBit(Temp);
        }
    }
}
```

7. 센서 동작을 구현할 클래스 생성

다음은 센서의 동작을 구현할 클래스이다. 센서 동작은 금속 탐지 센서와 물품 위치 센서로 나누어지고, 검사 물체가 먼저 금속 탐지 센서를 지나가고 이후 물품 위치 센서로 이동한다. 물품 위치 센서에 위치하게 되면 해당 물체가 금속인지 금속이 아닌지 검사 결과가 나오게 된다.

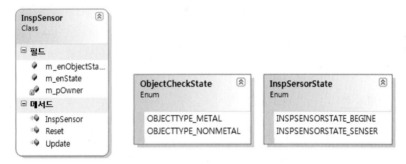

그림 6.33

(1) 상태 열거형

추가된 상태 열거형은 배출기의 상태를 표현하는 열거형이 추가되었다.

```
// 컨베이어벨트의 상태를 열거한다.
public enum ConveryorState
{
    CONVERYORSTATE_STOP,    // 작동상태
    CONVERYORSTATE_PLAY,    // 정지상태
};
```

(2) 멤버 변수와 생성자 선언

먼저 멤버 변수로 Model 객체에 접근하기 위한 변수와 워크 센서 상태를 저장하는 변수를 만들었고 생성자를 통해 초기화하였다.

```
public class ConveyerBelt
{
    // Model 주소를 저장
    Machinelo m_pOwner;

    // 컨베이어 벨트 상태상태
    public ConveryorState m_enState;
}
```

(3) Reset 메소드

현재 센서의 상태를 초기화하는 용도로 사용한다.

```
// 토큰 상태를 리셋한다.
public void Reset( )
{
    m_enState = InspSersorState.INSPSENSORSTATE_BEGINE;
    m_enObjectState = ObjectCheckState.OBJECTTYPE_NONMETAL;
}
```

(4) Update 메소드

Update 메소드는 먼저 초기화 상태일 때 금속 판별 신호를 체크하고 근접 신호가 발생하면 센서 체크 상태로 변경될 수 있도록 작업하였다.

```
// 토큰 변경 결과를 확인한다.
public void Update( double aTime )
{
    // 현제 센서 상태가
    if (m_enState == InspSersorState.INSPSENSORSTATE_BEGINE)
    {

        // 근접 신호가 발생한지 체크한다.
        if ((m_pOwner.m_nInputA[1]) == 0 &&
            m_enObjectState == ObjectCheckState.OBJECTTYPE_NONMETAL)
        {
            // 오브젝트타입을 메탈로 변경한다.
            m_enObjectState = ObjectCheckState.OBJECTTYPE_METAL;
        }

        // 근접 신호가 발생한지 체크한다.
        if ((m_pOwner.m_nInputA[2]) == 0)
        {
            m_enState = InspSersorState.INSPSENSORSTATE_SENSER;
            m_pOwner.m_pOwner.NotifryInspResult(1, 0, 0);
        }
    }
}
```

(5) 전체 코드

이 클레스의 전체 코드이다.

```
namespace Ex04
{

    // 물품 센서
    public enum InspSersorState
    {
        INSPSENSORSTATE_BEGINE, // 물품 센서에 물품이 없을 때
        INSPSENSORSTATE_SENSER, // 물품 센서에 물품이 있을 때
    };

    // 금속 판별 센서
    public enum ObjectCheckState
    {
        OBJECTTYPE_METAL,        // 금속일 때
        OBJECTTYPE_NONMETAL,     // 금속이 아닐 때
    }

    // 센서 검사 장비에 대한 구조체
    class InspSensor
    {
        MachineIo m_pOwner;
        public InspSersorState m_enState;
        public ObjectCheckState m_enObjectState;

        public InspSensor( MachineIo aOwner )
        {
            m_pOwner = aOwner;
            m_enState = InspSersorState.INSPSENSORSTATE_BEGINE;
            m_enObjectState = ObjectCheckState.OBJECTTYPE_NONMETAL;
        }

        // 워크피스 상태를 리셋한다.
        public void Reset()
        {
            m_enState = InspSersorState.INSPSENSORSTATE_BEGINE;
            m_enObjectState = ObjectCheckState.OBJECTTYPE_NONMETAL;
        }

        // 워크피스 변경 결과를 확인한다.
```

(계속)

```
public void Update( double aTime )
{
    // 현재 센서 상태가
    if (m_enState == InspSersorState.INSPSENSORSTATE_BEGINE)
    {

        // 근접 신호가 발생한지 체크한다.
        if ((m_pOwner.m_nInputA[1]) == 0 &&
            m_enObjectState == ObjectCheckState.OBJECTTYPE_NONMETAL)
        {
            // 오브젝트 타입을 메탈로 변경한다.
            m_enObjectState = ObjectCheckState.OBJECTTYPE_METAL;
        }

        // 근접 신호가 발생하는지 체크한다.
        if ((m_pOwner.m_nInputA[2]) == 0)
        {
            m_enState = InspSersorState.INSPSENSORSTATE_SENSER;
            m_pOwner.m_pOwner.NotifryInspResult(1, 0, 0);
        }
    }
    // 센서 모드일 때
    else if(m_enState == InspSersorState.INSPSENSORSTATE_SENSER)
    {

    }
}
```

5 복수 개의 워크피스 검사

1. 개요

이번에는 저장 창고에 있는 워크피스 전부를 검사할 수 있도록 한다. 순서는 검사가 끝나게 되면 저장 창고의 워크피스가 있는지 검사하고 다시 시작 상태로 변경될 수 있도록 작업한다.

2. 검사 시나리오

이번에 진행할 검사 시나리오는 검사가 끝나게 되면 워크피스가 있는지 확인하여 워크피스가 있다면 검사 시작 상태로 변경하여 모든 워크피스 창고의 워크피스가 없을 때까지 검사하게 된다. 검사 상태는 이전 Chapter와 같기 때문에 자세한 설명은 하지 않도록 한다.

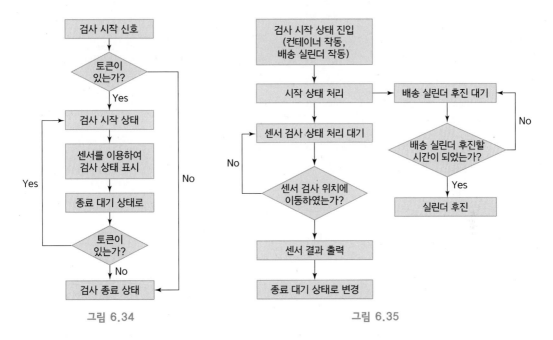

그림 6.34   그림 6.35

3. C# 폼 컨트롤 구성

해당 폼 컨트롤 구성은 변경 사항이 없기 때문에 컨트롤에 대한 속성만 나열하도록 한다.

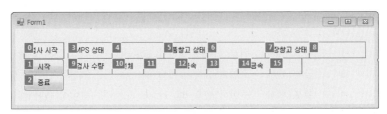

그림 6.36

표 6.12

번호	타입	위치	크기	속성	폰트	Text
1	Label	16, 25	75, 30	가운데 정렬	9pt	검사 시작
2	Button	16, 55	75, 30	가운데 정렬	9pt	시작
3	Button	16, 84	75, 30	가운데 정렬	9pt	종료

(계속)

번호	타입	위치	크기	속성	폰트	Text
4	Label	98, 25	83, 30	가운데 정렬	9pt	MPS 상태
5	Label	180, 25	98, 30	가운데 정렬	9pt	
6	Label	277, 25	83, 30	가운데 정렬	9pt	물품 창고 상태
7	Label	359, 25	108, 30	가운데 정렬	9pt	
8	Label	466, 25	83, 30	가운데 정렬	9pt	저장 창고 상태
9	Label	548, 25	108, 30	가운데 정렬	9pt	
10	Label	98, 54	83, 30	가운데 정렬	9pt	검사 수량
11	Label	180, 54	60, 30	가운데 정렬	9pt	전체
12	Label	239, 54	60, 30	가운데 정렬	9pt	
13	Label	298, 54	60, 30	가운데 정렬	9pt	금속
14	Label	357, 54	60, 30	가운데 정렬	9pt	
15	Label	416, 54	60, 30	가운데 정렬	9pt	비금속
16	Label	475, 54	60, 30	가운데 정렬	9pt	

4. MPS 신호 정리

다음은 MPS 장비를 제어하기 위한 IO 신호를 정리하고, 해당 센서가 작동할 수 있도록 프로그램을 구성하도록 한다.

(1) MPS 신호 정리

이번 예제를 실습하면서 필요한 신호는 다음 표와 같다.

표 6.13 입력 타입

디바이스	포트	CW	연동 장비	역할(On)	역할(Off)
1	A	1	워크 센서	워크 센서에 물체가 없을 때	워크 센서에 물체가 있을 때
1	A	2	금속 센서	코인이 금속이 아닐 때	코인이 금속일 때
1	A	3	물품 센서	코인이 있을 때	코인이 없을 때
1	A	4	스토퍼 센서	코인이 스토퍼 위치에 없을 때	코인이 스토퍼 위치에 있을 때

표 6.14 출력 타입

디바이스	포트	CW	연동 장비	역할On)	역할(Off)
2	A	2	배출기	배출기 전진	배출기 후진
2	A	3	컨베이너	컨베이어 작동	컨베이어 정지

(2) 장비 결선

이번 예제에서는 물품 검사 종료를 알려줄 S5 센서를 연결하겠다. S5 센서는 물품 분류 위치에 있는 센서로, 검사 후 분류 위치에 워크피스가 다달았는지 알려주는 역할을 한다.

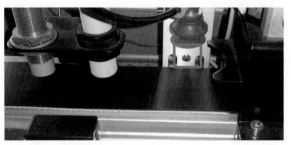

그림 6.37

미니 MPS에 INPUT 단자대의 S4 단자와 디바이스2의 A 포트에 연결된 PHOTO IN-OUT 4번 단자와 결선한다.

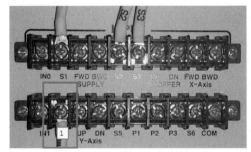

MPS

PHOTO IN-OUT

그림 6.38

5. Machine IO 클래스 생성

Machine IO 클래스의 목록은 다음과 같다.

그림 6.39

다음은 MPS 장비를 제어하기 위한 IO 신호를 정리하고, 해당 센서가 작동할 수 있도록 프로그램을 구성하도록 한다.

(1) 동작 상태를 제어할 열거형

이번 작업부터는 코드의 복잡성을 해소하기 위해 Play 상태에서 해당 작동 과정에 따라서 나누어질 수 있는 열거형을 추가하였다. 현재 센서 분류 이전 상태 센서 분류 이후 처리 상태로 나누었다.

```
public enum MachinePlayState
{
    MACHINEPLAYSTATE_NONE,      // 초기화 상태
    MACHINEPLAYSTATE_SENSOR,    // 센서분류 상태
}
```

(2) 멤버 변수

양품 분류 창고에 대한 객체와 동작 상태를 처리할 수 있는 열거형 변수가 추가되었다.

```
public class MachineIo
{
    public Form1 m_pOwner;
    Io8255 m_pIoDevice;

    // 입력 포트의 Cw를 읽어올 변수
    public int[] m_nInputA = new int[8];
    public int[] m_nInputB = new int[8];

    // 시간 값
    double m_fTime;

    MachinePlayState m_enPlayState;
    MachineState m_enMachineState;

    // 각 장비파트에 대한 클래스
    StoreEjector m_pStoreEjector;       // 스토어 이젝터
    ConveyerBelt m_pConveyerBelt;       // 컨베이어 벨트
    InspSensor m_pInspSersor;           // 검사센서
    Stopper m_pStoper;                  // 스토퍼
    ProductStorage m_pProductStorage;   // 양품 분류창고
}
```

(3) 생성자

물품 창고에 대한 처리가 추가되었다.

```
public Machinelo(Form1 aOwner)
{
    m_pOwner = aOwner;
    m_pIoDevice = new Io8255();

    // UCI장비 세팅
    m_pIoDevice.UCIDrvInit();
    m_pIoDevice.Outputb(3, 0x9B);
    m_pIoDevice.Outputb(7, 0x80);

    // 독립적으로 작동할 작업객체 생성
    m_pStoreEjector = new StoreEjector(this);       // 스토어 이젝터
    m_pConveyerBelt = new ConveyerBelt(this);       // 컨베이어벨트
    m_pInspSersor = new InspSensor(this);           // 검사센서
    m_pStoper = new Stopper(this);                  // 스토퍼
    m_pProductStorage = new ProductStorage(this);   // 양품 분류창고
}
```

(4) Update() 메소드

이전 작업에서는 Update 메소드에서 직접 결과를 화면에 출력하였지만, 이번 예제에서는 물품 창고 객체에 AddToken 메소드를 이용해 검사 결과를 보내 주고 처리하도록 변경하였다.

```
// 상태에 따른 변화
public void Update(double aTime)
{
    // 모든 장비를 업데이트 한다.
    m_pStoreEjector.Update(aTime);
    m_pInspSersor.Update(aTime);

    // 시간을 기록한다.
    m_fTime += aTime;
    if (m_enMachineState == MachineState.MACHINESTATE_PLAY)
    {
        // 센서체크 상태가 되었을때
        if (m_pInspSersor.m_enState == InspSersorState.INSPSENSORSTATE_SENSER)
        {
            // 검사 상태를 기록한다.
            m_pProductStorage.AddToken(m_pInspSersor.m_enObjectState);

            // 센서체크 상태를 완료로 바꾼다.
            m_pInspSersor.ChangeState(InspSersorState.INSPSENSORSTATE_SENSER_END);
            m_fTime = 0.0;
        }
        // 센서위치에 이동했을때 종료상태로 변경한다.
        else if (m_pInspSersor.m_enState == InspSersorState.INSPSENSORSTATE_SENSER_END
            && (m_pStoper.m_enState == StoperSensorState.STOPERSENSORSTATE_SENSORPOS
            || m_fTime > 5.0f))
        {
            StateChange(MachineState.MACHINESTATE_END);
        }
```

```
        }
        else if (m_enMachineState == MachineState.MACHINESTATE_END)
        {
            if (m_fTime > 6.0)
            {
                StateChange(MachineState.MACHINESTATE_STOP);
            }
        }
    }
}
```

(5) 상태 변경 메소드

변경된 부분이 End 상태에 들어갔을 때 검사할 물품이 있으면 다시 시작 상태로 변경되게 작업하였다.

```
// 상태변경
public void StateChange(MachineState aState)
{
    // 스탑 상태일때 바뀔수 있도록
    if (aState == MachineState.MACHINESTATE_START)
    {
        // 배출기가 정지상태일때 종료상태로 변경한다.
        if (m_pStoreEjector.m_enStoreState == StoreState.STORESTATE_NORMAL)
        {
            // 분류 창고를 리셋한다.
            m_pProductStorage.Reset();

            // 초기화 코드를 실행
            m_fTime = 0.0f;
            m_pStoreEjector.ChangeState(StoreEjectorState.STOREEJECTORSTATE_EMIT);
            m_pConveyerBelt.ChangeState(ConveryorState.CONVERYORSTATE_PLAY);
            // 플레이상태로 상태변경
            StateChange(MachineState.MACHINESTATE_PLAY);
        }
        else
        {
            // 종료상태로 상태변경
            StateChange(MachineState.MACHINESTATE_STOP);
        }
    }
    if (aState == MachineState.MACHINESTATE_PLAY)
    {
        // 장치들을 리셋한다.
        m_pStoreEjector.Reset();           // 스토어 이젝터
        m_pInspSersor.Reset();             // 검사센서

        // 2. 머신을 시작상태로 변경
        m_enMachineState = MachineState.MACHINESTATE_PLAY;
        m_pOwner.NotifryMachineState("머신 작동");
    }

    else if (aState == MachineState.MACHINESTATE_END)
    {
        m_pOwner.NotifryMachineState("머신 종료대기");

        // 센서가 비었으면 종료상태를 저장하고 아니라면 다시 머신을 작동한다.
        if (m_pStoreEjector.m_enStoreState == StoreState.STORESTATE_EMPTY)
```

```
                {
                    m_fTime = 0.0;
                    m_enMachineState = MachineState.MACHINESTATE_END;
                }
                else
                {
                    StateChange(MachineState.MACHINESTATE_START);
                }
            }
            else if (aState == MachineState.MACHINESTATE_STOP)
            {
                m_pOwner.NotifryMachineState("머신 종료");
                m_enMachineState = MachineState.MACHINESTATE_STOP;
                m_pStoreEjector.ChangeState(StoreEjectorState.STOREEJECTORSTATE_STOP);
                m_pConveyerBelt.ChangeState(ConveryorState.CONVERYORSTATE_STOP);
            }
        }
```

(6) IO 상태 갱신 함수

이 메소드는 작동 상태가 변경되었을 때 Mps 장비의 상태를 갱신해 주기 위한 함수이다.

```
public void StateCalc()
{
    // 초기 상태
    byte m_nState1 = 0x00;
    byte m_nState2 = 0x00;

    // 각 장치의 상태를 받아온다.
    m_nState1 += m_pStoreEjector.GetStateCode();
    m_nState1 += m_pConveyerBelt.GetStateCode();


    m_pIoDevice.Outputb(4, m_nState1);
    Thread.Sleep(10);
    m_pIoDevice.Outputb(5, m_nState2);
    Thread.Sleep(10);
}
```

(7) 전체 코드

Machine IO 클래스의 전체 코드이다.

```
using Imechatronics.IoDevice;
using System.Threading;
using System.Collections;
```

(계속)

```
namespace Ex05
{

    // 머신의 상태
    public enum MachineState
    {
        MACHINESTATE_INIT,          // 초기화 상태
        MACHINESTATE_START,         // 시작 신호 상태
        MACHINESTATE_PLAY,          // 동작 상태
        MACHINESTATE_END,           // 정지 대기 상태
        MACHINESTATE_STOP,          // 정지 상태
    }

    public class MachineIo
    {
        public FrameWork m_pOwner;
        Io8255 m_pIoDevice;

        // 입력 포트의 CW를 읽어올 변수
        public int[] m_nInputA = new int[8];
        public int[] m_nInputB = new int[8];

        // 시간값
        double m_fTime;

        MachineState m_enMachineState;

        // 각 장비 파트에 대한 클래스
        StoreEjector m_pStoreEjector;           // 스토어 이젝터
        ConveyerBelt m_pConveyerBelt;           // 컨베이어 벨트
        InspSensor m_pInspSersor;               // 검사 센서
        Stopper m_pStoper;                      // 스토퍼
        ProductStorage m_pProductStorage;       // 양품 분류 창고

        public MachineIo(FrameWork aOwner)
        {
            m_pOwner = aOwner;
            m_pIoDevice = new Io8255();

            // UCI장비 세팅
            m_pIoDevice.UCIDrvInit();
            m_pIoDevice.Outputb(3, 0x9B);
```

(계속)

```
            m_pIoDevice.Outputb(7, 0x80);

            // 독립적으로 작동할 작업 객체 생성
            m_pStoreEjector = new StoreEjector(this);      // 스토어 이젝터
            m_pConveyerBelt = new ConveyerBelt(this);      // 컨베이어 벨트
            m_pInspSersor = new InspSensor(this);          // 검사 센서
            m_pStoper = new Stopper(this);                 // 스토퍼
            m_pProductStorage = new ProductStorage(this);  // 양품 분류 창고
        }


        // 상태 변경
        public void StateChange(MachineState aState)
        {
            // 스톱 상태일 때 바뀔 수 있도록
            if (aState == MachineState.MACHINESTATE_START)
            {
                // 배출기가 정지 상태일 때 종료 상태로 변경한다.
                if (m_pStoreEjector.m_enStoreState == StoreState.STORESTATE_NORMAL)
                {
                    // 분류 창고를 리셋한다.
                    m_pProductStorage.Reset();

                    // 초기화 코드를 실행
                    m_fTime = 0.0f;
                    m_pStoreEjector.ChangeState(StoreEjectorState.STOREEJECTORSTATE_EMIT);
                    m_pConveyerBelt.ChangeState(ConveryorState.CONVERYORSTATE_PLAY);
                    // 플레이 상태로 상태 변경
                    StateChange(MachineState.MACHINESTATE_PLAY);
                }
                else
                {
                    // 종료 상태로 상태 변경
                    StateChange(MachineState.MACHINESTATE_STOP);
                }
            }
            if (aState == MachineState.MACHINESTATE_PLAY)
            {
                // 장치들을 리셋한다.
                m_pStoreEjector.Reset();      // 스토어 이젝터
                m_pInspSersor.Reset();        // 검사 센서

                // 2. 머신을 시작 상태로 변경
```

(계속)

```
        m_enMachineState = MachineState.MACHINESTATE_PLAY;
        m_pOwner.NotifryMachineState("머신 작동");
    }
    else if (aState == MachineState.MACHINESTATE_END)
    {
        m_pOwner.NotifryMachineState("머신 종료 대기");

        // 센서가 비었으면 종료 상태를 저장하고 아니라면 다시 머신을 작동한다.
        if (m_pStoreEjector.m_enStoreState == StoreState.STORESTATE_EMPTY)
        {
            m_fTime = 0.0;
            m_enMachineState = MachineState.MACHINESTATE_END;
        }
        else
        {
            StateChange(MachineState.MACHINESTATE_START);
        }
    }
    else if (aState == MachineState.MACHINESTATE_STOP)
    {
        m_pOwner.NotifryMachineState("머신 종료");
        m_enMachineState = MachineState.MACHINESTATE_STOP;
        m_pStoreEjector.ChangeState(StoreEjectorState.STOREEJECTORSTATE_STOP);
        m_pConveyerBelt.ChangeState(ConveyorState.CONVERYORSTATE_STOP);
    }
}

public void StateCalc()
{
    // 초기 상태
    byte m_nState1 = 0x00;
    byte m_nState2 = 0x00;

    // 각 장치의 상태를 받아온다.
    m_nState1 += m_pStoreEjector.GetStateCode();
    m_nState1 += m_pConveyerBelt.GetStateCode();

    m_pIoDevice.Outputb(4, m_nState1);
    Thread.Sleep(10);
    m_pIoDevice.Outputb(5, m_nState2);
    Thread.Sleep(10);
}
```

(계속)

```
// 상태에 따른 변화
public void Update(double aTime)
{
    // 모든 장비를 업데이트한다.
    m_pStoreEjector.Update(aTime);
    m_pInspSersor.Update(aTime);

    // 시간을 기록한다.
    m_fTime += aTime;
    if (m_enMachineState == MachineState.MACHINESTATE_PLAY)
    {
        // 센서 체크 상태가 되었을 때
        if (m_pInspSersor.m_enState == InspSersorState.INSPSENSORSTATE_SENSER)
        {
            // 검사 상태를 기록한다.
            m_pProductStorage.AddToken(m_pInspSersor.m_enObjectState);

            // 센서 체크 상태를 완료로 바꾼다.
            m_pInspSersor.ChangeState(InspSersorState.INSPSENSORSTATE_SENSER_END);
            m_fTime = 0.0;
        }
        // 센서 위치에 이동했을 때 종료 상태로 변경한다.
        else if (m_pInspSersor.m_enState == InspSensorState.INSPSENSORSTATE_SENSER_END
            && (m_pStoper.m_enState ==
                    StoperSensorState.STOPERSENSORSTATE_SENSORPOS
            || m_fTime > 5.0f))
        {
            StateChange(MachineState.MACHINESTATE_END);
        }
    }
    else if (m_enMachineState == MachineState.MACHINESTATE_END)
    {
        if (m_fTime > 6.0)
        {
            StateChange(MachineState.MACHINESTATE_STOP);
        }
    }
}

//
public void InputCollection()
{
```

(계속)

```
        int Temp;
        Temp = m_pIoDevice.Inputb(0);
        m_nInputA = m_pIoDevice.ConvetByteToBit(Temp);

        Temp = m_pIoDevice.Inputb(1);
        m_nInputB = m_pIoDevice.ConvetByteToBit(Temp);
    }
  }
}
```

6. 물품 저장을 구현할 클래스 생성

다음은 물품의 저장을 구현할 클래스이다.

이 클래스는 창고에 물건의 저장 및 여러 개의 저장 창고에 저장을 기억하는 역할을 담당하게 된다. 앞으로도 수정을 해야 할 클래스이다. 지금은 여러 개의 물건을 창고에 저장하는 부분만 표현하도록 한다.

(1) 멤버 변수와 생성자 선언

그림 6.40

멤버 변수로는 검사한 물건의 전체 수량과 금속, 비금속 개수를 저장할 수 있는 변수를 선언하고 현재 검사 물건들은 전부 불량 저장 창고로 위치하기 때문에 불량 저장 창고의 개수를 저장하는 변수를 만들었다.

```
class ProductStorage
{
    // 부모 주소
    MachineIo m_pOwner;

    // 전채 검사 갯수
    int m_nInspTotal;        // 전채 검사 갯수
    int m_nInspMetal;        // 금속 갯수
    int m_nInsoNonMetal;     // 비금속 갯수

    // 창고 갯수
    int m_nBadStorage;       // 창고에 있는 갯수


    // 생성자
    public ProductStorage(MachineIo aOwner)
    {
        m_pOwner = aOwner;
    }
```

(2) Reset 메소드

검사를 다시 시작할 경우는 현재 검사된 수량을 초기화해 주어야 한다. 그러기 위한 메소드이다.

```
public void Reset()
{
    // 창고를 초기화
    m_nBadStorage = 0;

    // 검사 갯수를 초기화
    m_nInspTotal = 0;
    m_nInspMetal = 0;
    m_nInsoNonMetal = 0;
}
```

(3) AddToken 메소드

AddToken 메소드는 센서에 검사가 끝났을 때 그 결과를 받아와 검사 결과를 저장하기 위한
메소드이다. 여기에서는 해당 결과를 가지고 검사 개수를 증가시켜 주는 역할을 하고 있다.

```
public void AddToken(ObjectCheckState aType)
{
    // 갯수를 늘려준다.
    ++m_nInspTotal;
    if (aType == ObjectCheckState.OBJECTTYPE_METAL)
    {
        ++m_nInspMetal;
    }
    else
    {
        ++m_nInsoNonMetal;
    }

    // 정보를 갱신해준다.
    m_pOwner.m_pOwner.NotifryInspResult(m_nInspTotal, m_nInspMetal, m_nInsoNonMetal);

}
```

(4) 전체 코드

이 클래스의 전체 코드이다.

```
namespace Ex05
{
    class ProductStorage
```

(계속)

```
namespace Ex05
{
    class ProductStorage
    {
        // 부모 주소
        MachineIo m_pOwner;

        // 전체 검사 개수
        int m_nInspTotal;              // 전체 검사 개수
        int m_nInspMetal;              // 금속 개수
        int m_nInsoNonMetal;           // 비금속 개수

        // 창고 개수
        int m_nBadStorage;             // 창고에 있는 개수

        // 생성자
        public ProductStorage(MachineIo aOwner)
        {
            m_pOwner = aOwner;
        }

        public void Reset()
        {
            // 창고를 초기화
            m_nBadStorage = 0;

            // 검사 개수 초기화
            m_nInspTotal = 0;
            m_nInspMetal = 0;
            m_nInsoNonMetal = 0;
        }

        public void AddToken(ObjectCheckState aType)
        {
            // 개수를 늘려 준다.
            ++m_nInspTotal;
            if (aType == ObjectCheckState.OBJECTTYPE_METAL)
            {
                ++m_nInspMetal;
            }
            else
            {
```

(계속)

```
            ++m_nInsoNonMetal;
        }

        // 정보를 갱신해 준다.
        m_pOwner.m_pOwner.NotifryInspResult(m_nInspTotal, m_nInspMetal, m_nInsoNonMetal);

        }
    }
}
```

7. 상품을 분류하기 위한 분류 스토퍼 구현

다음은 상품을 분류하기 위한 분류스토퍼 클래스이다.

이 클래스의 역할은 물품이 분류 실린더에 도착했는지를 알려주는 역할과 양품 저장 창고에 물건을 이동시켜야 할 때 스토퍼를 작동하여 분류 역할을 수행할 클래스이다.

그림 6.41

(1) 상태 열거형

먼저 분류기 위치에 이동했는지 판단하는 센서의 열거형이다. 센서에 위치하지 않았으면 Begin 상태로, 도착했으면 Sensorpos 상태로 변경된다.

```
public enum StoperSensorState
{
    STOPERSENSORSTATE_BEGIN,
    STOPERSENSORSTATE_SENSORPOS,
};
```

(2) 멤버 변수와 생성자 선언

현재 설정된 멤버 변수는 스토퍼 센서의 상태를 저장하는 변수를 지정하였다.

```
class Stopper
{
    // 부모객체
    MachineIo m_pOwner;

    // 현제 시간
    double m_fTime;

    // 스토퍼 상태
    public StoperSensorState m_enState;

    // 생성자
    public Stopper(MachineIo aOwner)
    {
        m_pOwner = aOwner;

        // 상태를 변경한다.
        m_enState = StoperSensorState.STOPERSENSORSTATE_BEGIN;
    }
```

(3) Reset 메소드

초기화 메소드는 현재 센서 상태를 초기화하기 위한 메소드이다.

```
public void Reset()
{
    // 상태를 초기화 한다.
    m_enState = StoperSensorState.STOPERSENSORSTATE_BEGIN;
}
```

(4) Update 메소드

Update 메소드는 센서 상태를 업데이트하기 위해서 사용하고 있다. 스토퍼 작동 시 다시 한 번 갱신하도록 한다.

```
public void Update(double aTime)
{
    // 스토퍼의 위치신호가 들어오면
    if (m_enState == StoperSensorState.STOPERSENSORSTATE_BEGIN
        && m_pOwner.m_nInputA[3] == 0)
    {
        m_enState = StoperSensorState.STOPERSENSORSTATE_SENSORPOS;
    }
}
```

(5) 전체 코드

이 클래스의 전체 코드이다.

```
namespace Ex05
{

    public enum StoperSensorState
    {

        STOPERSENSORSTATE_BEGIN,
        STOPERSENSORSTATE_SENSORPOS,
    };

    class Stopper
    {
        // 부모 객체
        MachineIo m_pOwner;

        // 현재 시간
        double m_fTime;

        // 스토퍼 상태
        public StoperSensorState m_enState;

        // 생성자
        public Stopper(MachineIo aOwner)
        {
            m_pOwner = aOwner;

            // 상태를 변경한다.
            m_enState = StoperSensorState.STOPERSENSORSTATE_BEGIN;
        }

        public void Reset()
        {
            m_fTime = 0.0;

            // 상태를 초기화한다.
            m_enState = StoperSensorState.STOPERSENSORSTATE_BEGIN;
        }

        public void Update(double aTime)
        {
```

(계속)

```
        // 스토퍼의 위치 신호가 들어오면
        if (m_enState == StoperSensorState.STOPERSENSORSTATE_BEGIN
            && m_pOwner.m_nInputA[3] == 0)
        {
            m_enState = StoperSensorState.STOPERSENSORSTATE_SENSORPOS;
        }
    }
  }
}
```

6) 검사 결과를 FND에 출력

1. 개요

이번에는 FND에 검사 타입을 출력하는 예제이다. 이번 예제에서는 다룰 부분이 적기 때문에 검사 시나리오 부분은 이전과 동일하다.

2. 검사 시나리오

이번 검사 시나리오는 이전 장과 동일하기 때문에 설명을 생략하도록 한다.

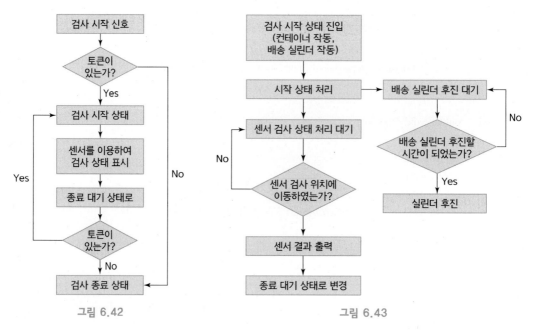

그림 6.42   그림 6.43

3. C# 폼 컨트롤 구성

해당 폼 컨트롤 구성은 변경 사항이 없기 때문에 컨트롤에 대한 속성만 나열하도록 한다.

그림 6.44

표 6.15

번호	타입	위치	크기	속성	폰트	Text
0	Label	16, 25	75, 30	가운데 정렬	9pt	검사 시작
1	Button	16, 55	75, 30	가운데 정렬	9pt	시작
2	Button	16, 84	75, 30	가운데 정렬	9pt	종료
3	Label	98, 25	83, 30	가운데 정렬	9pt	MPS 상태
4	Label	180, 25	98, 30	가운데 정렬	9pt	
5	Label	277, 25	83, 30	가운데 정렬	9pt	물품 창고 상태
6	Label	359, 25	108, 30	가운데 정렬	9pt	
7	Label	466, 25	83, 30	가운데 정렬	9pt	저장 창고 상태
8	Label	548, 25	108, 30	가운데 정렬	9pt	
9	Label	98, 54	83, 30	가운데 정렬	9pt	검사 수량
10	Label	180, 54	60, 30	가운데 정렬	9pt	전체
11	Label	239, 54	60, 30	가운데 정렬	9pt	
12	Label	298, 54	60, 30	가운데 정렬	9pt	금속
13	Label	357, 54	60, 30	가운데 정렬	9pt	
14	Label	416, 54	60, 30	가운데 정렬	9pt	비금속
15	Label	475, 54	60, 30	가운데 정렬	9pt	

4. MPS 신호 정리

다음은 MPS 장비를 제어하기 위한 IO 신호를 정리하고, 해당 센서가 작동할 수 있도록 프로그램을 구성하도록 한다.

(1) MPS 신호 정리

이번 예제를 실습하면서 필요한 신호는 다음 표와 같다.

표 6.16 입력 타입

디바이스	포트	CW	연동 장비	역할(On)	역할(Off)
1	A	1	워크 센서	워크센서에 물체가 없을 때	워크센서에 물체가 있을 때
1	A	2	금속 센서	코인이 금속이 아닐 때	코인이 금속일 때
1	A	3	물품 센서	코인이 있을 때	코인이 없을 때
1	A	4	스토퍼 센서	코인이 스토퍼 위치에 없을 때	코인이 스토퍼 위치에 있을 때

표 6.17 출력 타입

디바이스	포트	CW	연동 장비	역할(On)	역활(Off)
2	A	2	배출기	배출기 선신	배출기 후진
2	A	3	컨베이어	컨베이어 작동	컨베이어 정지
2	C	1~4	FND	첫째 자리 숫자 출력	
2	C	5~8	FND	둘째 자리 숫자 출력	

5. MachineIo 클래스에 FND 출력을 위한 위치 설정

(1) StatcCalc 메소드

FND의 출력 신호를 주기 위해서 수정하였다.

```
public void StateCalc( )
{
    // 초기 상태
    byte m_nState1 = 0x00;
    byte m_nState2 = 0x00;
    byte m_nState3 = 0x00;

    // 각 장치의 상태를 받아온다.
    m_nState1 += m_pStoreEjector.GetStateCode( );
    m_nState1 += m_pConveyerBelt.GetStateCode( );

    m_nState3 += m_pProductStorage.GetStateCode( );


    m_pIoDevice.Outputb( 4, m_nState1 );
    Thread.Sleep( 10 );
    m_pIoDevice.Outputb( 5, m_nState2 );
    Thread.Sleep( 10 );
    m_pIoDevice.Outputb( 6, m_nState3 );
    Thread.Sleep( 10 );
}
```

(2) 전체 소스

전체 소스는 다음과 같다.

```csharp
using Imechatronics.IoDevice;
using System.Threading;
using System.Collections;

namespace Ex06
{
    // 머신의 상태
    public enum MachineState
    {
        MACHINESTATE_INIT,        // 초기화 상태
        MACHINESTATE_START,       // 시작 신호 상태
        MACHINESTATE_PLAY,        // 동작 상태
        MACHINESTATE_END,         // 정지 대기 상태
        MACHINESTATE_STOP,        // 정지 상태
    }

    public enum MachinePlayState
    {
        MACHINEPLAYSTATE_NONE,// 초기화 상태
        MACHINEPLAYSTATE_SENSOR,        // 센서 분류 상태
    }

    public class MachineIo
    {
        public Form1 m_pOwner;
        Io8255 m_pIoDevice;

        // 입력 포트의 CW를 읽어올 변수
        public int[] m_nInputA = new int[8];
        public int[] m_nInputB = new int[8];

        // 시간값
        double m_fTime;

        MachinePlayState m_enPlayState;
        MachineState m_enMachineState;

        // 각 장비 파트에 대한 클래스
```

(계속)

```
StoreEjector m_pStoreEjector;              // 스토어 이젝터
ConveyerBelt m_pConveyerBelt;              // 컨베이어 벨트
InspSensor m_pInspSersor;                  // 검사 센서
Stopper m_pStoper;                         // 스토퍼
ProductStorage m_pProductStorage;          // 양품 분류 창고

public MachineIo(Form1 aOwner)
{
    m_pOwner = aOwner;
    m_pIoDevice = new Io8255();

    // UCI 장비 세팅
    m_pIoDevice.UCIDrvInit();
    m_pIoDevice.Outputb(3, 0x9B);
    m_pIoDevice.Outputb(7, 0x80);

    // 독립적으로 작동할 작업 객체 생성
    m_pStoreEjector = new StoreEjector(this);      // 스토어 이젝터
    m_pConveyerBelt = new ConveyerBelt(this);      // 컨베이어 벨트
    m_pInspSersor = new InspSensor(this);          // 검사 센서
    m_pStoper = new Stopper(this);                 // 스토퍼
    m_pProductStorage = new ProductStorage(this);  // 양품 분류 창고
}

// 상태 변경
public void StateChange(MachineState aState)
{
    // 스톱 상태일 때 바뀔 수 있도록
    if (aState == MachineState.MACHINESTATE_START)
    {
        // 배출기가 정지 상태일 때 종료 상태로 변경한다.
        if (m_pStoreEjector.m_enStoreState == StoreState.STORESTATE_NORMAL)
        {
            // 분류 창고를 리셋한다.
            m_pProductStorage.Reset();

            // 플레이 상태로 상태 변경
            StateChange(MachineState.MACHINESTATE_PLAY);
        }
        else
        {
            // 종료 상태로 상태 변경
```

(계속)

```
        StateChange(MachineState.MACHINESTATE_STOP);
    }
}
if (aState == MachineState.MACHINESTATE_PLAY)
{
    // 장치들을 리셋한다.
    m_pStoreEjector.Reset();           // 스토어 이젝터
    m_pInspSersor.Reset();             // 검사 센서

    // 초기화 코드 실행
    m_fTime = 0.0f;
    m_pStoreEjector.ChangeState(StoreEjectorState.STOREEJECTORSTATE_EMIT);
    m_pConveyerBelt.ChangeState(ConveryorState.CONVERYORSTATE_PLAY);

    // 2. 머신을 시작 상태로 변경
    m_enPlayState = MachinePlayState.MACHINEPLAYSTATE_NONE;
    m_enMachineState = MachineState.MACHINESTATE_PLAY;
    m_pOwner.NotifryMachineState("머신 작동");

}
else if (aState == MachineState.MACHINESTATE_END)
{
    m_pOwner.NotifryMachineState("머신 종료 대기");

    // 센서가 비었으면 종료 상태를 저장하고 아니라면 다시 머신을 작동한다.
    if (m_pStoreEjector.m_enStoreState == StoreState.STORESTATE_EMPTY)
    {
        m_fTime = 0.0;
        m_enMachineState = MachineState.MACHINESTATE_END;
    }
    else
    {
        StateChange(MachineState.MACHINESTATE_PLAY);
    }
}
else if (aState == MachineState.MACHINESTATE_STOP)
{
    m_pOwner.NotifryMachineState("머신 종료");
    m_enMachineState = MachineState.MACHINESTATE_STOP;
    m_pStoreEjector.ChangeState(StoreEjectorState.STOREEJECTORSTATE_STOP);
    m_pConveyerBelt.ChangeState(ConveryorState.CONVERYORSTATE_STOP);
}
```

(계속)

```
        }

        public void StateCalc()
        {
            // 초기 상태
            byte m_nState1 = 0x00;
            byte m_nState2 = 0x00;
            byte m_nState3 = 0x00;

            // 각 장치의 상태를 받아온다.
            m_nState1 += m_pStoreEjector.GetStateCode();
            m_nState1 += m_pConveyerBelt.GetStateCode();

            m_nState2 += m_pProductStorage.GetStateCode();

            // FND 출력
            m_nState3 += m_pProductStorage.GetFNDStateCode();

            m_pIoDevice.Outputb(4, m_nState1);
            Thread.Sleep(10);
            m_pIoDevice.Outputb(5, m_nState2);
            Thread.Sleep(10);

        }

        // 상태에 따른 변화
        public void Update(double aTime)
        {
            // 모든 장비를 업데이트한다.
            m_pStoreEjector.Update(aTime);
            m_pInspSersor.Update(aTime);

            // 시간을 기록한다.
            m_fTime += aTime;
            if (m_enMachineState == MachineState.MACHINESTATE_PLAY)
            {
                // 센서 체크 상태가 되었을 때
                if ( m_enPlayState == MachinePlayState.MACHINEPLAYSTATE_NONE &&
                    m_pInspSersor.m_enState == InspSersorState.INSPSENSORSTATE_SENSER)
                {
                    // 검사 상태를 기록한다.
                    m_pProductStorage.AddToken(m_pInspSersor.m_enObjectState);
```

(계속)

```
                    // 센서 체크 상태를 완료로 바꾼다.
                    m_enPlayState = MachinePlayState.MACHINEPLAYSTATE_SENSOR;
                    m_pInspSersor.ChangeState(InspSersorState.INSPSENSORSTATE_SENSER_END);
                    m_fTime = 0.0;
                }
                // 센서 위치에 이동했을 때 종료 상태로 변경한다.
                else if (m_enPlayState == MachinePlayState.MACHINEPLAYSTATE_NONE
                    && (m_pStoper.m_enState ==
                            StoperSensorState.STOPERSENSORSTATE_SENSORPOS
                    || m_fTime > 5.0f))
                {
                    StateChange(MachineState.MACHINESTATE_END);
                }
            }
        }
        else if (m_enMachineState == MachineState.MACHINESTATE_END)
        {
            if (m_fTime > 6.0)
            {
                StateChange(MachineState.MACHINESTATE_STOP);
            }
        }
    }


    //
    public void InputCollection()
    {
        int Temp;
        Temp = m_pIoDevice.Inputb(0);
        m_nInputA = m_pIoDevice.ConvetByteToBit(Temp);

        Temp = m_pIoDevice.Inputb(1);
        m_nInputB = m_pIoDevice.ConvetByteToBit(Temp);
    }
  }
}
```

6. 물품 저장을 구현할 클래스 수정

그림 6.45

(1) 프로그램 수정

FND의 출력 신호를 주기 위해서 FNDStatcCalc 메소드를 생성하였다.

AddToken 메소드에서 변경된 결과를 출력하고 있다.

```
public void AddToken(ObjectCheckState aType)
{
    // 갯수를 늘려준다.
    ++m_nInspTotal;
    if (aType == ObjectCheckState.OBJECTTYPE_METAL)
    {
        ++m_nInspMetal;
    }
    else
    {
        ++m_nInsoNonMetal;
    }

    // 정보를 갱신해준다.
    m_pOwner.m_pOwner.NotifryInspResult(m_nInspTotal, m_nInspMetal, m_nInsoNonMetal);
    GetFNDStateCode();
}

// 전체 갯수를 출력해준다.
public byte GetFNDStateCode()
{
    byte StateCode = 0x00;

    // 둘째자리와 첫째자리를 계산한다.
    StateCode += (byte)((int)((double)m_nInspTotal / 10) % 10 >> 4);
    StateCode += (byte)((int)m_nInspTotal % 10);

    // 계산된 코드를 반환한다.
    return StateCode;
}
```

(2) 전체 소스

전체 소스는 다음과 같다.

```
namespace Ex06
{
    class ProductStorage
    {
        // 부모 주소
        MachineIo  m_pOwner;

        // 전체 검사 개수
        int  m_nInspTotal;          // 전체 검사 개수
        int  m_nInspMetal;          // 금속 개수
        int  m_nInsoNonMetal;       // 비금속 개수

        // 창고 개수
        int  m_nBadStorage;         // 창고에 있는 개수

        // 생성자
        public ProductStorage(MachineIo aOwner)
        {
            m_pOwner = aOwner;
        }

        public void Reset()
        {
            // 창고 초기화
            m_nBadStorage = 0;

            // 검사 개수 초기화
            m_nInspTotal = 0;
            m_nInspMetal = 0;
            m_nInsoNonMetal = 0;
        }

        public void AddToken(ObjectCheckState aType)
        {
            // 개수를 늘려 준다.
            ++m_nInspTotal;
            if (aType == ObjectCheckState.OBJECTTYPE_METAL)
            {
                ++m_nInspMetal;
```

(계속)

```
        }
        else
        {
            ++m_nInsoNonMetal;
        }


        // 정보를 갱신해 준다.
        m_pOwner.m_pOwner.NotifryInspResult(m_nInspTotal, m_nInspMetal, m_nInsoNonMetal);
        GetFNDStateCode();
    }

    // 전체 개수를 출력해 준다.
    public byte GetFNDStateCode()
    {
        byte StateCode = 0x00;

        // 둘째 자리와 첫째 자리를 계산한다.
        StateCode += (byte)((int)((double)m_nInspTotal / 10) % 10 >> 4);
        StateCode += (byte)((int)m_nInspTotal % 10);

        // 계산된 코드를 반환한다.
        return StateCode;
    }

    public byte GetStateCode()
    {
        byte StateCode = 0x00;

        // 계산된 코드를 반환한다.
        return StateCode;
    }
  }
}
```

7 검사 실린더를 이용하여 적재 창고에 적재

1. 개요

이번에는 검사 실린더를 이용하여 특정 워크피스를 저장 창고에 저장하는 예제를 진행한다.

2. 검사 시나리오

이번 검사 시나리오는 이전 장과 같지만 시작 상태 실린
더 배출 관련 작업이 추가되었다.

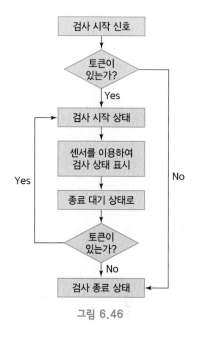

그림 6.46

검사 상태 수행은 이전 장과 같다.

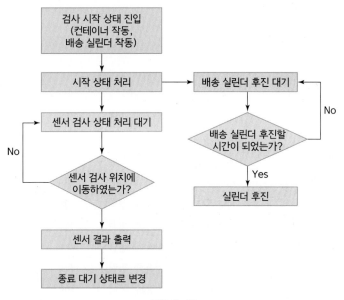

그림 6.47

다음은 물품 분류 상태에 대한 정의이다. 물품 분류 상태는 양품일 경우 적재 창고를 이동하
기 위해 스토퍼 하강 및 적재를 위한 실린더로 이동하고, 아닐 경우는 바로 종료 대기 상태로
이동한다.

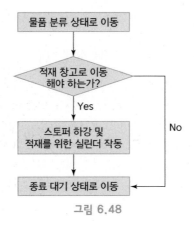

그림 6.48

3. C# 폼 컨트롤 구성

해당 컨트롤 속성표대로 그림 6.49와 같이 폼에 컨트롤을 만든다.

그림 6.49

표 6.18

번호	타입	위치	크기	속성	폰트	Text
0	Label	16, 25	75, 30	가운데 정렬	9pt	검사 시작
1	Button	16, 55	75, 30	가운데 정렬	9pt	시작
2	Button	16, 84	75, 30	가운데 정렬	9pt	종료
3	Label	98, 25	83, 30	가운데 정렬	9pt	MPS 상태
4	Label	180, 25	98, 30	가운데 정렬	9pt	
5	Label	277, 25	83, 30	가운데 정렬	9pt	물품 창고 상태
6	Label	359, 25	108, 30	가운데 정렬	9pt	
7	Label	466, 25	83, 30	가운데 정렬	9pt	저장 창고 상태
8	Label	548, 25	108, 30	가운데 정렬	9pt	
9	Label	98, 54	83, 30	가운데 정렬	9pt	검사 수량
10	Label	180, 54	60, 30	가운데 정렬	9pt	전체
11	Label	239, 54	60, 30	가운데 정렬	9pt	
12	Label	298, 54	60, 30	가운데 정렬	9pt	금속

(계속)

번호	타입	위치	크기	속성	폰트	Text
13	Label	357, 54	60, 30	가운데 정렬	9pt	
14	Label	416, 54	60, 30	가운데 정렬	9pt	비금속
15	Label	475, 54	60, 30	가운데 정렬	9pt	
16	Label	98, 83	83, 30	가운데 정렬	9pt	검사 수량
17	Label	180, 83	60, 30	가운데 정렬	9pt	A
18	Label	239, 83	60, 30	가운데 정렬	9pt	
19	Label	298, 83	60, 30	가운데 정렬	9pt	B
20	Label	357, 83	60, 30	가운데 정렬	9pt	
21	Label	416, 83	60, 30	가운데 정렬	9pt	C
22	Label	475, 83	60, 30	가운데 정렬	9pt	
23	Label	534, 83	60, 30	가운데 정렬	9pt	불량
24	Label	593, 83	60, 30	가운데 정렬	9pt	

4. MPS 신호 정리

다음은 MPS 장비를 제어하기 위한 IO 신호를 정리하고, 해당 센서가 작동할 수 있도록 프로그램을 구성하도록 한다.

(1) MPS 신호 정리

이번 예제를 실습하면서 필요한 신호는 다음 표와 같다.

표 6.19 **입력 타입**

디바이스	포트	CW	연동 장비	역할(On)	역할(Off)
1	A	1	워크 센서	워크센서에 물체가 없을 때	워크센서에 물체가 있을 때
1	A	2	금속 센서	코인이 금속이 아닐 때	코인이 금속일 때
1	A	3	물품 센서	코인이 있을 때	코인이 없을 때
1	A	4	스토퍼 센서	코인이 스토퍼 위치에 없을 때	코인이 스토퍼 위치에 있을 때

표 6.20 **출력 타입**

디바이스	포트	CW	연동 장비	역할(On)	역할(Off)
2	A	2	배출기	배출기 전진	배출기 후진
2	A	3	컨베이어	컨베이어 작동	컨베이어 정지
2	A	4	스토퍼	스토퍼 작동	스토퍼 정지
2	B	1	실린더X 이동	Left 이동	–
2	B	2	실린더X 이동	Right 이동	–

(계속)

디바이스	포트	CW	연동 장비	역할(On)	역할(Off)
2	B	3	실린더Y 이동	Down	Up
2	B	4	흡착	흡착	비흡착
2	C	1~4	FND	첫째 자리 숫자 출력	
2	C	5~8	FND	둘째 자리 숫자출력	

(2) 장비 결선

이번 예제에서는 물품을 분류하기 위해서 스토퍼 장치와 실린더 장치를 연결하도록 한다. 스토퍼는 물품 분류 창고로 가야 하는 품목을 구분하기 위해서 불량일 때는 스토퍼가 열리고, 양품일 때는 스토퍼가 닫히고, 분류 실린더가 X축 전후진 Y축 상승, 하강 흡착 작동을 하면서 분류 창고로 보내게 된다.

그림 6.50

미니 MPS에 OUTPUT 단자대의 STP 단자와 디바이스2의 A 포트에 연결된 TR‐OUT 4번 단자와 결선, 실린더 X‐AXIS FWD, BWD, Y‐AXIS FWD, VAC 단자를 디바이스2의 C 포트에 연결된 TR‐OUT 1,2,3,4 단자와 연결한다.

그림 6.51 MPS

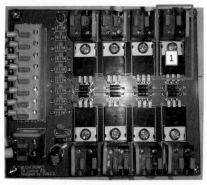
TR-OUT A

TR-OUT C

그림 6.52

5. Machine IO 클래스 생성

Machine IO 클래스의 목록은 다음과 같다.

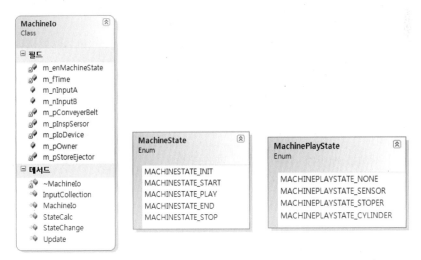

그림 6.53

(1) 동작 상태를 제어할 열거형

동작 상태를 제어할 열거형에 센서 체크 이후 작업이 추가되어 동작 상태도 센서 체크 이후 작업이 확장되었다.

```
public enum MachinePlayState
{
    MACHINEPLAYSTATE_NONE,      // 초기화 상태
    MACHINEPLAYSTATE_SENSOR,    // 센서분류 상태
    MACHINEPLAYSTATE_STOPER,    // 스토퍼위치 이동상태
    MACHINEPLAYSTATE_CYLINDER,  // 신린더 분류상태
}
```

(2) 멤버 변수

분류 실린더를 제어할 객체가 추가되었다.

```
public class Machinelo
{
    public Form1 m_pOwner;
    Io8255 m_pIoDevice;

    // 입력 포트의 Cw를 읽어올 변수
    public int[] m_nInputA = new int[8];
    public int[] m_nInputB = new int[8];

    // 시간 값
    double m_fTime;

    MachineState m_enMachineState;
    MachinePlayState m_enPlayState;

    // 각 장비파트에 대한 클래스
    StoreEjector m_pStoreEjector;         // 스토어 이젝터
    ConveyerBelt m_pConveyerBelt;         // 컨베이어 벨트
    InspSensor m_pInspSersor;             // 검사센서
    Stopper m_pStoper;                    // 스토퍼
    ProductStorage m_pProductStorage;     // 양품 분류창고
    CategoryCylinder m_pCategoryCylinder; // 분류 실린더
```

(3) 생성자

분류 실린더 객체를 생성해 주는 부분이 추가되었다.

```
public Machinelo(Form1 aOwner)
{
    m_pOwner = aOwner;
    m_pIoDevice = new Io8255();

    // UCI장비 세팅
    m_pIoDevice.UCIDrvInit();
    m_pIoDevice.Outputb(3, 0x9B);
    m_pIoDevice.Outputb(7, 0x80);

    // 독립적으로 작동할 작업객체 생성
    m_pStoreEjector = new StoreEjector(this);       // 스토어 이젝터
    m_pConveyerBelt = new ConveyerBelt(this);       // 컨베이어벨트
    m_pInspSersor = new InspSensor(this);           // 검사센서
    m_pStoper = new Stopper(this);                  // 스토퍼
    m_pProductStorage = new ProductStorage(this);   // 양품 분류창고
    m_pCategoryCylinder = new CategoryCylinder(this); // 분류 실린더
}
```

(4) Update() 메소드

추가된 작업은 분류기 위치에 도달하면 금속일 때 분류 실린더를 통해 양품 저장 창고로 이동
할 수 있도록 수정되었다.

```
// 상태에 따른 변화
public void Update(double aTime)
{
    // 모든 장비를 업데이트 한다.
    m_pStoreEjector.Update(aTime);
    m_pCategoryCylinder.Update(aTime);
    m_pStoper.Update(aTime);
    m_pInspSersor.Update(aTime);


    // 시간을 기록한다.
    m_fTime += aTime;
    if (m_enMachineState == MachineState.MACHINESTATE_PLAY)
    {
        //-------------------------------------------------
        // 센서를 통해 금속인지 확인한다.
        //-------------------------------------------------
        if (m_enPlayState == MachinePlayState.MACHINEPLAYSTATE_NONE
            && m_pInspSersor.m_enState == InspSersorState.INSPSENSORSTATE_SENSER)
        {
            // 검사 상태를 기록한다.
            m_pProductStorage.AddToken(m_pInspSersor.m_enObjectState);

            // 금속이면 스토퍼를 다운한다.
            if (m_pInspSersor.m_enObjectState == ObjectCheckState.OBJECTTYPE_METAL)
            {
                m_pStoper.StateChange(StoperState.STOPERSTATE_DOWN);
            }

            // 검사상태를 센서이동상태로 변경한다.
            m_fTime = 0.0;
            m_enPlayState = MachinePlayState.MACHINEPLAYSTATE_SENSOR;
        }

        //-------------------------------------------------
        // 분류기 위치에 도달하면 어떤 작업을 할지 결정한다.
        //-------------------------------------------------
        else if( m_enPlayState == MachinePlayState.MACHINEPLAYSTATE_SENSOR && m_fTime > 5.0f)
        {
            if (m_pInspSersor.m_enObjectState == ObjectCheckState.OBJECTTYPE_METAL)
            {

                // 실린더를 작동하고 상태를 변경한다.
                m_pCategoryCylinder.StateChagne(CylinderState.CYLINDERSTATE_ACTIVE);
                m_enPlayState = MachinePlayState.MACHINEPLAYSTATE_STOPER;
            }
            else
            {
                // 정지상태로 변경한다.
                StateChange(MachineState.MACHINESTATE_END);
            }
        }
        else if (m_enPlayState == MachinePlayState.MACHINEPLAYSTATE_STOPER
            && m_pCategoryCylinder.m_enState == CylinderState.CYLINDERSTATE_COMPLATE )
        {
            // 정지상태로 변경한다.
            StateChange(MachineState.MACHINESTATE_END);
        }
    }
}
```

```
            // 정지상태 동작
        else if (m_enMachineState == MachineState.MACHINESTATE_END)
        {
            if (m_fTime > 6.0)
            {
                StateChange(MachineState.MACHINESTATE_STOP);
            }
        }
    }
```

(5) 상태 변경 메소드

실린더 상태를 초기화하는 코드가 추가되었다.

```
        else if (aState == MachineState.MACHINESTATE_END)
        {
            m_pOwner.NotifryMachineState("머신 종료대기");

            // 센서가 비었으면 종료상태를 저장하고 아니라면 다시 머신을 작동한다.
            if (m_pStoreEjector.m_enStoreState == StoreState.STORESTATE_EMPTY)
            {
                m_fTime = 0.0;
                m_enMachineState = MachineState.MACHINESTATE_END;
            }
            else
            {
                StateChange(MachineState.MACHINESTATE_PLAY);
            }
        }
        else if (aState == MachineState.MACHINESTATE_STOP)
        {
            m_pOwner.NotifryMachineState("머신 종료");
            m_enMachineState = MachineState.MACHINESTATE_STOP;
            m_pStoreEjector.ChangeState(StoreEjectorState.STOREEJECTORSTATE_STOP);
            m_pConveyerBelt.ChangeState(ConveryorState.CONVERYORSTATE_STOP);
        }
    }

    // 상태변경
    public void StateChange(MachineState aState)
    {
        // 스탑 상태일때 바뀔수 있도록
        if (aState == MachineState.MACHINESTATE_START)
        {
            // 배출기가 정지상태일때 종료상태로 변경한다.
            if (m_pStoreEjector.m_enStoreState == StoreState.STORESTATE_NORMAL)
            {
                // 분류 창고를 리셋한다.
                m_pProductStorage.Reset();

                // 플레이상태로 상태변경
                StateChange(MachineState.MACHINESTATE_PLAY);
            }
            else
            {
                // 종료상태로 상태변경
```

```
                StateChange(MachineState.MACHINESTATE_STOP);
        }
    }
    if (aState == MachineState.MACHINESTATE_PLAY)
    {
        // 장치들을 리셋한다.
        m_pStoreEjector.Reset();              // 스토어 이젝터
        m_pInspSersor.Reset();                // 검사센서
        m_pStoper.Reset();
        m_pCategoryCylinder.Reset();

        // 초기화 코드를 실행
        m_fTime = 0.0f;
        m_pStoreEjector.ChangeState(StoreEjectorState.STOREEJECTORSTATE_EMIT);
        m_pConveyerBelt.ChangeState(ConveryorState.CONVERYORSTATE_PLAY);

        // 2. 머신을 시작상태로 변경
        m_enPlayState = MachinePlayState.MACHINEPLAYSTATE_NONE;
        m_enMachineState = MachineState.MACHINESTATE_PLAY;
        m_pOwner.NotifryMachineState("머신 작동");
    }
```

(6) IO 상태 갱신 함수

실린더 상태를 제어할 수 있도록 수정되었다.

```
public void StateCalc()
{
    // 초기 상태
    byte m_nState1 = 0x00;
    byte m_nState2 = 0x00;
    byte m_nState3 = 0x00;

    // 각 장치의 상태를 받아온다.
    m_nState1 += m_pStoreEjector.GetStateCode();
    m_nState1 += m_pConveyerBelt.GetStateCode();
    m_nState1 += m_pStoper.GetStateCode();

    m_nState2 += m_pCategoryCylinder.GetStateCode();


    m_nState3 += m_pProductStorage.GetFNDStateCode();


    m_pIoDevice.Outputb(4, m_nState1);
    Thread.Sleep(10);
    m_pIoDevice.Outputb(5, m_nState2);
    Thread.Sleep(10);
    m_pIoDevice.Outputb(6, m_nState3);
    Thread.Sleep(10);
}
```

(7) 전체 코드

Machine IO 클래스의 전체 코드이다.

```
using Imechatronics.IoDevice;
using System.Threading;
using System.Collections;

namespace Ex07
{

    // 머신의 상태
    public enum MachineState
    {
        MACHINESTATE_INIT,          // 초기화 상태
        MACHINESTATE_START,         // 시작 신호 상태
        MACHINESTATE_PLAY,          // 동작 상태
        MACHINESTATE_END,           // 정지 대기 상태
        MACHINESTATE_STOP,          // 정지 상태
    }

    public enum MachinePlayState
    {
        MACHINEPLAYSTATE_NONE,          // 초기화 상태
        MACHINEPLAYSTATE_SENSOR,        // 센서 분류 상태
        MACHINEPLAYSTATE_STOPER,        // 스토퍼 위치 이동 상태
        MACHINEPLAYSTATE_CYLINDER,      // 신린더 분류 상태
    }

    public class MachineIo
    {
        public Form1 m_pOwner;
        Io8255 m_pIoDevice;

        // 입력 포트의 CW를 읽어올 변수
        public int[] m_nInputA = new int[8];
        public int[] m_nInputB = new int[8];

        // 시간값
        double m_fTime;

        MachineState m_enMachineState;
        MachinePlayState m_enPlayState;

        // 각 장비 파트에 대한 클래스
```

(계속)

```
StoreEjector m_pStoreEjector;              // 스토어 이젝터
ConveyerBelt m_pConveyerBelt;              // 컨베이어 벨트
InspSensor m_pInspSersor;                  // 검사 센서
Stopper m_pStoper;                         // 스토퍼
ProductStorage m_pProductStorage;          // 양품 분류 창고
CategoryCylinder m_pCategoryCylinder;      // 분류 실린더

public MachineIo(Form1 aOwner)
{
    m_pOwner = aOwner;
    m_pIoDevice = new Io8255();

    // UCI장비 세팅
    m_pIoDevice.UCIDrvInit();
    m_pIoDevice.Outputb(3, 0x9B);
    m_pIoDevice.Outputb(7, 0x80);

    // 독립적으로 작동할 작업 객체 생성
    m_pStoreEjector = new StoreEjector(this);              // 스토어 이젝터
    m_pConveyerBelt = new ConveyerBelt(this);              // 컨베이어 벨트
    m_pInspSersor = new InspSensor(this);                  // 검사 센서
    m_pStoper = new Stopper(this);                         // 스토퍼
    m_pProductStorage = new ProductStorage(this);          // 양품 분류 창고
    m_pCategoryCylinder = new CategoryCylinder(this);      // 분류 실린더
}

// 상태 변경
public void StateChange(MachineState aState)
{
    // 스톱 상태일 때 바뀔 수 있도록
    if (aState == MachineState.MACHINESTATE_START)
    {
        // 배출기가 정지 상태일 때 종료 상태로 변경한다.
        if (m_pStoreEjector.m_enStoreState == StoreState.STORESTATE_NORMAL)
        {
            // 분류 창고를 리셋한다.
            m_pProductStorage.Reset();

            // 플레이 상태로 상태 변경
            StateChange(MachineState.MACHINESTATE_PLAY);
        }
        else
        {
```

(계속)

```
                    // 종료 상태로 상태 변경
                    StateChange(MachineState.MACHINESTATE_STOP);
            }
    }
    if (aState == MachineState.MACHINESTATE_PLAY)
    {
        // 장치들을 리셋한다.
        m_pStoreEjector.Reset();        // 스토어 이젝터
        m_pInspSersor.Reset();          // 검사 센서
        m_pStoper.Reset();
        m_pCatcgoryCylinder.Reset();

        // 초기화 코드 실행
        m_fTime = 0.0f;
        m_pStoreEjector.ChangeState(StoreEjectorState.STOREEJECTORSTATE_EMIT);
        m_pConveyerBelt.ChangeState(ConveryorState.CONVERYORSTATE_PLAY);

        // 2. 머신을 시작 상태로 변경
        m_enPlayState = MachinePlayState.MACHINEPLAYSTATE_NONE;
        m_enMachineState = MachineState.MACHINESTATE_PLAY;
        m_pOwner.NotifryMachineState("머신 작동");
    }
    else if (aState == MachineState.MACHINESTATE_END)
    {
        m_pOwner.NotifryMachineState("머신 종료 대기");

        // 센서가 비었으면 종료 상태를 저장하고 아니라면 다시 머신을 작동한다.
        if (m_pStoreEjector.m_enStoreState == StoreState.STORESTATE_EMPTY)
        {
            m_fTime = 0.0;
            m_enMachineState = MachineState.MACHINESTATE_END;
        }
        else
        {
            StateChange(MachineState.MACHINESTATE_PLAY);
        }
    }
    else if (aState == MachineState.MACHINESTATE_STOP)
    {
        m_pOwner.NotifryMachineState("머신 종료");
        m_enMachineState = MachineState.MACHINESTATE_STOP;
        m_pStoreEjector.ChangeState(StoreEjectorState.STOREEJECTORSTATE_STOP);
        m_pConveyerBelt.ChangeState(ConveryorState.CONVERYORSTATE_STOP);
```

(계속)

```
        }
    }

    public void StateCalc()
    {
        // 초기 상태
        byte m_nState1 = 0x00;
        byte m_nState2 = 0x00;
        byte m_nState3 = 0x00;

        // 각 장치의 상태를 받아온다.
        m_nState1 += m_pStoreEjector.GetStateCode();
        m_nState1 += m_pConveyerBelt.GetStateCode();
        m_nState1 += m_pStoper.GetStateCode();

        m_nState2 += m_pCategoryCylinder.GetStateCode();

        m_nState3 += m_pProductStorage.GetFNDStateCode();

        m_pIoDevice.Outputb(4, m_nState1);
        Thread.Sleep(10);
        m_pIoDevice.Outputb(5, m_nState2);
        Thread.Sleep(10);
        m_pIoDevice.Outputb(6, m_nState3);
        Thread.Sleep(10);
    }

    // 상태에 따른 변화
    public void Update(double aTime)
    {
        // 모든 장비를 업데이트한다.
        m_pStoreEjector.Update(aTime);
        m_pCategoryCylinder.Update(aTime);
        m_pStoper.Update(aTime);
        m_pInspSersor.Update(aTime);

        // 시간을 기록한다.
        m_fTime += aTime;
        if (m_enMachineState == MachineState.MACHINESTATE_PLAY)
        {
//---------------------------------------------------------
            // 센서를 통해 금속인지 확인한다.
//---------------------------------------------------------
```

(계속)

```
        if (m_enPlayState == MachinePlayState.MACHINEPLAYSTATE_NONE
            && m_pInspSersor.m_enState == InspSersorState.INSPSENSORSTATE_SENSER)
        {
            // 검사 상태를 기록한다.
            m_pProductStorage.AddToken(m_pInspSersor.m_enObjectState);

            // 금속이면 스토퍼를 다운한다.
            if (m_pInspSersor.m_enObjectState == ObjectCheckState.OBJECTTYPE_METAL)
            {
                m_pStoper.StateChange(StoperState.STOPERSTATE_DOWN);
            }

            // 검사 상태를 센서 이동 상태로 변경한다.
            m_fTime = 0.0;
            m_enPlayState = MachinePlayState.MACHINEPLAYSTATE_SENSOR;
        }


//- - - - - - - - - - - - - - - - - - - - - - - - - - - - - - - - - - - - - - -
// 분류기 위치에 도달하면 어떤 작업을 할지 결정한다.
//- - - - - - - - - - - - - - - - - - - - - - - - - - - - - - - - - - - - - - -
        else if( m_enPlayState == MachinePlayState.MACHINEPLAYSTATE_SENSOR
                && m_fTime > 5.0f)
        {
            if (m_pInspSersor.m_enObjectState == ObjectCheckState.OBJECTTYPE_METAL)
            {

                // 실린더를 작동하고 상태를 변경한다.
                m_pCategoryCylinder.StateChagne(CylinderState.CYLINDERSTATE_ACTIVE);
                m_enPlayState = MachinePlayState.MACHINEPLAYSTATE_STOPER;
            }
            else
            {
                // 정지 상태로 변경한다.
                StateChange(MachineState.MACHINESTATE_END);
            }
        }
        else if (m_enPlayState == MachinePlayState.MACHINEPLAYSTATE_STOPER
            && m_pCategoryCylinder.m_enState ==
                CylinderState.CYLINDERSTATE_COMPLATE )
        {
            // 정지 상태로 변경한다.
             StateChange(MachineState.MACHINESTATE_END);
        }
```

(계속)

```
    }
        // 정지 상태 동작
    else if (m_enMachineState == MachineState.MACHINESTATE_END)
    {
        if (m_fTime > 6.0)
        {
            StateChange(MachineState.MACHINESTATE_STOP);
        }
    }
}

//
public void InputCollection()
{
    int Temp;
    Temp = m_pIoDevice.Inputb(0);
    m_nInputA = m_pIoDevice.ConvetByteToBit(Temp);

    Temp = m_pIoDevice.Inputb(1);
    m_nInputB = m_pIoDevice.ConvetByteToBit(Temp);
}
}
}
```

6. 실린더 동작을 구현할 클래스

다음은 분류 실린더를 구현하기 위한 클래스이다. 크게 분류 실린더는 양품 저장 창고에 물품을 이동하기 위해서 사용하며 Y축 이동, X축 이동, 흡입 코드로 나누어진다. 분류가 되기까지를 상태로 정의하여 작동하고 있다.

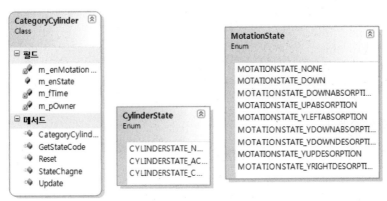

그림 6.54

(1) 상태 열거형

상태는 크게 실린더 동작이 마무리되었는지 나타내는 상태와 개별적인 실린더 이동 동작으로 나누어진다.

```
// 실린더 전체 상태
public enum CylinderState
{
    CYLINDERSTATE_NONE,              // 대기상태
    CYLINDERSTATE_ACTIVE,           // 작동상태
    CYLINDERSTATE_COMPLATE,         // 작동완료상태
}

// 실린더 상황
enum MotationState
{
    MOTATIONSTATE_NONE,             // 초기상태
    MOTATIONSTATE_DOWN,             // 다운(흡착X)
    MOTATIONSTATE_DOWNABSORPTION,    // 다운 흡착 상태(흡착O)
    MOTATIONSTATE_UPABSORPTION,     // 실린더 Up(흡착O)
    MOTATIONSTATE_YLEFTABSORPTION,  // Y축을 저장공간으로 이동한다.(흡착O)
    MOTATIONSTATE_YDOWNABSORPTION,  // Y축이동상태에서 실린더 다운(흡착O)
    MOTATIONSTATE_YDOWNDESORPTION,  // Y축이동상태에서 실린더 다운(흡착X)
    MOTATIONSTATE_YUPDESORPTION,    // Y축이동상태에서 실린더 업(흡착X)
    MOTATIONSTATE_YRIGHTDESORPTION, // 실린더를 원점으로 이동 (흡착X)
};
```

(2) 멤버 변수와 생성자 선언

실행 시간을 저장하는 변수와 각 상태를 저장하는 변수를 선언하였다.

```
// 분류 실린더
class CategoryCylinder
{
    double m_fTime;

    Machinelo m_pOwner;

    // 상태저장 변수
    public CylinderState m_enState;
    MotationState m_enMotationState;
```

(3) Reset 메소드

현재 실린더의 모션과 상태를 초기화해 준다.

```
public void Reset( )
{
    m_fTime = 0.0;

    // 시간과 모션상태를 초기화
    m_enState = CylinderState.CYLINDERSTATE_NONE;
    m_enMotationState = MotationState.MOTATIONSTATE_NONE;
    m_pOwner.StateCalc( );
}
```

(4) Update 메소드

분류 상태에 들어갔을 때 개별적인 동작 수행을 정의하였다. 각 모션별로 움직이게 된다.

```
// 업데이트
public void Update(double aTime)
{
    // 실린더가 움직일 상황이면
    if (m_enState == CylinderState.CYLINDERSTATE_ACTIVE)
    {
        // 시간을 더해준다.
        m_fTime += aTime;

        // 실린더하강상태로
        if (m_enMotationState == MotationState.MOTATIONSTATE_NONE
            && m_pOwner.m_nInputB[6] == 1 && m_pOwner.m_nInputB[7] == 1)
        {
            m_enMotationState = MotationState.MOTATIONSTATE_DOWN;
            m_pOwner.StateCalc( );

            m_fTime = 0.0;
        }

        // 실린더 하강상태라면 흡착 상태로 변경
        else if (m_enMotationState == MotationState.MOTATIONSTATE_DOWN
            && m_pOwner.m_nInputB[6] == 0 && m_pOwner.m_nInputB[7] == 1)
        {
            m_enMotationState = MotationState.MOTATIONSTATE_DOWNABSORPTION;
            m_pOwner.StateCalc( );

            // 시간을 초기화
            m_fTime = 0.0;
        }

        // 실린더하강(흡착0)
        else if (m_enMotationState == MotationState.MOTATIONSTATE_DOWNABSORPTION && m_fTime > 0.2)
        {
            m_enMotationState = MotationState.MOTATIONSTATE_UPABSORPTION;
            m_pOwner.StateCalc( );

            m_fTime = 0.0;
        }
        // 실린더 상승(흡착0)
        else if (m_enMotationState == MotationState.MOTATIONSTATE_UPABSORPTION && m_fTime > 0.2)
        {
            m_enMotationState = MotationState.MOTATIONSTATE_YLEFTABSORPTION;
            m_pOwner.StateCalc( );
```

```
            m_fTime = 0.0;
        }
        // 실린더 상승(흡착0)
        else if (m_enMotationState == MotationState.MOTATIONSTATE_UPABSORPTION && m_fTime > 0.2)
        {
            m_enMotationState = MotationState.MOTATIONSTATE_YLEFTABSORPTION;
            m_pOwner.StateCalc( );

            m_fTime = 0.0;
        }

        // 실린더 Y축이동(흡착0)
        else if (m_enMotationState == MotationState.MOTATIONSTATE_YLEFTABSORPTION && m_fTime > 0.2)
        {
            m_enMotationState = MotationState.MOTATIONSTATE_YDOWNABSORPTION;
            m_pOwner.StateCalc( );

            m_fTime = 0.0;
        }
        // 실린더 Y축하강(흡착0)
        else if (m_enMotationState == MotationState.MOTATIONSTATE_YDOWNABSORPTION && m_fTime > 0.2)
        {
            m_enMotationState = MotationState.MOTATIONSTATE_YDOWNDESORPTION;
            m_pOwner.StateCalc( );

            m_fTime = 0.0;
        }
        // 실린더 Y축하강(흡착X)
        else if (m_enMotationState == MotationState.MOTATIONSTATE_YDOWNDESORPTION && m_fTime > 0.2)
        {
            m_enMotationState = MotationState.MOTATIONSTATE_YUPDESORPTION;
            m_pOwner.StateCalc( );

            m_fTime = 0.0;
        }
        // 실린더 Y축상승(흡착X)
        else if (m_enMotationState == MotationState.MOTATIONSTATE_YUPDESORPTION && m_fTime > 0.2)
        {
            m_enMotationState = MotationState.MOTATIONSTATE_YRIGHTDESORPTION;
            m_pOwner.StateCalc( );

            m_fTime = 0.0;
        }
        // 실린더 Y축상승(흡착X)
        else if (m_enMotationState == MotationState.MOTATIONSTATE_YRIGHTDESORPTION
            && m_fTime > 0.2f)
        {
            // 실린더상태를 풀고 정지상태로 변경한다.
            m_enState = CylinderState.CYLINDERSTATE_COMPLATE;
            m_pOwner.StateCalc( );

            m_fTime = 0.0;
        }
    }
}
```

(5) 상태 전달 메소드

상태 전달 메소드는 각 모션별로 동작 코드를 반환한다.

```
// 상태코드
public byte GetStateCode()
{
    byte StateCode = 0x00;
    //
    if (m_enMotationState == MotationState.MOTATIONSTATE_NONE)
    {
        StateCode |= 0x01;      // 실린더 X_LEFT이동
    }
    else if (m_enMotationState == MotationState.MOTATIONSTATE_DOWN)
    {
        StateCode |= 0x01;      // 실린더 X_LEFT이동
        StateCode |= 0x04;      // 실린더 다운
    }
    else if (m_enMotationState == MotationState.MOTATIONSTATE_DOWNABSORPTION)
    {
        StateCode |= 0x01;      // 실린더 X_LEFT이동
        StateCode |= 0x04;      // 실린더 다운
        StateCode |= 0x08;      // 실린더 흡착
    }
    else if (m_enMotationState == MotationState.MOTATIONSTATE_UPABSORPTION)
    {
        StateCode |= 0x01;      // 실린더 X_LEFT이동
        StateCode |= 0x08;      // 실린더 흡착
    }
    else if (m_enMotationState == MotationState.MOTATIONSTATE_YLEFTABSORPTION)
    {
        StateCode |= 0x02;      // 실린더 X_RIGHT이동
        StateCode |= 0x08;      // 실린더 흡착
    }
    else if (m_enMotationState == MotationState.MOTATIONSTATE_YDOWNABSORPTION)
    {
        StateCode |= 0x02;      // 실린더 X_RIGHT이동
        StateCode |= 0x04;      // 실린더 다운
        StateCode |= 0x08;      // 실린더 흡착
    }

    else if (m_enMotationState == MotationState.MOTATIONSTATE_YDOWNDESORPTION)
    {
        StateCode |= 0x02;      // 실린더 X_RIGHT이동
        StateCode |= 0x04;      // 실린더 다운
    }
    else if (m_enMotationState == MotationState.MOTATIONSTATE_YUPDESORPTION)
    {
        StateCode |= 0x02;      // 실린더 X_RIGHT이동
    }
    else if (m_enMotationState == MotationState.MOTATIONSTATE_YRIGHTDESORPTION)
    {
        StateCode |= 0x01;      // X_LEFT이동
    }


    return StateCode;
}
```

(6) 전체 소스

이 클래스의 전체 소스이다.

```csharp
using System;
using System.Collections.Generic;
using System.Linq;
using System.Text;

namespace Ex07
{
    // 실린더 전체 상태
    public enum CylinderState
    {
        CYLINDERSTATE_NONE,              // 대기 상태
        CYLINDERSTATE_ACTIVE,            // 작동 상태
        CYLINDERSTATE_COMPLATE,          // 작동 완료 상태
    }

    // 실린더 상황
    enum MotationState
    {
        MOTATIONSTATE_NONE,              // 초기 상태
        MOTATIONSTATE_DOWN,              // 다운(흡착X)
        MOTATIONSTATE_DOWNABSORPTION,    // 다운 흡착 상태(흡착O)
        MOTATIONSTATE_UPABSORPTION,      // 실린더 Up(흡착O)
        MOTATIONSTATE_YLEFTABSORPTION,   // Y축을 저장 공간으로 이동한다.(흡착O)
        MOTATIONSTATE_YDOWNABSORPTION,   // Y축 이동 상태에서 실린더 다운(흡착O)
        MOTATIONSTATE_YDOWNDESORPTION,   // Y축 이동 상태에서 실린더 다운(흡착X)
        MOTATIONSTATE_YUPDESORPTION,     // Y축 이동 상태에서 실린더 업(흡착X)
        MOTATIONSTATE_YRIGHTDESORPTION,  // 실린더를 원점으로 이동(흡착X)
    };

    // 분류 실린더
    class CategoryCylinder
    {
        double m_fTime;

        MachineIo m_pOwner;

        // 상태 저장 변수
        public CylinderState m_enState;
```

(계속)

```
MotationState m_enMotationState;

public CategoryCylinder(MachineIo aOwner)
{
    m_pOwner = aOwner;
    m_enState = CylinderState.CYLINDERSTATE_NONE;
}

public void Reset()
{
    m_fTime = 0.0;

    // 시간과 모션 상태 초기화
    m_enState = CylinderState.CYLINDERSTATE_NONE;
    m_enMotationState = MotationState.MOTATIONSTATE_NONE;
    m_pOwner.StateCalc();
}

// 상태 변화
public void StateChagne(CylinderState aState)
{
    m_enState = aState;
}

// 업데이트
public void Update(double aTime)
{
    // 실린더가 움직일 상황이면
    if (m_enState == CylinderState.CYLINDERSTATE_ACTIVE)
    {
        // 시간을 더해 준다.
        m_fTime += aTime;

        // 실린더 하강 상태로
        if (m_enMotationState == MotationState.MOTATIONSTATE_NONE
            && m_pOwner.m_nInputB[6] == 1 && m_pOwner.m_nInputB[7] == 1)
        {
            m_enMotationState = MotationState.MOTATIONSTATE_DOWN;
            m_pOwner.StateCalc();

            m_fTime = 0.0;
        }
    }
}
```

(계속)

```
// 실린더 하강 상태라면 흡착 상태로 변경
else if (m_enMotationState == MotationState.MOTATIONSTATE_DOWN
    && m_pOwner.m_nInputB[6] == 0 && m_pOwner.m_nInputB[7] == 1)
{
    m_enMotationState = MotationState.MOTATIONSTATE_DOWNABSORPTION;
    m_pOwner.StateCalc();

    // 시간 초기화
    m_fTime = 0.0;
}
// 실린더 하강(흡착O)
else if (m_enMotationState == MotationState.MOTATIONSTATE_DOWNABSORPTION
&& m_fTime > 0.2)
{
    m_enMotationState = MotationState.MOTATIONSTATE_UPABSORPTION;
    m_pOwner.StateCalc();

    m_fTime = 0.0;
}
// 실린더 상승(흡착O)
else if (m_enMotationState == MotationState.MOTATIONSTATE_UPABSORPTION
&& m_fTime > 0.2)
{
    m_enMotationState = MotationState.MOTATIONSTATE_YLEFTABSORPTION;
    m_pOwner.StateCalc();

    m_fTime = 0.0;
}
// 실린더 Y축 이동(흡착O)
else if (m_enMotationState == MotationState.MOTATIONSTATE_YLEFTABSORPTION
&& m_fTime > 0.2)
{
    m_enMotationState = MotationState.MOTATIONSTATE_YDOWNABSORPTION;
    m_pOwner.StateCalc();

    m_fTime = 0.0;
}
// 실린더 Y축 하강(흡착O)
else if (m_enMotationState == MotationState.MOTATIONSTATE_YDOWNABSORPTION
&& m_fTime > 0.2)
{
    m_enMotationState = MotationState.MOTATIONSTATE_YDOWNDESORPTION;
```

(계속)

```
            m_pOwner.StateCalc();

            m_fTime = 0.0;
        }
        // 실린더 Y축 하강(흡착X)
        else if (m_enMotationState == MotationState.MOTATIONSTATE_YDOWNDESORPTION
        && m_fTime > 0.2)
        {
            m_enMotationState = MotationState.MOTATIONSTATE_YUPDESORPTION;
            m_pOwner.StateCalc();

            m_fTime = 0.0;
        }
        // 실린더 Y축 상승(흡착X)
        else if (m_enMotationState == MotationState.MOTATIONSTATE_YUPDESORPTION
        && m_fTime > 0.2)
        {
            m_enMotationState = MotationState.MOTATIONSTATE_YRIGHTDESORPTION;
            m_pOwner.StateCalc();

            m_fTime = 0.0;
        }
        // 실린더 Y축 상승(흡착X)
        else if (m_enMotationState == MotationState.MOTATIONSTATE_YRIGHTDESORPTION
            && m_fTime > 0.2f)
        {
            // 실린더 상태를 풀고 정지 상태로 변경한다.
            m_enState = CylinderState.CYLINDERSTATE_COMPLATE;
            m_pOwner.StateCalc();

            m_fTime = 0.0;
        }
    }
}

// 상태 코드
public byte GetStateCode()
{
    byte StateCode = 0x00;
    //
    if (m_enMotationState == MotationState.MOTATIONSTATE_NONE)
    {
```

(계속)

```
        StateCode |= 0x01;                  // 실린더 X_LEFT 이동


}
else if (m_enMotationState == MotationState.MOTATIONSTATE_DOWN)
{
        StateCode |= 0x01;                  // 실린더 X_LEFT 이동
        StateCode |= 0x04;                  // 실린더 다운
}
else if (m_enMotationState == MotationState.MOTATIONSTATE_DOWNABSORPTION)
{
        StateCode |= 0x01;                  // 실린더 X_LEFT 이동
        StateCode |= 0x04;                  // 실린더 다운
        StateCode |= 0x08;                  // 실린더 흡착
}
else if (m_enMotationState == MotationState.MOTATIONSTATE_UPABSORPTION)
{
        StateCode |= 0x01;                  // 실린더 X_LEFT 이동
        StateCode |= 0x08;                  // 실린더 흡착
}
else if (m_enMotationState == MotationState.MOTATIONSTATE_YLEFTABSORPTION)
{
        StateCode |= 0x02;                  // 실린더 X_RIGHT 이동
        StateCode |= 0x08;                  // 실린더 흡착
}
else if (m_enMotationState == MotationState.MOTATIONSTATE_YDOWNABSORPTION)
{
        StateCode |= 0x02;                  // 실린더 X_RIGHT 이동
        StateCode |= 0x04;                  // 실린더 다운
        StateCode |= 0x08;                  // 실린더 흡착
}
else if (m_enMotationState == MotationState.MOTATIONSTATE_YDOWNDESORPTION)
{
        StateCode |= 0x02;                  // 실린더 X_RIGHT 이동
        StateCode |= 0x04;                  // 실린더 다운
}
else if (m_enMotationState == MotationState.MOTATIONSTATE_YUPDESORPTION)
{
        StateCode |= 0x02;                  // 실린더 X_RIGHT 이동
}
else if (m_enMotationState == MotationState.MOTATIONSTATE_YRIGHTDESORPTION)
{
        StateCode |= 0x01;                  // X_LEFT 이동
```

(계속)

```
                }

            return  StateCode;
        }
    }
}
```

8 / 검사 타입에 맞는 적재함 저장

1. 개요

이번에는 특정 워크피스의 타입에 맞게 적재함에 저장하는 예제를 진행하도록 한다. 이전 장과 달라진 부분은 분류 작업에서 적재함 선택을 위한 상태가 추가되었다.

2. 검사 시나리오

이번 검사 시나리오는 앞 장과 같다.

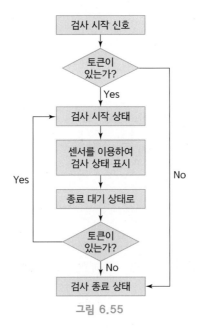

그림 6.55

검사 상태 수행은 이전 챕터와 같다.

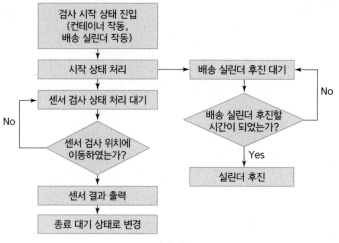

그림 6.56

　　다음은 물품 분류 상태에 대한 정의이다. 물품 분류 상태는 양품일 경우 적재 창고를 이동하기 위해 스토퍼 하강 및 타입에 맞는 적재 창고 이동 후 적재를 위한 실린더로 이동하고, 아닐 경우는 바로 종료 대기 상태로 이동한다.

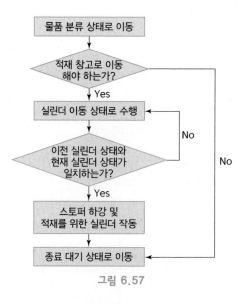

그림 6.57

3. C# 폼 컨트롤 구성

　　해당 컨트롤 속성표대로 다음과 같이 폼에 컨트롤을 만든다.

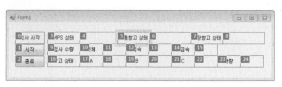

그림 6.58

표 6.21

번호	타입	위치	크기	속성	폰트	Text
0	Label	16, 25	75, 30	가운데 정렬	9pt	검사 시작
1	button	16, 55	75, 30	가운데 정렬	9pt	시작
2	button	16, 84	75, 30	가운데 정렬	9pt	종료
3	Label	98, 25	83, 30	가운데 정렬	9pt	MPS 상태
4	Label	180, 25	98, 30	가운데 정렬	9pt	
5	Label	277, 25	83, 30	가운데 정렬	9pt	물품 창고 상태
6	Label	359, 25	108, 30	가운데 정렬	9pt	
7	Label	466, 25	83, 30	가운데 정렬	9pt	저장 창고 상태
8	Label	548, 25	108, 30	가운데 정렬	9pt	
9	Label	98, 54	83, 30	가운데 정렬	9pt	검사 수량
10	Label	180, 54	60, 30	가운데 정렬	9pt	전체
11	Label	239, 54	60, 30	가운데 정렬	9pt	
12	Label	298, 54	60, 30	가운데 정렬	9pt	금속
13	Label	357, 54	60, 30	가운데 정렬	9pt	
14	Label	416, 54	60, 30	가운데 정렬	9pt	비금속
15	Label	475, 54	60, 30	가운데 정렬	9pt	
16	Label	98, 83	83, 30	가운데 정렬	9pt	검사 수량
17	Label	180, 83	60, 30	가운데 정렬	9pt	A
18	Label	239, 83	60, 30	가운데 정렬	9pt	
19	Label	298, 83	60, 30	가운데 정렬	9pt	B
20	Label	357, 83	60, 30	가운데 정렬	9pt	
21	Label	416, 83	60, 30	가운데 정렬	9pt	C
22	Label	475, 83	60, 30	가운데 정렬	9pt	
23	Label	534, 83	60, 30	가운데 정렬	9pt	불량
24	Label	593, 83	60, 30	가운데 정렬	9pt	

4. MPS 신호 정리

다음은 MPS 장비를 제어하기 위한 IO 신호를 정리하고, 해당 센서가 작동할 수 있도록 프로그램을 구성하도록 한다.

(1) MPS 신호 정리

이번 예제를 실습하면서 필요한 신호는 다음 표와 같다.

표 6.22 **입력 타입**

디바이스	포트	CW	연동 장비	역할(On)	역할(Off)
1	A	1	워크 센서	워크센서에 물체가 없을 때	워크센서에 물체가 있을 때
1	A	2	금속 센서	코인이 금속이 아닐 때	코인이 금속일 때
1	A	3	물품 센서	코인이 있을 때	코인이 없을 때
1	A	4	스토퍼 센서	코인이 스토퍼 위치에 없을 때	코인이 스토퍼 위치에 있을 때

표 6.23 **출력 타입**

디바이스	포트	CW	연동 장비	역할(On)	역할(Off)
2	A	2	배출기	배출기 전진	배출기 후진
2	A	3	컨베이어	컨베이어 작동	컨베이어 정지
2	A	4	스토퍼	스토퍼 작동	스토퍼 정지
2	C	1	실린더X 이동	Left 이동	–
2	C	2	실린더X 이동	Right 이동	–
2	C	3	실린더Y 이동	Down	Up
2	C	4	흡착	흡착	비흡착
2	C	5	적재함 CW 이동	적재함 CW 이동	정지
2	C	6	적재함 CCW 이동	적재함 CCW 이동	정지
2	B	1~4	FND	첫째 자리 숫자 출력	
2	B	5~8	FND	둘째 자리 숫자 출력	

(2) 장비 결선

이번 예제에서는 물품을 창고의 위치를 바꾸기 위해서 Pos1,2,3 센서와 물품 창고 이동 Stepping 모터와 연결하도록 한다.

그림 6.59

미니 MPS에 INPUT 단자에 pos1, pos2, pos3을 PHOTO IN-OUT 5, 6, 7번 단자에 연결한다.

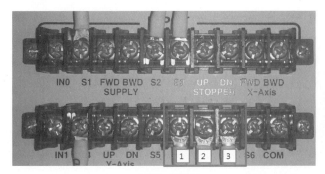

MPS-INPUT

PHOTO IN-OUT

그림 6.60

미니 MPS에 OUTPUT 단자에 CM CW/CCW 단자를 TR-OUT C번 5, 6번 단자에 연결한다.

MPS-OUTPUT

TR-OUT C

그림 6.61

5. Machine IO 클래스 생성

이전 작업 내용에서 추가된 작업은 양품 저장 창고에 어떤 물품을 저장할 것인가를 결정할
수 있도록 적재 창고를 이동할 수 있도록 작업한다.

그림 6.62

(1) IO 상태 갱신 함수

물품 저장 창고 이동을 위한 IO 제어 부분이 추가되었다.

```
public void StateCalc( )
{
    // 초기 상태
    byte m_nState1 = 0x00;
    byte m_nState2 = 0x00;
    byte m_nState3 = 0x00;

    // 각 장치의 상태를 받아온다.
    m_nState1 += m_pStoreEjector.GetStateCode( );
    m_nState1 += m_pConveyerBelt.GetStateCode( );
    m_nState1 += m_pStoper.GetStateCode( );
    m_nState2 += m_pCategoryCylinder.GetStateCode( );
    m_nState2 += m_pProductStorage.GetStateCode( );
    m_nState3 += m_pProductStorage.GetFNDStateCode( );

    m_pIoDevice.Outputb( 4, m_nState1);
    Thread.Sleep(10);
    m_pIoDevice.Outputb(5, m_nState2);
    Thread.Sleep(10);
    m_pIoDevice.Outputb(6, m_nState3);
    Thread.Sleep(10);
}
```

(2) Update() 메소드

센서 검사가 마무리되면 실린더가 내려갈 수 있도록 수정하였다.

```
// 상태에 따른 변화
public void Update(double aTime)
{
    // 모든 장비를 업데이트 한다.
    m_pStoreEjector.Update(aTime);
    m_pCategoryCylinder.Update(aTime);
    m_pStoper.Update(aTime);
    m_pInspSersor.Update(aTime);
    m_pProductStorage.Update(aTime);

    // 시간을 기록한다.
    m_fTime += aTime;
    if (m_enMachineState == MachineState.MACHINESTATE_PLAY)
    {
        //------------------------------------------------
        // 센서를 통해 금속인지 확인한다.
        //------------------------------------------------
        if (m_enPlayState == MachinePlayState.MACHINEPLAYSTATE_NONE
            && m_pInspSersor.m_enState == InspSersorState.INSPSENSORSTATE_SENSER)
        {
            // 검사 상태를 기록한다.
            m_pProductStorage.AddToken(m_pInspSersor.m_enObjectState);
```

```
                // 스토퍼를 다운한다.
                m_pStoper.StateChange(StoperState.STOPERSTATE_DOWN);

                // 검사상태를 센서이동상태로 변경한다.
                m_fTime = 0.0;
                m_enPlayState = MachinePlayState.MACHINEPLAYSTATE_SENSOR;
            }
            //-------------------------------------------------
            // 분류기 위치에 도달하면 어떤 작업을 할지 결정한다.
            //-------------------------------------------------
            else if (m_enPlayState == MachinePlayState.MACHINEPLAYSTATE_SENSOR
                && m_pProductStorage.m_enState == ProductStorageState.PRODUCTSTORAGETYPE_NORMAL
                && m_fTime > 3.0f)
            {
                // 실린더를 작동하고 상태를 변경한다.
                m_pCategoryCylinder.StateChagne(CylinderState.CYLINDERSTATE_ACTIVE);
                m_enPlayState = MachinePlayState.MACHINEPLAYSTATE_STOPER;
            }
            else if (m_enPlayState == MachinePlayState.MACHINEPLAYSTATE_STOPER
                && m_pCategoryCylinder.m_enState == CylinderState.CYLINDERSTATE_COMPLATE)
            {
                // 정지상태로 변경한다.
                StateChange(MachineState.MACHINESTATE_END);
            }
        }
        // 정지상태 동작
        else if (m_enMachineState == MachineState.MACHINESTATE_END)
        {
            if (m_fTime > 6.0)
            {
                StateChange(MachineState.MACHINESTATE_STOP);
            }
        }
    }
}
```

(3) 전체 코드

MachineIO 클래스의 전체 코드이다

```
using Imechatronics.IoDevice;
using System.Threading;
using System.Collections;

namespace Ex08
{

    // 머신의 상태
    public enum MachineState
    {
        MACHINESTATE_INIT,          // 초기화 상태
```

(계속)

```csharp
        MACHINESTATE_START,         // 시작 신호 상태
        MACHINESTATE_PLAY,          // 동작 상태
        MACHINESTATE_END,           // 정지 대기 상태
        MACHINESTATE_STOP,          // 정지 상태
    }

    public enum MachinePlayState
    {
        MACHINEPLAYSTATE_NONE,          // 초기화 상태
        MACHINEPLAYSTATE_SENSOR,        // 센서 분류 상태
        MACHINEPLAYSTATE_STOPER,        // 스토퍼 위치 이동 상태
        MACHINEPLAYSTATE_CYLINDER,      // 신린더 분류 상태;
    }

    public class MachineIo
    {
        public Form1 m_pOwner;
        Io8255 m_pIoDevice;

        // 입력 포트의 Cw를 읽어올 변수
        public int[] m_nInputA = new int[8];
        public int[] m_nInputB = new int[8];

        // 시간값
        double m_fTime;

        MachineState m_enMachineState;
        MachinePlayState m_enPlayState;

        // 각 장비 파트에 대한 클래스
        StoreEjector m_pStoreEjector;           // 스토어 이젝터
        ConveyerBelt m_pConveyerBelt;           // 컨베이어 벨트
        InspSensor m_pInspSersor;               // 검사 센서
        Stopper m_pStoper;                      // 스토퍼
        ProductStorage m_pProductStorage;       // 양품 분류 창고
        CategoryCylinder m_pCategoryCylinder;   // 분류 실린더

        public MachineIo(Form1 aOwner)
        {
            m_pOwner = aOwner;
            m_pIoDevice = new Io8255();
```

(계속)

```
// UCI 장비 세팅
m_pIoDevice.UCIDrvInit();
m_pIoDevice.Outputb(3, 0x9B);
m_pIoDevice.Outputb(7, 0x80);

// 독립적으로 작동할 작업 객체 생성
m_pStoreEjector = new StoreEjector(this);           // 스토어 이젝터
m_pConveyerBelt = new ConveyerBelt(this);           // 컨베이어 벨트
m_pInspSersor = new InspSensor(this);               // 검사 센서
m_pStoper = new Stopper(this);                      // 스토퍼
m_pProductStorage = new ProductStorage(this);       // 양품 분류 창고
m_pCategoryCylinder = new CategoryCylinder(this);   // 분류 실린더
}

// 상태 변경
public void StateChange(MachineState aState)
{
    // 스톱 상태일 때 바뀔 수 있도록
    if (aState == MachineState.MACHINESTATE_START)
    {
        // 배출기가 정지 상태일 때 종료 상태로 변경한다.
        if (m_pStoreEjector.m_enStoreState == StoreState.STORESTATE_NORMAL &&
            m_pProductStorage.m_enState == ProductStorageState.PRODUCTSTORA
            GETYPE_NORMAL)
        {
            // 분류 창고를 리셋한다.
            m_pProductStorage.Reset();

            // 플레이 상태로 상태 변경
            StateChange(MachineState.MACHINESTATE_PLAY);
        }
        else
        {
            // 종료 상태로 상태 변경
            StateChange(MachineState.MACHINESTATE_STOP);
        }
    }
    if (aState == MachineState.MACHINESTATE_PLAY)
    {
        // 장치들을 리셋한다.
        m_pStoreEjector.Reset();        // 스토어 이젝터
        m_pInspSersor.Reset();          // 검사 센서
```

(계속)

```
                m_pStoper.Reset();
                m_pCategoryCylinder.Reset();

                // 초기화 코드 실행
                m_fTime = 0.0f;
                m_pStoreEjector.ChangeState(StoreEjectorState.STOREEJECTORSTATE_EMIT);
                m_pConveyerBelt.ChangeState(ConveryorState.CONVERYORSTATE_PLAY);

                // 2. 머신을 시작 상태로 변경
                m_enPlayState = MachinePlayState.MACHINEPLAYSTATE_NONE;
                m_enMachineState = MachineState.MACHINESTATE_PLAY;
                m_pOwner.NotifryMachineState("머신 작동");
        }
        else if (aState == MachineState.MACHINESTATE_END)
        {
                m_pOwner.NotifryMachineState("머신 종료 대기");

                // 센서가 비었으면 종료 상태를 저장하고 아니라면 다시 머신을 작동한다.
                if (m_pStoreEjector.m_enStoreState == StoreState.STORESTATE_EMPTY)
                {
                        m_fTime = 0.0;
                        m_enMachineState = MachineState.MACHINESTATE_END;
                }
                else
                {
                        StateChange(MachineState.MACHINESTATE_PLAY);
                }
        }
        else if (aState == MachineState.MACHINESTATE_STOP)
        {
                m_pOwner.NotifryMachineState("머신 종료");
                m_enMachineState = MachineState.MACHINESTATE_STOP;
                m_pStoreEjector.ChangeState(StoreEjectorState.STOREEJECTORSTATE_STOP);
                m_pConveyerBelt.ChangeState(ConveryorState.CONVERYORSTATE_STOP);
        }
}

public void StateCalc()
{
        // 초기 상태
        byte m_nState1 = 0x00;
        byte m_nState2 = 0x00;
```

(계속)

```
        byte m_nState3 = 0x00;

        // 각 장치의 상태를 받아온다.
        m_nState1 += m_pStoreEjector.GetStateCode();
        m_nState1 += m_pConveyerBelt.GetStateCode();
        m_nState1 += m_pStoper.GetStateCode();
        m_nState2 += m_pCategoryCylinder.GetStateCode();
        m_nState2 += m_pProductStorage.GetStateCode();
        m_nState3 += m_pProductStorage.GetFNDStateCode();

        m_pIoDevice.Outputb(4, m_nState1);
        Thread.Sleep(10);
        m_pIoDevice.Outputb(5, m_nState2);
        Thread.Sleep(10);
        m_pIoDevice.Outputb(6, m_nState3);
        Thread.Sleep(10);
    }

    // 상태에 따른 변화
    public void Update(double aTime)
    {
        // 모든 장비를 업데이트한다.
        m_pStoreEjector.Update(aTime);
        m_pCategoryCylinder.Update(aTime);
        m_pStoper.Update(aTime);
        m_pInspSersor.Update(aTime);
        m_pProductStorage.Update(aTime);

        // 시간을 기록한다.
        m_fTime += aTime;
        if (m_enMachineState == MachineState.MACHINESTATE_PLAY)
        {
//- - - - - - - - - - - - - - - - - - - - - - - - - - - - - - - - - - -
            // 센서를 통해 금속인지 확인한다.
//- - - - - - - - - - - - - - - - - - - - - - - - - - - - - - - - - - -
            if (m_enPlayState == MachinePlayState.MACHINEPLAYSTATE_NONE
                && m_pInspSersor.m_enState == InspSersorState.INSPSENSORSTATE_SENSER)
            {
                // 검사 상태를 기록한다.
                m_pProductStorage.AddToken(m_pInspSersor.m_enObjectState);

                // 스토퍼를 다운한다.
```

(계속)

```
                m_pStoper.StateChange(StoperState.STOPERSTATE_DOWN);

                // 검사 상태를 센서 이동 상태로 변경한다.
                m_fTime = 0.0;
                m_enPlayState = MachinePlayState.MACHINEPLAYSTATE_SENSOR;
            }


// - - - - - - - - - - - - - - - - - - - - - - - - - - - - - - - - - - - - - - - -
                // 분류기 위치에 도달하면 어떤 작업을 할지 결정한다.
// - - - - - - - - - - - - - - - - - - - - - - - - - - - - - - - - - - - - - - - -
            else if (m_enPlayState == MachinePlayState.MACHINEPLAYSTATE_SENSOR
                && m_pProductStorage.m_enState
                    == ProductStorageState.PRODUCTSTORAGETYPE_NORMAL
                && m_fTime > 3.0f)
            {
                // 실린더를 작동하고 상태를 변경한다.
                m_pCategoryCylinder.StateChagne(CylinderState.CYLINDERSTATE_ACTIVE);
                m_enPlayState = MachinePlayState.MACHINEPLAYSTATE_STOPER;
            }
            else if (m_enPlayState == MachinePlayState.MACHINEPLAYSTATE_STOPER
                && m_pCategoryCylinder.m_enState
                    == CylinderState.CYLINDERSTATE_COMPLATE)
            {
                // 정지 상태로 변경한다.
                StateChange(MachineState.MACHINESTATE_END);
            }
        }
        // 정지 상태 동작
        else if (m_enMachineState == MachineState.MACHINESTATE_END)
        {
            if (m_fTime > 6.0)
            {
                StateChange(MachineState.MACHINESTATE_STOP);
            }
        }
    }

    //
    public void InputCollection()
    {
        int Temp;
        Temp = m_pIoDevice.Inputb(0);
```

(계속)

```
        m_nInputA = m_pIoDevice.ConvetByteToBit(Temp);

        Temp = m_pIoDevice.Inputb(1);
        m_nInputB = m_pIoDevice.ConvetByteToBit(Temp);
    }
  }
}
```

6. 물품 저장 창고 수정

지금까지의 작업을 이어서 물품 창고가 이동될 수 있도록 창고 클래스를 수정하도록 한다. 창고가 이동되는 부분은 센서 검사가 마무리 후 워크피스 정보를 추가할 때 움직이게 된다.

그림 6.63

(1) 상태 열거형

상태 열거형은 창고의 이동 상태에 대한 열거와 현재 위치한 물품 창고의 위치가 어디인지를 나타내는 열거형으로 구성되어 있다.

```
public enum ProductStorageState
{
    PRODUCTSTORAGETYPE_INIT,
    PRODUCTSTORAGETYPE_NORMAL,   // 위치중
    PRODUCTSTORAGETYPE_MOVEING,  // 위치 이동중
}

public enum ProductStorageType
{
    PRODUCTSTORAGETYPE_NONE = -1,
    PRODUCTSTORAGETYPE_A = 0,    // A위치
    PRODUCTSTORAGETYPE_B = 1,    // B위치
    PRODUCTSTORAGETYPE_C = 2,    // C위치
}
```

(2) 멤버 변수 선언

멤버 변수로는 창고의 저장 개수와 분류 상태, 이동 상태, 현재 위치한 저장 창고의 위치를
나타내는 변수를 선언하였다.

```
class ProductStorage
{
    enum MovieDir
    {
        MOVEDIR_LEFT,   // 위치중
        MOVEDIR_RIGHT,  // 위치 이동중
    }

    // 부모 주소
    MachineIo m_pOwner;

    // 현제 시간
    double m_fTime;

    // 분류기 상태
    public ProductStorageState m_enState;

    // 검사 갯수
    int m_nInspTotal;       // 전채 검사 갯수
    int m_nInspMetal;       // 금속 갯수
    int m_nInsoNonMetal;    // 비금속 갯수

    // 창고 저장갯수
    int m_nStorageA;        // A창고
    int m_nStorageB;        // B창고
    int m_nStorageC;        // C창고
    int m_nStorageD;        // D창고
    |
    // 상태
    MovieDir m_enMoveDir;
    ProductStorageType m_enCurType;
```

(3) Reset 메소드

저장된 개수를 초기화한다.

```
public void Reset( )
{
    m_fTime = 0.0;
    m_nInspTotal = m_nInspMetal = m_nInsoNonMetal = 0;
    m_nStorageA = m_nStorageB = m_nStorageC = m_nStorageD = 0;
}
```

(4) AddToken() 메소드

물체에 맞게 물품을 저장하고 이동해야 할 타입의 방향으로 물품 창고가 이동되게 수정하였다.

```
public void AddToken(ObjectCheckState aType)
{
    // 갯수를 늘려준다.
    ++m_nInspTotal;
    if (aType == ObjectCheckState.OBJECTTYPE_METAL)
    {
        ++m_nInspMetal;
        ++m_nStorageA;

        StorageMovie(ProductStorageType.PRODUCTSTORAGETYPE_A);
    }
    else
    {
        ++m_nInsoNonMetal;
        ++m_nStorageD;
        //
        StorageMovie(ProductStorageType.PRODUCTSTORAGETYPE_B);
    }

    // 정보를 갱신해준다.
    m_pOwner.m_pOwner.NotifryInspResult(m_nInspTotal, m_nInspMetal, m_nInsoNonMetal);
    m_pOwner.m_pOwner.NotifryStoreResult(m_nStorageA, m_nStorageB, m_nStorageC, m_nStorageD);

    GetFNDStateCode( );
}
```

(5) StorageMove() 메소드

새로운 창고 방향을 이동하기 위한 검색 위치를 설정하고 작동할 수 있도록 구성되어 있다.

```
// 스토리지 이동
public void StorageMovie(ProductStorageType aState)
{
    // 상태가 다를경우만 변경한다.
    if (aState != m_enCurType)
    {
        m_enState = ProductStorageState.PRODUCTSTORAGETYPE_MOVEING;
        // 이동방향을 결정한다.
        m_enMoveDir = ((int)aState > (int)m_enCurType) ? MovieDir.MOVEDIR_LEFT : MovieDir.MOVEDIR_RIGHT;

        // 현제 상태를 변경한다.
        m_enCurType = aState;
    }
}
```

(6) Update() 메소드

먼저 물품 창고의 위치를 검색하고 찾아진 위치를 중심으로 창고 이동 시 이동 방향으로 유도할 수 있도록 작업되었다.

```
// 상태 업데이트
public void Update(double aTime)
{
    // 초기 위치를 잡는다.
    if (m_enState == ProductStorageState.PRODUCTSTORAGETYPE_INIT)
    {
        // 시간을 더해준다.
        m_fTime += aTime;

        // 1차적으로 왼쪽으로 이동한다.
        if (m_pOwner.m_nInputB[0] == 0 || m_pOwner.m_nInputB[1] == 0 || m_pOwner.m_nInputB[2] == 0)
        {
            //
            if (m_pOwner.m_nInputB[0] == 0)
            {
                m_enCurType = ProductStorageType.PRODUCTSTORAGETYPE_A;
            }
            else if (m_pOwner.m_nInputB[1] == 0)
            {
                m_enCurType = ProductStorageType.PRODUCTSTORAGETYPE_B;
            }
            else if (m_pOwner.m_nInputB[2] == 0)
            {
                m_enCurType = ProductStorageType.PRODUCTSTORAGETYPE_C;
            }

            m_enState = ProductStorageState.PRODUCTSTORAGETYPE_NORMAL;
        }
        else if (m_fTime > 6.0)
        {
            m_fTime = 0.0;
            // 이동방향을 변경한다.
            m_enMoveDir = (m_enMoveDir == MovieDir.MOVEDIR_LEFT)
                ? MovieDir.MOVEDIR_RIGHT : MovieDir.MOVEDIR_LEFT;
        }

        m_pOwner.StateCalc();
    }

    // 이동상태에 들어가면 이동한다.
    else if (m_enState == ProductStorageState.PRODUCTSTORAGETYPE_MOVEING)
    {
        // 센서 신호를 확인한다.
        int Temp = (int)m_enCurType;
        if (m_pOwner.m_nInputB[Temp] == 0)
        {
            // 상태를 이동완료상태로변경한다.
            m_enState = ProductStorageState.PRODUCTSTORAGETYPE_NORMAL;
        }
    }
}
```

(7) 전체 코드

이 클레스의 전체 코드이다.

```csharp
using System;
using System.Collections.Generic;
using System.Linq;
using System.Text;

namespace Ex08
{
    public enum ProductStorageState
    {

        PRODUCTSTORAGETYPE_INIT,
        PRODUCTSTORAGETYPE_NORMAL,  // 위치 중
        PRODUCTSTORAGETYPE_MOVEING, // 위치 이동 중

    }

    public enum ProductStorageType
    {

        PRODUCTSTORAGETYPE_NONE = -1,
        PRODUCTSTORAGETYPE_A = 0,    // A 위치
        PRODUCTSTORAGETYPE_B = 1,    // B 위치
        PRODUCTSTORAGETYPE_C = 2,    // C 위치

    }

    class ProductStorage
    {
        enum MovieDir
        {

            MOVEDIR_LEFT,           // 위치 중
            MOVEDIR_RIGHT,          // 위치 이동 중

        }

        // 부모 주소
        MachineIo m_pOwner;

        // 현재 시간
        double m_fTime;

        // 분류기 상태
        public ProductStorageState m_enState;

        // 검사 개수
        int m_nInspTotal;   // 전체 검사 개수
        int m_nInspMetal;   // 금속 개수
```

(계속)

```
    int  m_nInsoNonMetal;        // 비금속 개수

    // 창고 저장 개수
    int  m_nStorageA;            // A 창고
    int  m_nStorageB;            // B 창고
    int  m_nStorageC;            // C 창고
    int  m_nStorageD;            // D 창고

    // 상태
    MovieDir  m_enMoveDir;
    ProductStorageType  m_enCurType;

    // 생성자
    public  ProductStorage(MachineIo aOwner)
    {
        m_pOwner = aOwner;
        m_enState = ProductStorageState.PRODUCTSTORAGETYPE_INIT;
        m_enCurType = ProductStorageType.PRODUCTSTORAGETYPE_NONE;
        m_enMoveDir = MovieDir.MOVEDIR_RIGHT;

        m_fTime = 0.0;
    }

    public  void  Reset()
    {
        m_fTime = 0.0;
        m_nInspTotal = m_nInspMetal = m_nInsoNonMetal = 0;
        m_nStorageA = m_nStorageB = m_nStorageC = m_nStorageD = 0;
    }

    public  void  AddToken(ObjectCheckState aType)
    {
        // 개수를 늘려 준다.
        ++m_nInspTotal;
        if (aType == ObjectCheckState.OBJECTTYPE_METAL)
        {
            ++m_nInspMetal;
            ++m_nStorageA;

            StorageMovie(ProductStorageType.PRODUCTSTORAGETYPE_A);
        }
        else
```

```
        {
            ++m_nInsoNonMetal;
            ++m_nStorageD;
            //
            StorageMovie(ProductStorageType.PRODUCTSTORAGETYPE_B);
        }

        // 정보를 갱신해 준다.
        m_pOwner.m_pOwner.NotifryInspResult(m_nInspTotal, m_nInspMetal, m_nInsoNonMetal);
        m_pOwner.m_pOwner.NotifryStoreResult(m_nStorageA, m_nStorageB, m_nStorageC,
        m_nStorageD);

        GetFNDStateCode();
    }

    // 스토리지 이동
    public void StorageMovie(ProductStorageType aState)
    {
        // 상태가 다를 경우만 변경한다.
        if (aState != m_enCurType)
        {
            m_enState = ProductStorageState.PRODUCTSTORAGETYPE_MOVEING;
            // 이동 방향을 결정한다.
            m_enMoveDir = ((int)aState > (int)m_enCurType)
                            ? MovieDir.MOVEDIR_LEFT : MovieDir.MOVEDIR_RIGHT;

            // 현재 상태를 변경한다.
            m_enCurType = aState;
        }
    }

    // 상태 업데이트
    public void Update(double aTime)
    {
        // 초기 위치를 잡는다.
        if (m_enState == ProductStorageState.PRODUCTSTORAGETYPE_INIT)
        {
            // 시간을 더해 준다.
            m_fTime += aTime;

            // 1차적으로 왼쪽으로 이동한다.
            if (m_pOwner.m_nInputB[0] == 0 || m_pOwner.m_nInputB[1] == 0
```

(계속)

```
                    || m_pOwner.m_nInputB[2] == 0)
        {
            //
            if (m_pOwner.m_nInputB[0] == 0)
            {
                m_enCurType = ProductStorageType.PRODUCTSTORAGETYPE_A;
            }
            else if (m_pOwner.m_nInputB[1] == 0)
            {
                m_enCurType = ProductStorageType.PRODUCTSTORAGETYPE_B;
            }
            else if (m_pOwner.m_nInputB[2] == 0)
            {
                m_enCurType = ProductStorageType.PRODUCTSTORAGETYPE_C;
            }

            m_enState = ProductStorageState.PRODUCTSTORAGETYPE_NORMAL;
        }
        else if (m_fTime > 6.0)
        {
            m_fTime = 0.0;
            // 이동 방향을 변경한다.
            m_enMoveDir = (m_enMoveDir == MovieDir.MOVEDIR_LEFT)
                ? MovieDir.MOVEDIR_RIGHT : MovieDir.MOVEDIR_LEFT;
        }

        m_pOwner.StateCalc();
    }

    // 이동 상태에 들어가면 이동한다.
    else if (m_enState == ProductStorageState.PRODUCTSTORAGETYPE_MOVEING)
    {
        // 센서 신호를 확인한다.
        int Temp = (int)m_enCurType;
        if (m_pOwner.m_nInputB[Temp] == 0)
        {
            // 상태를 이동 완료 상태로 변경한다.
            m_enState = ProductStorageState.PRODUCTSTORAGETYPE_NORMAL;
        }
    }
}
```

(계속)

```
    // 상태 코드
    public byte GetStateCode()
    {
        byte StateCode = 0x00;

        // 이동 중일 때 신호
        if (m_enState != ProductStorageState.PRODUCTSTORAGETYPE_NORMAL)
        {
            if (m_enMoveDir == MovieDir.MOVEDIR_LEFT)
            {
                StateCode |= 0x10;
            }
            else
            {
                StateCode |= 0x20;
            }
        }

        return StateCode;
    }

    public byte GetFNDStateCode()
    {
        byte StateCode = 0x00;

        // 둘째 자리와 첫째 자리를 계산한다.
        StateCode += (byte)((int)((double)m_nInspTotal / 10) % 10 >> 4);
        StateCode += (byte)((int)m_nInspTotal % 10);

        // 계산된 코드를 반환한다.
        return StateCode;
    }
}
}
```

사용자 검사 시나리오 추가

1. 개요

이번에는 이전까지의 작업 내용에 사용자가 임의로 검사 시나리오를 만들어서 물건을 분류 및 적재해 보도록 한다. 조건은 금속만 물품 창고에 저장하고 A 창고에는 물품을 2개, B 창고에는 물품을 1개, C 창고에는 나머지 물품을 저장한다. 비금속은 불량 창고로 이동한다.

2. 검사 시나리오

이번 검사 시나리오는 이전 장과 같다.

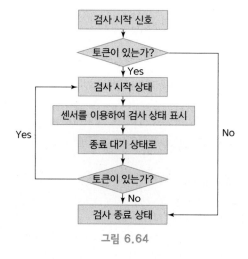

그림 6.64

검사 상태 수행은 이전 장과 같다.

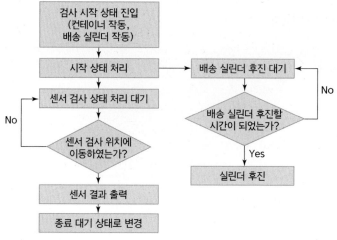

그림 6.65

물품 분류 상태 수행은 이전 장과 같다.

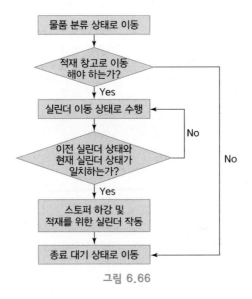

그림 6.66

3. C# 폼 컨트롤 구성

해당 컨트롤 속성표대로 다음과 같이 폼에 컨트롤을 만든다.

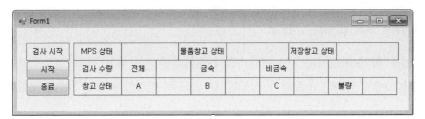

그림 6.67

표 6.24

번호	타입	위치	크기	속성	폰트	Text
1	Label	16, 25	75, 30	가운데 정렬	9pt	검사 시작
2	Button	16, 55	75, 30	가운데 정렬	9pt	시작
3	Button	16, 84	75, 30	가운데 정렬	9pt	종료
4	Label	98, 25	83, 30	가운데 정렬	9pt	MPS 상태
5	Label	180, 25	98, 30	가운데 정렬	9pt	
6	Label	277, 25	83, 30	가운데 정렬	9pt	물품 창고 상태
7	Label	359, 25	108, 30	가운데 정렬	9pt	
8	Label	466, 25	83, 30	가운데 정렬	9pt	저장 창고 상태

(계속)

번호	타입	위치	크기	속성	폰트	Text
9	Label	548, 25	108, 30	가운데 정렬	9pt	
10	Label	98, 54	83, 30	가운데 정렬	9pt	검사 수량
11	Label	180, 54	60, 30	가운데 정렬	9pt	전체
12	Label	239, 54	60, 30	가운데 정렬	9pt	
13	Label	298, 54	60, 30	가운데 정렬	9pt	금속
14	Label	357, 54	60, 30	가운데 정렬	9pt	
15	Label	416, 54	60, 30	가운데 정렬	9pt	비금속
16	Label	475, 54	60, 30	가운데 정렬	9pt	
10	Label	98, 83	83, 30	가운네 정렬	9pt	검사 수량
11	Label	180, 83	60, 30	가운데 정렬	9pt	A
12	Label	239, 83	60, 30	가운데 정렬	9pt	
13	Label	298, 83	60, 30	가운데 정렬	9pt	B
14	Label	357, 83	60, 30	가운데 정렬	9pt	
15	Label	416, 83	60, 30	가운데 정렬	9pt	C
16	Label	475, 83	60, 30	가운데 정렬	9pt	
15	Label	534, 83	60, 30	가운데 정렬	9pt	불량
16	Label	593, 83	60, 30	가운데 정렬	9pt	

4. Machine IO 클래스 생성

이번 작업을 하기 위해서는 7번 예제 "검사 실린더를 이용하여 적재 창고에 적재" 내용의 Update 메소드에서 금속만 스토퍼가 작동할 수 있도록 변경하여 프로그램을 구성한다.

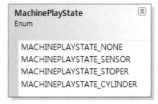

그림 6.68

(1) Update() 메소드

센서 검사가 마무리되면 실린더가 내려갈 수 있도록 수정한다.

```
// 상태에 따른 변화
public void Update(double aTime)
{
    // 모든 장비를 업데이트 한다.
    m_pStoreEjector.Update(aTime);
    m_pCategoryCylinder.Update(aTime);
    m_pStoper.Update(aTime);
    m_pInspSersor.Update(aTime);
    m_pProductStorage.Update(aTime);


    // 시간을 기록한다.
    m_fTime += aTime;

    if (m_enMachineState == MachineState.MACHINESTATE_PLAY)
    {
        //-------------------------------------------------
        // 센서를 통해 금속인지 확인한다.
        //-------------------------------------------------
        if (m_enPlayState == MachinePlayState.MACHINEPLAYSTATE_NONE
            && m_pInspSersor.m_enState == InspSersorState.INSPSENSORSTATE_SENSER)
        {
            // 검사 상태를 기록한다.
            m_pProductStorage.AddToken(m_pInspSersor.m_enObjectState);


            // 금속이면 스토퍼를 다운한다.
            if (m_pInspSersor.m_enObjectState == ObjectCheckState.OBJECTTYPE_METAL)
            {
                m_pStoper.StateChange(StoperState.STOPERSTATE_DOWN);

                // 검사상태를 센서이동상태로 변경한다.
                m_fTime = 0.0;
                m_enPlayState = MachinePlayState.MACHINEPLAYSTATE_SENSOR;
            }
            else
            {
                // 정지상태로 변경한다.
                StateChange(MachineState.MACHINESTATE_END);
            }
        }
        //-------------------------------------------------
        // 분류기 위치에 도달하면 어떤 작업을 할지 결정한다.
        //-------------------------------------------------
        else if (m_enPlayState == MachinePlayState.MACHINEPLAYSTATE_SENSOR
            && m_pProductStorage.m_enState == ProductStorageState.PRODUCTSTORAGETYPE_NORMAL
            && m_fTime > 3.0f)
        {
            // 실린더를 작동하고 상태를 변경한다.
            m_pCategoryCylinder.StateChagne(CylinderState.CYLINDERSTATE_ACTIVE);
            m_enPlayState = MachinePlayState.MACHINEPLAYSTATE_STOPER;
        }
        else if (m_enPlayState == MachinePlayState.MACHINEPLAYSTATE_STOPER
            && m_pCategoryCylinder.m_enState == CylinderState.CYLINDERSTATE_COMPLATE)
        {
```

```
        {
            // 정지상태로 변경한다.
            StateChange(MachineState.MACHINESTATE_END);
        }
    }
    // 정지상태 동작
    else if (m_enMachineState == MachineState.MACHINESTATE_END)
    {
        if (m_fTime > 6.0)
        {
            StateChange(MachineState.MACHINESTATE_STOP);
        }
    }
}
```

(2) 전체 코드

Machine IO 클래스의 전체 코드이다.

```
using Imechatronics.IoDevice;
using System.Threading;
using System.Collections;

namespace Ex09
{

    // 머신의 상태
    public enum MachineState
    {

        MACHINESTATE_INIT,          // 초기화 상태
        MACHINESTATE_START,         // 시작 신호 상태
        MACHINESTATE_PLAY,          // 동작 상태
        MACHINESTATE_END,           // 정지 대기 상태
        MACHINESTATE_STOP,          // 정지 상태

    }

    public enum MachinePlayState
    {

        MACHINEPLAYSTATE_NONE,          // 초기화 상태
        MACHINEPLAYSTATE_SENSOR,        // 센서 분류 상태
        MACHINEPLAYSTATE_STOPER,        // 스토퍼 위치 이동 상태
        MACHINEPLAYSTATE_CYLINDER,      // 신린더 분류 상태;

    }
```

(계속)

```
public class MachineIo
{
    public Form1 m_pOwner;
    Io8255 m_pIoDevice;

    // 입력 포트의 CW를 읽어올 변수
    public int[] m_nInputA = new int[8];
    public int[] m_nInputB = new int[8];

    // 시간값
    double m_fTime;

    MachineState m_enMachineState;
    MachinePlayState m_enPlayState;

    // 각 장비 파트에 대한 클래스
    StoreEjector m_pStoreEjector;              // 스토어 이젝터
    ConveyerBelt m_pConveyerBelt;              // 컨베이어 벨트
    InspSensor m_pInspSersor;                  // 검사 센서
    Stopper m_pStoper;                         // 스토퍼
    ProductStorage m_pProductStorage;          // 양품 분류 창고
    CategoryCylinder m_pCategoryCylinder;      // 분류 실린더


    public MachineIo(Form1 aOwner)
    {
        m_pOwner = aOwner;
        m_pIoDevice = new Io8255();

        // UCI장비 세팅
        m_pIoDevice.UCIDrvInit();
        m_pIoDevice.Outputb(3, 0x9B);
        m_pIoDevice.Outputb(7, 0x80);

        // 독립적으로 작동할 작업 객체 생성
        m_pStoreEjector = new StoreEjector(this);               // 스토어 이젝터
        m_pConveyerBelt = new ConveyerBelt(this);               // 컨베이어 벨트
        m_pInspSersor = new InspSensor(this);                   // 검사 센서
        m_pStoper = new Stopper(this);                          // 스토퍼
        m_pProductStorage = new ProductStorage(this);           // 양품 분류 창고
        m_pCategoryCylinder = new CategoryCylinder(this);       // 분류 실린더
```

(계속)

```csharp
        // 저장 창고 최대 크기를 설정한다.
        m_pProductStorage.MaxStorage(1, 2);
}


// 상태 변경
public void StateChange(MachineState aState)
{
        // 스톱 상태일 때 바뀔 수 있도록
        if (aState == MachineState.MACHINESTATE_START)
        {
            // 배출기가 정지 상태일 때 종료 상태로 변경한다.
            if (m_pStoreEjector.m_enStoreState == StoreState.STORESTATE_NORMAL &&
            m_pProductStorage.m_enState
                == ProductStorageState.PRODUCTSTORAGETYPE_NORMAL)
            {
                // 분류 창고를 리셋한다.
                m_pProductStorage.Reset();


                // 플레이 상태로 상태 변경
                StateChange(MachineState.MACHINESTATE_PLAY);
            }
            else
            {
                // 종료 상태로 상태 변경
                StateChange(MachineState.MACHINESTATE_STOP);
            }
        }
        if (aState == MachineState.MACHINESTATE_PLAY)
        {
            // 장치들을 리셋한다.
            m_pStoreEjector.Reset();            // 스토어 이젝터
            m_pInspSersor.Reset();              // 검사 센서
            m_pStoper.Reset();
            m_pCategoryCylinder.Reset();

            // 초기화 코드 실행
            m_fTime = 0.0f;
            m_pStoreEjector.ChangeState(StoreEjectorState.STOREEJECTORSTATE_EMIT);
            m_pConveyerBelt.ChangeState(ConveryorState.CONVERYORSTATE_PLAY);

            // 2. 머신을 시작 상태로 변경
```

(계속)

```
            m_enPlayState = MachinePlayState.MACHINEPLAYSTATE_NONE;
            m_enMachineState = MachineState.MACHINESTATE_PLAY;
            m_pOwner.NotifryMachineState("머신 작동");
        }
        else if (aState == MachineState.MACHINESTATE_END)
        {

            m_pOwner.NotifryMachineState("머신 종료 대기");

            // 센서가 비었으면 종료 상태를 저장하고 아니라면 다시 머신을 작동한다.
            if (m_pStoreEjector.m_enStoreState == StoreState.STORESTATE_EMPTY)
            {
                m_fTime = 0.0;
                m_enMachineState = MachineState.MACHINESTATE_END;
            }
            else
            {
                StateChange(MachineState.MACHINESTATE_PLAY);
            }
        }
        else if (aState == MachineState.MACHINESTATE_STOP)
        {
            m_pOwner.NotifryMachineState("머신 종료");
            m_enMachineState = MachineState.MACHINESTATE_STOP;
            m_pStoreEjector.ChangeState(StoreEjectorState.STOREEJECTORSTATE_STOP);
            m_pConveyerBelt.ChangeState(ConveryorState.CONVERYORSTATE_STOP);
        }
    }
}

public void StateCalc()
{
    // 초기 상태
    byte m_nState1 = 0x00;
    byte m_nState2 = 0x00;
    byte m_nState3 = 0x00;

    // 각 장치의 상태를 받아온다.
    m_nState1 += m_pStoreEjector.GetStateCode();
    m_nState1 += m_pConveyerBelt.GetStateCode();
    m_nState1 += m_pStoper.GetStateCode();

    m_nState2 += m_pCategoryCylinder.GetStateCode();
    m_nState2 += m_pProductStorage.GetStateCode();
```

(계속)

```
                // m_nState3 += m_pProductStorage.GetFNDStateCode();

            m_pIoDevice.Outputb(4, m_nState1);
            Thread.Sleep(10);
            m_pIoDevice.Outputb(5, m_nState2);
            Thread.Sleep(10);
            m_pIoDevice.Outputb(6, m_nState3);
            Thread.Sleep(10);
        }


        // 상태에 따른 변화
        public void Update(double aTime)
        {
            // 모든 장비를 업데이트한다.
            m_pStoreEjector.Update(aTime);
            m_pCategoryCylinder.Update(aTime);
            m_pStoper.Update(aTime);
            m_pInspSersor.Update(aTime);
            m_pProductStorage.Update(aTime);

            // 시간을 기록한다.
            m_fTime += aTime;
            if (m_enMachineState == MachineState.MACHINESTATE_PLAY)
            {
//- - - - - - - - - - - - - - - - - - - - - - - - - - - - - - - - - - - - - - -
                // 센서를 통해 금속인지 확인한다.
//- - - - - - - - - - - - - - - - - - - - - - - - - - - - - - - - - - - - - - -
                if (m_enPlayState == MachinePlayState.MACHINEPLAYSTATE_NONE
                    && m_pInspSersor.m_enState == InspSersorState.INSPSENSORSTATE_SENSER)
                {
                    // 검사 상태를 기록한다.
                    m_pProductStorage.AddToken(m_pInspSersor.m_enObjectState);

                    // 금속이면 스토퍼를 다운한다.
                    if (m_pInspSersor.m_enObjectState == ObjectCheckState.OBJECTTYPE_METAL)
                    {
                        m_pStoper.StateChange(StoperState.STOPERSTATE_DOWN);

                        // 검사 상태를 센서 이동 상태로 변경한다.
                        m_fTime = 0.0;
                        m_enPlayState = MachinePlayState.MACHINEPLAYSTATE_SENSOR;
                    }
```

(계속)

```
            else
            {
                // 정지 상태로 변경한다.
                StateChange(MachineState.MACHINESTATE_END);
            }
        }

//- - - - - - - - - - - - - - - - - - - - - - - - - - - - - - - - - - - - -
        // 분류기 위치에 도달하면 어떤 작업을 할지 결정한다.
//- - - - - - - - - - - - - - - - - - - - - - - - - - - - - - - - - - - - -
        else if (m_enPlayState == MachinePlayState.MACHINEPLAYSTATE_SENSOR
            && m_pProductStorage.m_enState
                == ProductStorageState.PRODUCTSTORAGETYPE_NORMAL
            && m_fTime > 3.0f)
        {
            // 실린더를 작동하고 상태를 변경한다.
            m_pCategoryCylinder.StateChagne(CylinderState.CYLINDERSTATE_ACTIVE);
            m_enPlayState = MachinePlayState.MACHINEPLAYSTATE_STOPER;
        }
        else if (m_enPlayState == MachinePlayState.MACHINEPLAYSTATE_STOPER
            && m_pCategoryCylinder.m_enState
                == CylinderState.CYLINDERSTATE_COMPLATE)
        {
            // 정지 상태로 변경한다.
            StateChange(MachineState.MACHINESTATE_END);
        }
    }
    // 정지 상태 동작
    else if (m_enMachineState == MachineState.MACHINESTATE_END)
    {
        if (m_fTime > 6.0)
        {
            StateChange(MachineState.MACHINESTATE_STOP);
        }
    }
}

//
public void InputCollection()
{
    int Temp;
    Temp = m_pIoDevice.Inputb(0);
```

(계속)

```
            m_nInputA = m_pIoDevice.ConvetByteToBit(Temp);

            Temp = m_pIoDevice.Inputb(1);
            m_nInputB = m_pIoDevice.ConvetByteToBit(Temp);
        }
    }
}
```

5. 물품 저장 창고 수정

이번에는 물품 정보가 들어오는 AddToken() 메소드를 변경하여 여러 가지 상황에서 물품이 저장될 수 있도록 수정하도록 한다.

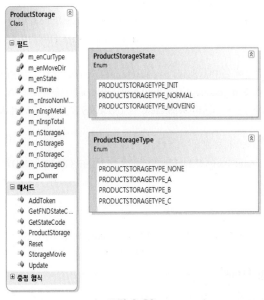

그림 6.69

(1) 멤버 변수 선언

창고의 최대 크기를 설정하기 위해서 값을 저장할 수 있는 변수를 추가하였다.

```
public class MachineIo
{
    public Form1 m_pOwner;
    Io8255 m_pIoDevice;
```

```
// 입력 포트의 Cw를 읽어올 변수
public int[] m_nInputA = new int[8];
public int[] m_nInputB = new int[8];

// 시간 값
double m_fTime;

MachineState m_enMachineState;
MachinePlayState m_enPlayState;

// 각 장비파트에 대한 클래스
StoreEjector m_pStoreEjector;        // 스토어 이젝터
ConveyerBelt m_pConveyerBelt;        // 컨베이어 벨트
InspSensor m_pInspSersor;            // 검사센서
Stopper m_pStoper;                   // 스토퍼
ProductStorage m_pProductStorage;    // 양품 분류창고
CategoryCylinder m_pCategoryCylinder; // 분류 실린더
```

(2) MaxStorage() 메소드

현재 최대 창고 저장 개수를 저장할 수 있는 메소드를 추가하였다.

```
public void MaxStorage(int aStorageA, int aStorageB)
{
    m_nMaxStorageA = aStorageA;
    m_nMaxStorageB = aStorageB;
}
```

(3) AddToken() 메소드

금속이 들어왔을 경우 해당 창고의 개수와 물품 창고 개수를 비교하여 저장할 위치를 설정하였다.

```
public void AddToken(ObjectCheckState aType)
{
    // 갯수를 늘려준다.
    ++m_nInspTotal;
    if (aType == ObjectCheckState.OBJECTTYPE_METAL)
    {
        ++m_nInspMetal;

        if (m_nMaxStorageA > m_nStorageA)
        {
            ++m_nStorageA;
            StorageMovie(ProductStorageType.PRODUCTSTORAGETYPE_A);
        }
        else if (m_nMaxStorageB > m_nStorageB)
        {
```

```
            ++m_nStorageB;
            StorageMovie(ProductStorageType.PRODUCTSTORAGETYPE_B);
        }
        else
        {
            ++m_nStorageC;
            StorageMovie(ProductStorageType.PRODUCTSTORAGETYPE_C);
        }
    }
    else
    {
        ++m_nInsoNonMetal;
        ++m_nStorageD;
        //
        StorageMovie(ProductStorageType.PRODUCTSTORAGETYPE_B);
    }


    // 정보를 갱신해준다.
    m_pOwner.m_pOwner.NotifryInspResult(m_nInspTotal, m_nInspMetal, m_nInsoNonMetal);
    m_pOwner.m_pOwner.NotifryStoreResult(m_nStorageA, m_nStorageB, m_nStorageC, m_nStorageD);

    GetFNDStateCode();
}
```

(4) 전체 코드

이 클래스의 전체 코드이다.

```csharp
using System;
using System.Collections.Generic;
using System.Linq;
using System.Text;

namespace Ex09
{
    public enum ProductStorageState
    {
        PRODUCTSTORAGETYPE_INIT,
        PRODUCTSTORAGETYPE_NORMAL,  // 위치 중
        PRODUCTSTORAGETYPE_MOVEING, // 위치 이동 중
    }

    public enum ProductStorageType
    {
        PRODUCTSTORAGETYPE_NONE = -1,
        PRODUCTSTORAGETYPE_A = 0,    // A 위치
```

(계속)

```
        PRODUCTSTORAGETYPE_B = 1,    // B 위치
        PRODUCTSTORAGETYPE_C = 2,    // C 위치
}

class ProductStorage
{
    enum MovieDir
    {
        MOVEDIR_LEFT,           // 위치 중
        MOVEDIR_RIGHT,          // 위치 이동 중
    }

    // 부모 주소
    MachineIo m_pOwner;

    // 현재 시간
    double m_fTime;

    // 분류기 상태
    public ProductStorageState m_enState;

    // 검사 개수
    int m_nInspTotal;       // 전체 검사 개수
    int m_nInspMetal;       // 금속 개수
    int m_nInsoNonMetal;    // 비금속 개수

    // 창고 저장 개수
    int m_nStorageA;        // A 창고
    int m_nStorageB;        // B 창고
    int m_nStorageC;        // C 창고
    int m_nStorageD;        // D 창고

    int m_nMaxStorageA;
    int m_nMaxStorageB;

    // 상태
    MovieDir m_enMoveDir;
    ProductStorageType m_enCurType;

    // 생성자
    public ProductStorage(MachineIo aOwner)
    {
```

(계속)

```
            m_pOwner = aOwner;
            m_enState = ProductStorageState.PRODUCTSTORAGETYPE_INIT;
            m_enCurType = ProductStorageType.PRODUCTSTORAGETYPE_NONE;
            m_enMoveDir = MovieDir.MOVEDIR_RIGHT;

            m_fTime = 0.0;
        }

        public void Reset()
        {
            m_fTime = 0.0;
            m_nInspTotal = m_nInspMetal = m_nInsoNonMetal = 0;
            m_nStorageA = m_nStorageB = m_nStorageC = m_nStorageD = 0;
        }

        public void MaxStorage(int aStorageA, int aStorageB)
        {
            m_nMaxStorageA = aStorageA;
            m_nMaxStorageB = aStorageB;
        }

        public void AddToken(ObjectCheckState aType)
        {
            // 개수를 늘려 준다.
            ++m_nInspTotal;
            if (aType == ObjectCheckState.OBJECTTYPE_METAL)
            {
                ++m_nInspMetal;


                if (m_nMaxStorageA > m_nStorageA)
                {
                    ++m_nStorageA;
                    StorageMovie(ProductStorageType.PRODUCTSTORAGETYPE_A);
                }
                else if (m_nMaxStorageB > m_nStorageB)
                {
                    ++m_nStorageB;
                    StorageMovie(ProductStorageType.PRODUCTSTORAGETYPE_B);
                }
                else
                {
```

(계속)

```
                    ++m_nStorageC;
                    StorageMovie(ProductStorageType.PRODUCTSTORAGETYPE_C);
                }
            }
            else
            {
                ++m_nInsoNonMetal;
                ++m_nStorageD;
                //
                StorageMovie(ProductStorageType.PRODUCTSTORAGETYPE_B);
            }

            // 정보를 갱신해 준다.
            m_pOwner.m_pOwner.NotifryInspResult(m_nInspTotal, m_nInspMetal, m_nInsoNonMetal);
            m_pOwner.m_pOwner.NotifryStoreResult(m_nStorageA, m_nStorageB, m_nStorageC,
            m_nStorageD);

            GetFNDStateCode();
        }

        // 스토리지 이동
        public void StorageMovie(ProductStorageType aState)
        {
            // 상태가 다를 경우만 변경한다.
            if (aState != m_enCurType)
            {
                m_enState = ProductStorageState.PRODUCTSTORAGETYPE_MOVEING;
                // 이동 방향을 결정한다.
                m_enMoveDir = ((int)aState > (int)m_enCurType)
                        ? MovieDir.MOVEDIR_LEFT : MovieDir.MOVEDIR_RIGHT;

                // 현재 상태를 변경한다.
                m_enCurType = aState;
            }
        }

        // 상태 업데이트
        public void Update(double aTime)
        {
            // 초기 위치를 잡는다.
            if (m_enState == ProductStorageState.PRODUCTSTORAGETYPE_INIT)
            {
```

(계속)

```csharp
        // 시간을 더해 준다.
        m_fTime += aTime;

        // 1차적으로 왼쪽으로 이동한다.
        if (m_pOwner.m_nInputB[0] == 0 || m_pOwner.m_nInputB[1] == 0 ||
                    m_pOwner.m_nInputB[2] == 0)
        {
            //
            if (m_pOwner.m_nInputB[0] == 0)
            {
                m_enCurType = ProductStorageType.PRODUCTSTORAGETYPE_A;
            }
            else if (m_pOwner.m_nInputB[1] == 0)
            {
                m_enCurType = ProductStorageType.PRODUCTSTORAGETYPE_B;
            }
            else if (m_pOwner.m_nInputB[2] == 0)
            {
                m_enCurType = ProductStorageType.PRODUCTSTORAGETYPE_C;
            }

            m_enState = ProductStorageState.PRODUCTSTORAGETYPE_NORMAL;
        }
        else if (m_fTime > 6.0)
        {
            m_fTime = 0.0;
            // 이동 방향을 변경한다.
            m_enMoveDir = (m_enMoveDir == MovieDir.MOVEDIR_LEFT)
                        ? MovieDir.MOVEDIR_RIGHT : MovieDir.MOVEDIR_LEFT;
        }

        m_pOwner.StateCalc();
    }

    // 이동 상태에 들어가면 이동한다.
    else if (m_enState == ProductStorageState.PRODUCTSTORAGETYPE_MOVEING)
    {
        // 센서 신호를 확인한다.
        int Temp = (int)m_enCurType;
        if (m_pOwner.m_nInputB[Temp] == 0)
        {
            // 상태를 이동 완료 상태로 변경한다.
```

(계속)

```
                m_enState = ProductStorageState.PRODUCTSTORAGETYPE_NORMAL;
            }
        }
    }

    // 상태 코드
    public byte GetStateCode()
    {
        byte StateCode = 0x00;

        // 이동 중일 때 신호
        if (m_enState != ProductStorageState.PRODUCTSTORAGETYPE_NORMAL)
        {
            if (m_enMoveDir == MovieDir.MOVEDIR_LEFT)
            {
                StateCode |= 0x10;
            }
            else
            {
                StateCode |= 0x20;
            }
        }

        return StateCode;
    }

    public byte GetFNDStateCode()
    {
        byte StateCode = 0x00;

        // 둘째 자리와 첫째 자리를 계산한다.
        StateCode += (byte)((int)((double)m_nInspTotal / 10) % 10 >> 4);
        StateCode += (byte)((int)m_nInspTotal % 10);

        // 계산된 코드를 반환한다.
        return StateCode;
    }
}
}
```

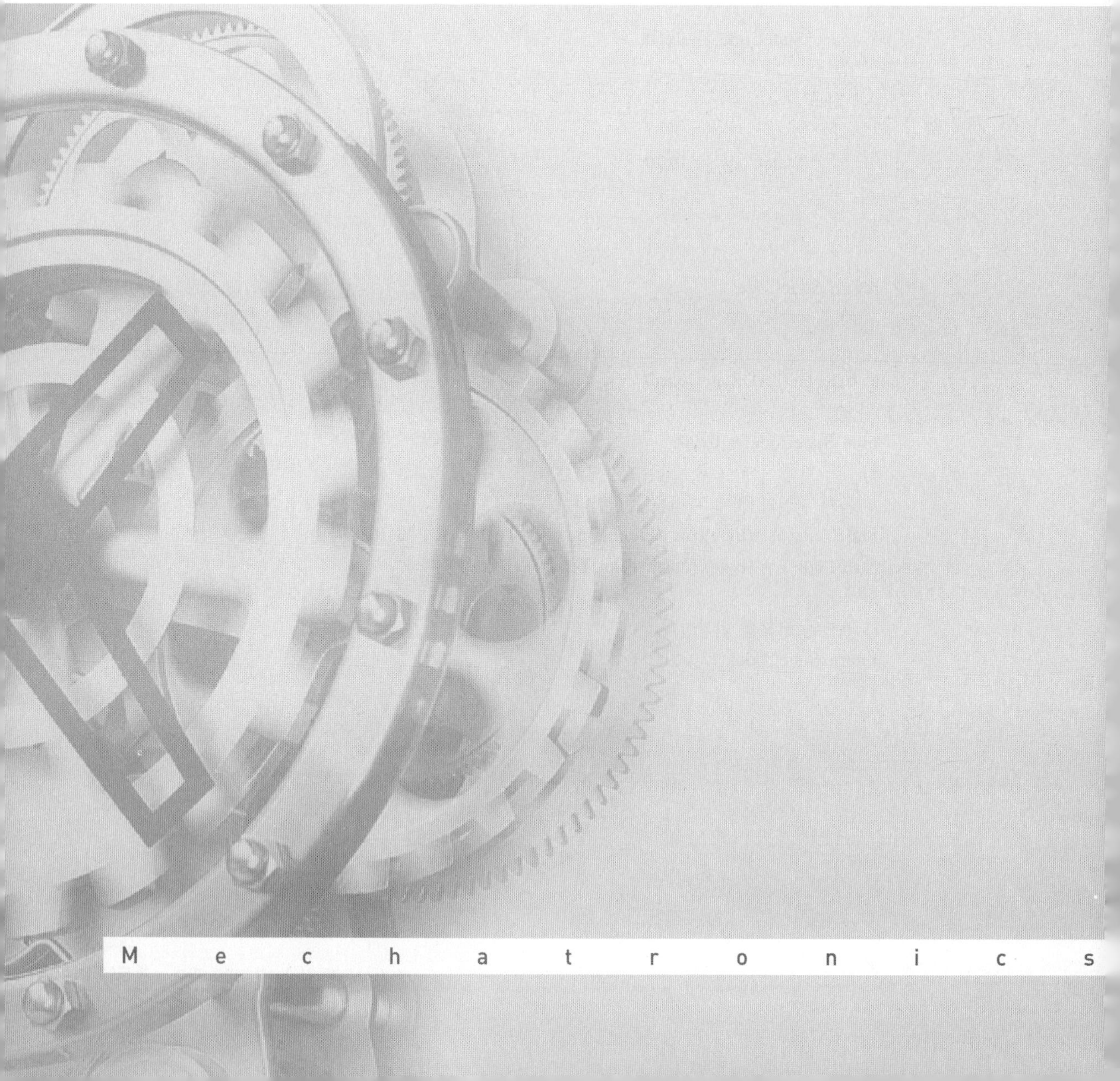
Mechatronics

PART

03

E n g i n e e r i n g

7 | MPS 머신 비전

1. OpenEvision 라이브러리 배워 보기

1. OpenEvision이란?

OpenEvision은 영상 처리 라이브러리이다. 영상 처리 카메라를 통해 받아온 영상의 특징을 분석하여 문제점 및 찾고자 하는 위치의 특성을 검색하는 역할을 담당하게 된다.

그러면 OpenEvsion 라이브러리에는 어떤 기능이 있는지 알아보도록 한다.

첫 번째로 이미지 프로세싱(Image Processing) 작업이다. 이미지 프로세싱은 차이를 검사하기 위한 이미지를 만드는 역할을 담당한다.

그림 7.1 **디스크 표면의 이미지를 명암값으로 이진화한 이미지**

두 번째로 입자 해석(Blob Analysis)이다. 프로세싱은 이미지를 변경하였다면 블롭화를 통해 잘못된 위치를 검색할 수 있는 기능을 제공한다.

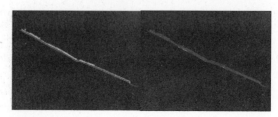

그림 7.2

세 번째는 광학적 문자 인식이다. 바코드 및 OCR 문자를 판독해 낼 수 있다.

그림 7.3 OCR 기능을 이용하여 문자를 읽어옴

그림 7.4 바코드 인식

다음은 패턴 매칭(Pattern Mathch)이다. 영상의 특수한 부분을 다른 영상에서 찾는 기능이다.

그림 7.5

2. 검사의 기본적인 구조

다음은 비전 검사를 위한 순서이다. 예제에 맞게 OpenEvision 프로그램을 구동하는 방법에 대해서 알아보도록 한다.

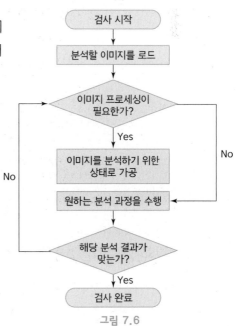

그림 7.6

(1) 프로젝트 시작

OpenEvision을 사용하기 위해서는 C# 윈도우 폼 프로젝트를 만들고, OpenEvision 라이브러리를 사용한다는 알림을 해 주어야 한다. 설정하는 방법은 다음과 같다.

<u>01</u> Ex01이라는 Windows Form 프로젝트를 생성한다.

그림 7.7

<u>02</u> 이후 참조에서 마우스 오른쪽 버튼 클릭 "참조 추가 → 찾아보기 설치된 OpenEvision 위치에서 기본 위치 C:\ Program Files\Euresys\Open eVision 1.2\Libraries\Bin\Open_eVision _NetApi_1_2.dll"을 선택한다. 이렇게 해서 참조 파일 링크는 마치게 되었다.

그림 7.8

03 Form 클래스에서 OpenEvision 네임스 페이스 등록을 해 주어 기본적으로 OpenEvision을 사용할 준비를 마친다.

```
using System;
using System.Collections.Generic;
using System.ComponentModel;
using System.Data;
using System.Drawing;
using System.Linq;
using System.Text;
using System.Windows.Forms;
using Euresys.Open_eVision_1_2;

namespace Ex01
{
    public partial class Form1 : Form
    {
        public Form1()
        {
            InitializeComponent();
        }
    }
}
```

(2) 분석할 이미지 로드

다음은 분석할 이미지를 불러오고 화면에 분석할 이미지를 출력하는 예제를 진행해 보도록 한다. 먼저 이미지를 불러오기 위해서는 OpenEvision에서 이미지를 관리하는 클래스를 이용해서 불러오도록 한다.

01 먼저 이미지 관리 클래스 선언을 해 준다. 컬러 이미지는 EImageC24 클래스 모노 이미지는 EImageBW8 클래스를 사용하고, Load 함수를 통해 불러올 이미지 경로를 넣어 주게 된다.

```
using System.Windows.Forms;
using Euresys.Open_eVision_1_2;

namespace Ex01
{
    public partial class Form1 : Form
    {
        // 이미지 객체
        EImageBW8 m_pImage = null;

        public Form1()
        {
            InitializeComponent();

            m_pImage = new EImageBW8();
            m_pImage.Load("../../../../Resource/Ex3/Bg.bmp");
        }
    }
}
```

02 현재 이미지는 불러왔지만 화면에 보여 주지 않고 있다. 그러면 PictureBox를 이용하여 해당 이미지를 화면에 로드해 보도록 한다. 먼저 Form에 공용 컨트롤 → PictureBox를 추가해 보도록 한다.

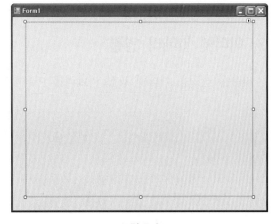

그림 7.9

<u>03</u> 이후 해당 PicutreBox를 선택하고, 속성에 Paint 이벤트를 추가하고, 해당 이벤트 그리기 메
소드인 PaintEventArgs 객체의 Graphics 객체를 이용하여 Picture 박스에 화면을 그린다.

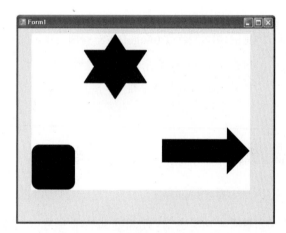

<u>04</u> 이렇게 설정하게 되면 폼에 그림 7.10
과 같은 이미지가 나오게 된다. 이후 과
정들은 비전 교육을 진행하면서 설명하
도록 한다.

그림 7.10

3. 이더넷 카메라 연결

다음은 산업용 이더넷 통신 카메라를 이용하여 통신하는 방법을 알아보도록 한다.

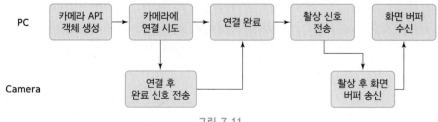

그림 7.11

이더넷 카메라는 Lan 통신을 하면서 PC에 촬상 이미지를 전송한다. 방법은 다음과 같이 PC에서 카메라에 연결 이후 촬상 신호를 전송하면 화면 버퍼를 받을 수 있도록 되어 있다.

먼저 PC와 실습 장비 카메라의 연결 과정을 알아보도록 하겠다. 자세한 설명은 고급 과정 PC → PC 이더넷 통신에서 자세히 다루도록 하겠다.

<u>01</u> 먼저 카메라와 PC를 랜카드를 이용하여 연결하고 PC 네트워크 환경에서 마우스 오른쪽 버튼을 클릭하여 "연결할 이더넷 카드의 속성 → 인터넷 프로토콜에서 속성"을 클릭하여 다음과 같이 아이피 설정 후 "확인" 버튼을 눌러 컴퓨터의 IP를 고정으로 지정해 준다.

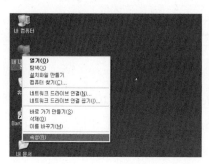 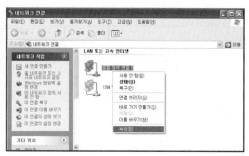

그림 7.12

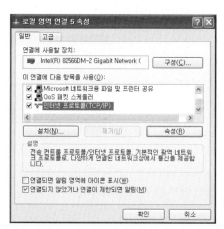 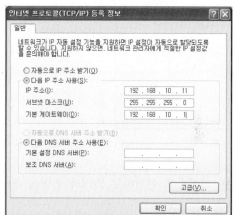

그림 7.13

<u>02</u> 이후 실습 장비 SentechGigE 카메라 SDK를 설치해 준다.

<u>03</u> 다음으로 SentechGigE 카메라의 IP를 설정한다. 탐색기에서 C:\Program Files\sentech\StGigE – Package\StGigECtrl\StGigECtrl.exe 파일을 실행해 준다.

그림 7.14

<u>04</u> "Connect → show unreachable GigE vision Devices" 버튼을 클릭하고 카메라를 선택한
후 "SetIp Address" 버튼을 클릭한다.

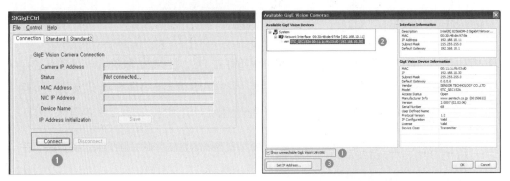

그림 7.15

<u>05</u> 이후 IPAddress 192.168.10.30을 입력하고 GateWay에 192.168.10.1을 입력한 후 "OK"
버튼을 클릭한 후 카메라 선택창을 종료하고 "Save" 버튼을 눌려 IP를 설정한다.

그림 7.16

그러면 카메라에 연결하고 카메라 화면을 촬상하는 예제를 진행하도록 한다.

<u>01</u> 먼저 폼을 생성한다.

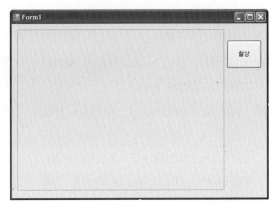

그림 7.17

표 7.1

번호	타입	위치	크기	속성	폰트	Text
0	Button	462, 359	75, 59	가운데 정렬	9pt	촬상
1	PictureBox	12, 12	444, 336	없음	9pt	

02 사용할 참조를 추가한다. 추가될 참조는 다음과 같다.

C:\Program Files\Imechatronics\Open_eVision_NetApi_1_2.dll

C:\Program Files\Imechatronics\Imechatronics.dll

03 Form 클래스에 필요한 네임스페이스와 카메라 제어 객체 이미지 저장 버퍼를 선언한다.

```
using System;
using System.Windows.Forms;
using Imechatronics;
using Euresys.Open_eVision_1_2;

namespace Ex02
{
    public partial class Form1 : Form
    {
        // 실습카메라 제어객체
        Camera m_pCamera;

        //OpenEvision 이미지저장버퍼
        EImageC24 m_pImage;
```

04 이후 생성자에서 카메라 제어 객체를 생성하고 현재 컴퓨터의 IP 주소와 이더넷 카메라의 IP 주소를 입력한다. 이후 카메라 해상도인 1360,1040 크기의 이미지 버퍼를 생성한다.

```
public Form1()
{
    InitializeComponent();

    // 연결할 PC아이피주소와 이더넷카메라의 ip번호를 입력한다.
    m_pCamera = new Camera("192.168.10.11", "192.168.10.30");

    // 카메라 해상도만큼의 이미지버퍼를 만든다.
    m_pImage = new EImageC24(1360, 1040);
}
```

05 촬상 버튼을 눌렀을 때 카메라 객체의 Grab() 메소드를 실행하고 인자값으로 이미지 버퍼를 입력하여 카메라 촬상 이미지를 받아온다. 이후 픽처 박스를 갱신하여 이미지의 내용을 픽처 박스에 그리게 된다.

```
private void button1_Click(object sender, EventArgs e)
{
    m_pCamera.Grab(m_pImage);

    // 화면을 다시그린다.
    pictureBox1.Invalidate();
}
```

06 픽처 박스에서 카메라의 이미지 버퍼와 피처 박스의 해상도의 비율을 구해 이미지 버퍼에서 지원하는 Draw() 메소드를 이용하여 픽처 박스의 그래픽 디바이스에 그려 준다.

```
private void pictureBox1_Paint(object sender, PaintEventArgs e)
{
    // 이미지버퍼와 피처박스의 해상도 배율을 구한다.
    float ScaleX = (float)pictureBox1.Width / (float)m_pImage.Width;
    float ScaleY = (float)pictureBox1.Height / (float)m_pImage.Height;

    m_pImage.Draw(e.Graphics, ScaleX, ScaleY);
}
```

2 Pattern Matching

1. 개요

이번에는 OpenEvision의 EasyMatch 모듈을 이용해 이미지 패턴을 찾는 방법을 설명하도록 한다. 먼저 패턴 매칭은 영상 내에서 패턴의 발생을 찾는 것이다.

OpenEvision에서는 검색하는 패턴을 "학습 모델" 모델 추출의 대상이 되는 이미지를 "보넬 소스 이미지" 검색되는 이미지를 "타켓 이미지"라고 한다.

패턴 매칭은 검사할 이미지의 중심 위치를 잡기 위해서 많이 사용하고 있다. 중심 위치가 되는 부분들의 특징적인 패턴을 학습하

그림 7.18 **모델 원본 이미지**

여 검사할 이미지에서 찾기 위해서 사용한다. 패턴 매칭은 정확히 일치하는 이미지를 불러오는 게 아닌 크기, 이미지 특성 등에 대한 점수를 매겨 검사할 수 있다. 즉 여러 가지 상황에 맞는 이미지를 찾을 수 있게 된다.

2. 원본 이미지에서 패턴 찾기

먼저 원본 이미지에서 패턴을 찾는 방법을 설명하도록 한다. 패턴을 검사하는 순서는 모델을 만들고 배경과 전처리를 통해 검색 옵션을 선택한다. 결과 버퍼를 만들고 해당 매칭 결과를 받아오게 된다. 그러면 예제를 통해서 설명하도록 한다.

① 처음 시작할 작업은 프로젝트를 생성하고 참조 라이브러리를 추가하고 내용을 삽입하는 것이다. 그리고 배경 이미지와 학습할 이미지를 받을 객체 생성과 패턴 매칭 기능을 수행할 EMatcher 객체를 생성한다.

```
using System;
using System.Windows.Forms;
using Euresys.Open_eVision_1_2;

namespace Ex01
{
    public partial class Form1 : Form
    {
        //
        EMatcher m_pEMatcher;        // EasyMatch객체
        EImageBW8 m_pBgImage;        // 배경이미지
        EImageBW8[] m_pLearnImage;   // 학습할 이미지
```

② 이후 생성자에서 매칭 검사 객체를 선언하고 파라미터를 설정한 이후 배경 이미지와 학습할 이미지를 불러온다.

```
public Form1()
{
    InitializeComponent();

    // 매칭 객체를 생성하고 스케일을 지정해준다.
    m_pEMatcher = new EMatcher();
    ChangeScale(1.0f,1.0f);

    // 배경이미지를 불러온다.
    m_pBgImage = new EImageBW8();
    m_pBgImage.Load("../../../../Resource/Ex3/Bg.bmp");

    // 학습할 이미지를 불러온다.
    m_pLearnImage = new EImageBW8[3];
    m_pLearnImage[0] = new EImageBW8();
    m_pLearnImage[0].Load("../../../../Resource/Ex3/Arrow.bmp");
    m_pLearnImage[1] = new EImageBW8();
    m_pLearnImage[1].Load("../../../../Resource/Ex3/Star.bmp");
    m_pLearnImage[2] = new EImageBW8();
    m_pLearnImage[2].Load("../../../../Resource/Ex3/Rect.bmp");
}
```

③ 다음으로 패턴 매칭을 하기 위한 파라미터를 불러온다. 이번 예제에서는 비율 크기가 다른 패턴에 대해서 설정해 보도록 한다. 메소드와 같이 MaxScale, MinScale에 최소, 최대 비율을 넣어 해당 비율과 일치하는 패턴을 찾는다.

```
private void ChangeScale(float aMinScale = 1.0f, float aMaxScale = 1.0f)
{
    // 매칭에 대한 옵션을 설정한다.
    m_pEMatcher.MaxScale = aMinScale;
    m_pEMatcher.MinScale = aMaxScale;
}
```

④ 이후 버튼을 클릭하여 해당 작업을 원하는 패턴 이미지에 맞는 위치를 검색하게 된다.

```
private void button1_Click(object sender, EventArgs e)
{
    // 패턴을 학습한다.
    m_pEMatcher.LearnPattern(m_pLearnImage[0]);

    // 패턴 매칭을 실시한다.
    m_pEMatcher.Match(m_pBgImage);
    pictureBox1.Invalidate();
}
```

⑤ 검사된 위치를 화면에 출력하기 위해 Picture 박스에 paint 이벤트를 등록하여 해당 매칭 결과를 디스플레이하고 있다. 찾은 이미지의 개수, 검색한 이미지의 위치, 일치도가 나오지만 현재

는 찾은 패턴 위치만 출력하도록 한다.

```
private void pictureBox1_Paint(object sender, PaintEventArgs e)
{
    // 찾은 위치를 그려준다.
    m_pBgImage.Draw(e.Graphics);
    m_pEMatcher.DrawPositions(e.Graphics);
}
```

⑥ 프로젝트를 실행하면 그림 7.19와 같은
결과 화면을 볼 수 있다.

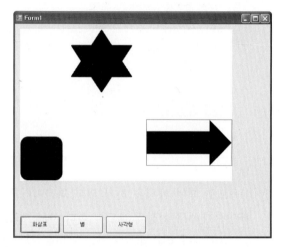

그림 7.19

3. 회전된 이미지에서 패턴 찾기

다음은 회전된 이미지에서 패턴을 찾는 방법을 설명하도록 한다. 처음에 설명한 대로 회전된 이미지도 패턴 매칭에서 검출 가능하다. 그러면 예제를 설명하도록 한다.

① 처음 시작할 작업은 프로젝트를 생성하고, 참조 라이브러리를 추가하고, 내용을 삽입하는 것이다. 그리고 배경 이미지와 학습할 이미지를 받을 객체 생성과 패턴 매칭 기능을 수행할 EMatcher 객체를 생성한다.

```
using System;
using System.Windows.Forms;
using Euresys.Open_eVision_1_2;

namespace Ex02
{
    public partial class Form1 : Form
    {
        //
        EMatcher m_pEMatcher = new EMatcher(); // EMach instance
        EImageBW8 m_pBgImage;
        EImageBW8[] m_pLearnImage;
```

② 이후 생성자에서 매칭 검사 객체를 선언하고 파라미터를 설정한 이후 배경 이미지와 학습할 이미지를 불러온다.

```
public Form1()
{
    InitializeComponent();

    // 매칭 객체를 생성
    m_pEMatcher = new EMatcher(); // EMach instance
    ChangeScale();
    ChangeAngle();

    // 배경이미지를 불러온다.
    m_pBgImage = new EImageBW8();
    m_pBgImage.Load("D:\\MechatronicsExam\\Bin\\Ex3\\Bg2.bmp");

    // 학습할 이미지를 불러온다.
    m_pLearnImage = new EImageBW8[3];
    m_pLearnImage[0] = new EImageBW8();
    m_pLearnImage[0].Load("../../../../Resource/Ex3/Arrow.bmp");
    m_pLearnImage[1] = new EImageBW8();
    m_pLearnImage[1].Load("../../../../Resource/Ex3/Star.bmp");
    m_pLearnImage[2] = new EImageBW8();
    m_pLearnImage[2].Load("../../../../Resource/Ex3/Rect.bmp");
}
```

③ 다음으로 패턴 매칭을 하기 위한 파라메타를 불러온다. 이번 예제에서는 회전 각도가 다른 패턴에 대해서 설정해 보도록 한다. 메소드와 같이 MinAngle, MaxAngle에 최소, 최대 각도를 넣어 해당 각도 범위에 일치하는 패턴을 찾는다.

```
private void ChangeAngle(float aMinAngle = -30.0f, float aMaxAngle = 30.0f)
{
    // 매칭에 대한 옵션을 설정한다.
    m_pEMatcher.MinAngle = aMinAngle;
    m_pEMatcher.MaxAngle = aMaxAngle;
}
```

④ 이후 버튼을 클릭하여 해당 작업을 원하는 패턴 이미지에 맞는 위치를 검색하게 된다.

```
private void button1_Click(object sender, EventArgs e)
{
    // 패턴을 학습한다.
    m_pEMatcher.LearnPattern(m_pLearnImage[0]);

    // 패턴 매칭을 실시한다.
    m_pEMatcher.Match(m_pBgImage);
    pictureBox1.Invalidate();
}
```

⑤ 검사된 위치를 화면에 출력하기 위해 Picture 박스에 paint 이벤트를 등록하여 해당 매칭 결과를 디스플레이하고 있다. 찾은 이미지의 개수, 검색한 이미지의 위치, 일치도가 나오지만 현재는 찾은 패턴 위치만 출력하도록 한다.

```csharp
private void pictureBox1_Paint(object sender, PaintEventArgs e)
{
    // 찾은 위치를 그려준다.
    m_pBgImage.Draw(e.Graphics);
    m_pEMatcher.DrawPositions(e.Graphics);
}
```

⑥ 프로젝트를 실행하면 그림 7.20과 같은 결과 화면을 볼 수 있다.

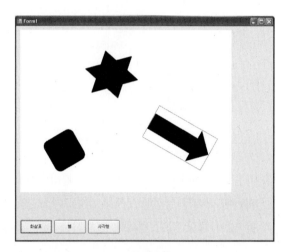

그림 7.20

4. 여러 개의 패턴 찾기

다음은 여러 개의 패턴을 찾는 방법을 설명하도록 한다. 패턴을 검사하는 순서는 모델을 만들고 배경과 전처리를 통해 검색 옵션을 선택한다. 결과 버퍼를 만들고 해당 매칭 결과를 받아오게 된다. 그러면 예제를 통해서 설명하도록 한다.

① 처음 시작할 작업은 프로젝트를 생성하고, 참조 라이브러리를 추가하고, 내용을 삽입하는 것이다. 그리고 배경 이미지와 학습할 이미지를 받을 객체 생성과 패턴 매칭 기능을 수행할 EMatcher 객체를 생성한다.

```csharp
using System;
using System.Windows.Forms;
using Euresys.Open_eVision_1_2;

namespace Ex03
{
    public partial class Form1 : Form
    {
        //
        EMatcher m_pEMatcher = new EMatcher(); // EMach instance
        EImageBW8 m_pBgImage;
        EImageBW8[] m_pLearnImage;
```

② 이후 생성자에서 매칭 검사 객체를 선언하고, 파라미터를 설정한 이후 배경 이미지와 학습할
  이미지를 불러온다.

```
public Form1()
{
    InitializeComponent();

    // 매칭 객체를 생성
    m_pEMatcher = new EMatcher(); // EMach instance

    ChangeScale();
    ChangeAngle();
    ChangeMaxPosition();

    // 배경이미지를 불러온다.
    m_pBgImage = new EImageBW8();
    m_pBgImage.Load("D:\\MechatronicsExam\\Bin\\Ex3\\Bg3.bmp");

    // 학습할 이미지를 불러온다.
    m_pLearnImage = new EImageBW8[3];
    m_pLearnImage[0] = new EImageBW8();
    m_pLearnImage[0].Load("../../../../Resource/Ex3/Arrow.bmp");
    m_pLearnImage[1] = new EImageBW8();
    m_pLearnImage[1].Load("../../../../Resource/Ex3/Star.bmp");
    m_pLearnImage[2] = new EImageBW8();
    m_pLearnImage[2].Load("../../../../Resource/Ex3/Rect.bmp");

}
```

③ 다음으로 최대 위치 개수와 최소 일치도 점수를 설정하도록 한다. 최소 일치도 점수를 설정하
  는 이유는 최대 포지션 개수 지정으로 인해 잘못된 위치가 검색될 수 있어 점수를 지정하여
  최소 점수 조건에 일치하는 패턴을 찾기 위해서이다.

```
private void ChangeMaxPosition(int aMaxPos = 5, float aMinScore = 0.8f)
{
    m_pEMatcher.MaxPositions = aMaxPos;    // 최대 포지션
    m_pEMatcher.MinScore = aMinScore;    // 최소 스코어
}
```

④ 이후 버튼을 클릭하여 해당 작업을 원하는 패턴 이미지에 맞는 위치를 검색하게 된다.

```
private void button1_Click(object sender, EventArgs e)
{
    // 패턴을 학습한다.
    m_pEMatcher.LearnPattern(m_pLearnImage[0]);

    // 패턴 매칭을 실시한다.
    m_pEMatcher.Match(m_pBgImage);
    pictureBox1.Invalidate();
}
```

⑤ 검사된 위치를 화면에 출력하기 위해 Picture 박스에 paint 이벤트를 등록하여 해당 매칭 결과를 디스플레이하고 있다. 찾은 이미지의 개수, 검색한 이미지의 위치, 일치도가 나오지만 현재는 찾은 패턴 위치만 출력하도록 한다.

```
private void pictureBox1_Paint(object sender, PaintEventArgs e)
{
    // 찾은 위치를 그려준다.
    m_pBgImage.Draw(e.Graphics);
    m_pEMatcher.DrawPositions(e.Graphics);
}
```

⑥ 프로젝트를 실행하면 그림 7.21과 같은 결과 화면을 볼 수 있다.

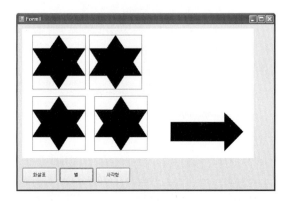

그림 7.21

5. 미니 MPS 장비 테스트

다음은 MPS 장비와 연결되어서 테스트할 수 있도록 해 본다. MPS 장비 코드 설명은 이전 장에서 설명했던 내용과 같다. 검사 사항은 검사 루틴에서 패턴 매칭에 대한 검사를 수행한다. 검사할 타입은 다음과 같다.

〈A타입〉   〈B타입〉   〈C타입〉   〈D타입〉

그림 7.22

검사 방법은 그림 7.23과 같이 검사할 워크피스가 있으면 워크피스를 내보내고 비전 검사를 통해 워크피스의 타입을 확인한다. 이후 검사할 워크피스가 없으면 종료하고, 있으면 다시 검사가 이루어진다.

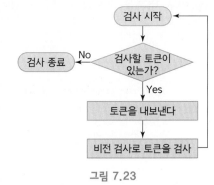

그림 7.23

(1) C# 폼 컨트롤 구성

해당 컨트롤 속성표대로 다음과 같이 폼에 컨트롤을 만든다.

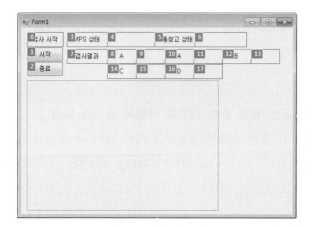

그림 7.24

표 7.2

번호	타입	위치	크기	속성	폰트	Text
0	Label	12,9	75, 30	가운데 정렬	9pt	검사 시작
1	Button	12,39	75, 30	가운데 정렬	9pt	시작
2	Button	12,68	75, 30	가운데 정렬	9pt	종료
3	Label	94, 9	83, 30	가운데 정렬	9pt	MPS 상태
4	Label	176, 9	98, 30	가운데 정렬	9pt	
5	Label	273, 9	83, 30	가운데 정렬	9pt	물품 창고 상태
6	Label	355, 9	108, 30	가운데 정렬	9pt	
7	Label	94, 43	83, 30	가운데 정렬	9pt	검사 결과
8	Label	176, 43	60, 30	가운데 정렬	9pt	전체
9	Label	235, 43	60, 30	가운데 정렬	9pt	
10	Label	294, 43	60, 30	가운데 정렬	9pt	A
11	Label	353, 43	60, 30	가운데 정렬	9pt	
12	Label	412, 43	60, 30	가운데 정렬	9pt	B
13	Label	471, 43	60, 30	가운데 정렬	9pt	
14	Label	176, 72	60, 30	가운데 정렬	9pt	C
15	Label	235, 72	60, 30	가운데 정렬	9pt	
16	Label	294, 72	60, 30	가운데 정렬	9pt	D
17	Label	353, 72	60, 30	가운데 정렬	9pt	

(2) From과 MPS 제어 객체 상태 연결 작업

해당 컨트롤 속성표대로 그림 7.25와 같이 폼에 컨트롤을 만든다.

MPS 상태		물품창고 상태	

그림 7.25

① Form의 제어에 필요한 멤버 변수 선언과 생성자 초기화 과정

MPS 상태를 제어하기 위한 객체를 생성하고 해당 MPS 상태를 주기적으로 변경하기 위한 반복 루프 시간을 계산할 수 있는 Cpu 타이머 객체를 만든다.

```
using System;
using System.Windows.Forms;
using Imechatronics;


namespace Ex04
{
    public partial class Form1 : Form
    {
        MachineIo m_pMachineIo;
        public PictureBox m_pPictureBox;

        // 시간을 측정
        CpuTimer m_pTimer;
```

② MPS 상태를 주기적으로 변경할 Update()메소드 연결

MPS 상태를 변경하기 매주기마다 입력값을 받아올 수 있는 메소드를 호출하고 Update()메소드를 CpuTimer를 통해서 매루프가 반복에 걸린 시간을 매개 변수로 보내 준다.

```
    // 프로그램 루프를 만들어준다.
    private void Timer_Tick(object sender, EventArgs e)
    {
        // Timer객체를 통해 루프의 반복소요시간을 보내준다.
        m_pMachineIo.InputCollection();
        m_pMachineIo.Update(m_pTimer.Duration());
    }
```

③ MPS 상태를 출력할 컨트롤 연결

MPS 상태를 변경하기 위해서 Label3의 텍스트를 변경하는 메소드를 만들어 외부에서 변경한다.

```
public void NotifryMachineState(string aState)
{
    label3.Text = aState;
}
```

④ 물품 창고 상태를 출력할 컨트롤 연결

물품 창고 상태를 변경하기 위해서 Label5의 텍스트를 변경하는 메소드를 만들어 외부에서 변경한다.

```
public void NotifryInspStorgeState(string aState)
{
    label5.Text = aState;
}
```

⑤ 검사 결과를 표시할 컨트롤 연결

검사결과	전체		A		B	
	C		D			

그림 7.26

검사 결과를 표시하기 위해서 메소드를 만들어서 수치를 변경한다.

```
public void NotifryStoreResult(int aTypeA, int aTypeB, int aTypeC, int aTypeBad)
{
    label8.Text = (aTypeA + aTypeB + aTypeC + aTypeBad).ToString();
    label10.Text = aTypeA.ToString();
    label12.Text = aTypeB.ToString();
    label14.Text = aTypeC.ToString();
    label16.Text = aTypeBad.ToString();
}
```

⑥ 시작과 종료를 담당할 컨트롤 연결

그림 7.27과 같이 해당 컨트롤을 클릭하고 속성에서 "이벤 추가 → Click"에 해당 버튼의 연결 메소드를 만든다.

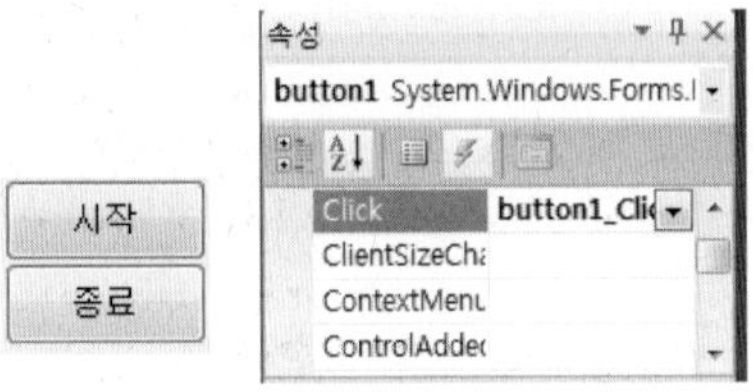

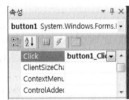

그림 7.27

연결된 이후 시작 버튼의 작업은 MPS 동작의 시작 종료 버튼의 작업은 MPS의 동작을 종료하는 메소드를 작성한다.

```
// 시작과 정지에 대한 명령 메소드
private void button1_Click(object sender, EventArgs e)
{
    // 모델의 상태를 시작상태로 변경한다.
    m_pMachineIo.StateChange(MachineState.MACHINESTATE_START);
}

private void button2_Click(object sender, EventArgs e)
{
    // 모델의 상태를 정지상대로 변경한다.
    m_pMachineIo.StateChange(MachineState.MACHINESTATE_STOP);
}
```

⑦ 검색 결과 화면을 그릴 Picture 이벤트 추가

그림 7.28과 같이 Picture 컨트롤을 클릭하고 속성에서 "이벤 추가 → Paint"에 해당 버튼의 연결 메소드를 만든다.

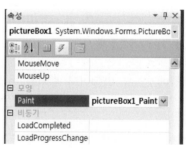

그림 7.28

이후 생성된 메소드에 다음과 같이 Machine IO에서 화면을 그릴 수 있도록 추가한다.

```
private void pictureBox1_Paint(object sender, PaintEventArgs e)
{
    // 찾은 위치를 그려준다.
    m_pMachineIo.m_pInspSersor.m_pProcImage.Draw(e.Graphics);
    m_pMachineIo.m_pInspSersor.m_pEMatcher.DrawPositions(e.Graphics);
}
```

⑧ 전체 소스

```csharp
using System;
using System.Windows.Forms;
using Imechatronics;

namespace Ex04
{
    public partial class Form1 : Form
    {
        MachineIo m_pMachineIo;
        public PictureBox m_pPictureBox;

        // 시간 측정
        CpuTimer m_pTimer;

        public Form1()
        {
            InitializeComponent();

            m_pMachineIo = new MachineIo(this);

            // 주소를 저장한다.
            m_pPictureBox = pictureBox1;

            // 시간을 계산할 타이머 객체 생성
            m_pTimer = new CpuTimer();

            // 반복 루프 설정
            timer1.Start();

        }

        private void btnStart_Click(object sender, EventArgs e)
        {
            m_pMachineIo.StateChange(MachineState.MACHINESTATE_START);
        }

        private void btnStop_Click(object sender, EventArgs e)
        {
            m_pMachineIo.StateChange(MachineState.MACHINESTATE_STOP);
        }
```

(계속)

```
//-------------------------------------------
// 각 상태를 처리해 줌
//-------------------------------------------

public void NotifryMachineState(string aState)
{
    label3.Text = aState;
}

public void NotifryInspStorgeState(string aState)
{
    label5.Text = aState;
}

public void NotifryStoreResult(int aTypeA, int aTypeB, int aTypeC, int aTypeBad)
{
    label8.Text = (aTypeA + aTypeB + aTypeC + aTypeBad).ToString();
    label10.Text = aTypeA.ToString();
    label12.Text = aTypeB.ToString();
    label14.Text = aTypeC.ToString();
    label16.Text = aTypeBad.ToString();
}

private void timer1_Tick(object sender, EventArgs e)
{
    m_pMachineIo.InputCollection();
    m_pMachineIo.Update(m_pTimer.Duration());
}

private void Form1_Load(object sender, EventArgs e)
{

}

private void pictureBox1_Paint(object sender, PaintEventArgs e)
{
    // 찾은 위치를 그려 준다.
    m_pMachineIo.m_pInspSersor.m_pProcImage.Draw(e.Graphics);
    m_pMachineIo.m_pInspSersor.m_pEMatcher.DrawPositions(e.Graphics);
}

    }
}
```

(3) MPS 신호 정리

표 7.3 **입력 타입**

디바이스	포트	CW	연동 장비	역할(On)	역할(Off)
1	A	1	워크 센서	워크 센서에 물체가 없을 때	워크 센서에 물체가 있을 때

표 7.4 **출력 타입**

디바이스	포트	CW	연동 장비	역할(On)	역할(Off)
2	A	2	배출기	배출기 전진	배출기 후진
2	A	3	컨베이어	컨베이어 전진	컨베이어 정지

(4) Machine IO 클래스 생성

다음은 MPS 장비를 제어할 Machine IO 클래스를 생성하도록 한다. 이전 MPS 과제에서 설명했던 내용과 겹치는 부분이 많아 간단하게 설명하도록 한다.

① 머신 상태

이전과 같이 머신의 동작 상태와 실제 동작 시 작업 상태에 따른 분류가 들어가 있다.

```
public enum MachineState
{
    MACHINESTATE_INIT,  // 초기화 상태
    MACHINESTATE_START, // 시작신호상태
    MACHINESTATE_PLAY,  // 동작상태
    MACHINESTATE_END,   // 정지 대기 상태
    MACHINESTATE_STOP,  // 정지 상태
}
public enum MachinePlayState
{
    MACHINEPLAYSTATE_NONE,    // 초기화 상태
    MACHINEPLAYSTATE_SENSOR,  // 센서분류 상태
}
```

② 멤버 변수

크게 IO를 제어할 변수들과 검사 결과가 저장 변수, 장비 파트 동작에 대한 변수로 구성되어 있다. 검사 센서와 검사 결과를 저장할 변수는 다른 예제와 다르게 추가된 부분이다.

```
public class MachineIo
{
    public Form1 m_pOwner;
    Io8255 m_pIoDevice;
```

```
// 입력 포트의 Cw를 읽어올 변수
public int[] m_nInputA = new int[8];

// 검사결과를 저장할 변수
int[] m_nInspType;

// 시간 값
double m_fTime;

MachineState m_enMachineState;
MachinePlayState m_enPlayState;

// 각 장비파트에 대한 클래스
StoreEjector m_pStoreEjector;           // 스토어 이젝터
ConveyerBelt m_pConveyerBelt;           // 컨베이어 벨트
InspSensor m_pInspSersor;               // 검사센서
```

③ 생성자

생성자에서는 IO 장비의 세팅 및 작업 객체 생성 검사 결과를 저장할 배열을 생성하였다.

```
public MachineIo(Form1 aOwner)
{
    m_pOwner = aOwner;
    m_pIoDevice = new Io8255( );

    // UCI장비 세팅
    m_pIoDevice.UCIDrvInit( );
    m_pIoDevice.Outputb(3, 0x9B);
    m_pIoDevice.Outputb(7, 0x80);

    // 독립적으로 작동할 작업객체 생성
    m_pStoreEjector = new StoreEjector(this);    // 스토어 이젝터
    m_pConveyerBelt = new ConveyerBelt(this);    // 컨베이어벨트
    m_pInspSersor = new InspSensor(this);        // 검사센서

    m_nInspType = new int[4] { 0, 0, 0, 0 };
}
```

④ 상태 변경 메소드

MPS 워크피스 검사 예제의 상태 변경 메소드와 같다. 다른 비전 검사를 위해 Play 상태로 변경 시 컨베이어 벨트를 멈추고 검사 이후에 컨베이어 벨트를 작동할 수 있도록 프로그램을 수정하였다.

```
// 상태변경
public void StateChange(MachineState aState)
{
```

```
        // 스탑 상태일때 바뀔수 있도록
    if (aState == MachineState.MACHINESTATE_START)
    {
        // 배출기가 정지상태일때 종료상태로 변경한다.
        if (m_pStoreEjector.m_enStoreState == StoreState.STORESTATE_NORMAL )
        {
            // 검사갯수를 초기화
            for (int Index = 0; Index < 4; ++Index)
            {
                m_nInspType[Index] = 0;
            }
            // 플레이상태로 상태변경
            StateChange(MachineState.MACHINESTATE_PLAY);
        }
        else
        {
            // 종료상태로 상태변경
            StateChange(MachineState.MACHINESTATE_STOP);
        }
    }

    if (aState == MachineState.MACHINESTATE_PLAY)
    {
        // 장치들을 리셋한다.
        m_pStoreEjector.Reset();            // 스토어 이젝터
        m_pInspSersor.Reset();              // 검사센서

        // 초기화 코드를 실행
        m_fTime = 0.0f;
        m_pStoreEjector.ChangeState(StoreEjectorState.STOREEJECTORSTATE_EMIT);
        m_pConveyerBelt.ChangeState(ConveryorState.CONVERYORSTATE_STOP);

        // 2. 머신을 시작상태로 변경
        m_enPlayState = MachinePlayState.MACHINEPLAYSTATE_NONE;
        m_enMachineState = MachineState.MACHINESTATE_PLAY;
        m_pOwner.NotifryMachineState("머신 작동");
    }
    else if (aState == MachineState.MACHINESTATE_END)
    {
        m_pOwner.NotifryMachineState("머신 종료대기");

        // 센서가 비었으면 종료상태를 저장하고 아니라면 다시 머신을 작동한다.
        if (m_pStoreEjector.m_enStoreState == StoreState.STORESTATE_EMPTY)
        {
            m_fTime = 0.0;
            m_enMachineState = MachineState.MACHINESTATE_END;
        }
        else
        {
            StateChange(MachineState.MACHINESTATE_PLAY);
        }
    }
    else if (aState == MachineState.MACHINESTATE_STOP)
    {
        m_pOwner.NotifryMachineState("머신 종료");
        m_enMachineState = MachineState.MACHINESTATE_STOP;
        m_pStoreEjector.ChangeState(StoreEjectorState.STOREEJECTORSTATE_STOP);
        m_pConveyerBelt.ChangeState(ConveryorState.CONVERYORSTATE_STOP);
    }
}
```

⑤ IO 변경 관련 메소드

현재 물품 배출기와 컨베이어 벨트의 동작을 갱신하고 있다.

```
public void StateCalc( )
{
    // 초기 상태
    byte m_nState1 = 0x00;

    // 각 장치의 상태를 받아온다.
    m_nState1 += m_pStoreEjector.GetStateCode( );
    m_nState1 += m_pConveyerBelt.GetStateCode( );

    m_pIoDevice.Outputb(4, m_nState1);
    Thread.Sleep(10);
}
```

⑥ Update() 메소드

수행 순서는 배출 후 일정 시간이 지나면 비전 검사를 통해 워크피스의 타입을 판별하고 이후 다음 워크피스가 있으면 검사, 없으면 종료하는 코드이다.

```
// 상태에 따른 변화
public void Update(double aTime)
{
    // 모든 장비를 업데이트 한다.
    m_pStoreEjector.Update(aTime);

    // 시간을 기록한다.
    m_fTime += aTime;
    if (m_enMachineState == MachineState.MACHINESTATE_PLAY)
    {
        if (m_fTime > 2.0)
        {
            // 비전검사를 수행한다.
            if (m_enPlayState == MachinePlayState.MACHINEPLAYSTATE_NONE)
            {
                // 검사를 수행한다.
                m_pInspSersor.Inspect( );
                ++m_nInspType[(int)m_pInspSersor.m_enObjectState];
                m_pOwner.NotifryStoreResult(m_nInspType[0], m_nInspType[01]
                    , m_nInspType[2], m_nInspType[3]);

                // 컨테이너를 작동한다.
                m_pConveyerBelt.ChangeState(ConveryorState.CONVERYORSTATE_PLAY);
                m_enPlayState = MachinePlayState.MACHINEPLAYSTATE_SENSOR;
                m_fTime = 0.0;

            }

            else if (m_enPlayState == MachinePlayState.MACHINEPLAYSTATE_SENSOR)
            {
```

```
                    if (m_fTime > 5.0)
                    {
                        // 정지상태로 변경한다.
                        StateChange(MachineState.MACHINESTATE_END);
                    }
                }
            }
        }
        // 정지상태 동작
        else if (m_enMachineState == MachineState.MACHINESTATE_END)
        {
            if (m_fTime > 5.0)
            {
                StateChange(MachineState.MACHINESTATE_STOP);
            }
        }
    }
}
```

⑦ 전체 코드

Machine IO 클래스의 전체 코드이다.

```
using Imechatronics.IoDevice;
using System.Threading;
using System.Collections;

namespace Ex04
{

    // 머신의 상태
    public enum MachineState
    {
        MACHINESTATE_INIT,          // 초기화 상태
        MACHINESTATE_START,         // 시작 신호 상태
        MACHINESTATE_PLAY,          // 동작 상태
        MACHINESTATE_END,           // 정지 대기 상태
        MACHINESTATE_STOP,          // 정지 상태
    }

    public enum MachinePlayState
    {
        MACHINEPLAYSTATE_NONE,          // 초기화 상태
        MACHINEPLAYSTATE_SENSOR,        // 센서 분류 상태
    }
```

(계속)

```
public class MachineIo
{
    public Form1 m_pOwner;
    Io8255 m_pIoDevice;

    // 입력 포트의 CW를 읽어올 변수
    public int[] m_nInputA = new int[8];

    // 검사 결과를 저장할 변수
    int[] m_nInspType;

    // 시간값
    double m_fTime;

    MachineState m_enMachineState;
    MachinePlayState m_enPlayState;

    // 각 장비 파트에 대한 클래스
    StoreEjector m_pStoreEjector;                   // 스토어 이젝터
    ConveyerBelt m_pConveyerBelt;                   // 컨베이어 벨트
    public InspSensor m_pInspSersor;                // 검사 센서

    public MachineIo(Form1 aOwner)
    {
        m_pOwner = aOwner;
        m_pIoDevice = new Io8255();

        // UCI 장비 세팅
        m_pIoDevice.UCIDrvInit();
        m_pIoDevice.Outputb(3, 0x9B);
        m_pIoDevice.Outputb(7, 0x80);

        // 독립적으로 작동할 작업 객체 생성
        m_pStoreEjector = new StoreEjector(this);       // 스토어 이젝터
        m_pConveyerBelt = new ConveyerBelt(this);       // 컨베이어 벨트
        m_pInspSersor = new InspSensor(this);           // 검사 센서

        m_nInspType = new int[4] { 0, 0, 0, 0 };
    }

    // 상태 변경
    public void StateChange(MachineState aState)
```

(계속)

```
{
    // 스톱 상태일 때 바뀔 수 있도록
    if (aState == MachineState.MACHINESTATE_START)
    {
        // 배출기가 정지 상태일 때 종료  상태로 변경한다.
        if (m_pStoreEjector.m_enStoreState == StoreState.STORESTATE_NORMAL)
        {
            // 검사 개수 초기화
            for (int Index = 0; Index < 4; ++Index)
            {
                m_nInspType[Index] = 0;
            }
            // 플레이 상태로 상태 변경
            StateChange(MachineState.MACHINESTATE_PLAY);
        }
        else
        {
            // 종료 상태로 상태 변경
            StateChange(MachineState.MACHINESTATE_STOP);
        }
    }
    if (aState == MachineState.MACHINESTATE_PLAY)
    {
        // 장치들을 리셋한다.
        m_pStoreEjector.Reset();        // 스토어 이젝터
        m_pInspSersor.Reset();          // 검사 센서

        // 초기화 코드 실행
        m_fTime = 0.0f;
        m_pStoreEjector.ChangeState(StoreEjectorState.STOREEJECTORSTATE_EMIT);
        m_pConveyerBelt.ChangeState(ConveryorState.CONVERYORSTATE_STOP);

        // 2. 머신을 시작 상태로 변경
        m_enPlayState = MachinePlayState.MACHINEPLAYSTATE_NONE;
        m_enMachineState = MachineState.MACHINESTATE_PLAY;
        m_pOwner.NotifryMachineState("머신 작동");
    }
    else if (aState == MachineState.MACHINESTATE_END)
    {
        m_pOwner.NotifryMachineState("머신 종료 대기");

        // 센서가 비었으면 종료 상태를 저장하고 아니라면 다시 머신을 작동한다.
```

(계속)

```
                    if (m_pStoreEjector.m_enStoreState == StoreState.STORESTATE_EMPTY)
                    {
                        m_fTime = 0.0;
                        m_enMachineState = MachineState.MACHINESTATE_END;
                    }
                    else
                    {
                        StateChange(MachineState.MACHINESTATE_PLAY);
                    }
            }
            else if (aState == MachineState.MACHINESTATE_STOP)
            {
                m_pOwner.NotifryMachineState("머신 종료");
                m_enMachineState = MachineState.MACHINESTATE_STOP;
                m_pStoreEjector.ChangeState(StoreEjectorState.STOREEJECTORSTATE_STOP);
                m_pConveyerBelt.ChangeState(ConveryorState.CONVERYORSTATE_STOP);
            }
        }


        public void StateCalc()
        {
            // 초기 상태
            byte m_nState1 = 0x00;

            // 각 장치의 상태를 받아온다.
            m_nState1 += m_pStoreEjector.GetStateCode();
            m_nState1 += m_pConveyerBelt.GetStateCode();

            m_pIoDevice.Outputb(4, m_nState1);
            Thread.Sleep(10);
        }


        // 상태에 따른 변화
        public void Update(double aTime)
        {
            // 모든 장비를 업데이트 한다.
            m_pStoreEjector.Update(aTime);

            // 시간을 기록한다.
            m_fTime += aTime;
            if (m_enMachineState == MachineState.MACHINESTATE_PLAY)
            {
```

(계속)

```
            if (m_fTime > 2.0)
            {
                // 비전 검사를 수행한다.
                if (m_enPlayState == MachinePlayState.MACHINEPLAYSTATE_NONE)
                {
                    // 검사를 수행한다.
                    m_pInspSersor.Inspect();
                    ++m_nInspType[(int)m_pInspSersor.m_enObjectState];
                    m_pOwner.NotifryStoreResult(m_nInspType[0], m_nInspType[01]
                        , m_nInspType[2], m_nInspType[3]);

                    // 컨테이너를 작동한다.
                    m_pConveyerBelt.ChangeState(ConveryorState.CONVERYORSTATE_PLAY);
                    m_enPlayState = MachinePlayState.MACHINEPLAYSTATE_SENSOR;
                    m_fTime = 0.0;

                }
                else if (m_enPlayState == MachinePlayState.MACHINEPLAYSTATE_SENSOR)
                {
                    if (m_fTime > 5.0)
                    {
                        // 정지 상태로 변경한다.
                        StateChange(MachineState.MACHINESTATE_END);
                    }
                }
            }
        }
        // 정지 상태 동작
        else if (m_enMachineState == MachineState.MACHINESTATE_END)
        {
            if (m_fTime > 5.0)
            {
                StateChange(MachineState.MACHINESTATE_STOP);
            }
        }
    }

    //
    public void InputCollection()
    {
        int Temp;
        Temp = m_pIoDevice.Inputb(0);
```

(계속)

```
                m_nInputA = m_pIoDevice.ConvetByteToBit(Temp);
        }
    }
}
```

(5) 비전 검사를 수행할 InspSensor 클래스 수정

다음은 비전 검사를 수행할 InspSensor 클래스를 수정해 보도록 한다.

① 상태 열거형

추가된 상태 열거형은 배출기의 상태를 표현하는 열거형이 추가되었다.

```
public enum ObjectCheckState
{
    OBJECTTYPE_A,
    OBJECTTYPE_B,
    OBJECTTYPE_C,
    OBJECTTYPE_D,
}
```

② 멤버 변수와 생성자 선언

패턴 매칭 관련 OpenEvision 객체와 검사할 위치를 찾을 패턴과 카메라의 이미지를 촬상할 카메라 객체를 선언해 준다.

```
public class InspSensor
{
    MachineIo m_pOwner;
    public ObjectCheckState m_enObjectState;

    // 패턴매칭 관련
    public EMatcher m_pEMatcher;
    EImageC24 m_pBgImage;
    EImageBW8[] m_pLearnImage;

    // 카메라와 촬상이미지 버퍼
    Camera m_pCamera;
    EImageC24 m_pGrabBuf;
    EImageC24 m_pPatternImage;
    public EImageBW8 m_pProcImage;
}
```

생성자에서 카메라를 생성하고 이미지를 받아올 촬상 버퍼를 선언한다. 이후 매칭 검사에 필요한 객체와 학습할 이미지, 검사 영역을 찾기 위한 패턴을 불러온다.

```
public InspSensor(Machinelo aOwner)
{
    // 카메라를 연결하고 받아올 버퍼를 만든다.
    m_pCamera = new Camera("192.168.10.11", "192.168.10.30");
    m_pGrabBuf = new ElmageC24(1360, 1040);

    // 매칭 객체를 생성
    m_pEMatcher = new EMatcher( );

    // 검사이미지를 생성
    m_pBgImage = new ElmageC24( );

    // 이미지 변환을 위한 버퍼 생성
    m_pPatternImage = new ElmageC24( );
    m_pProcImage = new ElmageBW8( );

    // 학습할 이미지를 불러온다.
    m_pLearnImage = new ElmageBW8[3];
    m_pLearnImage[0] = new ElmageBW8( );
    m_pLearnImage[0].Load("../../../../Resource/Ex3/Pat01.bmp");
    m_pLearnImage[1] = new ElmageBW8( );
    m_pLearnImage[1].Load("../../../../Resource/Ex3/Pat02.bmp");
    m_pLearnImage[2] = new ElmageBW8( );
    m_pLearnImage[2].Load("../../../../Resource/Ex3/Pat03.bmp");

    m_pOwner = aOwner;
    m_enObjectState = ObjectCheckState.OBJECTTYPE_D;
}
```

③ 검사 수행

먼저 필요한 이미지를 촬상받고 촬상한 이미지에서 실제로 검사할 영역만 추려 내게 된다. 이렇게 검사할 이미지만 추출하는 이유는 검사에 필요한 부위만 찾아서 다른 부위에 영향을 받지 않기 위해서이다. 그림 7.29와 같이 검사에 필요한 부분만 추출한다.

그림 7.29

이후 패턴 매칭 검사를 통해서 워크피스를 구분해 내게 된다.

```
// 토큰 변경 결과를 확인한다.
public void Inspect( )
{
    // 이미지를 촬상하고 받아온다.
    m_pCamera.Grab(m_pGrabBuf);

    // 촬상한 이미지에서 검사영역만 구한다.
    m_enObjectState = ObjectCheckState.OBJECTTYPE_D;

    if (VisionUtil.SortInspImage(m_pGrabBuf, m_pPatternImage, ref m_pBgImage))
    {
```

```
                //받아온 이미지를 모노이미지로 변환
                m_pProcImage.SetSize(m_pBgImage.Width, m_pBgImage.Height);
                EasyImage.Convert(m_pBgImage, m_pProcImage);


                // 1. 이미지를 촬상한다.
                for (int Index = 0; Index < 3; ++Index)
                {
                    // 패턴을 학습한다. // 패턴 매칭을 실시한다.
                    m_pEMatcher.LearnPattern(m_pLearnImage[Index]);
                    m_pEMatcher.MinScore = 0.9f;
                    m_pEMatcher.MinScale = 0.8f;
                    m_pEMatcher.MaxScale = 1.2f;
                    m_pEMatcher.MinAngle = 0;
                    m_pEMatcher.MaxAngle = 200;
                    m_pEMatcher.Match(m_pProcImage);

                    // 찾은 오브젝트로 초기화 한다.
                    if (m_pEMatcher.NumPositions == 1)
                    {
                        m_enObjectState = (ObjectCheckState)Index;
                        m_pOwner.m_pOwner.m_pPictureBox.Invalidate();
                        break;
                    }
                }
            }
        }
    }
```

④ 전체 소스

```
using Euresys.Open_eVision_1_2;
using System;
using System.Collections;
using Imechatronics;

namespace Ex04
{
    public enum ObjectCheckState
    {
        OBJECTTYPE_A,
        OBJECTTYPE_B,
        OBJECTTYPE_C,
        OBJECTTYPE_D,
    }

    public class InspSensor
    {
```

(계속)

```
        OBJECTTYPE_A,
        OBJECTTYPE_B,
        OBJECTTYPE_C,
        OBJECTTYPE_D,
    }

public class InspSensor
{
    MachineIo m_pOwner;
    public ObjectCheckState m_enObjectState;

    // 패턴 매칭 관련
    public EMatcher m_pEMatcher;
    EImageC24 m_pBgImage;
    EImageBW8[] m_pLearnImage;

    // 카메라와 촬상 이미지 버퍼
    Camera m_pCamera;
    EImageC24 m_pGrabBuf;
    EImageC24 m_pPatternImage;
    public EImageBW8 m_pProcImage;

    public InspSensor(MachineIo aOwner)
    {
        // 카메라를 연결하고 받아올 버퍼를 만든다.
        m_pCamera = new Camera("192.168.10.11", "192.168.10.30");
        m_pGrabBuf = new EImageC24(1360, 1040);

        // 매칭 객체를 생성
        m_pEMatcher = new EMatcher();

        // 검사 이미지를 생성
        m_pBgImage = new EImageC24();

        // 이미지 변환을 위한 버퍼 생성
        m_pPatternImage = new EImageC24();
        m_pProcImage = new EImageBW8();

        // 학습할 이미지를 불러온다.
        m_pLearnImage = new EImageBW8[3];
        m_pLearnImage[0] = new EImageBW8();
        m_pLearnImage[0].Load("../../../../Resource/Ex3/Pat01.bmp");
```

(계속)

```csharp
        m_pLearnImage[1] = new EImageBW8();
        m_pLearnImage[1].Load("../../../../Resource/Ex3/Pat02.bmp");
        m_pLearnImage[2] = new EImageBW8();
        m_pLearnImage[2].Load("../../../../Resource/Ex3/Pat03.bmp");

        m_pOwner = aOwner;
        m_enObjectState = ObjectCheckState.OBJECTTYPE_D;
    }

    // 워크피스 상태를 리셋한다.
    public void Reset()
    {
        m_enObjectState = ObjectCheckState.OBJECTTYPE_D;
        m_pOwner.StateCalc();
    }

    // 워크피스 변경 결과를 확인한다.
    public void Inspect()
    {
        // 이미지를 촬상하고 받아온다.
        m_pCamera.Grab(m_pGrabBuf);

        // 촬상한 이미지에서 검사 영역만 구한다.
        m_enObjectState = ObjectCheckState.OBJECTTYPE_D;

        if (VisionUtil.SortInspImage(m_pGrabBuf, m_pPatternImage, ref m_pBgImage))
        {
            //받아온 이미지를 모노 이미지로 변환
            m_pProcImage.SetSize(m_pBgImage.Width, m_pBgImage.Height);
            EasyImage.Convert(m_pBgImage, m_pProcImage);

            // 1. 이미지를 촬상한다.
            for (int Index = 0; Index < 3; ++Index)
            {
                // 패턴을 학습한다. // 패턴 매칭을 실시한다.
                m_pEMatcher.LearnPattern(m_pLearnImage[Index]);
                m_pEMatcher.MinScore = 0.9f;
                m_pEMatcher.MinScale = 0.8f;
                m_pEMatcher.MaxScale = 1.2f;
                m_pEMatcher.MinAngle = 0;
                m_pEMatcher.MaxAngle = 200;
                m_pEMatcher.Match(m_pProcImage);
```

(계속)

```
                // 찾은 오브젝트로 초기화한다.
                if (m_pEMatcher.NumPositions == 1)
                {
                    m_enObjectState = (ObjectCheckState)Index;
                    m_pOwner.m_pOwner.m_pPictureBox.Invalidate();
                    break;
                }
            }
        }
    }
}
```

3 Image Blob

1. 개요

이번에는 OpenEvision의 Easy Blob 기능을 이용하여 다른 명도의 픽셀값을 한 개의 물체로 취급하여 검색하는 부분에 대해서 설명하도록 한다. 먼저 Blob 분석이 필요한 이유는 물체에서 조명을 이용하여 흠집이라든지 돌출 부분의 불량을 잡아 내기 위해서 사용되고 있다. 이번 설명 예제에서는 흑백의 예제 이미지를 통해서 이미지 Blob을 설명하도록 한다.

그림 7.30 인접한 픽셀값을 이용하여 물체를 판별

2. 명암값을 이용하여 이진 이미지 만들기

그림 7.30의 이미지 사각형 영역은 명암에서 차이가 발생한다. 머신 비전에서는 이미지를 0～255의 숫자로 명암을 표시하고 있고, 컬러는 RGB의 3개의 채널에 각각의 명암값을 가지고 있고 모노 이미지는 1개의 채널에 명암값을 가지고 있다. 이번 예제에서는 수치화된 명암값을 경계를 이용하여 흑백의 이진 이미지를 만드는 예제를 진행하도록 한다.

① 처음 시작할 작업은 프로젝트를 생성하고, 참조 라이브러리를 추가하고, 내용을 삽입하는 것이다. 그리고 배경 이미지와 이진화 이미지를 저장할 이미지 객체를 선언한다.

```
using System;
using System.Windows.Forms;
using Euresys.Open_eVision_1_2;


namespace Ex01
{
    public partial class Form1 : Form
    {
        //
        EImageBW8 m_pBgImage;
        EImageBW8 m_pProcImage;
```

② 이후 생성자에서 분석할 이미지를 불러오고, 이진 연산을 할 버퍼를 생성하고, CopyTo 메소드를 이용하여 해당 이미지를 복사한다. Pucture 박스 내용을 갱신하기 위해 Invalidate() 메소드를 호출한다.

```
public Form1()
{
    InitializeComponent();

    m_pBgImage = new EImageBW8();
    m_pBgImage.Load("../../../../Resource/Ex4/Threshold.bmp");

    m_pProcImage = new EImageBW8();
    m_pBgImage.CopyTo(m_pProcImage);

    pictureBox1.Invalidate();

}
```

③ 이후 변환 버튼을 클릭하여 사용자가 설정한 이진화 경계값을 계산하여 해당 수치보다 낮은 명암은 흑색(0) 높은 명암은 백색(255)으로 변환해 준다.

```
private void button1_Click(object sender, EventArgs e)
{
    // 파라메타를 설정한다.
    int Value = Convert.ToInt32(numericUpDown1.Value);
    EasyImage.Threshold(m_pBgImage, m_pProcImage, Value);

    // 다시 그린다.
    pictureBox1.Invalidate();
}
```

④ 검사된 위치를 화면에 출력하기 위해 Picture 박스에 paint 이벤트를 등록하여 변환된 이진 이미지를 그리고 있다.

```
private void pictureBox1_Paint(object sender, PaintEventArgs e)
{
    m_pProcImage.Draw(e.Graphics);
}
```

⑤ 프로젝트를 실행하면 다음과 같은 결과 화면을 볼 수 있다.

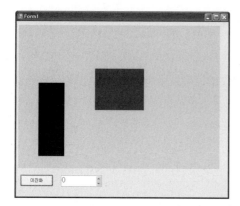 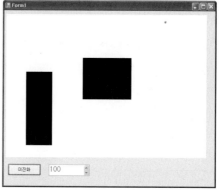

그림 7.31

3. 이진화된 이미지 Blob 처리

다음은 변경된 이진화 이미지를 이용하여 Blob 처리를 해 보는 예제를 진행하도록 한다. 이진화 작업은 이미지 프로세싱이라면 Blob 처리는 이미지에서 해당 결과를 측정해 내기 위한 과정이다.

① 처음 시작할 작업은 프로젝트를 생성하고, 참조 라이브러리를 추가하고, 내용을 삽입하는 것이다. 그리고 블롭 처리를 위한 EImageEncoder ECodedImage2, EObjectSelection 클래스 객체와 이미지를 저장할 객체를 생성한다.

```
using System;
using System.Windows.Forms;
using Euresys.Open_eVision_1_2;

namespace Ex02
{
    public partial class Form1 : Form
    {
        // 이미지 블럭을 위한 객체
        EImageEncoder m_pEncoder;
        ECodedImage2 m_pObject;
        EObjectSelection m_pObjectSelection;

        // 이미지를 저장할 객체
        EImageBW8 m_pBgImage;
```

② 이후 생성자에서 배경 이미지를 저장할 객체를 생성하고 읽어온다. 이후 Object 처리에 필요
한 객체를 생성한다.

```
    public Form1()
    {
        InitializeComponent();

        // 배경이미지를 불러온다.
        m_pBgImage = new EImageBW8();
        m_pBgImage.Load("../../../../Resource/Ex4/Blob.bmp");

        // 옵션을 정한다.
        m_pEncoder = new EImageEncoder();
        //
        m_pObject = new ECodedImage2();

        //
        m_pObjectSelection = new EObjectSelection();

        //
        pictureBox1.Invalidate();
    }
```

③ 이후 블롭화 버튼을 클릭하여 블롭을 처리하게 된다. 여기서 필요한 부분은 추출할 오브젝트
가 흑색인지 백색인지를 지정하고 검사를 수행하기 전 이진화하기 위한 경계값을 선언 이후
만들어진 이진 이미지를 이용하여 블롭을 추출한다.

```
    private void button1_Click(object sender, EventArgs e)
    {
        // 전경색을 정한다.
        m_pEncoder.GrayscaleSingleThresholdSegmenter.BlackLayerEncoded = true;
        m_pEncoder.GrayscaleSingleThresholdSegmenter.WhiteLayerEncoded = false;

        // 이진화를 수행할 파라메타를 정한다..
```

```
    int Value = Convert.ToInt32(numericUpDown1.Value);
    m_pEncoder.GrayscaleSingleThresholdSegmenter.Mode = EGrayscaleSingleThreshold.Absolute;
    m_pEncoder.GrayscaleSingleThresholdSegmenter.AbsoluteThreshold = Value;

    // 배경을 엔코딩하여 오브젝트를 추출한다..
    m_pEncoder.Encode(m_pBgImage, m_pObject);

    // 오브젝트를 화면에 출력할 객체를 설정한다.
    m_pObjectSelection.AttachedImage = m_pBgImage;
    m_pObjectSelection.Clear();
    m_pObjectSelection.AddObjects(m_pObject);

    // 내용을 그린다.|
    pictureBox1.Invalidate();
}
```

④ 화면을 그릴 때 찾은 블롭 개수만큼 반복하면서 해당 위치를 그리고 있다.

```
private void pictureBox1_Paint(object sender, PaintEventArgs e)
{
    m_pBgImage.Draw(e.Graphics);

    // 해당 오브젝트들을 화면에 그린다.
    for (int Index = 0; Index < m_pObjectSelection.ElementCount; ++Index)
    {
        ECodedElement Element = m_pObjectSelection.GetElement(Index);
        m_pObject.DrawObjectFeature(e.Graphics, EDrawableFeature.BoundingBox,Index);
    }
}
```

⑤ 프로젝트를 실행하면 다음과 같은 결과 화면을 볼 수 있다.

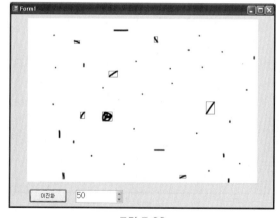

그림 7.32

4. 검사된 블롭을 해당 조건으로 검색하기

다음은 검사된 블롭을 해당 조건에 맞추어 추출할 수 있도록 한다. 추출된 블롭은 블롭의 넓이, 높이, 인접한 픽셀 크기, 등의 요소를 가지고 있다. 그 요소에 맞는 조건에 블롭을 추출하도록 한다. 이전 부분과 예제가 같기 때문에 추가된 부분만 설명하도록 한다.

① 찾은 블롭의 결과를 보여 주는 부분에서 해당 블롭의 면적값이 기준보다 큰 경우만 화면에 보여 줄 수 있도록 변경하였다.

```
private void pictureBox1_Paint(object sender, PaintEventArgs e)
{
    // 최소 Area값을 받아온다.
    int Value = Convert.ToInt32(numericUpDown2.Value);

    m_pBgImage.Draw(e.Graphics);

    // 해당 오브젝트들을 화면에 그린다.
    for (int Index = 0; Index < m_pObjectSelection.ElementCount; ++Index)
    {
        ECodedElement Element = m_pObjectSelection.GetElement(Index);

        // 해당 블럭의 면적값이 기준보다 클경우만 보여준다.
        if (Element.Area > Value)
        {
            m_pObject.DrawObjectFeature(e.Graphics, EDrawableFeature.BoundingBox, Index);
        }
    }
}
```

② 프로젝트를 실행하면 그림 7.33과 같은 결과 화면을 볼 수 있다.

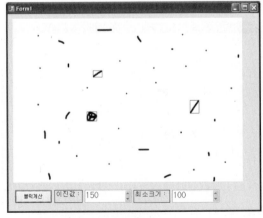

그림 7.33

5. 미니 MPS 장비 테스트

다음은 MPS 장비와 연결되어서 테스트할 수 있도록 해 본다. 비전 검사를 통해 해당 물체를 판별하도록 한다. 패턴 매칭과 똑같은 내용이어서 생성에 대한 부분은 설명하지 않고, 비전 검사 클래스만 설명하도록 한다.

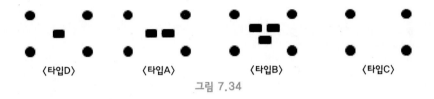

그림 7.34

(1) 비전 검사를 수행할 InspSensor 클래스 수정

다음은 비전 검사를 수행할 InspSensor 클래스를 수정해 보도록 한다.

① 멤버 변수와 생성자 선언

패턴 매칭 관련 OpenEvision 객체와 검사할 위치를 찾을 패턴과 카메라의 이미지를 촬상할 카메라 객체, 오브젝트 블롭을 사용하기 위한 객체를 선언해 준다.

```
class InspSensor
{
    MachineIo m_pOwner;
    public ObjectCheckState m_enObjectState;

    // 이미지 블럭을 위한 객체
    EImageEncoder m_pEncoder;
    ECodedImage2 m_pObject;
    EObjectSelection m_pObjectSelection;

    // 이미지를 저장할 객체
    EImageC24 m_pBgImage;
    public EImageBW8 m_pProcImage;


    // 카메라에서 그랩할 이미지
    Camera m_pCamera;
    EImageC24 m_pPatternImage;
    EImageC24 m_pGrabBuf;
```

생성자에서 카메라를 생성하고 이미지를 받아올 촬상 버퍼를 선언한다. 이후 오브젝트 블롭을 위한 객체를 생성한다.

```
public InspSensor(Machinelo aOwner)
{
    // 카메라를 연결하고 받아올 버퍼를 만든다.
    m_pCamera = new Camera("192.168.10.11", "192.168.10.30");
    m_pGrabBuf = new ElmageC24(1360, 1040);
    m_pPatternImage = new ElmageC24( );
    m_pBgImage = new ElmageC24( );
    m_pProcImage = new ElmageBW8( );


    // 블랍을 위한 객체를 초기화 한다.
    m_pEncoder = new ElmageEncoder( );
    m_pObject = new ECodedImage2( );
    m_pObjectSelection = new EObjectSelection( );


    m_pOwner = aOwner;
    m_enObjectState = ObjectCheckState.OBJECTTYPE_D;
}
```

③ 검사 수행

패턴 매칭 예제와 같이 검사에 필요한 위치만 찾고 오브젝트 블롭을 수행하여 필요한 타입과
같은 오브젝트 개수를 찾는다.

```
// 토큰 변경 결과를 확인한다.
public void Inspect()
{
    // 이미지를 촬상하고 받아온다.
    m_pCamera.Grab(m_pGrabBuf);

    // 찰상한 이미지에서 검사영역만 구한다.
    m_enObjectState = ObjectCheckState.OBJECTTYPE_D;

    if (VisionUtil.SortInspImage(m_pGrabBuf, m_pPatternImage, ref m_pBgImage))
    {
        // 얻어온 이미지를 변환한다.
        m_pProcImage.SetSize(m_pBgImage.Width, m_pBgImage.Height);
        EasyImage.Convert(m_pBgImage, m_pProcImage );

        // 전경색을 정한다.
        m_pEncoder.GrayscaleSingleThresholdSegmenter.BlackLayerEncoded = true;
        m_pEncoder.GrayscaleSingleThresholdSegmenter.WhiteLayerEncoded = false;

        // 이진화를 수행할 파라메타를 정한다..
        m_pEncoder.GrayscaleSingleThresholdSegmenter.Mode = EGrayscaleSingleThreshold.Absolute;
        m_pEncoder.GrayscaleSingleThresholdSegmenter.AbsoluteThreshold = 100;

        // 배경을 엔코딩하여 오브젝트를 추출한다..
        m_pEncoder.Encode(m_pProcImage, m_pObject);

        // 오브젝트를 화면에 출력할 객체를 설정한다.
        m_pObjectSelection.Clear();
        m_pObjectSelection.AddObjects(m_pObject);
```

```
            // 계산된 블럭의 갯수만큼 타입을 설정한다.
            int Count = m_pObjectSelection.ElementCount;
            if( Count > 0 && Count < 4 )
            {
                m_enObjectState = (ObjectCheckState)Count;
            }
        }
    }
```

④ 전체 소스는 다음과 같다.

```csharp
using Euresys.Open_eVision_1_2;
using System;
using System.Collections;
using Imechatronics;

namespace Ex04
{
    public enum ObjectCheckState
    {
        OBJECTTYPE_A,
        OBJECTTYPE_B,
        OBJECTTYPE_C,
        OBJECTTYPE_D,
    }

    class InspSensor
    {
        MachineIo m_pOwner;
        public ObjectCheckState m_enObjectState;

        // 이미지 블롭을 위한 객체
        EImageEncoder m_pEncoder;
        ECodedImage2 m_pObject;
        EObjectSelection m_pObjectSelection;

        // 이미지를 저장할 객체
        EImageC24 m_pBgImage;
        public EImageBW8 m_pProcImage;

        // 카메라에서 그랩할 이미지
        Camera m_pCamera;
```

(계속)

```
EImageC24  m_pPatternImage;
EImageC24  m_pGrabBuf;

public InspSensor(MachineIo aOwner)
{
    // 카메라를 연결하고 받아올 버퍼를 만든다.
    m_pCamera = new Camera("192.168.10.11", "192.168.10.30");
    m_pGrabBuf = new EImageC24(1360, 1040);
    m_pPatternImage = new EImageC24();
    m_pBgImage = new EImageC24();
    m_pProcImage = new EImageBW8();

    // 블롭을 위한 객체를 초기화한다.
    m_pEncoder = new EImageEncoder();
    m_pObject = new ECodedImage2();
    m_pObjectSelection = new EObjectSelection();

    m_pOwner = aOwner;
    m_enObjectState = ObjectCheckState.OBJECTTYPE_D;
}

// 워크피스 상태를 리셋한다.
public void Reset()
{
    m_enObjectState = ObjectCheckState.OBJECTTYPE_D;
    m_pOwner.StateCalc();
}

// 워크피스 변경 결과를 확인한다.
public void Inspect()
{
    // 이미지를 촬상하고 받아온다.
    m_pCamera.Grab(m_pGrabBuf);

    // 촬상한 이미지에서 검사 영역만 구한다.
    m_enObjectState = ObjectCheckState.OBJECTTYPE_D;

    if (VisionUtil.SortInspImage(m_pGrabBuf, m_pPatternImage, ref m_pBgImage))
    {
        // 얻어온 이미지를 변환한다.
        m_pProcImage.SetSize(m_pBgImage.Width, m_pBgImage.Height);
        EasyImage.Convert(m_pBgImage, m_pProcImage );
```

(계속)

```
        // 전경 색을 정한다.
        m_pEncoder.GrayscaleSingleThresholdSegmenter.BlackLayerEncoded = true;
        m_pEncoder.GrayscaleSingleThresholdSegmenter.WhiteLayerEncoded = false;

        // 이진화를 수행할 파라미터를 정한다.
        m_pEncoder.GrayscaleSingleThresholdSegmenter.Mode = EGrayscaleSingleThr-
        eshold.Absolute;
        m_pEncoder.GrayscaleSingleThresholdSegmenter.AbsoluteThreshold = 100;

        // 배경을 엔코딩하여 오브젝트를 추출한다.
        m_pEncoder.Encode(m_pProcImage, m_pObject);

        // 오브젝트를 화면에 출력할 객체를 설정한다.
        m_pObjectSelection.Clear();
        m_pObjectSelection.AddObjects(m_pObject);

        // 계산된 블롭의 개수만큼 타입을 설정한다.
        int Count = m_pObjectSelection.ElementCount;
        if( Count > 0 && Count < 4 )
        {
            m_enObjectState = (ObjectCheckState)Count;
        }
    }
  }
 }
}
```

1. 개요

이번에는 이미지의 컬러값을 분리하고 컬러값을 이용하여 물체의 특징을 찾아 검사해 보도록 한다.

2. 컬러 이미지의 RGB 버퍼 채널 분리

프로젝트 실행 결과의 이미지를 보면 사각형 영역의 명암에서 차이를 확인할 수 있다. 머신 비전에서는 이미지를 0~255의 숫자로 명암을 표시하고 있고, 컬러는 RGB의 3개 채널에 각각의 명암값을 가지고 있으며, 모노 이미지는 1개의 채널에 명암값을 가지고 있다. 이번 예제에서는 채널을 분리하고 화면에 출력해 보도록 한다.

① 처음 시작할 작업은 프로젝트를 생성하고, 참조 라이브러리를 추가하고, 내용을 삽입하는 것이다. 그리고 배경 이미지와 해당 배경 이미지를 분리할 레드, 블루, 그린 버퍼를 선언한다.

```csharp
using System;
using System.Windows.Forms;
using Euresys.Open_eVision_1_2;
using System.Runtime.InteropServices;

namespace Ex01
{
    public partial class Form1 : Form
    {
        EImageC24 m_pBg;
        EImageC24 m_pProcBg;
        EImageBW8 m_pRedBuf;
        EImageBW8 m_pGreenBuf;
        EImageBW8 m_pBlueBuf;
```

② 이후 생성자에서 불러온 이미지 크기와 같은 각 채널별 이미지 버퍼를 생성한다. 이후 DivisionBuf() 메소드를 이용하여 각 채널별 버퍼를 분리한다.
③ DivisionBuf 메소드는 해당 크기만큼 반복하면서 각 픽셀의 R,G,B 값을 각 버퍼에 분리한다.

```csharp
private void DivisionBuf( EImageC24 aSrcImg, EImageBW8 aRed, EImageBW8 aGreen, EImageBW8 aBlue )
{
    Byte Red, Green, Blue;
    int Width = aSrcImg.Width;
    int Height = aSrcImg.Height;

    // 주소를 얻어올 변수를 선언 한다.
    IntPtr Ptr, RedPtr, GreenPtr, BluePtr;
    for (int PosY = 0; PosY < Height; ++PosY)
    {
        Ptr = m_pBg.GetImagePtr(0, PosY);
        RedPtr = aRed.GetImagePtr(0, PosY);
        GreenPtr = aGreen.GetImagePtr(0, PosY);
        BluePtr = aBlue.GetImagePtr(0, PosY);

        for (int PosX = 0; PosX < Width; ++PosX)
        {
            // 값을 읽어온다.
            Red = Marshal.ReadByte(Ptr, (PosX * 3) + 2);
            Green = Marshal.ReadByte(Ptr, (PosX * 3) + 1);
            Blue = Marshal.ReadByte(Ptr, (PosX * 3) + 0);

            // 읽어온값을 버퍼에 삽입한다.
            Marshal.WriteByte(RedPtr, PosX, Red);
            Marshal.WriteByte(GreenPtr, PosX, Green);
            Marshal.WriteByte(BluePtr, PosX, Blue);
        }
    }
}
```

④ 각 채널에 대한 버튼 클릭 시 해당 채널의 버퍼를 화면에 출력할 버퍼에 복사한다. 이후 화면
을 갱신하여 해당 이미지를 출력한다.

```
private void button1_Click(object sender, EventArgs e)
{
    // 버퍼를 분리한다.
    EasyImage.Convert(m_pRedBuf, m_pProcBg);

    //
    pictureBox1.Invalidate();
}
```

⑤ 검사된 위치를 화면에 출력하기 위해 Picture 박스에 paint 이벤트를 등록하여 변환된 이진
이미지를 그리고 있다.

```
private void pictureBox1_Paint(object sender, PaintEventArgs e)
{
    m_pProcBg.Draw(e.Graphics);
}
```

⑥ 프로젝트를 실행하면 다음과 같은 결과 화면을 볼 수 있다.

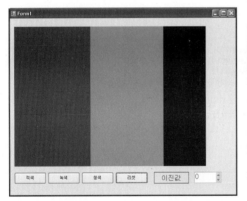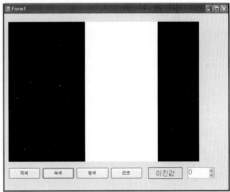

그림 7.35

3. 분리된 버퍼 이진화

다음은 분리된 버퍼를 이용하여 이진화하여 화면에 출력하도록 한다. 이전 예제와 같이 분석
했던 버퍼를 분리하고, 해당 채널의 버퍼를 사용자가 정한 값으로 이진화해 보도록 한다.

① 처음 시작할 작업은 프로젝트를 생성하고, 참조 라이브러리를 추가하고, 내용을 삽입하는 것
이다. 그리고 배경 이미지와 해당 배경 이미지를 분리할 레드, 블루, 그린 버퍼와 이진 이미지

를 보관할 버퍼를 선언한다.

```
using System;
using System.Windows.Forms;
using Euresys.Open_eVision_1_2;
using System.Runtime.InteropServices;

namespace Ex02
{
    public partial class Form1 : Form
    {
        EImageC24 m_pBg;
        EImageC24 m_pProcBg;
        EImageBW8 m_pRedBuf;
        EImageBW8 m_pGreenBuf;
        EImageBW8 m_pBlueBuf;
        EImageBW8 m_pProcBuf;
```

② 이후 생성자에서 불러온 이미지 크기와 같은 각 채널별 이미지 버퍼를 생성한다. 이후
DivisionBuf() 메소드를 이용하여 각 채널별 버퍼를 분리한다.

```
public Form1()
{
    InitializeComponent();

    // 사용할 이미지를 불러온다.
    m_pBg = new EImageC24();
    m_pBg.Load("../../../../Resource/Ex5/ColorGrad.bmp");

    // 각 체널별로이미지 버퍼를 분리한다.
    m_pRedBuf = new EImageBW8(m_pBg.Width, m_pBg.Height);
    m_pGreenBuf = new EImageBW8(m_pBg.Width, m_pBg.Height);
    m_pBlueBuf = new EImageBW8(m_pBg.Width, m_pBg.Height);
    DivisionBuf(m_pBg, m_pRedBuf, m_pGreenBuf, m_pBlueBuf);

    // 계산결과를 저장할 버퍼를 생성한다.
    m_pProcBuf = new EImageBW8(m_pBg.Width, m_pBg.Height);
    m_pProcBg = new EImageC24();
    m_pBg.CopyTo(m_pProcBg);
}
```

③ 각 채널에 대한 버튼 클릭 시 해당 채널의 버퍼를 사용자가 입력한 이진값으로 이진화한 후
결과를 화면에 출력할 버퍼에 복사한다. 이후 화면을 갱신하여 해당 이미지를 출력한다.

```
private void button1_Click(object sender, EventArgs e)
{
    int Value = Convert.ToInt32( numericUpDown1.Value);
    EasyImage.Threshold(m_pRedBuf, m_pProcBuf, Value);
    EasyImage.Convert(m_pProcBuf, m_pProcBg);

    pictureBox1.Invalidate();
}
```

④ 검사된 위치를 화면에 출력하기 위해 Picture 박스에 paint 이벤트를 등록하여 변환된 이진
이미지를 그리고 있다.

```
private void pictureBox1_Paint(object sender, PaintEventArgs e)
{
    m_pProcBg.Draw(e.Graphics);
}
```

⑤ 프로젝트를 실행하면 그림 7.36과 같은 결과 화면을 확인할 수 있다.

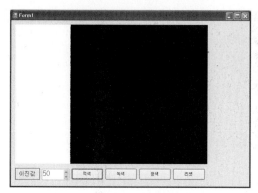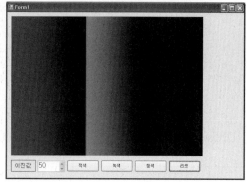

그림 7.36

4. 각 채널의 컬러값을 이용하여 특정 비율 색상 검출

다음은 각 채널의 픽셀값의 연산을 통해 Red, Green 채널을 나눈 비율이 특정 비율 이상인
픽셀들을 찾아보기로 한다. 이런 연산이 필요한 이유는 물체의 표면은 조명의 밝기에 따라 밝기
가 달라질 수 있지만 가지고 있는 파장의 반사 흡수 성질은 같다. 이 원리를 이용하여 물체 표면
의 특정 비율을 이용하여 찾고자 하는 특성을 찾아내도록 한다.

① 처음 시작할 작업은 프로젝트를 생성하고, 참조 라이브러리를 추가하고, 내용을 삽입하는 것
이다. 그리고 배경 이미지와 해당 배경 이미지를 분리할 레드, 블루, 그린 버퍼를 선언한다.

```
using System;
using System.Windows.Forms;
using Euresys.Open_eVision_1_2;
using System.Runtime.InteropServices;

namespace Ex03
{
    public partial class Form1 : Form
    {
        EImageC24 m_pBg;
        EImageC24 m_pProcBuf;
        EImageBW8 m_pTempBuf;
```

② 이후 생성자에서 불러온 이미지 크기와 같은 각 채널별 이미지 버퍼를 생성한다. 이후 DivisionBuf() 메소드를 이용하여 각 채널별 버퍼를 분리한다.

```
public Form1()
{
    InitializeComponent();

    // 배경 이미지를 불러온다.
    m_pBg = new EImageC24();
    m_pBg.Load("../../../../Resource/Ex5/ColorRateCheck.bmp");


    m_pProcBuf = new EImageC24();
    m_pBg.CopyTo(m_pProcBuf);

    //  임시로사용할 버퍼를 생성한다
    m_pTempBuf = new EImageBW8(m_pBg.Width, m_pBg.Height);

    //
    pictureBox1.Invalidate();
}
```

③ DivisionBuf 메소드는 해당 크기만큼 반복하면서 각 픽셀의 R,G,B값을 각 버퍼에 분리한다.

```
private void button5_Click(object sender, EventArgs e)
{
    // 비율을 받아온다.
    double Rate = Convert.ToDouble(textBox1.Text);
    double Temp =0;
    //
    Byte Red, Green, Blue;
    int Width = m_pBg.Width;
    int Height = m_pBg.Height;
    for (int PosY = 0; PosY < Height; ++PosY)
    {
        IntPtr Ptr = m_pBg.GetImagePtr(0, PosY);
        IntPtr NextPtr = m_pTempBuf.GetImagePtr(0, PosY);

        for (int PosX = 0; PosX < Width; ++PosX)
        {
            Red = Marshal.ReadByte(Ptr, (PosX * 3) + 2);
            Green = Marshal.ReadByte(Ptr, (PosX * 3) + 1);
            Blue = Marshal.ReadByte(Ptr, (PosX * 3) + 0);
            Temp = (double)Red / (double)Green;

            Marshal.WriteByte(NextPtr, PosX, 0);
            if (Temp >= Rate)
            {
                Marshal.WriteByte(NextPtr, PosX, 255);
            }
        }
    }

    // 버퍼를 복사한다.
    EasyImage.Convert(m_pTempBuf, m_pProcBuf);

    //
    pictureBox1.Invalidate();
}
```

④ 각 채널에 대한 버튼 클릭 시 해당 채널의 버퍼를 화면에 출력할 버퍼에 복사한다. 이후 화면
을 갱신하여 해당 이미지를 출력한다.

```
// 리셋
private void button4_Click(object sender, EventArgs e)
{
    m_pBg.CopyTo(m_pProcBuf);

    pictureBox1.Invalidate();
}
```

⑤ 검사된 위치를 화면에 출력하기 위해 Picture 박스에 paint 이벤트를 등록하여 변환된 이진
이미지를 그리고 있다.

```
private void pictureBox1_Paint(object sender, PaintEventArgs e)
{
    m_pProcBuf.Draw(e.Graphics);
}
```

⑥ 프로젝트를 실행하면 그림 7.37과 같은 결과 화면을 확인할 수 있다.

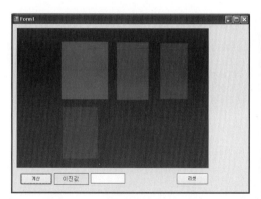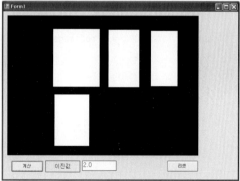

그림 7.37

5. 미니 MPS 장비 테스트

다음은 MPS 장비와 연결되어서 테스트할 수 있도록 해 본다. 비전 검사를 통해 해당 물체를
판별하도록 한다. 패턴 매칭과 똑같은 내용이어서 생성에 대한 부분은 설명하지 않고, 비전 검사
클래스만 설명하도록 한다.

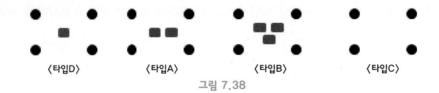

| 〈타입D〉 | 〈타입A〉 | 〈타입B〉 | 〈타입C〉 |

그림 7.38

(1) 비전 검사를 수행할 InspSensor 클래스 수정

다음은 비전 검사를 수행할 InspSensor 클래스를 수정해 보도록 한다.

① 멤버 변수와 생성자 선언

패턴 매칭 관련 OpenEvision 객체와 검사할 위치를 찾을 패턴과 카메라의 이미지를 촬상할 카메라 객체, 오브젝트 블롭을 사용하기 위한 객체를 선언해 준다.

```
// 센서검사장비에 대한 구조체
public class InspSensor
{
    Machinelo m_pOwner;
    public ObjectCheckState m_enObjectState;

    // 이미지 블럭을 위한 객체
    ElmageEncoder m_pEncoder;
    ECodedImage2 m_pObject;
    EObjectSelection m_pObjectSelection;

    // 이미지를 저장할 객체
    ElmageC24 m_pBgImage;
    public ElmageBW8 m_pProcImage;


    // 검사할 위치를찾는 패턴
    ElmageC24 m_pPatternImage;


    // 카메라에서 그랩할 이미지
    Camera m_pCamera;
    ElmageC24 m_pGrabBuf;
```

② 객체 생성

생성자에서 카메라를 생성하고 이미지를 받아올 촬상 버퍼를 선언한다. 이후 오브젝트 블롭을 위한 객체를 생성한다.

```
public InspSensor(Machinelo aOwner)
{
    // 카메라를 연결하고 받아올 버퍼를 만든다.
    m_pCamera = new Camera("192.168.10.11", "192.168.10.30");
    m_pGrabBuf = new ElmageC24(1360, 1040);
```

```
m_pPatternImage = new EImageC24( );
m_pBgImage = new EImageC24( );
m_pProcImage = new EImageBW8( );


// 블락을 위한 객체를 초기화 한다.
m_pEncoder = new EImageEncoder( );
m_pObject = new ECodedImage2( );
m_pObjectSelection = new EObjectSelection( );


m_pOwner = aOwner;
m_enObjectState = ObjectCheckState.OBJECTTYPE_D;
}
```

③ 검사 수행

패턴 매칭 예제와 같이 검사에 필요한 위치만 찾고 오브젝트 블롭을 수행하여 필요한 타입과
같은 오브젝트 개수를 찾는다. 다른 부분은 이전에서 만들었던 ConverBuf() 메소드를 이용하여
컬러 비율로 이진화 이미지를 만든다.

```
// 토큰 변경 결과를 확인한다.
public void Inspect()
{
    // 이미지를 촬상하고 받아온다.
    m_pCamera.Grab(m_pGrabBuf);

    // 촬상한 이미지에서 검사영역만 구한다.
    m_enObjectState = ObjectCheckState.OBJECTTYPE_D;

    if (VisionUtil.SortInspImage(m_pGrabBuf, m_pPatternImage, ref m_pBgImage))
    {
        // 얻어온 이미지를 변환한다.
        m_pProcImage.SetSize(m_pBgImage.Width, m_pBgImage.Height);
        ConvertBuf(m_pBgImage, ref m_pProcImage, 1.6);

        // 전경색을 정한다.
        m_pEncoder.GrayscaleSingleThresholdSegmenter.BlackLayerEncoded = true;
        m_pEncoder.GrayscaleSingleThresholdSegmenter.WhiteLayerEncoded = false;

        // 이진화를 수행할 파라메타를 정한다..
        m_pEncoder.GrayscaleSingleThresholdSegmenter.Mode = EGrayscaleSingleThreshold.Absolute;
        m_pEncoder.GrayscaleSingleThresholdSegmenter.AbsoluteThreshold = 100;

        // 배경을 엔코딩하여 오브젝트를 추출한다..
        m_pEncoder.Encode(m_pProcImage, m_pObject);

        // 오브젝트를 화면에 출력할 객체를 설정한다.
        m_pObjectSelection.Clear();
        m_pObjectSelection.AddObjects(m_pObject);

        // 계산된 블럭의 갯수만큼 타입을 설정한다.
        int Count = m_pObjectSelection.ElementCount;
        if( Count > 0 && Count < 4 )
        {
            m_enObjectState = (ObjectCheckState)Count;
        }
    }
}
```

④ 전체 소스

```csharp
using Euresys.Open_eVision_1_2;
using System;
using System.Collections;
using Imechatronics;
using System.Runtime.InteropServices;

namespace Ex04
{
    public enum ObjectCheckState
    {
        OBJECTTYPE_A,
        OBJECTTYPE_B,
        OBJECTTYPE_C,
        OBJECTTYPE_D,
    }

    // 센서 검사 장비에 대한 구조체
    public class InspSensor
    {
        MachineIo m_pOwner;
        public ObjectCheckState m_enObjectState;

        // 이미지 블롭을 위한 객체
        EImageEncoder m_pEncoder;
        ECodedImage2 m_pObject;
        EObjectSelection m_pObjectSelection;

        // 이미지를 저장할 객체
        EImageC24 m_pBgImage;
        public EImageBW8 m_pProcImage;

        // 검사할 위치를 찾는 패턴
        EImageC24 m_pPatternImage;

        // 카메라에서 그랩할 이미지
        Camera m_pCamera;
        EImageC24 m_pGrabBuf;

        public InspSensor(MachineIo aOwner)
        {
```

Chapter 7 MPS 머신 비전

```
        m_pCamera = new Camera("192.168.10.11", "192.168.10.30");
        m_pGrabBuf = new EImageC24(1360, 1040);

        //
        m_pBgImage = new EImageC24();
        m_pProcImage = new EImageBW8();

        // 검사 영역을 찾기 위한 패턴을 불러온다.
        m_pPatternImage = new EImageC24();

        // 블롭을 위한 객체를 초기화한다.
        m_pEncoder = new EImageEncoder();
        m_pObject = new ECodedImage2();
        m_pObjectSelection = new EObjectSelection();

        m_pOwner = aOwner;
        m_enObjectState = ObjectCheckState.OBJECTTYPE_D;
    }

// 워크피스 상태를 리셋한다.
public void Reset()
{
        m_enObjectState = ObjectCheckState.OBJECTTYPE_D;
        m_pOwner.StateCalc();
}

// 워크피스 변경 결과를 확인한다.
public void Inspect()
{
        // 이미지를 촬상하고 받아온다.
        m_pCamera.Grab(m_pGrabBuf);

        // 촬상한 이미지에서 검사 영역만 구한다.
        m_enObjectState = ObjectCheckState.OBJECTTYPE_D;

        if (VisionUtil.SortInspImage(m_pGrabBuf, m_pPatternImage, ref m_pBgImage))
        {
                // 얻어온 이미지를 변환한다.
                m_pProcImage.SetSize(m_pBgImage.Width, m_pBgImage.Height);
                ConvertBuf(m_pBgImage, ref m_pProcImage, 1.6);

                // 전경 색을 정한다.
```

(계속)

```csharp
        m_pEncoder.GrayscaleSingleThresholdSegmenter.BlackLayerEncoded = true;
        m_pEncoder.GrayscaleSingleThresholdSegmenter.WhiteLayerEncoded = false;

        // 이진화를 수행할 파라미터를 정한다.
        m_pEncoder.GrayscaleSingleThresholdSegmenter.Mode =
                        EGrayscaleSingleThreshold.Absolute;
        m_pEncoder.GrayscaleSingleThresholdSegmenter.AbsoluteThreshold = 100;

        // 배경을 엔코딩하여 오브젝트를 추출한다..
        m_pEncoder.Encode(m_pProcImage, m_pObject);

        // 오브젝트를 화면에 출력할 객체를 설정한다.
        m_pObjectSelection.Clear();
        m_pObjectSelection.AddObjects(m_pObject);

        // 계산된 블롭의 개수만큼 타입을 설정한다.
        int Count = m_pObjectSelection.ElementCount;
        if( Count > 0 && Count < 4 )
        {
            m_enObjectState = (ObjectCheckState)Count;
        }
    }
}

// 버퍼를 컨버팅한다.
private void ConvertBuf(EImageC24 aSrcImg, ref EImageBW8 aDestImg, double aRate)
{
    // 비율을 받아온다.
    double Temp = 0;
    //
    Byte Red, Green, Blue;
    int Width = m_pBgImage.Width;
    int Height = m_pBgImage.Height;
    for (int PosY = 0; PosY < Height; ++PosY)
    {
        IntPtr Ptr = m_pBgImage.GetImagePtr(0, PosY);
        IntPtr NextPtr = aDestImg.GetImagePtr(0, PosY);

        for (int PosX = 0; PosX < Width; ++PosX)
        {
            Red = Marshal.ReadByte(Ptr, (PosX * 3) + 2);
            Green = Marshal.ReadByte(Ptr, (PosX * 3) + 1);
```

(계속)

```
              Blue = Marshal.ReadByte(Ptr, (PosX * 3) + 0);
              Temp = (double)Red / (double)Green;

              Marshal.WriteByte(NextPtr, PosX, 0);
              if (Temp >= aRate)
              {
                   Marshal.WriteByte(NextPtr, PosX, 255);
              }
          }
        }
      }
    }
  }
```

5 원점을 이용한 거리 측정

1. 개요

이번에는 물체와 떨어진 거리를 간단한 변환 과정을 통해서 실제 측정을 실시해 보도록 한다.

2. 오브젝트와 센터 위치 Pixel 좌표계 비교

이번 예제에서는 패턴 매칭을 통해 찾은 오브젝트 센터와 사용자가 마우스를 통해 입력한 중심점과 떨어진 거리를 측정해 보도록 한다.

① 먼저 폼을 생성한다.

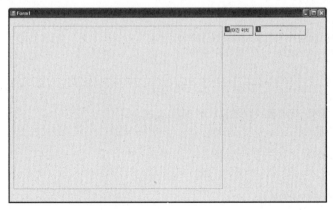

그림 7.39

표 7.5

번호	타입	위치	크기	속성	폰트	Text
0	Label	658, 24	88, 29	가운데 정렬	9pt	떨어진 위치
1	Label	752, 24	154, 29	가운데 정렬	9pt	–
2	PictureBox	12, 24	640, 480	없음	9pt	–

② 사용할 참조를 추가한다. 추가될 참조는 다음과 같다.

   C:\Program Files\Imechatronics\Open_eVision_NetApi_1_2.dll

   C:\Program Files\Imechatronics\Imechatronics.dll

③ 다음으로 PicutureBox의 속성으로 Mouse Down과 Paint 속성을 지정한다. Paint는 PictureBox가 Invalidate() 메소드를 통해 다시 그려질 때 호출되는 메소드이고, Mouse Down은 PictureBox에 이벤트가 발생했을 때 그려지는 버튼이다.

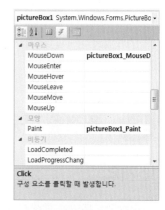

그림 7.40

④ 먼저 물체의 중점의 위치를 저장할 Point형 변수와 처음(MPS 머신 비전)에서 사용했던 패턴 매칭을 위한 객체를 설정한다.

```
// 이미지
EImageBW8 m_pBg;

// 물체와 중점의 위치
Point m_ptCenterPos;
Point m_ptObjectPos;

// 패턴 매칭을 위한 객체
EMatcher m_pEMatcher;       // EasyMatch객체
EImageBW8 m_pLearnImage;    // 학습할 이미지
```

⑤ 설정된 패턴 매칭 객체를 생성하고 배경을 불러온다.

```
public Form1()
{
    // 컨트롤을 초기화
    InitializeComponent();
```

```
            // 사용할 이미지를 불려온다.
            m_pBg = new EImageBW8( );
            m_pBg.Load( "../../../../Resource/Ex6/BackGround.bmp" );

            // 팬턴이미지를 불려온다.
            m_pLearnImage = new EImageBW8( );
            m_pLearnImage.Load( "../../../../Resource/Ex6/Pattern.bmp" );

            // 매칭 객체를 생성하고 스케일을 지정해준다.
            m_pEMatcher = new EMatcher( );
            m_pEMatcher.MinScale = 0.8f;
            m_pEMatcher.MaxScale = 1.2f;

            // 패턴 매칭을 수행해 해당 오브젝트 위치를 검색한다.
            PatternMatching( );

            // Picture박스를 다시 그린다.
            pictureBox1.Invalidate( );

        }
```

⑥ 마우스를 눌렸을 때 중심 위치로 해당 포인트를 저장하여 라벨에 출력하고 화면 갱신한다.

```
        private void pictureBox1_MouseDown(object sender, MouseEventArgs e)
        {
            // 1. 중점을 저장한다.
            m_ptCenterPos.X = e.X;
            m_ptCenterPos.Y = e.Y;

            // 2. 떨어진 거리를 기록한다.
            label2.Text = string.Format("X : {0}, Y: {1}", m_ptObjectPos.X - m_ptCenterPos.X, m_ptObjectPos.Y - m_ptCenterPos.Y);

            // 3. 화면을 갱신한다.
            pictureBox1.Invalidate( );
        }
```

⑦ 검사된 위치를 화면에 출력하기 위해 Picture 박스에 Paint 이벤트를 등록하여 패턴 매칭 결과와 마우스 클릭 때 결정되었던 센터 위치를 DrawLine 메소드를 이용하여 화면에 출력하고 있다.

```
        private void pictureBox1_Paint(object sender, PaintEventArgs e)
        {
            // 1. 찾은 위치를 그려준다.
            m_pBg.Draw(e.Graphics);
            m_pEMatcher.DrawPositions(e.Graphics);

            // 2. 센터위치와 화면을 출력한다.
            Pen DrawPen = new Pen(Color.Red);
            e.Graphics.DrawLine(DrawPen, m_ptCenterPos.X - 5, m_ptCenterPos.Y, m_ptCenterPos.X + 5, m_ptCenterPos.Y);
            e.Graphics.DrawLine(DrawPen, m_ptCenterPos.X, m_ptCenterPos.Y - 5, m_ptCenterPos.X, m_ptCenterPos.Y + 5);

            e.Graphics.DrawLine(DrawPen, m_ptCenterPos, m_ptObjectPos);

        }
```

⑧ 프로젝트를 실행하면 다음과 같은 결과 화면을 볼 수 있다.

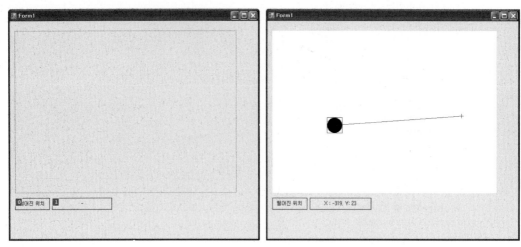

그림 7.41

⑨ 해당 소스는 다음과 같다.

```csharp
using System;
using System.Windows.Forms;
using Euresys.Open_eVision_1_2;
using System.Drawing;

namespace Ex01
{
    public partial class Form1 : Form
    {
        // 이미지
        EImageBW8 m_pBg;

        // 물체와 중점의 위치
        Point m_ptCenterPos;
        Point m_ptObjectPos;

        // 패턴 매칭을 위한 객체
        EMatcher m_pEMatcher;        // EasyMatch 객체
        EImageBW8 m_pLearnImage;     // 학습할 이미지

        public Form1()
        {
            // 컨트롤을 초기화
```

(계속)

```
        InitializeComponent();

        // 사용할 이미지를 불러온다.
        m_pBg = new EImageBW8();
        m_pBg.Load("../../../../Resource/Ex6/BackGround.bmp");

        // 패턴 이미지를 불려온다.
        m_pLearnImage = new EImageBW8();
        m_pLearnImage.Load("../../../../Resource/Ex6/Pattern.bmp");

        // 매칭 객체를 생성하고 스케일을 지정해 준다.
        m_pEMatcher = new EMatcher();
        m_pEMatcher.MinScale = 0.8f;
        m_pEMatcher.MaxScale = 1.2f;

        // 패턴 매칭을 수행해 해당 오브젝트 위치를 검색한다.
        PatternMatching();

        // Picture 박스를 다시 그린다.
        pictureBox1.Invalidate();

}

private void pictureBox1_Paint(object sender, PaintEventArgs e)
{
        // 1. 찾은 위치를 그려 준다.
        m_pBg.Draw(e.Graphics);
        m_pEMatcher.DrawPositions(e.Graphics);

        // 2. 센터 위치와 화면을 출력한다.
        Pen DrawPen = new Pen(Color.Red);
        e.Graphics.DrawLine(DrawPen, m_ptCenterPos.X - 5, m_ptCenterPos.Y, m_ptCenterPos.X
        + 5, m_ptCenterPos.Y);
        e.Graphics.DrawLine(DrawPen, m_ptCenterPos.X, m_ptCenterPos.Y - 5, m_ptCenterPos.X,
        m_ptCenterPos.Y + 5);

        e.Graphics.DrawLine(DrawPen, m_ptCenterPos, m_ptObjectPos);

}

private void pictureBox1_MouseDown(object sender, MouseEventArgs e)
{
```

(계속)

5 / 원점을 이용한 거리 측정　　605

```
        // 1. 중점을 저장한다.
        m_ptCenterPos.X = e.X;
        m_ptCenterPos.Y = e.Y;

        // 2. 떨어진 거리를 기록한다.
        label2.Text = string.Format("X : {0}, Y: {1}", m_ptObjectPos.X - m_ptCenterPos.X,
                                m_ptObjectPos.Y - m_ptCenterPos.Y);

        // 3. 화면을 갱신한다.
        pictureBox1.Invalidate();
    }

    private void PatternMatching()
    {
        // 1. 패턴을 학습한다.
        m_pEMatcher.LearnPattern(m_pLearnImage);

        // 2. 패턴 매칭을 수행한다.
        m_pEMatcher.Match(m_pBg);

        // 3. 오브젝트 위치를 기록한다.
        m_ptObjectPos.X = (int)m_pEMatcher.GetPosition(0).CenterX;
        m_ptObjectPos.Y = (int)m_pEMatcher.GetPosition(0).CenterY;
    }

    }
}
```

3. Camera FOV를 이용하여 실측으로 이미지 검사

다음은 분리된 버퍼를 이용하여 이진화하여 화면에 출력하도록 한다. 이전 예제에서 분석했던 것과 같이 버퍼를 분리하고 해당 채널의 버퍼를 사용자가 정한 값으로 이진화해 보도록 한다.

① 먼저 폼을 생성한다. 여기서 FOV(Field Of View, 이미지가 실제 화면에 보이는 크기)는 실제 카메라로 볼 수 있는 면적을 말한다.

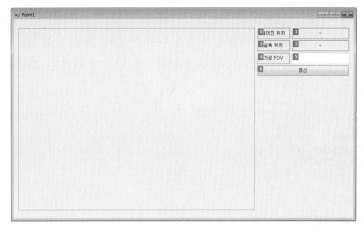

그림 7.42

표 7.6

번호	타입	위치	크기	속성	폰트	Text
0	Label	658, 24	88, 29	가운데 정렬	9pt	떨어진 위치
1	Label	752, 24	154, 29	가운데 정렬	9pt	–
2	Label	658, 24	88, 29	가운데 정렬	9pt	떨어진 위치
3	Label	752, 24	154, 29	가운데 정렬	9pt	–
4	Label	752, 24	154, 29	가운데 정렬	9pt	–
5	Text	752, 24	154, 29	가운데 정렬	9pt	–
6	Button	752, 24	154, 29	가운데 정렬	9pt	–
7	PictureBox	12, 24	640, 480	없음	9pt	–

② 사용할 참조를 추가한다. 추가될 참조는 다음과 같다.

C:\Program Files\Imechatronics\Open_eVision_NetApi_1_2.dll

C:\Program Files\Imechatronics\Imechatronics.dll

③ 다음으로 PicutureBox의 속성으로 Mouse Down과 Paint 속성을 지정한다. Paint는 PictureBox가 Invalidate() 메소드를 통해 다시 그려질 때 호출되는 메소드이고, Mouse Down은 PictureBox에 이벤트가 발생했을 때 그려지는 버튼이다.

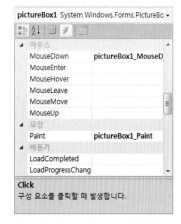

그림 7.43

④ 다음과 같이 카메라가 실제로 볼 수 있는 거리와 이미지의 해상도 비율을 저장할 m_f
ConverRate 변수를 생성한다. 비율을 설정한 이유는 현재 픽셀 좌표계로 나왔던 데이터를
카메라가 볼 수 있는 최대 면적/이미지 픽셀 해상도로 나누게 되면 한 픽셀이 실제 얼마만큼
보고 있는지 계산이 된다.

```
EImageBW8 m_pBg;
Point m_ptCenterPos;
Point m_ptObjectPos;
float m_fConvertRate = 0.0f;

// 패턴 매칭을 위한 객체
//
EMatcher m_pEMatcher;        // EasyMatch객체
EImageBW8 m_pLearnImage;    // 학습할 이미지
```

⑤ 이후 생성자에서 패턴 매칭에 대한 객체를 생성한다.

```
public Form1( )
{
    // 컨트롤을 초기화
    InitializeComponent( );

    // 사용할 이미지를 불려온다.
    m_pBg = new EImageBW8( );
    m_pBg.Load("../../../../Resource/Ex6/BackGround.bmp");

    // 팬턴이미지를 불려온다.
    m_pLearnImage = new EImageBW8( );
    m_pLearnImage.Load("../../../../Resource/Ex6/Pattern.bmp");

    // 변환비율을 입력한다.
    textBox1.Text = "300";
    m_fConvertRate = 300.0f / (float)m_pBg.Width;

    // 매칭 객체를 생성하고 스케일을 지정해준다.
    m_pEMatcher = new EMatcher( );
    m_pEMatcher.MinScale = 0.8f;
    m_pEMatcher.MaxScale = 1.2f;

    // 패턴 매칭을 수행해 해당 오브젝트 위치를 검색한다.
    PatternMatching( );

    // Picture박스를 다시 그린다.
    pictureBox1.Invalidate( );
}
```

⑥ 마우스 다운 이벤트에서 현재 센터 위치와 오브젝트와 센터가 떨어진 거리를 실측으로 표시
한다.

```
private void pictureBox1_MouseDown(object sender, MouseEventArgs e)
{
    m_ptCenterPos.X = e.X;
    m_ptCenterPos.Y = e.Y;


    // 4. 위치를 기록한다.
    label2.Text = string.Format("X : {0}, Y: {1}"
        , (m_ptObjectPos.X - m_ptCenterPos.X), (m_ptObjectPos.Y - m_ptCenterPos.Y));
    label4.Text = string.Format("X : {0}mm, Y: {1}mm"
        , (m_ptObjectPos.X - m_ptCenterPos.X) * m_fConvertRate
        , (m_ptObjectPos.Y - m_ptCenterPos.Y) * m_fConvertRate);

    pictureBox1.Invalidate();
}
```

⑦ 검사된 위치를 화면에 출력하기 위해 Picture 박스에 Paint 이벤트를 등록하여 변환된 이진 이미지를 그리고 있다.

```
private void pictureBox1_Paint(object sender, PaintEventArgs e)
{
    // 1. 이미지와 오브젝트 위치를 갱신한다.
    m_pBg.Draw(e.Graphics);
    m_pEMatcher.DrawPositions(e.Graphics);

    // 2. 센터위치와 화면을 출력한다.
    Pen DrawPen = new Pen(Color.Red);
    e.Graphics.DrawLine(DrawPen, m_ptCenterPos.X - 5, m_ptCenterPos.Y
        , m_ptCenterPos.X + 5, m_ptCenterPos.Y);
    e.Graphics.DrawLine(DrawPen, m_ptCenterPos.X, m_ptCenterPos.Y - 5
        , m_ptCenterPos.X, m_ptCenterPos.Y + 5);

    e.Graphics.DrawLine(DrawPen, m_ptCenterPos, m_ptObjectPos);

}
private void pictureBox1_Paint(object sender, PaintEventArgs e)
{
    m_pProcBg.Draw(e.Graphics);
}
```

⑧ 프로그램에 대한 전체 소스는 다음과 같다.

```
using System;
using System.Windows.Forms;
using Euresys.Open_eVision_1_2;
```

(계속)

```csharp
using System.Runtime.InteropServices;
using System.Drawing;

namespace Ex02
{
    public partial class Form1 : Form
    {
        EImageBW8 m_pBg;
        Point m_ptCenterPos;
        Point m_ptObjectPos;
        float m_fConvertRate = 0.0f;

        // 패턴 매칭을 위한 객체
        //
        EMatcher m_pEMatcher;          // EasyMatch 객체
        EImageBW8 m_pLearnImage;       // 학습할 이미지

        public Form1()
        {
            // 컨트롤을 초기화
            InitializeComponent();

            // 사용할 이미지를 불러온다.
            m_pBg = new EImageBW8();
            m_pBg.Load("../../../../Resource/Ex6/BackGround.bmp");

            // 패턴 이미지를 불러온다.
            m_pLearnImage = new EImageBW8();
            m_pLearnImage.Load("../../../../Resource/Ex6/Pattern.bmp");

            // 변환 비율을 입력한다.
            textBox1.Text = "300";
            m_fConvertRate = 300.0f / (float)m_pBg.Width;

            // 매칭 객체를 생성하고 스케일을 지정해 준다.
            m_pEMatcher = new EMatcher();
            m_pEMatcher.MinScale = 0.8f;
            m_pEMatcher.MaxScale = 1.2f;

            // 패턴 매칭을 수행해 해당 오브젝트 위치를 검색한다.
            PatternMatching();
```

(계속)

```
        // Picture 박스를 다시 그린다.
        pictureBox1.Invalidate();
}

private void pictureBox1_Paint(object sender, PaintEventArgs e)
{
        // 1. 이미지와 오브젝트 위치를 갱신한다.
        m_pBg.Draw(e.Graphics);
        m_pEMatcher.DrawPositions(e.Graphics);

        // 2. 센터 위치와 화면을 출력한다.
        Pen DrawPen = new Pen(Color.Red);
        e.Graphics.DrawLine(DrawPen, m_ptCenterPos.X - 5, m_ptCenterPos.Y, m_ptCenterPos.X
        + 5, m_ptCenterPos.Y);
        e.Graphics.DrawLine(DrawPen, m_ptCenterPos.X, m_ptCenterPos.Y - 5, m_ptCenterPos.X,
        m_ptCenterPos.Y + 5);

        e.Graphics.DrawLine(DrawPen, m_ptCenterPos, m_ptObjectPos);
}

private void PatternMatching()
{
        // 1. 패턴을 학습한다.
        m_pEMatcher.LearnPattern(m_pLearnImage);

        // 2. 패턴 매칭을 수행한다.
        m_pEMatcher.Match(m_pBg);

        // 3. 해당 위치를 기록한다.
        m_ptObjectPos.X = (int)m_pEMatcher.GetPosition(0).CenterX;
        m_ptObjectPos.Y = (int)m_pEMatcher.GetPosition(0).CenterY;
}

private void pictureBox1_MouseDown(object sender, MouseEventArgs e)
{
        m_ptCenterPos.X = e.X;
        m_ptCenterPos.Y = e.Y;

        // 4. 위치를 기록한다.
        label2.Text = string.Format("X : {0}, Y: {1}", (m_ptObjectPos.X - m_ptCenterPos.X),
        (m_ptObjectPos.Y - m_ptCenterPos.Y));
```

(계속)

```
            label4.Text = string.Format("X : {0}mm, Y: {1}mm", (m_ptObjectPos.X - m_ptCenterPos.X)
            * m_fConvertRate, (m_ptObjectPos.Y - m_ptCenterPos.Y) * m_fConvertRate);

            pictureBox1.Invalidate();
        }

        private void button1_Click(object sender, EventArgs e)
        {
            float PixelWidth = (float)m_pBg.Width;
            float ConvertWidth = (float)Convert.ToDouble(textBox1.Text);

            m_fConvertRate = ConvertWidth / PixelWidth;

            // 4. 위치를 기록한다.
            label2.Text = string.Format("X : {0}, Y: {1}", (m_ptObjectPos.X - m_ptCenterPos.X),
            (m_ptObjectPos.Y - m_ptCenterPos.Y));
            label4.Text = string.Format("X : {0}mm, Y: {1}mm", (m_ptObjectPos.X - m_ptCenterPos.X)
            * m_fConvertRate, (m_ptObjectPos.Y - m_ptCenterPos.Y) * m_fConvertRate);

            pictureBox1.Invalidate();
        }
    }
}
```

4. 미니 MPS 장비 테스트

다음은 MPS 장비와 연결하여 설정된 ROI(Region Of Interest)에 물체가 들어왔을 때 동작을
멈추고 떨어진 거리를 측정해 보도록 한다.

측정하고자 하는 목적은 그림 7.44와 같
이 워크피스에 원 모양의 패턴을 만들고 워
크피스가 측정 박스에 들어오면 측정 박스
의 중심과 워크피스 중심이 떨어진 거리를
화면에 출력하는 예제이다.

여기서 ROI(Region Of Interest, 해당
이미지에서 추출을 하고 싶은 위치를 나타
내는 관심 영역으로서 네모 박스의 영역을
의미한다.

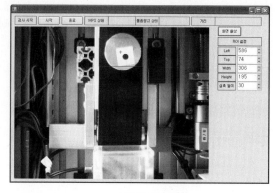

그림 7.44

① 먼저 폼을 생성한다.

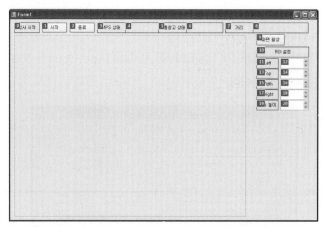

그림 7.45

표 7.7

번호	타입	위치	크기	속성	폰트	Text
0	Label	12, 9	75, 30	가운데 정렬	9pt	검사 시작
1	Button	93, 9	75, 30	가운데 정렬	9pt	시작
2	Button	174, 9	75, 30	가운데 정렬	9pt	종료
3	Label	255, 9	83, 30	가운데 정렬	9pt	MPS 상태
4	Label	337, 9	98, 30	가운데 정렬	9pt	–
5	Label	434, 9	83, 30	가운데 정렬	9pt	물품 창고 상태
6	Label	516, 9	108, 30	가운데 정렬	9pt	–
7	Label	630, 9	83, 30	가운데 정렬	9pt	거리
8	Label	712, 9	162, 30	가운데 정렬	9pt	–
9	Button	722, 41	83, 34	가운데 정렬	9pt	화면 촬상
10	Label	723, 78	153, 30	가운데 정렬	9pt	ROI 설정
11	Label	723, 111	63, 29	가운데 정렬	9pt	Left
12	Numberic UpDown	792, 111	84, 29	가운데 정렬	14pt	0
13	Label	723, 141	63, 29	가운데 정렬	9pt	Top
14	Numberic UpDown	792, 141	84, 29	가운데 정렬	14pt	0
15	Label	723, 171	63, 29	가운데 정렬	9pt	Width
16	Numberic UpDown	792, 171	84, 29	가운데 정렬	14pt	0
17	Label	723, 201	63, 29	가운데 정렬	9pt	Height
18	Numberic UpDown	792, 201	84, 29	가운데 정렬	14pt	0
19	Label	723, 231	63, 29	가운데 정렬	9pt	실측 높이
20	Numberic UpDown	792, 231	84, 29	가운데 정렬	14pt	0
21	PictureBox	12, 45	680, 520	없음	9pt	–

② 사용할 참조를 추가한다. 추가될 참조는 다음과 같다.

C:\Program Files\Imechatronics\Open_eVision_NetApi_1_2.dll

C:\Program Files\Imechatronics\Imechatronics.dll

추가적으로 참조 추가 → Com → Musubishi ActUtilType Control Ver1.0을 추가한다. 이 요소는 PLC 통신을 위한 참조이다.

그림 7.46

③ 다음으로 PicutureBox의 속성으로 Paint 속성을 지정한다. Paint는 PictureBox가 Invalidate() 메소드를 통해 다시 그려질 때 호출되는 메소드이다.

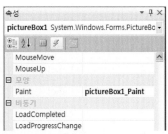

그림 7.47

④ 사용할 멤버 변수를 다음과 같이 선언한다.

```
Machinelo m_pMachinelo;
public PictureBox m_pPictureBox;
// 시간을 측정
CpuTimer m_pTimer;

//------------------------------------
// 티칭 위치 설정할 값
//------------------------------------
public Rectangle m_rtRoi;
Point m_ptCenter;
Point m_ptObject;
int m_nRate;


//------------------------------------
// 티칭 위치 설정할 값
//------------------------------------
public Camera m_pCamera;
public ElmageC24 m_pGrabBuf;
public ElmageBW8 m_pInspBuf;

// PLC 통신 연결 객체를 선언한다.
ActUtlType m_pAct;
```

⑤ 생성자에서 카메라 객체 및 다른 변수를 초기화한다.

```
public Form1( )
{
    InitializeComponent( );
    m_pMachinelo = new Machinelo(this);

    // PLC연결객체를 만들고 미리 만들어진 스테이션 번호로 접속을 시도한다.
    m_pAct = new ActUtlType( );
    m_pAct.ActLogicalStationNumber = 1;

    // 주소를 저장하고 타이머를 시작한다..
    m_pPictureBox = pictureBox1;
    m_pTimer = new CpuTimer( );
    timer1.Start( );

    // 카메라를 연결하고 받아올 버퍼를 만든다.
    m_nRate = 30;
    m_rtRoi = new Rectangle(586, 72, 312, 179);
    numericUpDown1.Value = Convert.ToDecimal(m_rtRoi.Left);
    numericUpDown2.Value = Convert.ToDecimal(m_rtRoi.Top);
    numericUpDown3.Value = Convert.ToDecimal(m_rtRoi.Width);
    numericUpDown4.Value = Convert.ToDecimal(m_rtRoi.Height);
    numericUpDown5.Value = Convert.ToDecimal(m_nRate);


    m_pCamera = new Camera("192.168.10.11", "192.168.10.30");
    m_pGrabBuf = new ElmageC24(1360, 1040);
    m_pInspBuf = new ElmageBW8(m_rtRoi.Width, m_rtRoi.Height);

    m_ptCenter = new Point(m_rtRoi.Left + (int)(m_rtRoi.Width * 0.5)
        , m_rtRoi.Top + (int)(m_rtRoi.Height * 0.5));
}
```

⑥ 버튼 시작과 종료 동작을 담당할 메소드를 생성한다.

```
private void btnStart_Click(object sender, EventArgs e)
{
    m_pMachinelo.StateChange(MachineState.MACHINESTATE_START);
}

private void btnStop_Click(object sender, EventArgs e)
{
    m_pMachinelo.StateChange(MachineState.MACHINESTATE_STOP);
}
```

⑦ 머신 상태를 받아올 메소드와 상태를 업데이트해 줄 메소드를 생성한다.

```
public void NotifryMachineState(string aState)
{
    label3.Text = aState;
}
```

```
public void NotifryInspStorgeState(string aState)
{
    label5.Text = aState;
}

private void timer1_Tick(object sender, EventArgs e)
{
    m_pMachineIo.InputCollection();
    m_pMachineIo.Update(m_pTimer.Duration());
}
```

⑧ 결과 화면을 보여 줄 Paint 메소드를 만든다. 앞에서와 같이 화면에 출력해 주도록 한다.

```
private void pictureBox1_Paint(object sender, PaintEventArgs e)
{
    // 센터의 위치를 다시 구한다.
    m_ptCenter.X = m_rtRoi.Left + (int)(m_rtRoi.Width * 0.5);
    m_ptCenter.Y = m_rtRoi.Top + (int)(m_rtRoi.Height * 0.5);

    // 촬상이미지를 그림
    float RateX = (float)pictureBox1.Width / (float)m_pGrabBuf.Width;
    float RateY = (float)pictureBox1.Height / (float)m_pGrabBuf.Height;
    m_pGrabBuf.Draw(e.Graphics, RateX, RateY);

    // 중심 상자를 그림
    Pen DrawPen = new Pen(Color.Red);
    e.Graphics.DrawRectangle(DrawPen, m_rtRoi.Left * RateX, m_rtRoi.Top * RateY
        , m_rtRoi.Width * RateX, m_rtRoi.Height * RateY);

    // 중심점을 그림
    e.Graphics.DrawLine(DrawPen, (m_ptCenter.X * RateX) -5, (m_ptCenter.Y * RateY)
        , (m_ptCenter.X * RateX) +5, (m_ptCenter.Y * RateY));
    e.Graphics.DrawLine(DrawPen, (m_ptCenter.X * RateX), (m_ptCenter.Y * RateY) - 5
        , (m_ptCenter.X * RateX), (m_ptCenter.Y * RateY) + 5);
}
```

⑨ 촬상 버튼과 ROI, 센터 위치를 설정될 메소드를 만든다.

```
//
private void button1_Click(object sender, EventArgs e)
{
    m_pCamera.Grab(m_pGrabBuf);

    pictureBox1.Invalidate();
}

private void numericUpDown1_ValueChanged(object sender, EventArgs e)
{
```

```
        int Value = Convert.ToInt32(numericUpDown1.Value);
        m_rtRoi.X = Value;

        pictureBox1.Invalidate();
}

private void numericUpDown2_ValueChanged(object sender, EventArgs e)
{
        int Value = Convert.ToInt32(numericUpDown2.Value);
        m_rtRoi.Y = Value;
        pictureBox1.Invalidate();
}

private void numericUpDown3_ValueChanged(object sender, EventArgs e)
{
        int Value = Convert.ToInt32(numericUpDown3.Value);
        m_rtRoi.Width = Value;
        pictureBox1.Invalidate();
}

private void numericUpDown4_ValueChanged(object sender, EventArgs e)
{
        int Value = Convert.ToInt32(numericUpDown4.Value);
        m_rtRoi.Height= Value;
        pictureBox1.Invalidate();
}

//
private void numericUpDown5_ValueChanged(object sender, EventArgs e)
{
        int Value = Convert.ToInt32(numericUpDown5.Value);
        m_nRate = Value;

}
```

⑩ 받아온 결과를 실좌표로 변경하고 PLC에 데이터를 전송할 객체를 만든다.

```
public void NotifryInspState(double aX, double aY)
{
        m_ptObject.X = m_rtRoi.Left + (int)aX;
        m_ptObject.Y = m_rtRoi.Top + (int)aY;

        double Rate = (double)m_nRate / (double)m_rtRoi.Height;
        int X = (int)((m_ptCenter.X - m_ptObject.X) * Rate);
        int Y = (int)((m_ptCenter.Y - m_ptObject.Y) * Rate);
        label16.Text = string.Format("X: {0}mm, Y: {1}mm", X, Y);

        // PLC에 데이터를전송
        int iRet;
        iRet = m_pAct.Open();
        iRet = m_pAct.WriteDeviceBlock("D10", 1, 1);     // 결과갱신
        iRet = m_pAct.WriteDeviceBlock("D11", 1, X);     // X축
        iRet = m_pAct.WriteDeviceBlock("D12", 1, Y);     // Y축
        iRet = m_pAct.Close();
}
```

⑪ 전체 소스이다.

```csharp
using System;
using System.Windows.Forms;
using Imechatronics;
using System.Drawing;
using Euresys.Open_eVision_1_2;
using ActUtlTypeLib;

namespace Ex04
{
    public partial class Form1 : Form
    {
        MachineIo m_pMachineIo;
        public PictureBox m_pPictureBox;
        public PictureBox m_pPictureBox2;

        // 시간을 측정
        CpuTimer m_pTimer;

        //------------------------------------
        // 티칭 위치 설정할 값
        //------------------------------------
        public Rectangle m_rtRoi;
        Point m_ptCenter;
        Point m_ptObject;
        int m_nRate;

        //------------------------------------
        // 티칭 위치 설정할 값
        //------------------------------------
        public Camera m_pCamera;
        public EImageC24 m_pGrabBuf;
        public EImageBW8 m_pInspBuf;

        // PLC 통신 연결 객체를 선언한다.
        ActUtlType m_pAct;

        public Form1()
        {
            InitializeComponent();
```

(계속)

```csharp
    m_pMachineIo = new MachineIo(this);

    // 연결 객체를 만들고 미리 만들어진 스테이션 번호로 접속을 시도한다.
    m_pAct = new ActUtlType();
    m_pAct.ActLogicalStationNumber = 1;


    // 주소를 저장한다.
    m_pPictureBox = pictureBox1;
    m_pPictureBox2 = pictureBox2;

    // 시간을 계산할 타이머 객체 생성
    m_pTimer = new CpuTimer();

    // 반복 루프를 설정
    timer1.Start();

    // 카메라를 연결하고 받아올 버퍼를 만든다.
    m_rtRoi = new Rectangle(586, 72, 312, 179);
    m_pCamera = new Camera("192.168.10.11", "192.168.10.30");
    m_pGrabBuf = new EImageC24(1360, 1040);
    m_pInspBuf = new EImageBW8(m_rtRoi.Width, m_rtRoi.Height);


    numericUpDown1.Value = Convert.ToDecimal(m_rtRoi.Left);
    numericUpDown2.Value = Convert.ToDecimal(m_rtRoi.Top);
    numericUpDown3.Value = Convert.ToDecimal(m_rtRoi.Width);
    numericUpDown4.Value = Convert.ToDecimal(m_rtRoi.Height);

    m_nRate = 30;
    numericUpDown5.Value = Convert.ToDecimal(m_nRate);

    m_ptCenter = new Point(m_rtRoi.Left + (int)(m_rtRoi.Width * 0.5), m_rtRoi.Top +
    (int)(m_rtRoi.Height * 0.5));

}

private void btnStart_Click(object sender, EventArgs e)
{
    m_pMachineIo.StateChange(MachineState.MACHINESTATE_START);
}
```

(계속)

```csharp
private void btnStop_Click(object sender, EventArgs e)
{
    m_pMachineIo.StateChange(MachineState.MACHINESTATE_STOP);
}


//----------------------------------------
// 각 상태를 처리해 줌
//----------------------------------------

public void NotifryMachineState(string aState)
{
    label3.Text = aState;
}

public void NotifryInspStorgeState(string aState)
{
    label5.Text = aState;
}

public void NotifryInspState(double aX, double aY)
{
    m_ptObject.X = m_rtRoi.Left + (int)aX;
    m_ptObject.Y = m_rtRoi.Top + (int)aY;

    double Rate = (double)m_nRate / (double)m_rtRoi.Height;
    int X = (int)((m_ptCenter.X - m_ptObject.X) * Rate);
    int Y = (int)((m_ptCenter.Y - m_ptObject.Y) * Rate);
    label16.Text = string.Format("X: {0}mm, Y: {1}mm", X, Y);

    int iRet;
    iRet = m_pAct.Open();
    iRet = m_pAct.WriteDeviceBlock("D10", 1, 1);   // 결과갱신
    iRet = m_pAct.WriteDeviceBlock("D11", 1, X);   // X축
    iRet = m_pAct.WriteDeviceBlock("D12", 1, Y);   // Y축
    iRet = m_pAct.Close();
}

private void timer1_Tick(object sender, EventArgs e)
{
    m_pMachineIo.InputCollection();
    m_pMachineIo.Update(m_pTimer.Duration());
}
```

(계속)

```csharp
private void pictureBox1_Paint(object sender, PaintEventArgs e)
{
    // 센터의 위치를 다시 구한다.
    m_ptCenter.X = m_rtRoi.Left + (int)(m_rtRoi.Width * 0.5);
    m_ptCenter.Y = m_rtRoi.Top + (int)(m_rtRoi.Height * 0.5);

    // 촬상 이미지를 그림
    float RateX = (float)pictureBox1.Width / (float)m_pGrabBuf.Width;
    float RateY = (float)pictureBox1.Height / (float)m_pGrabBuf.Height;
    m_pGrabBuf.Draw(e.Graphics, RateX, RateY);

    // 중심 상자를 그림
    Pen DrawPen = new Pen(Color.Red);
    e.Graphics.DrawRectangle(DrawPen, m_rtRoi.Left * RateX, m_rtRoi.Top * RateY,
    m_rtRoi.Width * RateX, m_rtRoi.Height * RateY);

    // 중심점을 그림
    e.Graphics.DrawLine(DrawPen, (m_ptCenter.X * RateX) -5, (m_ptCenter.Y * RateY),
    (m_ptCenter.X * RateX) +5, (m_ptCenter.Y * RateY));
    e.Graphics.DrawLine(DrawPen, (m_ptCenter.X * RateX), (m_ptCenter.Y * RateY) -
    5, (m_ptCenter.X * RateX), (m_ptCenter.Y * RateY) + 5);

    // 오브젝트 중심점을 그림
    if (m_ptObject.X > 0 && m_ptObject.Y > 0)
    {
        e.Graphics.DrawLine(DrawPen, (m_ptObject.X * RateX) - 5, (m_ptObject.Y *
        RateY), (m_ptObject.X * RateX) + 5, (m_ptObject.Y * RateY));
        e.Graphics.DrawLine(DrawPen, (m_ptObject.X * RateX), (m_ptObject.Y *
        RateY) - 5, (m_ptObject.X * RateX), (m_ptObject.Y * RateY) + 5);
    }
}

private void pictureBox2_Paint(object sender, PaintEventArgs e)
{
    // 촬상 이미지를 그림
    float RateX = (float)pictureBox2.Width / (float)m_pInspBuf.Width;
    float RateY = (float)pictureBox2.Height / (float)m_pInspBuf.Height;
    m_pInspBuf.Draw(e.Graphics, RateX, RateY);
}

private void button1_Click(object sender, EventArgs e)
{
```

(계속)

```csharp
        m_pCamera.Grab(m_pGrabBuf);

        pictureBox1.Invalidate();
    }

    private void numericUpDown1_ValueChanged(object sender, EventArgs e)
    {
        int Value = Convert.ToInt32(numericUpDown1.Value);
        m_rtRoi.X = Value;

        pictureBox1.Invalidate();
    }

    private void numericUpDown2_ValueChanged(object sender, EventArgs e)
    {
        int Value = Convert.ToInt32(numericUpDown2.Value);
        m_rtRoi.Y = Value;
        pictureBox1.Invalidate();
    }

    private void numericUpDown3_ValueChanged(object sender, EventArgs e)
    {
        int Value = Convert.ToInt32(numericUpDown3.Value);
        m_rtRoi.Width = Value;
        pictureBox1.Invalidate();
    }

    private void numericUpDown4_ValueChanged(object sender, EventArgs e)
    {
        int Value = Convert.ToInt32(numericUpDown4.Value);
        m_rtRoi.Height= Value;
        pictureBox1.Invalidate();
    }

    //
    private void numericUpDown5_ValueChanged(object sender, EventArgs e)
    {
        int Value = Convert.ToInt32(numericUpDown5.Value);
        m_nRate = Value;

    }
    }
}
```

⑫ 측정 박스를 설정하는 방법을 설명한다. 먼저 프로그램을 실행한다.

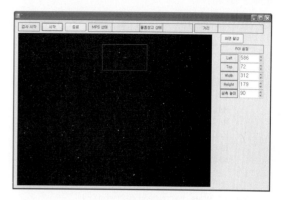

그림 7.48

⑬ 다음으로 ROI 설정을 위해 콘베이어에 실측을 계산하기 위해 Ruller를 올리고 화면 촬상 버튼을 눌러서 다음과 현재 화면을 촬상한다.

그림 7.49

⑭ 촬상된 화면을 기준으로 Left, Top, Width, Height 크기를 지정하여 다음과 같이 필요한 영역을 지정한다. 실측 높이는 영역 박스의 높이가 실제 몇 mm인지 입력한다.

그림 7.50

5. 비전 검사를 수행할 MachineIO 클래스 생성

다음은 비전 검사를 수행할 InspSensor클래스를 수정해 보도록 하겠다.

① 머신의 상태를 나타낼 열거형을 선언한다.

```
// 머신의 상태
public enum MachjneState
{
    MACHINESTATE_INIT,   // 초기화 상태
    MACHINESTATE_START,  // 시작신호상태
    MACHINESTATE_PLAY,   // 동작상태
    MACHINESTATE_END,    // 정지 대기 상태
    MACHINESTATE_STOP,   // 정지 상태
}

public enum MachinePlayState
{
    MACHINEPLAYSTATE_NONE,      // 초기화 상태
    MACHINEPLAYSTATE_SENSOR,    // 센서분류 상태
}
```

② 멤버 변수들을 선언한다. 내용은 이전 예제와 같다.

```
public class Machinelo
{
    public Form1 m_pOwner;
    lo8255 m_ploDevice;

    // 입력 포트의 Cw를 읽어올 변수
    public int[] m_nInputA = new int[8];

    // 검사결과를 저장할 변수
    int[] m_nInspType;

    // 시간 값
    double m_fTime;

    MachineState m_enMachineState;
    MachinePlayState m_enPlayState;

    // 각 장비파트에 대한 클래스
    StoreEjector m_pStoreEjector;        // 스토어 이젝터
    ConveyerBelt m_pConveyerBelt;        // 컨베이어 벨트
    public InspSensor m_pInspSersor;          // 검사센서
```

③ 생성자에서 UCI 장치를 초기화한다.

```
public Machinelo(Form1 aOwner)
{
    m_pOwner = aOwner;
    m_ploDevice = new lo8255( );
```

```
    // UCI장비 세팅
    m_pIoDevice.UCIDrvInit();
    m_pIoDevice.Outputb(3, 0x9B);
    m_pIoDevice.Outputb(7, 0x80);

    // 독립적으로 작동할 작업객체 생성
    m_pStoreEjector = new StoreEjector(this);      // 스토어 이젝터
    m_pConveyerBelt = new ConveyerBelt(this);      // 컨베이어벨트
    m_pInspSersor = new InspSensor(this);          // 검사센서

    m_nInspType = new int[4] { 0, 0, 0, 0 };
}
```

④ 상태 변경을 처리할 메소드를 만든다.

```
    // 상태변경
    public void StateChange(MachineState aState)
    {
        // 스탑 상태일때 바뀔수 있도록
        if (aState == MachineState.MACHINESTATE_START)
        {
            // 배출기가 정지상태일때 종료상태로 변경한다.
            if (m_pStoreEjector.m_enStoreState == StoreState.STORESTATE_NORMAL)
            {
                // 검사갯수를 초기화
                for (int Index = 0; Index < 4; ++Index)
                {
                    m_nInspType[Index] = 0;
                }
                // 플레이상태로 상태변경
                StateChange(MachineState.MACHINESTATE_PLAY);
            }
            else
            {
                // 종료상태로 상태변경
                StateChange(MachineState.MACHINESTATE_STOP);
            }
        }
        if (aState == MachineState.MACHINESTATE_PLAY)
        {
            // 장치들을 리셋한다.
            m_pStoreEjector.Reset();                // 스토어 이젝터
            m_pInspSersor.Reset();                  // 검사센서

            // 초기화 코드를 실행
            m_fTime = 0.0f;
            m_pStoreEjector.ChangeState(StoreEjectorState.STOREEJECTORSTATE_EMIT);

            // 2. 머신을 시작상태로 변경
            m_enPlayState = MachinePlayState.MACHINEPLAYSTATE_NONE;
            m_enMachineState = MachineState.MACHINESTATE_PLAY;
            m_pOwner.NotifryMachineState("머신 작동");
        }
```

```
        else if (aState == MachineState.MACHINESTATE_END)
        {
            m_pOwner.NotifryMachineState("머신 종료대기");

            // 센서가 비었으면 종료상태를 저장하고 아니라면 다시 머신을 작동한다.
            if (m_pStoreEjector.m_enStoreState == StoreState.STORESTATE_EMPTY)
            {
                m_fTime = 0.0;
                m_enMachineState = MachineState.MACHINESTATE_END;
            }
            else
            {
                StateChange(MachineState.MACHINESTATE_PLAY);
            }
        }
        else if (aState == MachineState.MACHINESTATE_STOP)
        {
            m_pOwner.NotifryMachineState("머신 종료");
            m_enMachineState = MachineState.MACHINESTATE_STOP;
            m_pStoreEjector.ChangeState(StoreEjectorState.STOREEJECTORSTATE_STOP);
            m_pConveyerBelt.ChangeState(ConveryorState.CONVERYORSTATE_STOP);
        }
    }
```

⑤ 장비 변경 상태와 장비 입력 신호를 받아올 메소드를 만든다.

```
public void StateCalc()
{
    // 초기 상태
    byte m_nState1 = 0x00;

    // 각 장치의 상태를 받아온다.
    m_nState1 += m_pStoreEjector.GetStateCode();
    m_nState1 += m_pConveyerBelt.GetStateCode();

    m_pIoDevice.Outputb(4, m_nState1);
    Thread.Sleep(10);
}

//
public void InputCollection()
{
    int Temp;
    Temp = m_pIoDevice.Inputb(0);
    m_nInputA = m_pIoDevice.ConvetByteToBit(Temp);
}
```

⑥ 시간이 지남에 따라 처리할 Update() 메소드를 만든다.

```csharp
// 상태에 따른 변화
public void Update(double aTime)
{
    // 모든 장비를 업데이트 한다.
    m_pStoreEjector.Update(aTime);

    // 시간을 기록한다.
    m_fTime += aTime;
    if (m_enMachineState == MachineState.MACHINESTATE_PLAY)
    {
        // 비전검사를 수행한다.
        if (m_enPlayState == MachinePlayState.MACHINEPLAYSTATE_NONE)
        {
            // 컨테이너를 작동한다.
            m_pConveyerBelt.ChangeState(ConveryorState.CONVERYORSTATE_PLAY);
            m_enPlayState = MachinePlayState.MACHINEPLAYSTATE_SENSOR;
            m_fTime = 0.0;
        }
        else if (m_enPlayState == MachinePlayState.MACHINEPLAYSTATE_SENSOR)
        {
            // 검사를 수행한다.
            if (m_pInspSersor.Inspect() == 1)
            {
                StateChange(MachineState.MACHINESTATE_END);
            }
            else if (m_fTime > 5.0)
            {
                StateChange(MachineState.MACHINESTATE_END);
            }
        }
    }
    else if (m_enMachineState == MachineState.MACHINESTATE_END)
    {
        if (m_fTime > 2.0)
        {
            StateChange(MachineState.MACHINESTATE_STOP);
        }
    }
}
```

⑦ 전체 소스는 다음과 같다.

```csharp
using Imechatronics.IoDevice;
using System.Threading;
using System.Collections;

namespace Ex04
{
```

(계속)

```csharp
// 머신의 상태
public enum MachineState
{
    MACHINESTATE_INIT,          // 초기화 상태
    MACHINESTATE_START,         // 시작 신호 상태
    MACHINESTATE_PLAY,          // 동작 상태
    MACHINESTATE_END,           // 정지 대기 상태
    MACHINESTATE_STOP,          // 정지 상태
}

public enum MachinePlayState
{
    MACHINEPLAYSTATE_NONE,              // 초기화 상태
    MACHINEPLAYSTATE_SENSOR,            // 센서 분류 상태
}

public class MachineIo
{
    public Form1 m_pOwner;
    Io8255 m_pIoDevice;

    // 입력 포트의 Cw를 읽어올 변수
    public int[] m_nInputA = new int[8];

    // 검사 결과를 저장할 변수
    int[] m_nInspType;

    // 시간값
    double m_fTime;

    MachineState m_enMachineState;
    MachinePlayState m_enPlayState;

    // 각 장비 파트에 대한 클래스
    StoreEjector m_pStoreEjector;               // 스토어 이젝터
    ConveyerBelt m_pConveyerBelt;               // 컨베이어 벨트
    public InspSensor m_pInspSersor;            // 검사 센서

    public MachineIo(Form1 aOwner)
    {
        m_pOwner = aOwner;
        m_pIoDevice = new Io8255();
```

(계속)

```
        // UCI장비 세팅
        m_pIoDevice.UCIDrvInit();
        m_pIoDevice.Outputb(3, 0x9B);
        m_pIoDevice.Outputb(7, 0x80);

        // 독립적으로 작동할 작업 객체 생성
        m_pStoreEjector = new StoreEjector(this);       // 스토어 이젝터
        m_pConveyerBelt = new ConveyerBelt(this);       // 컨베이어벨트
        m_pInspSersor = new InspSensor(this);           // 검사 센서

        m_nInspType = new int[4] { 0, 0, 0, 0 };
    }

    // 상태 변경
    public void StateChange(MachineState aState)
    {
        // 스톱 상태일 때 바뀔 수 있도록
        if (aState == MachineState.MACHINESTATE_START)
        {
            // 배출기가 정지 상태일 때 종료 상태로 변경한다.
            if (m_pStoreEjector.m_enStoreState == StoreState.STORESTATE_NORMAL)
            {
                // 검사 개수를 초기화
                for (int Index = 0; Index < 4; ++Index)
                {
                    m_nInspType[Index] = 0;
                }
                // 플레이 상태로 상태 변경
                StateChange(MachineState.MACHINESTATE_PLAY);
            }
            else
            {
                // 종료 상태로 상태 변경
                StateChange(MachineState.MACHINESTATE_STOP);
            }
        }
        if (aState == MachineState.MACHINESTATE_PLAY)
        {
            // 장치들을 리셋한다.
            m_pStoreEjector.Reset();        // 스토어 이젝터
            m_pInspSersor.Reset();          // 검사 센서
```

(계속)

```
            // 초기화 코드를 실행
            m_fTime = 0.0f;
            m_pStoreEjector.ChangeState(StoreEjectorState.STOREEJECTORSTATE_EMIT);

            // 2. 머신을 시작 상태로 변경
            m_enPlayState = MachinePlayState.MACHINEPLAYSTATE_NONE;
            m_enMachineState = MachineState.MACHINESTATE_PLAY;
            m_pOwner.NotifryMachineState("머신 작동");
        }
        else if (aState == MachineState.MACHINESTATE_END)
        {
            m_pOwner.NotifryMachineState("머신 종료 대기");

            // 센서가 비었으면 종료 상태를 저장하고 아니라면 다시 머신을 작동한다.
            if (m_pStoreEjector.m_enStoreState == StoreState.STORESTATE_EMPTY)
            {
                m_fTime = 0.0;
                m_enMachineState = MachineState.MACHINESTATE_END;
            }
            else
            {
                StateChange(MachineState.MACHINESTATE_PLAY);
            }
        }
        else if (aState == MachineState.MACHINESTATE_STOP)
        {
            m_pOwner.NotifryMachineState("머신 종료");
            m_enMachineState = MachineState.MACHINESTATE_STOP;
            m_pStoreEjector.ChangeState(StoreEjectorState.STOREEJECTORSTATE_STOP);
            m_pConveyerBelt.ChangeState(ConveryorState.CONVERYORSTATE_STOP);
        }
    }

    public void StateCalc()
    {
        // 초기 상태
        byte m_nState1 = 0x00;

        // 각 장치의 상태를 받아온다.
        m_nState1 += m_pStoreEjector.GetStateCode();
        m_nState1 += m_pConveyerBelt.GetStateCode();
```

(계속)

```
            m_pIoDevice.Outputb(4, m_nState1);
            Thread.Sleep(10);
    }


    // 상태에 따른 변화
    public void Update(double aTime)
    {
        // 모든 장비를 업데이트한다.
        m_pStoreEjector.Update(aTime);

        // 시간을 기록한다.
        m_fTime += aTime;
        if (m_enMachineState == MachineState.MACHINESTATE_PLAY)
        {
            // 비전 검사를 수행한다.
            if (m_enPlayState == MachinePlayState.MACHINEPLAYSTATE_NONE)
            {
                // 컨테이너를 작동한다.
                m_pConveyerBelt.ChangeState(ConveryorState.CONVERYORSTATE_PLAY);
                m_enPlayState = MachinePlayState.MACHINEPLAYSTATE_SENSOR;
                m_fTime = 0.0;

            }
            else if (m_enPlayState == MachinePlayState.MACHINEPLAYSTATE_SENSOR)
            {
                // 검사를 수행한다.
                if (m_pInspSersor.Inspect() == 1)
                {
                    StateChange(MachineState.MACHINESTATE_END);
                }
                else
                {
                    if (m_fTime > 5.0)
                    {
                        StateChange(MachineState.MACHINESTATE_END);
                    }
                }
            }
        }
        // 정지 상태 동작
        else if (m_enMachineState == MachineState.MACHINESTATE_END)
        {
```

(계속)

```
                    if (m_fTime > 2.0)
                    {
                            StateChange(MachineState.MACHINESTATE_STOP);
                    }
                }
            }
        public void InputCollection()
        {
            int Temp;
            Temp = m_pIoDevice.Inputb(0);
            m_nInputA = m_pIoDevice.ConvetByteToBit(Temp);
        }
    }
}
```

6. 비전 검사를 수행할 InspSensor 클래스 수정

다음은 비전 검사를 수행할 InspSensor 클래스를 수정해 보도록 한다.

1) 맴버 변수와 생성자 선언

① 패턴 매칭 관련 OpenEvision 객체와 검사할 위치를 찾을 패턴과 카메라의 이미지를 저장할
변수를 선언한다.

```
// 센서검사장비에 대한 구조체
public class InspSensor
{
    MachineIo m_pOwner;

    // 이미지를 저장할 객체
    EMatcher m_pEMatcher;        // EasyMatch객체
    ElmageBW8 m_pPatternImage;

    //
    ElmageBW8 m_pProcImage;      // 모노형식으로 변환버퍼
    EROIBW8 m_pImageRoi;         //
```

② 생성자에서 버퍼를 초기화하고 이후 패턴 매칭을 위한 객체를 생성한다.

```
public InspSensor(MachineIo aOwner)
{
    // 부모위치를 저장한다.
    m_pOwner = aOwner;

    // 검사 영역을 찾기 위한 패턴을 불러온다.
    m_pPatternImage = new EImageBW8( );
    m_pPatternImage.Load("../../../../Resource/Ex6/InspPattern.bmp");

    // 매칭 객체를 생성하고 스케일을 지정해준다.
    m_pEMatcher = new EMatcher( );
    m_pEMatcher.LearnPattern(m_pPatternImage);
    m_pEMatcher.MinScale = 0.8f;
    m_pEMatcher.MaxScale = 1.2f;
    m_pEMatcher.MinScore = 0.8f;
    m_pEMatcher.MaxPositions = 1;


    // 촬상버퍼와 처리 버퍼를 연결한다.
    m_pProcImage = new EImageBW8(1360, 1040);

    // 2. ROI버퍼에 연결한다.
    Rectangle Rect = m_pOwner.m_pOwner.m_rtRoi;
    m_pImageRoi = new EROIBW8( );

}
```

③ 상태를 리셋하는 메소드와 검사를 수행할 메소드를 만든다. 검사 수행의 순서는 다음과 같다.
이미지 촬상 → 컬러 이미지를 흑백 이미지로 변환 → 미리 만들었던 영역의 버퍼만 분리 →
패턴 매칭 수행 → 패턴을 찾았으면 위치값을 전송 → 전송된 위치값으로 측정

```
// 토큰 상태를 리셋한다.
public void Reset( )
{
    m_pOwner.StateCalc( );
}

// 토큰 변경 결과를 확인한다.
public int Inspect( )
{
    // 1. 이미지를 촬상하고 버퍼를변경한다.
    m_pOwner.m_pOwner.m_pCamera.Grab(m_pOwner.m_pOwner.m_pGrabBuf);
    EasyImage.Convert(m_pOwner.m_pOwner.m_pGrabBuf, m_pProcImage);
    m_pOwner.m_pOwner.m_pPictureBox.Invalidate( );

    // 3. 패턴 검사를 수행한다.
    m_pImageRoi.Attach(m_pProcImage);
    Rectangle Rect = m_pOwner.m_pOwner.m_rtRoi;
    m_pImageRoi.SetPlacement(Rect.Left, Rect.Top, Rect.Width, Rect.Height);

    m_pOwner.m_pOwner.m_pInspBuf.SetSize(m_pImageRoi);
    EasyImage.Oper(EArithmeticLogicOperation.Copy, m_pImageRoi, m_pOwner.m_pOwner.m_pInspBuf);
```

```
    m_pEMatcher.Match(m_pOwner.m_pOwner.m_pInspBuf);

    if (m_pEMatcher.NumPositions > 0)
    {
        EMatchPosition Pos = m_pEMatcher.GetPosition(0);
        m_pOwner.m_pOwner.NotifryInspState(Pos.CenterX, Pos.CenterY);
        return 1;
    }

    return 0;
}
```

④ 전체 소스는 다음과 같다.

```csharp
using Euresys.Open_eVision_1_2;
using System;
using System.Collections;
using Imechatronics;
using System.Drawing;

namespace Ex04
{
    // 센서 검사 장비에 대한 구조체
    public class InspSensor
    {
        MachineIo m_pOwner;

        // 이미지를 저장할 객체
        EMatcher m_pEMatcher;          // EasyMatch 객체
        EImageBW8 m_pPatternImage;

        //
        EImageBW8 m_pProcImage;        // 모노 형식으로 변환 버퍼
        EROIBW8 m_pImageRoi;           //

        public InspSensor(MachineIo aOwner)
        {
            // 부모 위치를 저장한다.
            m_pOwner = aOwner;

            // 검사 영역을 찾기 위한 패턴을 불러온다.
            m_pPatternImage = new EImageBW8();
```

(계속)

```
m_pPatternImage.Load("../../../../Resource/Ex6/InspPattern.bmp");

// 매칭 객체를 생성하고 스케일을 지정해 준다.
m_pEMatcher = new EMatcher();
m_pEMatcher.LearnPattern(m_pPatternImage);
m_pEMatcher.MinScale = 0.8f;
m_pEMatcher.MaxScale = 1.2f;
m_pEMatcher.MinScore = 0.8f;
m_pEMatcher.MaxPositions = 1;

// 촬상 버퍼와 처리 버퍼를 연결한다.
m_pProcImage = new EImageBW8(1360, 1040);

// 2. ROI 버퍼에 연결한다.
Rectangle Rect = m_pOwner.m_pOwner.m_rtRoi;
m_pImageRoi = new EROIBW8();

}

// 토큰 상태를 리셋한다.
public void Reset()
{
    m_pOwner.StateCalc();
}

// 토큰 변경 결과를 확인한다.
public int Inspect()
{
    // 1. 이미지를 촬상하고 버퍼를 변경한다.
    m_pOwner.m_pOwner.m_pCamera.Grab(m_pOwner.m_pOwner.m_pGrabBuf);
    EasyImage.Convert(m_pOwner.m_pOwner.m_pGrabBuf, m_pProcImage);
    m_pOwner.m_pOwner.m_pPictureBox.Invalidate();


    // 3. 패턴 검사를 수행한다.
    m_pImageRoi.Attach(m_pProcImage);
    Rectangle Rect = m_pOwner.m_pOwner.m_rtRoi;
    m_pImageRoi.SetPlacement(Rect.Left, Rect.Top, Rect.Width, Rect.Height);

    m_pOwner.m_pOwner.m_pInspBuf.SetSize(m_pImageRoi);
    EasyImage.Oper(EArithmeticLogicOperation.Copy,
            m_pImageRoi, m_pOwner.m_pOwner.m_pInspBuf);
```

(계속)

```
        m_pEMatcher.Match(m_pOwner.m_pOwner.m_pInspBuf);

        if (m_pEMatcher.NumPositions > 0)
        {
            EMatchPosition Pos = m_pEMatcher.GetPosition(0);
            m_pOwner.m_pOwner.NotifryInspState(Pos.CenterX, Pos.CenterY);
            return 1;
        }
        return 0;
    }
  }
}
```

⑤ 검사 결과는 다음과 같이 시작 버튼을 누르면 토큰이 배출된 후 컨베이어 벨트가 작동하고 검사 위치에 들어오게 되면 검사를 수행한다. 중점 위치와 오브젝트 위치의 거리를 실측과 비교된 크기로 결과가 출력된다.

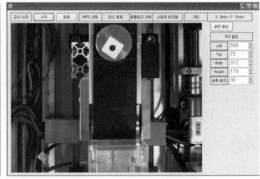

그림 7.51

8 │ 이더넷 통신

1 이더넷 통신을 이용한 장비 구성 및 실습

1. 이더넷 통신이란

다수의 컴퓨터가 여러 상대와 적은 비용으로 자유롭게 통신하기 위해 만들어진 통신 기술이다. 장치들 사이는 케이블로 연결되어 있고 한 장비가 신호를 보내게 되면 케이블을 통해서 네트워크 전체에 신호가 흐르고 모두에게 도착한다. 그리고 해당하는 장비만 신호를 받고 나머지 장비들은 신호를 폐기하는 식으로 동작을 하는 방식의 통신이다.

이더넷 통신에서는 각 장비를 IP 번호와 IP 번호의 그룹인 GateWay로 구별하고 있다. 이더넷 네트워크를 위한 장비를 구성할 때는 같은 GateWay 주소와 IP 그룹을 주어야 한다.

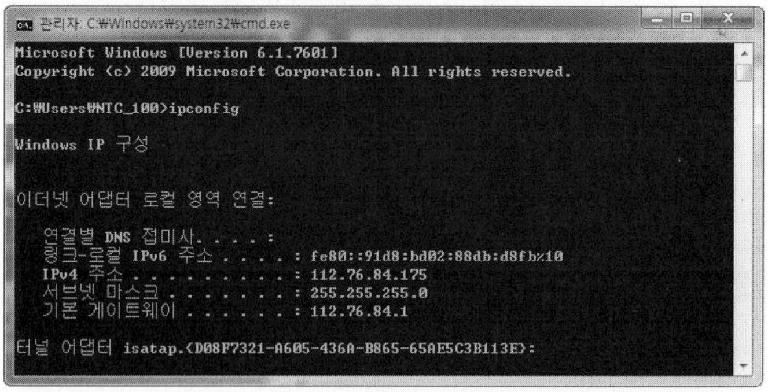

```
관리자: C:\Windows\system32\cmd.exe
Microsoft Windows [Version 6.1.7601]
Copyright (c) 2009 Microsoft Corporation. All rights reserved.

C:\Users\NTC_100>ipconfig

Windows IP 구성

이더넷 어댑터 로컬 영역 연결:

   연결별 DNS 접미사. . . . :
   링크-로컬 IPv6 주소 . . . . . : fe80::91d8:bd02:88db:d8fb%10
   IPv4 주소 . . . . . . . . . : 112.76.84.175
   서브넷 마스크 . . . . . . . : 255.255.255.0
   기본 게이트웨이 . . . . . . : 112.76.84.1

터널 어댑터 isatap.{D08F7321-A605-436A-B865-65AE5C3B113E}:
```

그림 8.1

2. 이더넷 통신의 구성

이더넷 통신은 PC와 PC 통신뿐 아니라 이더넷 규격에 맞추어 산업용 카메라, PLC 장비 등 여러 가지 장비와 통신할 수 있다. 그림과 같이 여러 개의 장비들이 스위치를 통해서 서로 통신을 하고 있다.

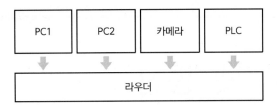

그림 8.2 **각 장비가 스위치를 통해서 연결되어 있다.**

그러면 연결하기 위해 아이피를 어떻게 설정하는지 알아보도록 한다.

01 연결할 장비의 이더넷 케이블을 스위치에 연결한다.

02 PC에서 네트워크 환경 설정은 다음 그림을 잠고해서 한다.

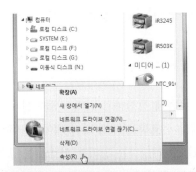
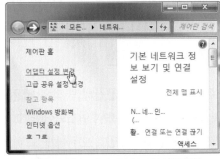

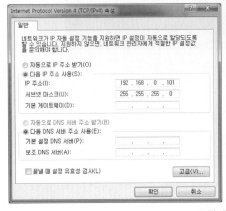

그림 8.3

03 다음은 미쓰비시 PLC에 대한 IP를 잡아보도록 한다. 현재 실습할 이더넷 장비를 설정하기 위해 GX Developer 프로그램을 실행한다. 그리고 Network parameter 메뉴를 클릭해서 다음 그림을 참고해서 설정한다.

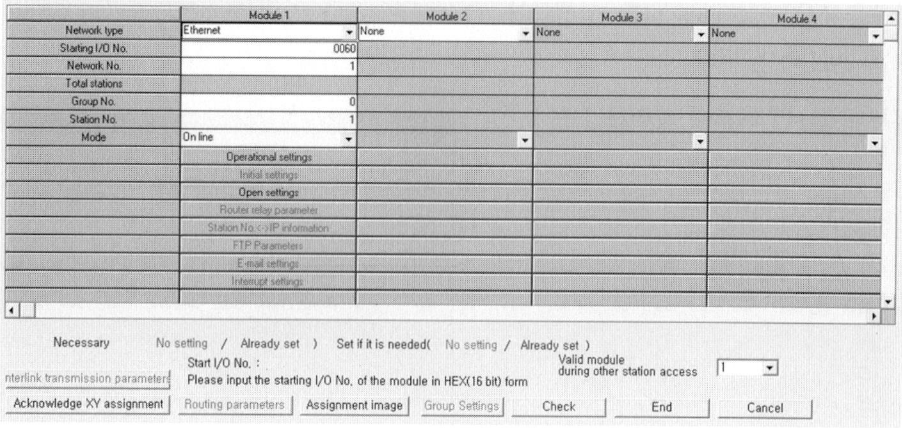

그림 8.4

Operational settings 메뉴를 클릭하면 다음 화면이 나타나고 그림 8.5와 같이 설정하면 된다.

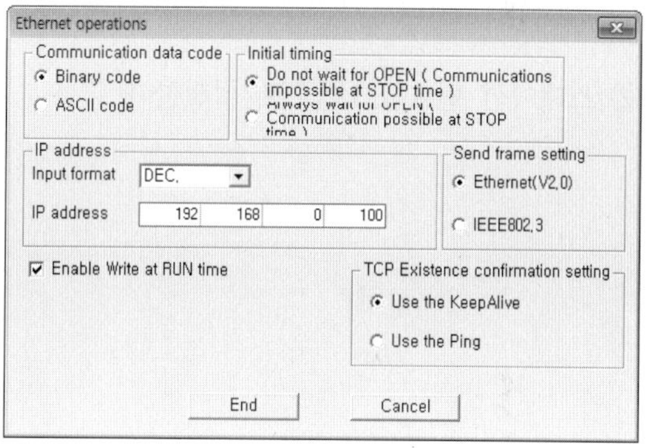

Open settings 을 클릭하면 그림 8.6과 같은 화면이 나타난다.

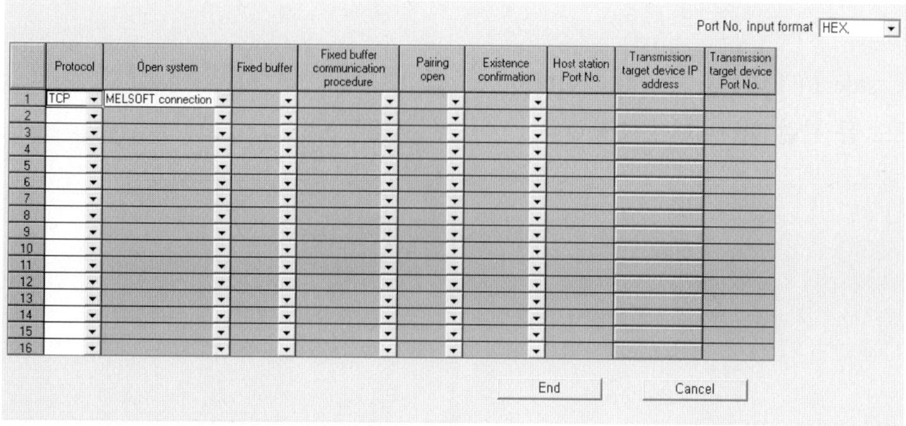

그림 8.5

그림 8.6

클릭 후 화면을 빠져나오면 된다. 그리고 PLC 프로그램을 한 다음 프로그램과
파라미터를 다운로드하면 된다.

04 다음은 MX Component를 실행하여
　　 PC를 세팅하면 된다.

① "위자드 모드" 버튼을 클릭한다.

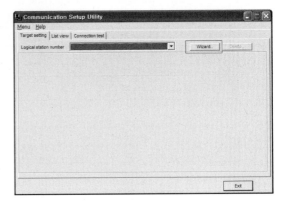

그림 8.7

② 스테이션 번호를 1번으로 설정한다.

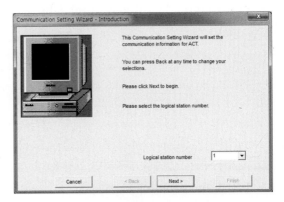

그림 8.8

③ "PC side I/F" 버튼을 클릭하고 이더넷
　 보드 등 관련 파라미터를 선택한다.

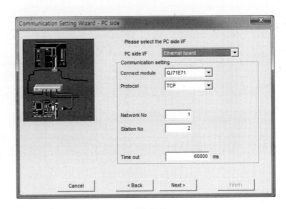

그림 8.9

④ "PLC side I/F" 버튼을 클릭하고 이더
넷 보드 등 관련 파라미터를 선택한다.

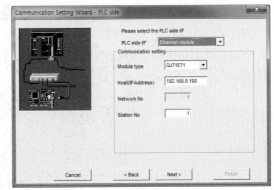

그림 8.10

⑤ 그림 8.11과 같이 CPU 타입을 설정한다.

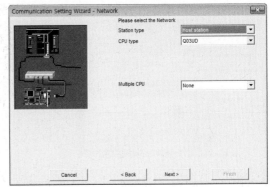

그림 8.11

⑥ Comment에 test라고 입력한 후 "Finish"
버튼을 클릭하여 마무리한다.

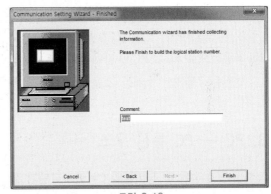

그림 8.12

⑦ 이후 그림 8.13과 같은 화면이 나오면
설정이 마무리된 상태이다.

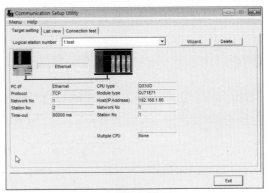

그림 8.13

1 / 이더넷 통신을 이용한 장비 구성 및 실습

⑧ Connect Test 탭으로 이동한 후 "Test" 버튼을 눌러 연결 테스트를 확인한다. Successful 메시지가 나오면 연결이 완료된 상태이다.

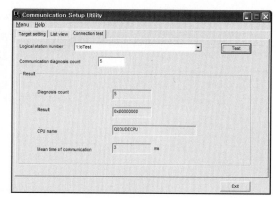

그림 8.14

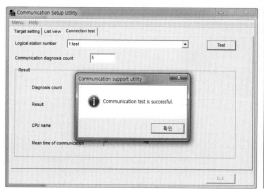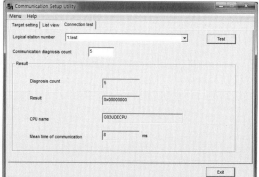

그림 8.15

05 최종적으로 PC1, PC2, 카메라, PLC 등 관련 장치의 IP 설정을 확인한다. 그리고 카메라 연결은 7장에서 소개한 것을 참고하도록 한다.

3. PC → PC 통신 구조

다음은 설정된 IP 장비들의 C# 프로그램과 통신하는 방법에 대하여 알아본다. 먼저 PC와 PC를 통한 실습이다. 물리적인 네트워크 신호가 사용자에게 들어오는 순서는 그림 8.16과 같다.

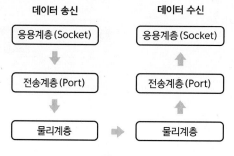

그림 8.16

그림을 보면 포트와 소켓이라는 부분을 거쳐 가게 된다. 포트는 물리적 신호가 소프트웨어적으로 어느 위치로 통신할 것인지를 결정하게 된다. 포트가 없다면 PC에서는 한 개의 정보만 통신이 가능할 것이다. 다음은 소켓으로서 두 프로그램이 네트워크를 통해 서로 통신을 수행할 수 있는 소프트웨어적인 링크 단자를 이야기한다. 우리는 소켓을 이용해서 통신을 하도록 한다.

Socket 통신은 서버와 클라이언트라는 부분을 사용하여 서버는 다른 PC에서 접속하는 역할을 하고, Client는 서버 컴퓨터에 접속을 시도해서 연결되어야 사용이 가능하다.

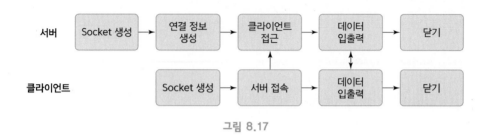

그림 8.17

그러면 예제에서 설명할 클라이언트 서버 모델을 구성해 보도록 한다.

① 서버 연결과 데이터 통신을 하기 위한 폼에 컨트롤을 배치해 보도록 한다.

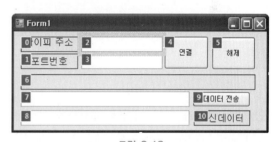

그림 8.18

표 8.1

번호	타입	위치	크기	속성	폰트	Text
0	Label	12, 9	100, 26	가운데 정렬	9pt	아이피 주소
1	Label	12, 38	100, 26	가운데 정렬	9pt	포트 번호
2	Text	118, 9	142, 26	가운데 정렬	9pt	
3	Text	118, 38	142, 26	가운데 정렬	9pt	
4	Button	263, 8	78, 56	가운데 정렬	9pt	연결
5	Button	347, 9	78, 56	가운데 정렬	9pt	해제
6	Label	12, 73	413, 26	가운데 정렬	9pt	
7	Text	12, 102	296, 26	가운데 정렬	9pt	
8	Text	12, 134	296, 26	가운데 정렬	9pt	
9	Button	314, 102	102, 26	가운데 정렬	9pt	데이터 전송
10	Label	316, 134	102, 26	가운데 정렬	9pt	수신 데이터

② 클라이언트를 사용하기 위해 소켓 객체를 선언하고 생성자에서 소켓을 생성한 후 델리게이트를 이용하여 연결하고 데이터 수신이 들어왔을 때 동작하는 메소드를 동작한다. 예제에서는 비동기 소켓, 즉 데이터가 들어오기까지를 기다리는 것이 아니라 수신 데이터를 받게 되면 메소드가 호출되는 형태를 가지고 있다.

```csharp
using System;
using System.Windows.Forms;
using Imecatronics;
using System.Text;

namespace Ex02
{

    public partial class Form1 : Form
    {

        // 소켓 객체
        private TcpSocketClient m_pSocket = null;

        public Form1()
        {
            InitializeComponent();

            m_pSocket = new TcpSocketClient(0);

            // 사용할 이벤트를 등록
            m_pSocket.OnConnet += new TcpSocketConnectEventHandler(OnConnet);
            m_pSocket.OnReceive += new TcpSocketReceiveEventHandler(OnReceive);
        }
```

③ 서버 연결과 해제 서버에 메시지를 보내는 방법이다. 연결 서버의 아이피와 포트 번호를 Connect() 메소드에 인자값으로 넣고 연결을 시도한다. 데이터 전송은 Send() 메소드를 이용해서 보내게 되고, Encoding클래스에 선언된 GetBytes() 메소드로 문자열 데이터를 Byte형 배열로 변환하여 데이터를 전송한다.

```csharp
private void button1_Click(object sender, EventArgs e)
{
    string IpAddress = textBox1.Text;
    int Port = Convert.ToInt32(textBox2.Text);

    // 연결한다.
    m_pSocket.Connect(IpAddress, Port);
}

private void button4_Click(object sender, EventArgs e)
{
    m_pSocket.Close();
}

// 메세지를 보냄
private void button2_Click(object sender, EventArgs e)
{
    m_pSocket.Send(Encoding.Default.GetBytes(textBox3.Text));
}
```

④ 데이터는 Recv 메소드에서 메시지를 받게 되고, 해당 메시지를 컨트롤에 바로 변경하면 공유 에러가 나기 때문에 다음과 같이 UpdateTextFunc() 메소드에 정의된 방법처럼 사용되게 된다.

```csharp
// 연결 종료상태를 표시
private void OnConnet(object sender, TcpSocketConnectionEventArgs e)
{
    UpdateTextFunc(label4, "서버에 연결되었습니다.");
}

// 종료
private void OnClose(object sender, TcpSocketConnectionEventArgs e)
{
    UpdateTextFunc(label4, "서버와 연결이 종료되었습니다.");
}


private void OnReceive(object sender, TcpSocketReceiveEventArgs e)
{
    UpdateTextFunc(textBox4, Encoding.Default.GetString(e.ReceiveData, 0, e.ReceiveBytes));
}
```

⑤ UpdateTextFunc() 메소드는 컨트롤에 내용을 기록해도 안전한 타이밍에 데이터를 기록하기 위해서 만든 메소드이다. 재귀 메소드 형태로 안전할 때 데이터가 기록된다.

```csharp
public delegate void UpdateText(Control ctrl, string text);
public void UpdateTextFunc(Control ctrl, string text)
{
    if (ctrl.InvokeRequired)
    {
        ctrl.Invoke(new UpdateText(UpdateTextFunc), new object[] { ctrl, text });
    }
    else
    {
        ctrl.Text = text;
    }
}
```

⑥ 해당 내용의 전체 소스는 다음과 같다.

```csharp
using System;
using System.Windows.Forms;
using Imechatronics;
using System.Text;

namespace Ex02
{
```

(계속)

```csharp
public partial class Form1 : Form
{

    // 소켓 객체
    private TcpSocketClient m_pSocket = null;

    public Form1()
    {
        InitializeComponent();

        m_pSocket = new TcpSocketClient(0);

        // 사용할 이벤트를 등록
        m_pSocket.OnConnet += new TcpSocketConnectEventHandler(OnConnet);
        m_pSocket.OnReceive += new TcpSocketReceiveEventHandler(OnReceive);
    }

    private void button1_Click(object sender, EventArgs e)
    {
        string IpAddress = textBox1.Text;
        int Port = Convert.ToInt32(textBox2.Text);

        // 연결한다.
        m_pSocket.Connect(IpAddress, Port);
    }

    private void button4_Click(object sender, EventArgs e)
    {
        m_pSocket.Close();
    }

    // 메세지를 보냄
    private void button2_Click(object sender, EventArgs e)
    {
        m_pSocket.Send(Encoding.Default.GetBytes(textBox3.Text));
    }

    // 연결 종료 상태를 표시
    private void OnConnet(object sender, TcpSocketConnectionEventArgs e)
    {
        UpdateTextFunc(label4, "서버에 연결되었다.");
    }
```

(계속)

```
// 종료
private void OnClose(object sender, TcpSocketConnectionEventArgs e)
{
    UpdateTextFunc(label4, "서버와 연결이 종료되었다.");
}

private void OnReceive(object sender, TcpSocketReceiveEventArgs e)
{
    UpdateTextFunc(textBox4, Encoding.Default.GetString(e.ReceiveData, 0, e.ReceiveBytes));
}

public delegate void UpdateText(Control ctrl, string text);
public void UpdateTextFunc(Control ctrl, string text)
{
    if (ctrl.InvokeRequired)
    {
        ctrl.Invoke(new UpdateText(UpdateTextFunc), new object[] { ctrl, text });
    }
    else
    {
        ctrl.Text = text;
    }
}
}
}
```

⑦ 다음의 클라이언트가 연결되는 서버 예제를 제작해 보도록 한다. 다음과 같이 서버 작동에 필요한 요소와 데이터 송수신 관련 컨트롤을 배치한다.

그림 8.19

표 8.2

번호	타입	위치	크기	속성	폰트	Text
0	Label	12, 9	100, 26	가운데 정렬	9pt	포트 번호
1	Text	118, 9	142, 26	가운데 정렬	9pt	

(계속)

번호	타입	위치	크기	속성	폰트	Text
2	Button	263, 8	78, 56	가운데 정렬	9pt	연결
3	Button	347, 9	78, 56	가운데 정렬	9pt	해제
4	Label	12, 73	413, 26	가운데 정렬	9pt	
5	Text	12, 102	296, 26	가운데 정렬	9pt	
6	Text	12, 134	296, 26	가운데 정렬	9pt	
7	Button	314, 102	102, 26	가운데 정렬	9pt	데이터 전송
8	Label	316, 134	102, 26	가운데 정렬	9pt	수신 데이터

⑧ 서버의 Accept 역할을 담당할 서버 소켓과 Client와 통신을 담당할 Client 소켓을 멤버 변수로 선언해 준다.

```csharp
using System;
using System.Text;
using System.Windows.Forms;
using Imecatronics;

namespace Ex03
{
    public partial class Form1 : Form
    {
        // 접속객체
        private TcpSocketServer m_pServerSocket;
        private TcpSocketClient m_pClientSocket;

        public Form1()
        {
            InitializeComponent();

            // 서버소켓을 생성하고 핸들러를 설정한다.
            m_pServerSocket = new TcpSocketServer();
            m_pServerSocket.OnAccept += new TcpSocketAcceptEventHandler(OnAccept);
        }
```

⑨ 이후 클라이언트 접속을 수락하기 위해서 Listen() 메소드를 이용해서 Accept 단계로 이동한다. 연결이 이루어지면 이후부터는 Client 소켓과 연결한 후 Send() 메소드를 이용하여 클라이언트 측에 데이터를 전송한다.

```csharp
    // 접속
    private void button1_Click(object sender, EventArgs e)
    {
        //
        int Port = Convert.ToInt32(textBox2.Text);
        m_pServerSocket.Listen(Port);
    }
```

```
    // 종료
    private void button2_Click(object sender, EventArgs e)
    {
        m_pServerSocket.Stop();
    }

    // 데이터 전송
    private void button3_Click(object sender, EventArgs e)
    {
        string Message = textBox3.Text;
        m_pClientSocket.Send(Encoding.Default.GetBytes(Message));
    }
```

⑩ 클라이언트가 접속하면 Accept 메소드가 동작하고 여기서 받아온 클라이언트 정보로 소켓을 생성하고 클라이언트에서 데이터를 송신했을 때 받을 OnReceive() 메소드를 등록한다.

```
    // 클라이언트가 들어왔을때 처리
    private void OnAccept(object sender, TcpSocketAcceptEventArgs e)
    {
        m_pClientSocket = new TcpSocketClient(0, e.Worker);

        // 데이터 수신을 대기한다.
        m_pClientSocket.Receive();
        m_pClientSocket.OnReceive += new TcpSocketReceiveEventHandler(OnReceive);

        //
        UpdateTextFunc(label1, "클라이언트가 접속하였습니다.");
    }

    // 리시브 데이터
    private void OnReceive(object sender, TcpSocketReceiveEventArgs e)
    {
        UpdateTextFunc(textBox4, Encoding.Default.GetString(e.ReceiveData, 0, e.ReceiveBytes));
    }
```

⑪ 전체 소스는 다음과 같다.

```
using System;
using System.Text;
using System.Windows.Forms;
using Imechatronics;

namespace Ex03
{

    public partial class Form1 : Form
    {
```

(계속)

```csharp
private TcpSocketServer m_pServerSocket;
private TcpSocketClient m_pClientSocket;

public Form1()
{
    InitializeComponent();

    // 서버 소켓을 생성하고 핸들러를 설정한다.
    m_pServerSocket = new TcpSocketServer();
    m_pServerSocket.OnAccept += new TcpSocketAcceptEventHandler(OnAccept);

}

// 접속
private void button1_Click(object sender, EventArgs e)
{
    //
    int Port = Convert.ToInt32(textBox2.Text);
    m_pServerSocket.Listen(Port);
}

// 종료
private void button2_Click(object sender, EventArgs e)
{
    m_pServerSocket.Stop();
}

// 데이터 전송
private void button3_Click(object sender, EventArgs e)
{
    string Message = textBox3.Text;
    m_pClientSocket.Send(Encoding.Default.GetBytes(Message));
}

// 클라이언트가 들어왔을 때 처리
private void OnAccept(object sender, TcpSocketAcceptEventArgs e)
{
    m_pClientSocket = new TcpSocketClient(0, e.Worker);

    // 데이터 수신을 대기한다.
    m_pClientSocket.Receive();
    m_pClientSocket.OnReceive += new TcpSocketReceiveEventHandler(OnReceive);
```

(계속)

```
        //
        UpdateTextFunc(label1, "클라이언트가 접속하였다.");
    }

    // 리시브 데이터
    private void OnReceive(object sender, TcpSocketReceiveEventArgs e)
    {
        UpdateTextFunc(textBox4, Encoding.Default.GetString(e.ReceiveData, 0, e.ReceiveBytes));
    }

    public delegate void UpdateText(Control ctrl, string text);
    public void UpdateTextFunc(Control ctrl, string text)
    {
        if (ctrl.InvokeRequired)
        {
            ctrl.Invoke(new UpdateText(UpdateTextFunc), new object[] { ctrl, text });
        }
        else
        {
            ctrl.Text = text;
        }
    }
}
}
```

4. PC → PLC 통신 구조

다음은 PC와 PLC의 통신 방법을 알아보도록 한다. PLC와 PC는 PLC의 읽고 쓸 수 있는 레지스트리 주소 데이터를 전용 입출력 메소드 호출을 이용하여 받아오거나 기록할 수 있다. 구조는 그림 8.20과 같다. 통신 방법은 다음과 같이 PC에서 카메라에 연결한 후 촬상 신호를 전송하면 화면 버퍼를 받을 수 있도록 되어 있다.

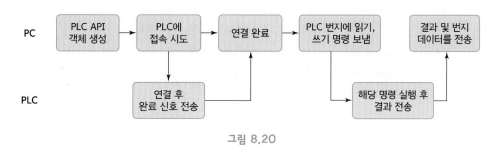

그림 8.20

그러면 C#을 통해서 PLC의 통신을 체크해 보도록 한다.

① 먼저 그림 8.21과 같이 폼을 생성하고 필요한 참조 파일을 가져오도록 하겠다.

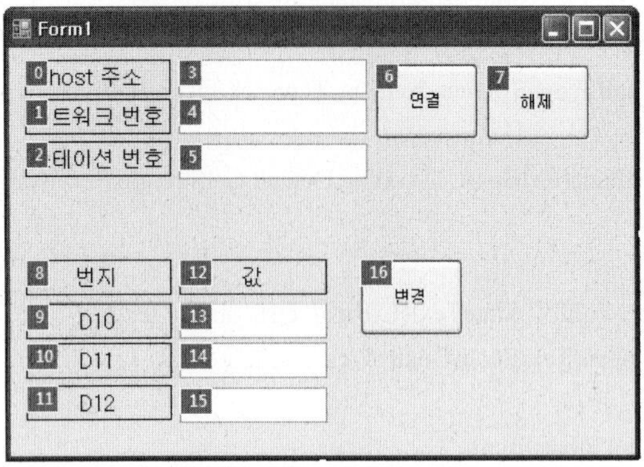

그림 8.21

표 8.3

번호	타입	위치	크기	속성	폰트	Text
0	Label	12, 9	111, 26	가운데 정렬	9pt	Host 주소
1	Label	12, 38	111, 26	가운데 정렬	9pt	네트워크 번호
2	Label	12, 69	111, 26	가운데 정렬	9pt	스테이션 번호
3	Text	129, 9	142, 26	가운데 정렬	9pt	
4	Text	129, 38	142, 26	가운데 정렬	9pt	
5	Text	129, 71	142, 26	가운데 정렬	9pt	
6	Button	277, 12	78, 56	가운데 정렬	9pt	연결
7	Button	78, 56	78, 56	가운데 정렬	9pt	해제
8	Label	12, 156	111, 26	가운데 정렬	9pt	번지
9	Label	12, 188	111, 26	가운데 정렬	9pt	D10
10	Label	12, 217	111, 26	가운데 정렬	9pt	D11
11	Label	12, 248	111, 26	가운데 정렬	9pt	D12
12	Label	129, 156	111, 26	가운데 정렬	9pt	값
13	Text	129, 188	111, 26	가운데 정렬	9pt	
14	Text	129, 217	111, 26	가운데 정렬	9pt	
15	Text	129, 250	111, 26	가운데 정렬	9pt	
16	Button	265, 156	78, 56	가운데 정렬	9pt	변경

② 다음은 PLC에 접근하기 위한 참조 설정을 하도록 한다. 참조할 항목은 그림 8.22와 같다.

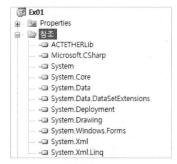

그림 8.22

표 8.4

번호	파일	경로
1	ActEther.dll	C:\Program Files\Imechatronics

③ 멤버 변수를 선언한다. PLC와 통신하기 위해서 Act Qj71e71tcp 객체를 선언한다. 이후 이 객체를 통해서 데이터의 입력과 출력을 수행한다.

```
using System;
using System.Windows.Forms;
using ACTETHERLib;

namespace Ex01
{
    public partial class Form1 : Form
    {

        // 연결 객체를 선언한다.
        ActQJ71E71TCP m_pAct;
```

④ 연결을 설정한다. 다음은 PLC 연결을 위해 PC 연결에 대한 네트워크 스테이션 정보, PLC 연결을 위한 아이피, 네트워크, 스테이션 번호를 기록한 후 Open 메소드를 이용하여 연결을 시도한다.

```
private void button1_Click(object sender, EventArgs e)
{
    // 연결을 종료한다.
    m_pAct = new ActQJ71E71TCP();

    //pc쪽 연결설정
    m_pAct.ActSourceNetworkNumber = 1;
    m_pAct.ActSourceStationNumber = 2;

    // PLC 연결 설정
```

```
    m_pAct.ActCpuType = 34; // Q02Cpu
    m_pAct.ActHostAddress = textBox1.Text;
    m_pAct.ActNetworkNumber = Convert.ToInt32(textBox2.Text);
    m_pAct.ActStationNumber = Convert.ToInt32(textBox3.Text);

    // 연결을 시도하고 Timer를 작동한다.
    m_pAct.Open();

    timer1.Start();
}
```

⑤ 번지값을 읽어온다. ReadDeviceBlock() 메소드를 이용하여 PLC의 데이터를 불러온다. 다음과 같이 읽어올 블롭 주소 위치와 받아올 변수를 매개 변수로 전달하면 된다.

```
private void timer1_Tick(object sender, EventArgs e)
{
    // PLC에서 값을 읽어온다.
    int iRet = 0;
    int ReadData1, ReadData2, ReadData3;
    iRet = m_pAct.ReadDeviceBlock("D10", 1, out ReadData1);
    iRet = m_pAct.ReadDeviceBlock("D11", 1, out ReadData2);
    iRet = m_pAct.ReadDeviceBlock("D12", 1, out ReadData3);

    // 내용을 기록한다.
    textBox4.Text = ReadData1.ToString();
    textBox5.Text = ReadData1.ToString();
    textBox6.Text = ReadData1.ToString();
}
```

⑥ 번지값을 기록한다. WriteDeviceBlock() 메소드를 이용하여 PLC의 데이터를 기록한다. 다음과 같이 기록할 블롭 주소 위치와 기록할 값이 저장된 변수를 매개 변수로 전달하면 된다.

```
private void button3_Click(object sender, EventArgs e)
{
    if (m_pAct != null)
    {
        // PLC에서 값을 읽어온다.
        int iRet = 0;
        int ReadData1 = Convert.ToInt32(textBox4.Text);
        int ReadData2 = Convert.ToInt32(textBox5.Text);
        int ReadData3 = Convert.ToInt32(textBox6.Text);

        // PLC번지에 데이터를 기록한다.
        iRet = m_pAct.WriteDeviceBlock("D10", 1, ReadData1);
        iRet = m_pAct.WriteDeviceBlock("D11", 1, ReadData2);
        iRet = m_pAct.WriteDeviceBlock("D12", 1, ReadData3);
    }

}
```

2   PC → PC 통신을 통한 LED 점등

1. 개요

다음은 PC → PC 이더넷 통신을 위한 코드를 작성해 보도록 한다. 작동 내용은 다음과 같다.

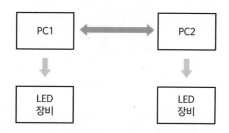

그림 8.23   이더넷 통신을 사용하여 제어

다음과 같이 이더넷 통신을 이용하여 서로 간의 LED 장비를 제어할 수 있는 프로그램을 작성하도록 한다. 처음 생성된 Form을 이용하여 개발하도록 한다. 먼저 클라이언트에 대하여 설명한다.

2. Client 제작

이더넷 통신을 하기 위한 Client 프로그램을 작성하도록 한다. 아래 그림은 솔루션에 대한 상황을 보여 준다.

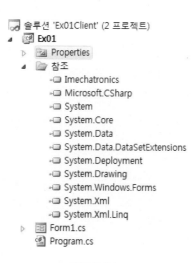

그림 8.24

① 서버 접속을 위한 사용자 입력 폼과 원격지 자신의 LED를 제어하기 위한 컨트롤을 배치한다.

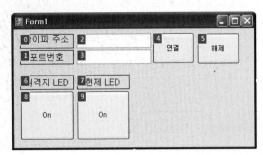 

그림 8.25

표 8.5

번호	타입	위치	크기	속성	폰트	Text
0	Label	12, 9	100, 26	가운데 정렬	9pt	아이피 주소
1	Label	12, 38	100, 26	가운데 정렬	9pt	포트 번호
2	Text	118, 9	142, 26	가운데 정렬	9pt	
3	Text	118, 38	142, 26	가운데 정렬	9pt	
4	Button	263, 9	78, 56	가운데 정렬	9pt	연결
5	Button	347, 9	78, 56	가운데 정렬	9pt	해제
6	Label	12, 84	100, 26	가운데 정렬	9pt	원격지 LED
7	Label	12, 84	100, 26	가운데 정렬	9pt	현제 LED
8	Button	12, 113	100, 89	가운데 정렬	9pt	On
9	Button	118, 113	100, 89	가운데 정렬	9pt	On
10	Label	–	–	가운데 정렬	9pt	접속 상태 표시창

위의 그림은 상태창을 추가한 것이니 참고하도록 한다. 상태창은 Client와 Server의 접속 상태를 알려준다. 아래 그림은 연결된 상태에서의 결과를 보여 준다. 물론 아피 주소와 포트 번호는 직접 입력한다.

그림 8.26

② 이후 멤버 변수로 서버 접속을 위한 소켓과 LED 제어를 위한 IO디바이스를 선언한다.

```
using System;
using System.Text;
using System.Windows.Forms;
using Imechatronics;
using Imechatronics.IoDevice;

namespace Ex01Client
{

    public partial class Form1 : Form
    {
        // 소켓통신할 객체를만든다.
        private TcpSocketClient m_pSocket = null;
        Io8255 m_pIoDevice;
```

③ 생성자에서 소켓 이벤트를 받아올 델리게이트와 UCI BUS를 설정한다.

```
    public Form1()
    {
        InitializeComponent();

        // UCI장비를 설정한다.
        m_pIoDevice = new Io8255();
        m_pIoDevice.UCIDrvInit();
        m_pIoDevice.Outputb(3, 0x80);

        // 클라이언트에서 서버에 접속하는 소켓
        m_pSocket = new TcpSocketClient(0);
        m_pSocket.OnConnet += new TcpSocketConnectEventHandler(OnConnet);
        m_pSocket.OnReceive += new TcpSocketReceiveEventHandler(OnReceive);
    }
```

④ 선언된 리시브 메소드에서 원격지에서 보낸 메시지를 받아 특정 구분 문자로 문자를 나누고 해당 작업을 수행한다. 문자의 경우 "1"은 원격지의 변경 정보 문자이고, "2"는 자신의 LED 상태를 변경해야 하는 메시지이다.

```
private void OnReceive(object sender, TcpSocketReceiveEventArgs e)
{

    string strData = Encoding.Default.GetString(e.ReceiveData, 0, e.ReceiveBytes);
    string[] Data = strData.Split(',');
```

(계속)

```
    if (Data[0] == "1")
    {
        if (Data[1] == "On")
        {
            UpdateTextFunc(button3, "On");
        }
        else
        {
            UpdateTextFunc(button3, "Off");
        }
    }
    else if (Data[0] == "2")
    {
        if (Data[1] == "On")
        {
            UpdateTextFunc(button4, "On");
            m_pIoDevice.Outputb(0, 0xff);
        }
        else
        {
            UpdateTextFunc(button4, "Off");
            m_pIoDevice.Outputb(0, 0x00);
        }
    }

}
```

⑤ 서버에 접속하기 위한 버튼을 구현하였다. 접속은 아이피, 포트 번호를 입력받은 후 Connect()
메소드를 이용하여 접속한다.

```
private void button1_Click(object sender, EventArgs e)
{
    string IpAddress = textBox1.Text;
    int Port = Convert.ToInt32(textBox2.Text);

    m_pSocket.Connect(IpAddress, Port);
}

private void button2_Click(object sender, EventArgs e)
{
    m_pSocket.Close();
}
```

⑥ 원격지에 LED 점등 상태를 변경하라는 메시지를 보내는 메소드이다. Send() 메소드를 이용하여 문자를 Byte 배열로 변경하여 데이터를 전송한다.

```csharp
private void button3_Click(object sender, EventArgs e)
    {
        if (button3.Text == "On")
        {
            button3.Text = "Off"
        }
        else
        {
            button3.Text = "On"
        }

        // 소켓으로 데이터를 전송한다.
        string Data = string.Format("{0},{1}", 2, button3.Text);
        m_pSocket.Send(Encoding.Default.GetBytes(Data));
    }
```

⑦ 자신의 LED 상태를 변경한 후에 변경 결과를 원격지에 전송하게 된다.

```csharp
private void button4_Click(object sender, EventArgs e)
    {
        if (button4.Text == "On")
        {
            // UpdateTextFunc(button4, "On");
            button4.Text = "Off"
            m_pIoDevice.Outputb(0, 0xff);
        }
        else
        {
            // UpdateTextFunc(button4, "Off");
            button4.Text = "On"
            m_pIoDevice.Outputb(0, 0x00);
        }
        // 소켓으로 데이터를 전송한다.
        string Data = string.Format("{0},{1}", 1, button4.Text);
        m_pSocket.Send(Encoding.Default.GetBytes(Data));
    }
```

⑧ Recive() 메소드에서 컨트롤 텍스트를 변경하게 되면 에러가 발생한다. 그래서 Invoke를 메소드를 이용해서 안전한 타이밍에 텍스트를 변경한다.

```csharp
public delegate void UpdateText(Control ctrl, string text);
public void UpdateTextFunc(Control ctrl, string text)
{
    if (ctrl.InvokeRequired)
    {
        ctrl.Invoke(new UpdateText(UpdateTextFunc), new object[] { ctrl, text });
    }
    else
    {
        ctrl.Text = text;
    }
}
```

⑨ Form1에 대한 전체 소스는 다음과 같다.

```csharp
using System;
using System.Text;
using System.Windows.Forms;
using Imechatronics;
using Imechatronics.IoDevice;

namespace Ex01Client
{

    public partial class Form1 : Form
    {
        // 소켓 통신할 객체를 만든다.
        private TcpSocketClient m_pSocket = null
        Io8255 m_pIoDevice;

        public Form1()
        {
            InitializeComponent();

            // UCI 버스를 설정한다.
            m_pIoDevice = new Io8255();
            m_pIoDevice.UCIDrvInit();
            m_pIoDevice.Outputb(3, 0x80);

            // 클라이언트에서 서버에 접속하는 소켓
```

(계속)

```csharp
        m_pSocket = new TcpSocketClient(0);
        m_pSocket.OnConnet += new TcpSocketConnectEventHandler(OnConnet);
        m_pSocket.OnReceive += new TcpSocketReceiveEventHandler(OnReceive);
        m_pSocket.OnClose += new TcpSocketCloseEventHandler(OnClose);
    }


    private void OnClose(object sender, TcpSocketConnectionEventArgs e)
    {
        UpdateTextFunc(label5, "접속이 해제되었습니다.");
    }


    private void OnConnet(object sender, TcpSocketConnectionEventArgs e)
    {
        UpdateTextFunc(label5, "서버에 접속되었습니다.");
    }


    private void OnReceive(object sender, TcpSocketReceiveEventArgs e)
    {

        string strData = Encoding.Default.GetString(e.ReceiveData, 0, e.ReceiveBytes);
        string[] Data = strData.Split(',');

        if (Data[0] == "1")
        {
            if (Data[1] == "On")
            {
                UpdateTextFunc(button3, "On");
            }
            else
            {
                UpdateTextFunc(button3, "Off");
            }
        }
        else if (Data[0] == "2")
        {
            if (Data[1] == "On")
            {
                UpdateTextFunc(button4, "On");
                m_pIoDevice.Outputb(0, 0xff);
            }
            else
            {
```

(계속)

```csharp
                UpdateTextFunc(button4, "Off");
                m_pIoDevice.Outputb(0, 0x00);
            }
        }

    }

    private void button1_Click(object sender, EventArgs e)
    {
        string IpAddress = textBox1.Text;
        int Port = Convert.ToInt32(textBox2.Text);

        m_pSocket.Connect(IpAddress, Port);
    }

    private void button2_Click(object sender, EventArgs e)
    {
        m_pSocket.Close();
    }

    private void button3_Click(object sender, EventArgs e)
    {
        if (button3.Text == "On")
        {
            button3.Text = "Off"
        }
        else
        {
            button3.Text = "On"
        }

        // 소켓으로 데이터를 전송한다.
        string Data = string.Format("{0},{1}", 2, button3.Text);
        m_pSocket.Send(Encoding.Default.GetBytes(Data));
    }

    private void button4_Click(object sender, EventArgs e)
    {
        if (button4.Text == "On")
        {
            // UpdateTextFunc(button4, "On");
            button4.Text = "Off"
```

(계속)

```
                    m_pIoDevice.Outputb(0, 0xff);

        }
        else
        {
            // UpdateTextFunc(button4, "Off");
            button4.Text = "On"
            m_pIoDevice.Outputb(0, 0x00);
        }

        // 소켓으로 데이터를 전송한다.
        string Data = string.Format("{0},{1}", 1, button4.Text);
        m_pSocket.Send(Encoding.Default.GetBytes(Data));
    }

    public delegate void UpdateText(Control ctrl, string text);
    public void UpdateTextFunc(Control ctrl, string text)
    {
        if (ctrl.InvokeRequired)
        {
            ctrl.Invoke(new UpdateText(UpdateTextFunc), new object[] { ctrl, text });
        }
        else
        {
            ctrl.Text = text;
        }
    }
}
}
```

⑩ "Programs.cs"에 대한 전체 소스는 다음과 같다.

```
using System;
using System.Collections.Generic;
using System.Linq;
using System.Windows.Forms;

namespace Ex01Client
{
```

(계속)

```
static class Program
{
    /// <summary>
    /// 해당 응용 프로그램의 주진입점입니다.
    /// </summary>
    [STAThread]
    static void Main()
    {
        Application.EnableVisualStyles();
        Application.SetCompatibleTextRenderingDefault(false);
        Application.Run(new Form1());
    }
}
```

3. Server 제작

이더넷 통신을 하기 위한 Server 프로그램을 작성해 보도록 한다. 서버 프로그램의 솔루션은 그림 8.27과 같다.

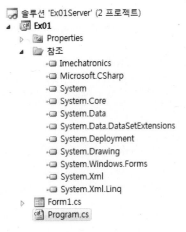

그림 8.27

① 서버 접속을 위한 사용자 입력 폼과 원격지 자신의 LED를 제어하기 위한 컨트롤을 배치한다.

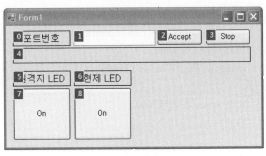

그림 8.28

표 8.6

번호	타입	위치	크기	속성	폰트	Text
0	Label	12, 9	100, 26	가운데 정렬	9pt	포트 번호
1	Text	118, 9	142, 26	가운데 정렬	9pt	
2	Button	263, 8	78, 27	가운데 정렬	9pt	Accept
3	Button	347, 8	78, 27	가운데 정렬	9pt	Stop
4	Label	12, 38	413, 26	가운데 정렬	9pt	
5	Label	12, 77	100, 26	가운데 정렬	9pt	원격지 LED
6	Label	118, 77	100, 26	가운데 정렬	9pt	현제 LED
7	Button	12, 106	100, 89	가운데 정렬	9pt	On
8	Button	118, 106	100, 89	가운데 정렬	9pt	On

다음 그림은 상태창을 추가한 형태이니 참고해서 작성하도록 한다. 현재 동작되고 있는 상태를 확인할 목적으로 구성한 것이다.

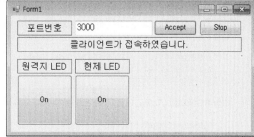

그림 8.29

② 사용할 네임스페이스를 등록하고 멤버 변수로 클라이언트 접속을 위한 소켓과 LED 제어를 위한 IO디바이스를 선언한다.

```
using System;
using System.Text;
using System.Windows.Forms;
using Imechatronics;
using Imechatronics.IoDevice;

namespace Ex01Server
{

    public partial class Form1 : Form
    {
        // 네트워크 객체
        private TcpSocketServer m_pServerSocket;
        private TcpSocketClient m_pClientSocket;

        // IO장비 객체
        Io8255 m_pIoDevice;
```

③ 생성자에서 소켓 이벤트를 받아올 델리게이트와 UCI 장비를 설정한다.

```
public Form1()
{
    InitializeComponent();

    // UCI장비를 설정한다.
    m_pIoDevice = new Io8255();
    m_pIoDevice.UCIDrvInit();
    m_pIoDevice.Outputb(3, 0x80);


    // 클라이언트, 서버객체를 만든다.
    m_pServerSocket = new TcpSocketServer();
    m_pServerSocket.OnAccept += new TcpSocketAcceptEventHandler(OnAccept);
    m_pClientSocket = new TcpSocketClient(0);
}
```

④ 클라이언트가 접속할 수 있는 서버의 시작과 종료 메소드이다. 생성 시 포트 번호가 필요하다.

```
// 상대방이 접속할수 있도록 Accept상태를 지정
private void button1_Click(object sender, EventArgs e)
{
    //
    int Port = Convert.ToInt32(textBox2.Text);
    m_pServerSocket.Listen(Port);
}

private void button2_Click(object sender, EventArgs e)
{
    m_pServerSocket.Stop();
}
```

⑤ Accept() 메소드는 클라이언트가 연결되었을 때 그 정보를 저장하고 통신하기 위한 환경을 만든다.

```
// 클라이언트가 연결되었음을 알림
private void OnAccept(object sender, TcpSocketAcceptEventArgs e)
{
    m_pClientSocket = new TcpSocketClient(0, e.Worker);

    // 데이터 수신을 대기한다.
    m_pClientSocket.Receive();
    m_pClientSocket.OnReceive += new TcpSocketReceiveEventHandler(OnReceive);

    UpdateTextFunc(label2, "클라이언트가 접속하였습니다.");
}
```

⑥ 클라이언트와 마찬가지로 변경된 정보를 클라이언트에게 보내 준다.

```csharp
// 원격 LED 제어
private void button3_Click(object sender, EventArgs e)
{
    if (button3.Text == "On")
    {
        button3.Text = "Off"
    }
    else
    {
        button3.Text = "On"
    }

    // 소켓으로 데이터를 전송한다.
    string Data = string.Format("{0},{1}", 2, button3.Text);
    m_pClientSocket.Send(Encoding.Default.GetBytes(Data));
}

// 자신의 LED 제어
        private void button4_Click(object sender, EventArgs e)
{
    if (button4.Text == "On")
    {
        button4.Text = "Off"
        m_pIoDevice.Outputb(0, 0xff);
    }
    else
    {
        button4.Text = "On"
        m_pIoDevice.Outputb(0, 0x00);
    }

    // 소켓으로 데이터를 전송한다.
    string Data = string.Format("{0},{1}", 1, button4.Text);
    m_pClientSocket.Send(Encoding.Default.GetBytes(Data));
}
```

⑦ 클라이언트와 같이 받은 메시지를 분해하여 필요한 동작을 수행한다.

```csharp
private void OnReceive(object sender, TcpSocketReceiveEventArgs e)
{
    string strData = Encoding.Default.GetString(e.ReceiveData, 0, e.ReceiveBytes);
    string[] Data = strData.Split(',');

    if (Data[0] == "1")
    {
        if (Data[1] == "On")
        {
            UpdateTextFunc(button3, "On");
        }
        else
        {
            UpdateTextFunc(button3, "Off");
        }
    }
    else if (Data[0] == "2")
    {
        if (Data[1] == "On")
        {
            UpdateTextFunc(button4, "On");
            m_pIoDevice.Outputb(0, 0xff);
        }
        else
        {
            UpdateTextFunc(button4, "Off");
            m_pIoDevice.Outputb(0, 0x00);
        }
    }
}
```

⑨ "Form1.cs"의 소스 내용은 다음과 같다.

```csharp
using System;
using System.Text;
using System.Windows.Forms;
using Imechatronics;
using Imechatronics.IoDevice;

namespace Ex01Server
{
    public partial class Form1 : Form
    {
        // 네트워크 객체
        private TcpSocketServer m_pServerSocket;
        private TcpSocketClient m_pClientSocket;
```

(계속)

```
// IO 장비 객체
Io8255 m_pIoDevice;

public Form1()
{
    InitializeComponent();

    // UCI 장비를 설정한다.
    m_pIoDevice = new Io8255();
    m_pIoDevice.UCIDrvInit();
    m_pIoDevice.Outputb(3, 0x80);

    // 클라이언트, 서버 객체를 만든다.
    m_pServerSocket = new TcpSocketServer();
    m_pServerSocket.OnAccept += new TcpSocketAcceptEventHandler(OnAccept);
    m_pClientSocket = new TcpSocketClient(0);
}

// 상대방이 접속할 수 있도록 Accept 상태를 지정
private void button1_Click(object sender, EventArgs e)
{
    int Port = Convert.ToInt32(textBox2.Text);
    m_pServerSocket.Listen(Port);
}

private void button2_Click(object sender, EventArgs e)
{
    m_pServerSocket.Stop();
}

// 원격 LED 제어
private void button3_Click(object sender, EventArgs e)
{
    if (button3.Text == "On")
    {
        button3.Text = "Off"
    }
    else
    {
        button3.Text = "On"
    }
```

(계속)

```csharp
        // 소켓으로 데이터를 전송한다.
        string Data = string.Format("{0},{1}", 2, button3.Text);
        m_pClientSocket.Send(Encoding.Default.GetBytes(Data));
}


// 자신의 LED 제어
        private void button4_Click(object sender, EventArgs e)
{
    if (button4.Text == "On")
    {
        button4.Text = "Off"
        m_pIoDevice.Outputb(0, 0xff);
    }
    else
    {
        button4.Text = "On"
        m_pIoDevice.Outputb(0, 0x00);
    }

        // 소켓으로 데이터를 전송한다.
        string Data = string.Format("{0},{1}", 1, button4.Text);
        m_pClientSocket.Send(Encoding.Default.GetBytes(Data));
}

// 클라이언트가 연결되었음을 알림
private void OnAccept(object sender, TcpSocketAcceptEventArgs e)
{
    m_pClientSocket = new TcpSocketClient(0, e.Worker);

        // 데이터 수신을 대기한다.
        m_pClientSocket.Receive();
        m_pClientSocket.OnReceive += new TcpSocketReceiveEventHandler(OnReceive);

        UpdateTextFunc(label2, "클라이언트가 접속하였습니다.");
}

private void OnReceive(object sender, TcpSocketReceiveEventArgs e)
{
    string strData = Encoding.Default.GetString(e.ReceiveData, 0, e.ReceiveBytes);
    string[] Data = strData.Split(',');
```

(계속)

```
            if (Data[0] == "1")
            {
                if (Data[1] == "On")
                {
                    UpdateTextFunc(button3, "On");
                }
                else
                {
                    UpdateTextFunc(button3, "Off");
                }
            }
            else if (Data[0] == "2")
            {
                if (Data[1] == "On")
                {
                    UpdateTextFunc(button4, "On");
                    m_pIoDevice.Outputb(0, 0xff);
                }
                else
                {
                    UpdateTextFunc(button4, "Off");
                    m_pIoDevice.Outputb(0, 0x00);
                }
            }
        }


        public delegate void UpdateText(Control ctrl, string text);
        public void UpdateTextFunc(Control ctrl, string text)
        {
            if (ctrl.InvokeRequired)
            {
                ctrl.Invoke(new UpdateText(UpdateTextFunc), new object[] { ctrl, text });
            }
            else
            {
                ctrl.Text = text;
            }
        }
    }
}
```

⑩ "Program.cs"의 소스 내용은 다음과 같다.

```csharp
using System;
using System.Collections.Generic;
using System.Linq;
using System.Windows.Forms;

namespace Ex01Server
{
    static class Program
    {
        /// <summary>
        /// 해당 응용 프로그램의 주진입점입니다.
        /// </summary>
        [STAThread]
        static void Main()
        {
            Application.EnableVisualStyles();
            Application.SetCompatibleTextRenderingDefault(false);
            Application.Run(new Form1());
        }
    }
}
```

3 PC → PC 통신을 통한 MPS 비전 검사

1. 개요

다음은 PC → PC 이더넷 통신을 위한 코드를 작성해 보도록 한다. 작동 내용은 다음과 같다.

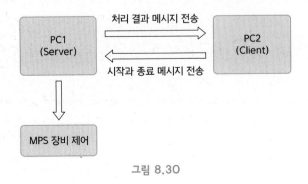

그림 8.30

그림과 같이 Server는 MPS 장비를 통해 물품을 검사를 한다. Client는 서버에게 물품 검사 시작과 종료를 알려주고 서버에게 처리 결과에 대한 메시지를 받아온다.

MPS 동작은 MPS 비전 첫 번째 패턴 매칭에 대한 예제로 진행하도록 한다. 수정된 Form 프로그램에 대해서만 설명한다.

2. Client 제작

이더넷 통신을 하기 위한 Client 프로그램을 제작해 보도록 한다.

① 서버 접속을 위한 사용자 입력 폼과 서버에서 보내는 결과 메시지를 받아오기 위한 컨트롤을 배치한다.

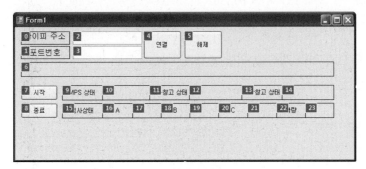

그림 8.31

표 8.7

번호	타입	위치	크기	속성	폰트	Text
0	Label	12, 9	100, 26	가운데 정렬	9pt	아이피 주소
1	Label	12, 38	100, 26	가운데 정렬	9pt	포트 번호
2	Text	118, 9	142, 26	가운데 정렬	9pt	
3	Text	118, 38	142, 26	가운데 정렬	9pt	
4	Button	263, 8	78, 56	가운데 정렬	9pt	연결
5	Button	347, 9	78, 56	가운데 정렬	9pt	해제
6	Label	12, 70	642, 30	가운데 정렬	9pt	
7	Button	12, 117	75, 30	가운데 정렬	9pt	시작
8	Button	12, 153	75, 30	가운데 정렬	9pt	종료
9	Label	96, 117	83, 30	가운데 정렬	9pt	MPS 상태
10	Label	178, 117	98, 30	가운데 정렬	9pt	
11	Label	275, 117	83, 30	가운데 정렬	9pt	창고 상태
12	Label	357, 117	108, 30	가운데 정렬	9pt	

(계속)

번호	타입	위치	크기	속성	폰트	Text
13	Label	464, 117	83, 30	가운데 정렬	9pt	저장 창고 상태
14	Label	546, 117	108, 30	가운데 정렬	9pt	
15	Label	96, 153	83, 30	가운데 정렬	9pt	검사 상태
16	Label	178, 153	63, 30	가운데 정렬	9pt	A
17	Label	240, 153	60, 30	가운데 정렬	9pt	
18	Label	299, 153	60, 30	가운데 정렬	9pt	B
19	Label	358, 153	60, 30	가운데 정렬	9pt	
20	Label	417, 153	60, 30	가운데 정렬	9pt	C
21	Label	476, 153	60, 30	가운데 정렬	9pt	
22	Label	535, 153	60, 30	가운데 정렬	9pt	불량
23	Label	594, 153	60, 30	가운데 정렬	9pt	

② 이후 멤버 변수로 서버 접속을 위한 소켓과 Led 제어를 위한 IO디바이스를 선언한다.

```
using System;
using System.Text;
using System.Windows.Forms;
using Imechatronics;

namespace Ex02
{

    public partial class Form1 : Form
    {
        // 소켓통신할 객체를만든다.
        private TcpSocketClient m_pSocket = null;
```

③ 생성자에서 소켓 이벤트를 받아올 델리게이트를 설정한다.

```
public Form1()
{
    InitializeComponent();

    // 클라이언트에서 서버에 접속하는 소켓
    m_pSocket = new TcpSocketClient(0);
    m_pSocket.OnConnet += new TcpSocketConnectEventHandler(OnConnet);
    m_pSocket.OnReceive += new TcpSocketReceiveEventHandler(OnReceive);
}
```

④ 서버에 접속하기 위한 버튼을 구현하였다. 접속은 아이피, 포트 번호를 입력받은 후 Connect()
메소드를 이용하여 접속한다.

```
private void button1_Click(object sender, EventArgs e)
{
    string IpAddress = textBox1.Text;
    int Port = Convert.ToInt32(textBox2.Text);


    // 연결한다.
    m_pSocket.Connect(IpAddress, Port);
}

private void button2_Click(object sender, EventArgs e)
{
    m_pSocket.Close();
}
```

⑤ 서버에 검사의 시작과 종료를 알리는 메시지를 보낼 수 있는 메소드를 생성한다.

```
private void button3_Click(object sender, EventArgs e)
{
    m_pSocket.Send(Encoding.Default.GetBytes("Start"));
}

private void button4_Click(object sender, EventArgs e)
{
    m_pSocket.Send(Encoding.Default.GetBytes("Stop"));
}
```

⑥ 선언된 리시브 메소드에서 원격지에서 보낸 메시지를 받아 특정 구분 문자로 문자를 나누어 해당 작업을 수행한다. 머신 상태에 대한 메시지는 1번, 물품 창고의 상태는 2번, 검사 개수에 대한 정보는 3번이다.

```
// 받은 메시지
private void OnReceive(object sender, TcpSocketReceiveEventArgs e)
{
    string strData = Encoding.Default.GetString(e.ReceiveData, 0, e.ReceiveBytes);
    string[] Data = strData.Split(',');

    // 머신상태에 대한 메시지
    if (Data[0] == "1")
    {
        UpdateTextFunc(label5, Data[1]);
    }
    // 물품창고 상태
    else if (Data[0] == "2")
    {
        UpdateTextFunc(label7, Data[1]);
    }
    else if (Data[0] == "3")
    {
        string[] Temp = Data[1].Split('_');

        //
        UpdateTextFunc(label12, Temp[0]);
        UpdateTextFunc(label14, Temp[1]);
        UpdateTextFunc(label16, Temp[2]);
        UpdateTextFunc(label18, Temp[3]);
    }

}
```

⑦ 다음 소스를 확인해 보도록 한다.

```
using System;
using System.Text;
using System.Windows.Forms;
using Imechatronics;

namespace Ex02
{

    public partial class Form1 : Form
    {
        // 소켓 통신할 객체를 만든다.
        private TcpSocketClient m_pSocket = null;

        public Form1()
        {
            InitializeComponent();

            // 클라이언트에서 서버에 접속하는 소켓
            m_pSocket = new TcpSocketClient(0);
            m_pSocket.OnConnet += new TcpSocketConnectEventHandler(OnConnet);
            m_pSocket.OnReceive += new TcpSocketReceiveEventHandler(OnReceive);
        }

        private void button1_Click(object sender, EventArgs e)
        {
            string IpAddress = textBox1.Text;
            int Port = Convert.ToInt32(textBox2.Text);

            // 연결한다.
            m_pSocket.Connect(IpAddress, Port);
        }

        private void button2_Click(object sender, EventArgs e)
        {
            m_pSocket.Close();
        }

        private void button3_Click(object sender, EventArgs e)
        {
            m_pSocket.Send(Encoding.Default.GetBytes("Start"));
```

(계속)

```
    }

    private void button4_Click(object sender, EventArgs e)
    {
        m_pSocket.Send(Encoding.Default.GetBytes("Stop"));
    }

    // 연결 종료 상태를 표시
    private void OnConnet(object sender, TcpSocketConnectionEventArgs e)
    {
        UpdateTextFunc(label3, "서버에 연결되었다.");
    }

    // 받은 메시지
    private void OnReceive(object sender, TcpSocketReceiveEventArgs e)
    {
        string strData = Encoding.Default.GetString(e.ReceiveData, 0, e.ReceiveBytes);
        string[] Data = strData.Split(',');

        // 머신 상태에 대한 메시지
        if (Data[0] == "1")
        {
            UpdateTextFunc(label5, Data[1]);
        }
        // 물품 창고 상태
        else if (Data[0] == "2")
        {
            UpdateTextFunc(label7, Data[1]);
        }
        else if (Data[0] == "3")
        {
            string[] Temp = Data[1].Split('_');

            //
            UpdateTextFunc(label12, Temp[0]);
            UpdateTextFunc(label14, Temp[1]);
            UpdateTextFunc(label16, Temp[2]);
            UpdateTextFunc(label18, Temp[3]);
        }

    }
```

(계속)

```
public delegate void UpdateText(Control ctrl, string text);
public void UpdateTextFunc(Control ctrl, string text)
{
    if (ctrl.InvokeRequired)
    {
        ctrl.Invoke(new UpdateText(UpdateTextFunc), new object[] { ctrl, text });
    }
    else
    {
        ctrl.Text = text;
    }
}
}
}
```

3. Server 제작

이더넷 통신을 하기 위한 Server 프로그램을 제작해 보도록 한다.

① 서버 시작을 위한 사용자 입력 폼과 검사 결과를 표시할 컨트롤을 배치한다.

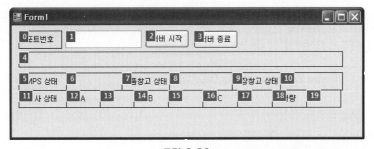

그림 8.32

표 8.8

번호	타입	위치	크기	속성	폰트	Text
0	Label	12, 9	75, 30	가운데 정렬	9pt	포트 번호
1	Text	93, 9	133, 29	가운데 정렬	9pt	
2	Button	232, 8	75, 30	가운데 정렬	9pt	서버 시작
3	Button	315, 9	75, 30	가운데 정렬	9pt	서버 종료
4	Label	12, 44	558, 26	가운데 정렬	9pt	
5	Label	12, 79	83, 30	가운데 정렬	9pt	MPS 상태

(계속)

Mechatronics
Engineering

번호	타입	위치	크기	속성	폰트	Text
6	Label	94, 79	98, 30	가운데 정렬	9pt	
7	Label	191, 79	83, 30	가운데 정렬	9pt	창고 상태
8	Label	273, 79	108, 30	가운데 정렬	9pt	
9	Label	380, 79	83, 30	가운데 정렬	9pt	저장 창고 상태
10	Label	462, 79	108, 30	가운데 정렬	9pt	
11	Label	12, 108	83, 30	가운데 정렬	9pt	검사 상태
12	Label	94, 108	60, 30	가운데 정렬	9pt	A
13	Label	153, 108	60, 30	가운데 정렬	9pt	
14	Label	212, 108	60, 30	가운데 정렬	9pt	B
15	Label	271, 108	60, 30	가운데 정렬	9pt	
16	Label	330, 108	60, 30	가운데 정렬	9pt	C
17	Label	389, 108	60, 30	가운데 정렬	9pt	
18	Label	448, 108	60, 30	가운데 정렬	9pt	불량
19	Label	507, 108	60, 30	가운데 정렬	9pt	

② 생성자에서 머신 제어를 위한 객체와 클라이언트에 접속을 위한 서버 객체를 만든다.

```
public Form1()
{
    InitializeComponent();

    // 클라이언트, 서버객체를 만든다.
    m_pServerSocket = new TcpSocketServer();
    m_pServerSocket.OnAccept += new TcpSocketAcceptEventHandler(OnAccept);
    m_pClientSocket = new TcpSocketClient(0);

    //
    m_pMachineIo = new MachineIo(this);

    // 시간을 계산할 타이머 객체 생성
    m_pTimer = new CpuTimer();

    // 반복 루프를 설정
    timer1.Start();
}
```

③ 클라이언트가 접속할 수 있는 서버의 시작과 종료 메소드이다. 생성 시 포트 번호가 필요하다.

```
private void button1_Click(object sender, EventArgs e)
{
    //
    int Port = Convert.ToInt32(textBox1.Text);
```

```
            m_pServerSocket.Listen(Port);
    }

    private void button2_Click(object sender, EventArgs e)
    {
        m_pServerSocket.Stop();
    }
```

④ MPS 상태 메시지를 받는 메소드에서 클라이언트에게 현재 상태를 보내 준다.

```
    public void NotifryMachineState(string aState)
    {
        label4.Text = aState;


        // 메세지를 클라이언트에게 보냄
        string SendData = string.Format("{1,{0}}", aState);
        m_pClientSocket.Send(Encoding.Default.GetBytes(SendData));
    }

    public void NotifryInspStorgeState(string aState)
    {
        label6.Text = aState;

        // 메세지를 클라이언트에게 보냄
        string SendData = string.Format("{2,{0}}", aState);
        m_pClientSocket.Send(Encoding.Default.GetBytes(SendData));
    }
```

⑤ 클라이언트 접속 발생 시 통신할 수 있는 객체 생성과 받은 메시지에 맞는 동작을 수행한다.

```
    // 클라이언트가 접속했을때 발생하는 함수
    private void OnAccept(object sender, TcpSocketAcceptEventArgs e)
    {
        m_pClientSocket = new TcpSocketClient(0, e.Worker);

        // 데이터 수신을 대기한다.
        m_pClientSocket.Receive();
        m_pClientSocket.OnReceive += new TcpSocketReceiveEventHandler(OnReceive);
    }

    private void OnReceive(object sender, TcpSocketReceiveEventArgs e)
    {
        string strData = Encoding.Default.GetString(e.ReceiveData, 0, e.ReceiveBytes);

        if (strData == "Start")
        {
            m_pMachineIo.StateChange(MachineState.MACHINESTATE_START);
        }
        else if (strData == "Stop")
        {
            m_pMachineIo.StateChange(MachineState.MACHINESTATE_STOP);
        }
    }
```

⑥ Form의 전체 소스는 다음과 같다.

```csharp
using Imechatronics.IoDevice;
using System.Threading;
using System.Collections;

namespace Ex02
{

    // 머신의 상태
    public enum MachineState
    {
        MACHINESTATE_INIT,      // 초기화 상태
        MACHINESTATE_START,     // 시작 신호 상태
        MACHINESTATE_PLAY,      // 동작 상태
        MACHINESTATE_END,       // 정지 대기 상태
        MACHINESTATE_STOP,      // 정지 상태
    }

    public enum MachinePlayState
    {
        MACHINEPLAYSTATE_NONE,      // 초기화 상태
        MACHINEPLAYSTATE_SENSOR,    // 센서 분류 상태
    }

    public class MachineIo
    {
        public Form1 m_pOwner;
        Io8255 m_pIoDevice;

        // 입력 포트의 CW를 읽어올 변수
        public int[] m_nInputA = new int[8];

        // 검사 결과를 저장할 변수
        int[] m_nInspType;

        // 시간값
        double m_fTime;

        MachineState m_enMachineState;
        MachinePlayState m_enPlayState;
```

(계속)

```csharp
// 각 장비 파트에 대한 클래스

StoreEjector m_pStoreEjector;            // 스토어 이젝터
ConveyerBelt m_pConveyerBelt;            // 컨베이어벨트
InspSensor m_pInspSersor;                // 검사 센서

public MachineIo(Form1 aOwner)
{
    m_pOwner = aOwner;
    m_pIoDevice = new Io8255();

    // UCI 장비 세팅
    m_pIoDevice.UCIDrvInit();
    m_pIoDevice.Outputb(3, 0x9B);
    m_pIoDevice.Outputb(7, 0x80);

    // 독립적으로 작동할 작업 객체 생성
    m_pStoreEjector = new StoreEjector(this);     // 스토어 이젝터
    m_pConveyerBelt = new ConveyerBelt(this);     // 컨베이어벨트
    m_pInspSersor = new InspSensor(this);         // 검사 센서

    m_nInspType = new int[4] { 0, 0, 0, 0 };
}

// 상태 변경
public void StateChange(MachineState aState)
{
    // 스톱 상태일 때 바뀔 수 있도록
    if (aState == MachineState.MACHINESTATE_START)
    {
        // 배출기가 정지 상태일 때 종료 상태로 변경한다.
        if (m_pStoreEjector.m_enStoreState == StoreState.STORESTATE_NORMAL)
        {
            // 검사 개수를 초기화
            for (int Index = 0; Index < 4; ++Index)
            {
                m_nInspType[Index] = 0;
            }
            // 플레이 상태로 상태 변경
            StateChange(MachineState.MACHINESTATE_PLAY);
        }
```

(계속)

```
        else
        {
            // 종료 상태로 상태 변경
            StateChange(MachineState.MACHINESTATE_STOP);
        }
    }
    if (aState == MachineState.MACHINESTATE_PLAY)
    {
        // 장치들을 리셋한다.
        m_pStoreEjector.Reset();          // 스토어 이젝터
        m_pInspSersor.Reset();            // 검사 센서

        // 초기화 코드를 실행
        m_fTime = 0.0f;
        m_pStoreEjector.ChangeState(StoreEjectorState.STOREEJECTORSTATE_EMIT);

        // 2. 머신을 시작 상태로 변경
        m_enPlayState = MachinePlayState.MACHINEPLAYSTATE_NONE;
        m_enMachineState = MachineState.MACHINESTATE_PLAY;
        m_pOwner.NotifryMachineState("머신 작동");
    }
    else if (aState == MachineState.MACHINESTATE_END)
    {
        m_pOwner.NotifryMachineState("머신 종료 대기");

        // 센서가 비었으면 종료 상태를 저장하고, 아니라면 다시 머신을 작동한다.
        if (m_pStoreEjector.m_enStoreState == StoreState.STORESTATE_EMPTY)
        {
            m_fTime = 0.0;
            m_enMachineState = MachineState.MACHINESTATE_END;
        }
        else
        {
            StateChange(MachineState.MACHINESTATE_PLAY);
        }
    }
    else if (aState == MachineState.MACHINESTATE_STOP)
    {
        m_pOwner.NotifryMachineState("머신 종료");
        m_enMachineState = MachineState.MACHINESTATE_STOP;
        m_pStoreEjector.ChangeState(StoreEjectorState.STOREEJECTORSTATE_STOP);
```

(계속)

3 / PC → PC 통신을 통한 MPS 비전 검사   683

```
                m_pConveyerBelt.ChangeState(ConveryorState.CONVERYORSTATE_STOP);
        }
    }

    public void StateCalc()
    {
        // 초기 상태
        byte m_nState1 = 0x00;

        // 각 장치의 상태를 받아온다.
        m_nState1 += m_pStoreEjector.GetStateCode();
        m_nState1 += m_pConveyerBelt.GetStateCode();

        m_pIoDevice.Outputb(4, m_nState1);
        Thread.Sleep(10);
    }

    // 상태에 따른 변화
    public void Update(double aTime)
    {
        // 모든 장비를 업데이트한다.
        m_pStoreEjector.Update(aTime);

        // 시간을 기록한다.
        m_fTime += aTime;
        if (m_enMachineState == MachineState.MACHINESTATE_PLAY)
        {
            if (m_fTime > 2.0)
            {
                // 비전 검사를 수행한다.
                if (m_enPlayState == MachinePlayState.MACHINEPLAYSTATE_NONE)
                {
                    // 검사를 수행한다.
                    m_pInspSersor.Inspect();
                    ++m_nInspType[(int)m_pInspSersor.m_enObjectState];
                    m_pOwner.NotifryStoreResult(m_nInspType[0], m_nInspType[01],
                        m_nInspType[2], m_nInspType[3]);

                    // 컨테이너를 작동한다.
                    m_pConveyerBelt.ChangeState(ConveryorState.CONVERYORSTATE_PLAY);
                    m_enPlayState = MachinePlayState.MACHINEPLAYSTATE_SENSOR;
```

(계속)

```
                        m_fTime = 0.0;

                    }
                    else if (m_enPlayState == MachinePlayState.MACHINEPLAYSTATE_SENSOR)
                    {
                        if (m_fTime > 5.0)
                        {
                            // 정지 상태로 변경한다.
                            StateChange(MachineState.MACHINESTATE_END);
                        }
                    }
                }
            }
            // 정지 상태 동작
            else if (m_enMachineState == MachineState.MACHINESTATE_END)
            {
                if (m_fTime > 5.0)
                {
                    StateChange(MachineState.MACHINESTATE_STOP);
                }
            }
        }

        //
        public void InputCollection()
        {
            int Temp;
            Temp = m_pIoDevice.Inputb(0);
            m_nInputA = m_pIoDevice.ConvetByteToBit(Temp);
        }
    }
}
```

4 ▶ PC → PLC 통신을 통한 FND 작동

1. 개요

다음은 PC → PLC 이더넷 통신을 위한 코드를 작성해 보도록 한다. 작동 내용은 다음과
같다.

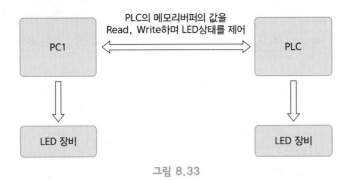

그림 8.33

PLC 통신의 PC에서 PLC의 메모리 번지를 읽고 쓰면서 PLC와 통신하게 된다. 그렇기 때문에 PC는 항상 확인하고자 하는 PLC의 메모리 번지를 조사해야 하고 PLC도 작동을 위해 항상 공유하는 메모리 번지를 확인해야 한다.

그러면 다음과 같이 PLC 이더넷 통신을 이용하여 서로 간의 LED 장비를 제어할 수 있는 프로그램을 구성하도록 한다. 처음 생성된 Form을 이용하여 개발하도록 한다.

2. 사용자 폼 컨트롤 배치

이더넷 통신을 하기 위한 사용자 폼 컨트롤을 배치해 보도록 한다.

연결 전

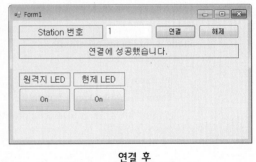
연결 후

그림 8.34

그림 8.35 PLC 프로그램

표 8.9

번호	타입	위치	크기	속성	폰트	Text
0	Label	12, 9	111, 26	가운데 정렬	9pt	스테이션 번호
1	Text	129, 9	142, 26	가운데 정렬	9pt	
2	Button	277, 12	78, 56	가운데 정렬	9pt	연결
3	Button	361, 13	78, 56	가운데 정렬	9pt	해제
4	Label	–	–	가운데 정렬	9pt	연결 상태 메시지
5	Label	12, 111	100, 26	가운데 정렬	9pt	원격지 LED
6	Label	118, 111	100, 26	가운데 정렬	9pt	현제 LED
7	Button	12, 140	100, 44	가운데 정렬	9pt	On
8	Button	118, 140	100, 44	가운데 정렬	9pt	On

※ 라벨과 버튼의 경우 순서가 맞지 않더라도 찾아서 프로그램을 정리할 것

① 제어 객체가 속한 네임스페이스를 정의해 주고 PLC와 연결 객체를 선언해 준다.

```
public partial class Form1 : Form
{
    // 연결 객체를 선언한다.
    ActUtlType m_pAct;

    // IO장비
    Io8255 m_pIoDevice;
}
```

② 생성자에서 UCI 장비와 PLC 통신 객체를 초기화해 준다.

```
public Form1( )
{
    InitializeComponent( );

    // 연결객체를 할당한다..
    m_pAct = new ActUtlType( );

    // 입출력 포트를 생성하고 사용방법을 선언한다.
    m_pIoDevice = new Io8255( );
    m_pIoDevice.UCIDrvInit( );
    m_pIoDevice.Outputb(3, 0x80);
}
```

③ PLC의 접속과 해제에 대한 메소드를 등록한다. 미쓰비시 전용 연결 객체에서는 PLC 장비 스테이션 번호가 필요하다. 구성은 장비의 세팅값을 사용한다.

```csharp
private void button1_Click(object sender, EventArgs e)
{
    m_pAct.Close();

    m_pAct.ActLogicalStationNumber =  Convert.ToInt32(textBox1.Text);
    int iReturnCode = m_pAct.Open();

    if (iReturnCode >= 0)
    {
        label2.Text = "연결에 성공했습니다."
    }
    else  // 실패하면 음수를 리턴함
    {
        label2.Text = "연결에 실패했습니다.."
    }
    timer1.Start();
}

private void button2_Click(object sender, EventArgs e)
{
    timer1.Stop();
    m_pAct.Close();

    label2.Text = "연결이 종료되었습니다."
}
```

④ PLC의 LED 점등 상태를 확인하기 위해 타이머를 이용하여 매 호출 시기마다 메모리 버퍼를 확인한다.

```csharp
// PLC LED 제어 번지의 값을 가져온다.
private void timer1_Tick(object sender, EventArgs e)
{
    // LED 상태를 가지고 있는 D10번째 값을 읽어온다.
    int ReadData;
    int iRet = m_pAct.ReadDeviceBlock("D10", 1, out ReadData);
                /* PLC에서 PC로 D10 값을 읽어온다. */
```

(계속)

```
    if (ReadData == 0 && button3.Text == "Off")
    {
        button3.Text = "On"
    }
    else if (ReadData == 1 && button3.Text == "On")
    {
        button3.Text = "Off"
    }
}
```

⑤ PLC에 연결된 LED 장비를 제어하기 위해서 해당 PIC 메모리 버퍼의 내용을 동작 유무에 맞게 기록한다. 사용자 LED 장비는 UCI IO를 이용하여 변경해 준다.

```
// PLC에 신호를 보낸다.
private void button3_Click(object sender, EventArgs e)
{
    // LED 상태를 가지고 있는 D10번째 값을 읽어온다.
    int ReadData = 0;
    int iRet;

    if (button3.Text == "Off")
    {
        ReadData = 0;
    }
    else if (button3.Text == "On")
    {
        ReadData = 1;
    }
    iRet = m_pAct.WriteDeviceBlock("D10", 1, ReadData);
}

// IO디바이스에 신호를 보낸다.
private void button4_Click(object sender, EventArgs e)
{
    // 자신의 LED 램프를 상태에 따라 제어한다.
    if (button4.Text == "Off")
    {
        button4.Text = "On"
        m_pIoDevice.Outputb(0, 0x01);
```

(계속)

```
        }
        else if(button4.Text == "On")
        {
            button4.Text = "Off"
            m_pIoDevice.Outputb(0, 0x00);
        }
    }
```

⑥ 설명에 대한 소스는 다음과 같다.

```
using System;
using System.Windows.Forms;
using Imechatronics.IoDevice;
using ActUtlTypeLib;

namespace Ex01
{
    public partial class Form1 : Form
    {
        // 연결 객체를 선언한다.
        ActUtlType m_pAct;

        // IO 장비
        Io8255 m_pIoDevice;

        public Form1()
        {
            InitializeComponent();

            // 연결 객체를 할당한다..
            m_pAct = new ActUtlType();

            // 입출력 포트를 생성하고 사용 방법을 선언한다.
            m_pIoDevice = new Io8255();
            m_pIoDevice.UCIDrvInit();
            m_pIoDevice.Outputb(3, 0x80);
        }

        private void button1_Click(object sender, EventArgs e)
```

(계속)

```
{
    m_pAct.Close();

    m_pAct.ActLogicalStationNumber =  Convert.ToInt32(textBox1.Text);
    int iReturnCode = m_pAct.Open();

    if (iReturnCode >= 0)
    {
        label2.Text = "연결에 성공했습니다."
    }
    else  // 실패하면 음수를 리턴함
    {
        label2.Text = "연결에 실패했습니다."

    }

    timer1.Start();
}

private void button2_Click(object sender, EventArgs e)
{
    timer1.Stop();
    m_pAct.Close();

    label2.Text = "연결이 종료되었습니다."
}

// PLC에 신호를 보낸다.
private void button3_Click(object sender, EventArgs e)
{
    // LED 상태를 가지고 있는 D10번째 값을 읽어온다.
    int ReadData = 0;
    int iRet;

    if (button3.Text == "Off")
    {
        ReadData = 0;
    }
    else if (button3.Text == "On")
    {
        ReadData = 1;
    }
```

(계속)

```csharp
        iRet = m_pAct.WriteDeviceBlock("D10", 1, ReadData);
    }

    // IO디바이스에 신호를 보낸다.
    private void button4_Click(object sender, EventArgs e)
    {
        // 자신의 LED 램프를 상태에 따라 제어한다.
        if (button4.Text == "Off")
        {
            button4.Text = "On"
            m_pIoDevice.Outputb(0, 0x01);
        }
        else if(button4.Text == "On")
        {
            button4.Text = "Off"
            m_pIoDevice.Outputb(0, 0x00);
        }

    }

    // PLC LED 제어 번지의 값을 가져온다.
    private void timer1_Tick(object sender, EventArgs e)
    {
        // LED 상태를 가지고 있는 D10번째 값을 읽어온다.
        int ReadData;
        int iRet = m_pAct.ReadDeviceBlock("D10", 1, out ReadData);
                /* PLC에서 PC로 D10 값을 읽어온다. */
        if (ReadData == 0 && button3.Text == "Off")
        {
            button3.Text = "On"
        }
        else if (ReadData == 1 && button3.Text == "On")
        {
            button3.Text = "Off"
        }
    }
}
}
```

5 PC → PLC 통신을 통한 미니 MPS 작동

1. 개요

다음은 PC → PLC 이더넷 통신을 위한 코드를 작성해 보도록 한다. 작동 내용은 다음과 같다.

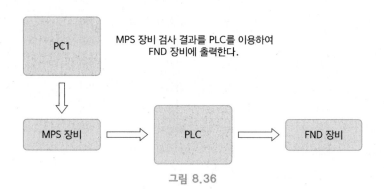

그림 8.36

PLC 통신의 PC에서 PLC의 메모리 번지를 읽고 쓰면서 PLC와 통신하게 된다. 그렇기 때문에 PC는 항상 확인하고자 하는 PLC의 메모리 번지를 조사해야 하고 PLC도 작동을 위해 항상 공유하는 메모리 번지를 확인해야 한다.

그러면 이번 예제에서는 해당 4개의 메모리 버퍼를 Read, Write하여 MPS 검사 결과를 PLC를 이용하여 FND에 출력해 보도록 한다.

2. 사용자 폼 컨트롤 배치

이더넷 통신을 하기 위한 사용자 폼 컨트롤을 배치해 보도록 하겠다.

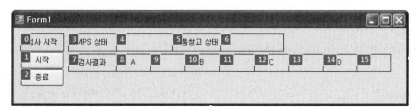

그림 8.37

표 8.10

번호	타입	위치	크기	속성	폰트	Text
0	Label	11, 9	75, 30	가운데 정렬	9pt	검사 시작
1	Button	11, 39	75, 30	가운데 정렬	9pt	시작
2	Button	11, 68	75, 30	가운데 정렬	9pt	종료

(계속)

번호	타입	위치	크기	속성	폰트	Text
3	Label	93, 9	83, 30	가운데 정렬	9pt	MPS 상태
4	Label	175, 9	98, 30	가운데 정렬	9pt	
5	Label	272, 9	83, 30	가운데 정렬	9pt	물품 창고 상태
6	Label	354, 9	108, 30	가운데 정렬	9pt	
7	Label	93, 43	83, 30	가운데 정렬	9pt	검사 결과
8	Label	175, 43	60, 30	가운데 정렬	9pt	A
9	Label	234, 43	60, 30	가운데 정렬	9pt	
10	Label	293, 43	60, 30	가운데 정렬	9pt	B
11	Label	352, 43	60, 30	가운데 정렬	9pt	
12	Label	411, 43	60, 30	가운데 정렬	9pt	C
13	Label	470, 43	60, 30	가운데 정렬	9pt	
14	Label	529, 43	60, 30	가운데 정렬	9pt	D
15	Label	588, 43	60, 30	가운데 정렬	9pt	

① 제어 객체가 속한 네임스페이스를 정의해 주고 PLC와 연결 객체를 선언해 준다.

```
using Imechatronics.IoDevice;
using System.Threading;
using System.Collections;
using ACTETHERLib;


namespace Ex02
{

    public class MachineIo
    {
        // 연결 객체를 선언한다.
        ActQJ71E71TCP m_pAct;
```

② 나머지 폼은 머신 비전 예제 패턴 매칭과 같기 때문에 프로그램 소스만 나열한다.

```
using System;
using System.Windows.Forms;
using Imechatronics;


namespace Ex02
{
    public partial class Form1 : Form
    {
```

(계속)

```csharp
    MachineIo m_pMachineIo;

    // 시간을 측정
    CpuTimer m_pTimer;

    public Form1()
    {
        InitializeComponent();
        m_pMachineIo = new MachineIo(this);
        m_pTimer = new CpuTimer();

        timer1.Start();
    }

    private void button1_Click(object sender, EventArgs e)
    {
        m_pMachineIo.StateChange(MachineState.MACHINESTATE_START);
    }

    private void button2_Click(object sender, EventArgs e)
    {
        m_pMachineIo.StateChange(MachineState.MACHINESTATE_STOP);
    }

    public void NotifryMachineState(string aState)
    {
        label3.Text = aState;
    }

    public void NotifryInspStorgeState(string aState)
    {
        label5.Text = aState;
    }

    public void NotifryStoreResult(int aTypeA, int aTypeB, int aTypeC, int aTypeBad)
    {
        label8.Text = (aTypeA + aTypeB + aTypeC + aTypeBad).ToString();
        label8.Text = aTypeA.ToString();
        label10.Text = aTypeB.ToString();
        label12.Text = aTypeC.ToString();
        label14.Text = aTypeBad.ToString();
    }
```

(계속)

```
        private void timer1_Tick(object sender, EventArgs e)
        {
            m_pMachineIo.InputCollection();
            m_pMachineIo.Update(m_pTimer.Duration());
        }
    }
}
```

3. MachineIO 클래스 변경

① 멤버 변수 중 PLC 연결 객체를 정의하고 할당해 준다.

```
public MachineIo(Form1 aOwner)
{
    m_pOwner = aOwner;
    m_pIoDevice = new Io8255();

    // UCI장비 세팅
    m_pIoDevice.UCIDrvInit();
    m_pIoDevice.Outputb(3, 0x9B);
    m_pIoDevice.Outputb(7, 0x80);

    // 연결객체를 할당한다..
    m_pAct = new ActUtlType();
    m_pAct.ActLogicalStationNumber = Convert.ToInt32(1);
    int iReturnCode = m_pAct.Open();

    // 독립적으로 작동할 작업객체 생성
    m_pStoreEjector = new StoreEjector(this);        // 스토어 이젝터
    m_pConveyerBelt = new ConveyerBelt(this);        // 컨베이어벨트
    m_pInspSersor = new InspSensor(this);            // 검사센서
    m_nInspType = new int[4] { 0, 0, 0, 0 };
}
```

② 이후 Updatea() 메소드에서 비전 검사가 끝난 후 DisplayPLC() 메소드를 통해 PLC에 데이
터를 기록한다.

```
// 상태에 따른 변화
public void Update(double aTime)
{
    // 모든 장비를 업데이트 한다.
    m_pStoreEjector.Update(aTime);
```

```
// 시간을 기록한다.
m_fTime += aTime;
if (m_enMachineState == MachineState.MACHINESTATE_PLAY)
{
    if (m_fTime > 2.0)
    {
        // 비전검사를 수행한다.
        if (m_enPlayState == MachinePlayState.MACHINEPLAYSTATE_NONE)
        {
            // 검사를 수행한다.
            m_pInspSersor.Inspect();
            ++m_nInspType[(int)m_pInspSersor.m_enObjectState];
            m_pOwner.NotifryStoreResult(m_nInspType[0], m_nInspType[01]
                , m_nInspType[2], m_nInspType[3]);

            // PLC에 데이터를 전송한다.
            DisplayPLC();

            // 컨테이너를 작동한다.
            m_pConveyerBelt.ChangeState(ConveryorState.CONVERYORSTATE_PLAY);
            m_enPlayState = MachinePlayState.MACHINEPLAYSTATE_SENSOR;
            m_fTime = 0.0;
        }
        else if (m_enPlayState == MachinePlayState.MACHINEPLAYSTATE_SENSOR)
        {
            if (m_fTime > 5.0)
            {
                // 정지상태로 변경한다.
                StateChange(MachineState.MACHINESTATE_END);
            }
        }
    }
}
// 정지상태 동작
else if (m_enMachineState == MachineState.MACHINESTATE_END)
{
    if (m_fTime > 5.0)
    {
        StateChange(MachineState.MACHINESTATE_STOP);
    }
}
}
```

③ DisplayPLC() 메소드는 연결 객체를 이용하여 검사 결과를 FND로 출력한다.

```
// 결과를 PLC에 출력한다.
void DisplayPLC()
{
    // LED 상태를 가지고 있는 D10번째 값을 읽어온다.
    int iRet = 0;
    iRet = m_pAct.WriteDeviceBlock("D10", 1, m_nInspType[0]);
    iRet = m_pAct.WriteDeviceBlock("D11", 1, m_nInspType[1]);
    iRet = m_pAct.WriteDeviceBlock("D12", 1, m_nInspType[2]);
    iRet = m_pAct.WriteDeviceBlock("D13", 1, m_nInspType[3]);
}
```

④ 전체 소스는 다음과 같다.

```
using Imechatronics.IoDevice;
using System.Threading;
using System.Collections;
using ActUtlTypeLib;
using System;

namespace Ex02
{
    // 머신의 상태
    public enum MachineState
    {
        MACHINESTATE_INIT,        // 초기화 상태
        MACHINESTATE_START,       // 시작 신호 상태
        MACHINESTATE_PLAY,        // 동작 상태
        MACHINESTATE_END,         // 정지 대기 상태
        MACHINESTATE_STOP,        // 정지 상태
    }

    public enum MachinePlayState
    {
        MACHINEPLAYSTATE_NONE,            // 초기화 상태
        MACHINEPLAYSTATE_SENSOR,          // 센서 분류 상태
    }

    public class MachineIo
    {
        public Form1 m_pOwner;
        Io8255 m_pIoDevice;

        // 입력 포트의 Cw를 읽어올 변수
        public int[] m_nInputA = new int[8];

        // 검사 결과를 저장할 변수
        int[] m_nInspType;

        // 시간값
        double m_fTime;

        // 연결 객체를 선언한다.
```

(계속)

```
    public ActUtlType m_pAct;

MachineState m_enMachineState;
MachinePlayState m_enPlayState;

// 각 장비 파트에 대한 클래스
StoreEjector m_pStoreEjector;            // 스토어 이젝터
ConveyerBelt m_pConveyerBelt;            // 컨베이어벨트
InspSensor m_pInspSersor;                // 검사 센서

public MachineIo(Form1 aOwner)
{
    m_pOwner = aOwner;
    m_pIoDevice = new Io8255();

    // UCI장비 세팅
    m_pIoDevice.UCIDrvInit();
    m_pIoDevice.Outputb(3, 0x9B);
    m_pIoDevice.Outputb(7, 0x80);

    // 연결 객체를 할당한다.
    m_pAct = new ActUtlType();
    m_pAct.ActLogicalStationNumber = Convert.ToInt32(1);
    int iReturnCode = m_pAct.Open();

    // 독립적으로 작동할 작업 객체 생성
    m_pStoreEjector = new StoreEjector(this);      // 스토어 이젝터
    m_pConveyerBelt = new ConveyerBelt(this);      // 컨베이어벨트
    m_pInspSersor = new InspSensor(this);          // 검사 센서

    m_nInspType = new int[4] { 0, 0, 0, 0 };

}

// 상태 변경
public void StateChange(MachineState aState)
{
    // 스톱 상태일 때 바뀔 수 있도록
    if (aState == MachineState.MACHINESTATE_START)
    {
        // 배출기가 정지 상태일 때 종료 상태로 변경한다.
        if (m_pStoreEjector.m_enStoreState == StoreState.STORESTATE_NORMAL)
```

(계속)

```
            {
                // 검사 개수를 초기화
                for (int Index = 0; Index < 4; ++Index)
                {
                    m_nInspType[Index] = 0;
                }
                // 플레이 상태로 상태 변경
                StateChange(MachineState.MACHINESTATE_PLAY);
            }
            else
            {
                // 종료 상태로 상태 변경
                StateChange(MachineState.MACHINESTATE_STOP);
            }
        }
        if (aState == MachineState.MACHINESTATE_PLAY)
        {
            // 장치들을 리셋한다.
            m_pStoreEjector.Reset();              // 스토어 이젝터
            m_pInspSersor.Reset();                // 검사 센서

            // 초기화 코드를 실행
            m_fTime = 0.0f;
            m_pStoreEjector.ChangeState(StoreEjectorState.STOREEJECTORSTATE_EMIT);

            // 2. 머신을 시작 상태로 변경
            m_enPlayState = MachinePlayState.MACHINEPLAYSTATE_NONE;
            m_enMachineState = MachineState.MACHINESTATE_PLAY;
            m_pOwner.NotifryMachineState("머신 작동");
        }
        else if (aState == MachineState.MACHINESTATE_END)
        {
            m_pOwner.NotifryMachineState("머신 종료대기");

            // 센서가 비었으면 종료 상태를 저장하고 아니라면 다시 머신을 작동한다.
            if (m_pStoreEjector.m_enStoreState == StoreState.STORESTATE_EMPTY)
            {
                m_fTime = 0.0;
                m_enMachineState = MachineState.MACHINESTATE_END;
            }
            else
            {
```

(계속)

```
                    StateChange(MachineState.MACHINESTATE_PLAY);
            }
    }
    else if (aState == MachineState.MACHINESTATE_STOP)
    {
        m_pOwner.NotifryMachineState("머신 종료");
        m_enMachineState = MachineState.MACHINESTATE_STOP;
        m_pStoreEjector.ChangeState(StoreEjectorState.STOREEJECTORSTATE_STOP);
        m_pConveyerBelt.ChangeState(ConveryorState.CONVERYORSTATE_STOP);
    }
}

public void StateCalc()
{
    // 초기 상태
    byte m_nState1 = 0x00;

    // 각 장치의 상태를 받아온다.
    m_nState1 += m_pStoreEjector.GetStateCode();
    m_nState1 += m_pConveyerBelt.GetStateCode();

    m_pIoDevice.Outputb(4, m_nState1);
    Thread.Sleep(10);
}

// 상태에 따른 변화
public void Update(double aTime)
{
    // 모든 장비를 업데이트한다.
    m_pStoreEjector.Update(aTime);

    // 시간을 기록한다.
    m_fTime += aTime;
    if (m_enMachineState == MachineState.MACHINESTATE_PLAY)
    {
        if (m_fTime > 2.0)
        {
            // 비전 검사를 수행한다.
            if (m_enPlayState == MachinePlayState.MACHINEPLAYSTATE_NONE)
            {
                // 검사를 수행한다.
                m_pInspSersor.Inspect();
```

(계속)

```
                ++m_nInspType[(int)m_pInspSersor.m_enObjectState];
                m_pOwner.NotifryStoreResult(m_nInspType[0], m_nInspType[01]
                    , m_nInspType[2], m_nInspType[3]);

                // PLC에 데이터를 전송한다.
                DisplayPLC();

                // 컨테이너를 작동한다.
                m_pConveyerBelt.ChangeState(ConveryorState.CONVERYORSTATE_PLAY);
                m_enPlayState = MachinePlayState.MACHINEPLAYSTATE_SENSOR;
                m_fTime = 0.0;

            }
            else if (m_enPlayState == MachinePlayState.MACHINEPLAYSTATE_SENSOR)
            {
                if (m_fTime > 5.0)
                {
                    // 정지 상태로 변경한다.
                    StateChange(MachineState.MACHINESTATE_END);
                }
            }
        }
    }
    // 정지 상태 동작
    else if (m_enMachineState == MachineState.MACHINESTATE_END)
    {
        if (m_fTime > 5.0)
        {
            StateChange(MachineState.MACHINESTATE_STOP);
        }
    }
}

// 결과를 PLC에 출력한다.
void DisplayPLC()
{
    // LED 상태를 가지고 있는 D10번째 값을 읽어온다.
    int iRet = 0;
    iRet = m_pAct.WriteDeviceBlock("D10", 1, m_nInspType[0]);
    iRet = m_pAct.WriteDeviceBlock("D11", 1, m_nInspType[1]);
    iRet = m_pAct.WriteDeviceBlock("D12", 1, m_nInspType[2]);
    iRet = m_pAct.WriteDeviceBlock("D13", 1, m_nInspType[3]);
```

(계속)

```
        }

        //
        public void InputCollection()
        {
            int Temp;
            Temp = m_pIoDevice.Inputb(0);
            m_nInputA = m_pIoDevice.ConvetByteToBit(Temp);
        }
    }
}
```

찾아보기
INDEX

저자 소개

선권석 전남대학교 전자공학과 제어공학 박사
전 기아자동차 기술연구소 전문연구원
현 한국폴리텍대학 메카트로닉스과 교수

나승유 서울대학교 전자공학과 공학사
아이오와 주립대 전기&컴퓨터공학과 공학박사(미국)
현 전남대학교 전자컴퓨터공학부 교수

김진영 서울대학교 전자공학과 공학박사
한국통신 Software 연구소 전문연구원
현 전남대학교 전자컴퓨터공학부 교수

강기호 Grenoble INP 전기제어공학 공학박사(프랑스)
전 KIST 응용전자, LG산전 전문연구원
현 한국기술대학교 메카트로닉스공학부 교수

박봉석 연세대학교 전기전자공학과 공학사
연세대학교 전기전자공학과 공학박사
현 조선대학교 전자공학과 조교수

메카트로닉스 공학기술❺
C# 프로그래밍 활용 PC기반 제어기술

2015년 2월 25일 초판인쇄
2015년 3월 1일 초판발행

지은이 선권석 · 나승유 · 김진영 · 강기호 · 박봉석
펴낸이 류원식
펴낸곳 **청문각**

편집국장 안기용 | 본문디자인 디자인이투이 | 표지디자인 트윈글터
제작 김선형 | 영업 함승형 | 출력 블루엔 | 인쇄 영프린팅 | 제본 한진제본

주소 413-120 경기도 파주시 교하읍 문발로 116
전화 1644-0965(대표) | 팩스 070-8650-0965 | 홈페이지 www.cmgpg.co.kr
등록 2015. 01. 08. 제406-2015-000005호

ISBN 978-89-6364-224-6 (93560)
값 30,000원